PIETER SMIT

Ionenaustauscher und Adsorber bei der Herstellung und Reinigung von Zuckern, Pektinen und verwandten Stoffen

IONENAUSTAUSCHER IN EINZELDARSTELLUNGEN

HERAUSGEGEBEN VON

PROF. DR. ROBERT GRIESSBACH, WOLFEN

BAND 5

AKADEMIE-VERLAG · BERLIN

1969

IONENAUSTAUSCHER UND ADSORBER BEI DER HERSTELLUNG UND REINIGUNG VON ZUCKERN, PEKTINEN UND VERWANDTEN STOFFEN

von

ING. PIETER SMIT

Amsterdam

Mit 39 Abbildungen, 16 Tabellen und 2 Einstecktafeln

AKADEMIE-VERLAG · BERLIN

1969

„Ionenaustauscher in Einzeldarstellungen" bilden den speziellen Teil des Werkes „Austauschadsorption in Theorie und Praxis" von Prof. Dr. Robert Grießbach, Wolfen, erschienen im Akademie-Verlag Berlin 1957.

Erschienen im Akademie-Verlag GmbH, 108 Berlin, Leipziger Straße 3—4

Lizenznummer: 202 · 100/552/69
Gesamtherstellung: VEB Druckhaus „Maxim Gorki", 74 Altenburg
Bestellnummer: 2120/5 . ES 18 C 3 / 20 M 1

Geleitwort des Herausgebers der Sammlung

In dem vorliegenden Band 5 dieser Monographien-Sammlung: P. SMIT, „*Ionenaustauscher bei der Herstellung und Reinigung von Zuckern, Pektinen und verwandten Stoffen*“, legt der bekannte holländische Ingenieur und Zuckertechniker seine vielfältigen Erfahrungen dar, die er im Laufe von mehr als drei Jahrzehnten in zum großen Teil eigener Versuchsarbeit über die Anwendung von Ionenaustauschern und Adsorbern in der Zuckerindustrie gesammelt hat. Der Leser, der seiner Darstellung folgt, geht mit ihm den langen Weg der Gewinnung und Reinigung zuckerhaltiger Produkte, der, mit primitivsten Arbeitsmethoden beginnend, unter allmählicher Vervollkommnung der apparativen wie der adsorptiven Hilfsmittel in unser technisches Zeitalter führt, in welchem höchste Ansprüche an die Güte der mannigfachen Produkte mit der Forderung hoher Wirtschaftlichkeit der Herstellungsverfahren zu vereinigen sind.

Es ist imponierend, an der Hand der Ausführungen von P. SMIT zu erkennen, wie Zuckerfachleute aller Kulturländer in großer Versuchsfreudigkeit daran mitgearbeitet haben, die mannigfachsten Naturstoffe und Kunstprodukte auf ihre Reinigungs-(Klär- und Entfärbungs-)wirkung für Zuckersäfte zu erproben, bis schließlich die Austauschadsorbentien auf Kunstharzbasis auf Grund der Vielseitigkeit ihrer Wirkungen den Sieg über früher angewandte Mittel davontrugen.

Dieser historischen Vorschau läßt der Autor eine kurze, von großer Sachkenntnis getragene, Kennzeichnung der Ionenaustauscher auf Kunstharzbasis hinsichtlich Eigenschaften wie Reaktionsmöglichkeiten folgen. Wertvolle Hinweise auf die zweckmäßigsten apparativen Hilfsmittel und für ihre richtige Bedienung schließen sich an.

Der zentrale Teil des Werkes ist der Anwendung ionenaustauschender Kunstharze zur Enthärtung und Entmineralisierung von Zuckerlösungen gewidmet. Der Leser wird mit den bei der Einführung in die Zuckerpraxis aufgetretenen Anlaufschwierigkeiten bekanntgemacht und mit den mannigfachen Vorschlägen zu deren Überwindung.

Der Autor verweilt alsdann bei den zahlreichen, von verschiedenster Seite ergangenen Vorschlägen spezieller Verfahren, die — obwohl oft recht interessant — zumeist heute noch der Verwirklichung harren:

Mehrfach wird z. B. das Arbeiten mit Hilfsionen empfohlen, insbesondere das Einführen von Ammoniak, um damit eine Kreislaufführung der Säfte und

Regeneriermittel zu erreichen bzw. die Erzeugung der letzteren im eigenen Betriebe sicherzustellen, u. a. m.

Technisch durchgesetzt hat sich bekanntlich die Entionisierung der Dünnsäfte, d. h. man hat es für zweckmäßig gehalten, die bisher übliche Kalkung der Rohsäfte als Vorreinigungsstufe beizubehalten, ehe man über die Austauscher filtriert.

Den Höhepunkt des P. SMITschen Buches bildet ohne Zweifel der Bericht über seine eigene umfangreiche Versuchsarbeit, die in dem „Neuen Verfahren" gipfelt, dem Vorschlag, mit den Ionenaustauschern unmittelbar an die Behandlung der Rohsäfte heranzugehen. Dabei kann sich der Autor im wesentlichen auf zwei Tatsachen stützen: die Beobachtung der hervorragenden Klärwirkung der Kunstharzaustauscher (zumal des Kationenaustauschers in der $H^{\cdot}$-Form) auf den so kolloidreichen Rohsaft, und ferner die hohe mechanische und chemische Stabilität der heute zur Verfügung stehenden Kationenaustauscher auf Polymerisatbasis, welche die Anwendung selbst sehr rigoroser Reinigungsmethoden zulassen.

Bezüglich des Inhaltes der nachfolgenden Kapitel können im Hinblick auf das dem Buche beigegebene ausführliche Sachverzeichnis — ein Blick genügt, um die Gründlichkeit und Vielseitigkeit der Darstellung zu erkennen, — einige wenige Hinweise ausreichen:

Die Entionisierung hat sich auch bei Lösungen anderer Zuckerarten, Mono- und Polysacchariden, sowie Stoffen ähnlicher Art bewährt.

Die selektive Anreicherung diverser Stoffe auf den Austauschern und sodann in bestimmten Regeneratanteilen hat dazu geführt, auch den Nebenbestandteilen von Rübe und Rohr größere Beachtung zu schenken. Mancher früher unerwünschte oder gar schädliche Bestandteil ist inzwischen zu einem wertvollen Nebenprodukt der Zuckerfabrikation geworden oder dabei, es zu werden.

Möge dieses Buch, von einem Praktiker für den Praktiker geschrieben, mit seinen an zahlreichen Stellen eingestreuten wertvollen praktischen Winken dazu dienen, Anlaufschwierigkeiten beim Einsatz von Ionenaustauschern zu überwinden und Vorurteile zu beseitigen, wenn es sich darum handelt, den Kunstharzadsorbentien neue Anwendungsgebiete zu erschließen oder neue Entwicklungsrichtungen zu erproben; möge das Werk somit dazu beitragen, den Austauschadsorbentien neue Freunde zu gewinnen.

Wolfen, im Mai 1968

R. Grießbach

Vorwort des Verfassers

Das vorliegende Buch behandelt die Anwendung von Ionenaustauschern und Entfärbungsharzen in der Zuckerindustrie und in verwandten Produktionen.

Beim Zusammenstellen dieses Buches war es immer wieder notwendig, gewisse Einschränkungen zu machen, wie sich andererseits der Verfasser auch an spekulative Voraussagen gewagt hat, die künftige Entwicklung des Ionenaustauschverfahrens und des Gebrauchs von Entfärbern auf Kunstharzbasis in diesen Industrien betreffend. Eine solche Vorschau ist um so mehr geboten, als die Entwicklung von Ionenaustauschern (sowohl der physikalischen Form als auch dem chemischen Aufbau nach) naturgemäß noch nicht definitiv abgeschlossen ist.

Die Gestaltung eines einheitlichen Bildes wurde noch dadurch erschwert, daß die gleich zu Anfang vorgeschlagenen Anwendungen in der Zuckerindustrie, die Entkalkung und Entmineralisation der Säfte, wohl sehr einfache Operationen zu sein schienen, aber in der Praxis auf große Schwierigkeiten stießen. Dadurch machte sich eine große Reihe von Änderungen in der Verfahrensweise nötig, was jedesmal mehr oder weniger große „Umänderungen" des Textes dieses Buches erforderte, ohne daß jedoch ein völlig abgeschlossenes Bild gegeben werden konnte.

Bei der Zusammenstellung der Kapitel sind die Ratschläge und Leitung von Herrn Prof. R. Griessbach unentbehrlich gewesen, ich möchte ihm gern meinen Dank bezeugen.

In Holland hat die Entwicklung von Ionenaustauschern mit der Bereitung und Anwendung von „Collactivit" als Entfärbungsmittel in der Zuckerindustrie begonnen. Collaktivit wurde durch Sulfonieren verkohlbarer Rohstoffe wie insbesondere von Sägemehl und Steinkohle gewonnen, die der Einwirkung starker Schwefelsäure ausgesetzt wurden. Daß dem erhaltenen Material neben dem Entfärbungsvermögen auch ionenaustauschende Eigenschaften innewohnten, wurde zum ersten Male an dem Entfernen von Ammoniak aus destilliertem Wasser beobachtet, wofür aktive Kohle nicht brauchbar ist.

Ich möchte hier des großen Einflusses gedenken, den Herr D. de Jong, seinerzeit Direktor der A. I. M. E. Rotterdam, später Präsident-Kommissar der Koninklijke Zout-Ketjen, an der weiteren Entwicklung gehabt hat, indem er bei der Errichtung der Industrieele Maatschappij Activit N. V. die industrielle Herstellung und Anwendung der neuen Produkte in die Hand nahm. Ebenso haben seine Mitarbeiter, die Herren Dipl.-Ing. J. P. Schönfeld und Dipl.-Ing. P. M. van

DOORMAAL, Direktoren der resp. Koninklijke Zwavelzuurfabriek Ketjen und Koninklijke Zout-Ketjen, in hohem Maße dazu beigetragen, dieses Arbeitsgebiet zu fördern.

Auch an die Arbeit vieler Freunde möchte ich erinnern, die vor allem in den dreißiger Jahren eine starke Stimulanz für mein Werk gewesen sind, und an jene denken, die bei der Entwicklung der Anwendungen und am Aufbau der benötigten Apparaturen ununterbrochen mitgearbeitet haben. Sie alle namentlich aufzuführen, würde hier zu weit führen, aber genannt seien im besonderen die Herren J. P. ABRAHAMS, TH. G. DU SAAR, J. H. HOUWELING, D. RAMONDT und W. J. SMIT.

In jüngster Zeit haben der heutige Direktor der Industrieele Maatschappij Activit N. V., Herr Dipl.-Ing. R. VAL, und seine Mitarbeiter viel dazu beigetragen, gleichförmige, poröse Austauscher in Kugelform zu schaffen, die gegen kochende Flüssigkeiten beständig sind. Auch bei der Neugestaltung von Filtern und Perkolatoren wie bei der Entwicklung spezieller Regenerationsmethoden wurde von seiten der genannten Herren viel geleistet.

Diesen technischen Arbeiten liefen zum großen Teil entsprechende Entwicklungsarbeiten von deutscher Seite parallel, die sich wesentlich auf den Mitarbeiterkreis von Herrn Prof. Dr. R. GRIESSBACH in der Farbenfabrik Wolfen stützten und in verständnisvoller Zusammenarbeit mit mehreren Zuckerfabriken, insbesondere der Raffinerie Halle (Prof. Dr. SCHULZE) und der Zuckerfabrik Oestrum (Dr. HEMMECKE) erfolgten.

Der Verfasser hatte ursprünglich die Absicht, dem Buche eine Liste der gesamten einschlägigen Literatur beizufügen nebst kurzer Inhaltsangabe der einzelnen Publikationen. Dies wäre zu Beginn wohl noch zu realisieren gewesen, ist aber mittlerweile unmöglich geworden, ganz abgesehen davon, daß der Umfang des Buches dadurch vervielfacht und sein Erscheinen ins Ungewisse verzögert worden wäre.

Bei der ständig zunehmenden Anzahl einschlägiger Publikationen müssen wir uns darauf beschränken, auf bekannte Referateorgane wie

„Sugar Abstracts, Zeitschrift für die Zuckerindustrie, Dokumentation usw.“

zu verweisen.

P. Smit

Inhalt

KAPITEL 1

KAPITEL 2

KAPITEL 3

KAPITEL 4

KAPITEL 5

KAPITEL 6

KAPITEL 7

KAPITEL 8

KAPITEL 9

KAPITEL 10

KAPITEL 11

KAPITEL 12

ANHANG

REGISTER

KAPITEL 1

Gebrauch von Adsorbentien bei der Reinigung von Zuckerlösungen

1.1. Einleitung

Die Entwicklung der Zuckerindustrie, ihr allmähliches Herauswachsen aus primitiven Anfängen in eine stürmisch sich entfaltende Großindustrie mit ständig steigenden Ansprüchen an Menge und Güte ihrer Erzeugnisse, ist in enger Weise verknüpft mit dem Gebrauch von Adsorbentien, deren Entwicklung gerade von dieser Seite her stärkste Impulse erfahren hat. Umgekehrt hat die fortschreitende Entwicklung der Adsorptionsmittel zu immer höherer Leistung und Spezifität wesentlichen Anteil an der Verbesserung und Ausgestaltung der Arbeitsmethoden dieses Industriezweiges.

Eine historische Darstellung der Entwicklung der Zuckerindustrie ist damit zugleich weitgehend eine Geschichte auch der Adsorbentien.

Bei der Anwendung fester oder kolloidaler Stoffe zur Reinigung von Flüssigkeiten, sei es, daß man sie der Flüssigkeit als Fertigprodukte hinzufügt, sei es, daß man sie darin erst entstehen läßt, hat man es immer mit Adsorptions- und Ionenaustauscherscheinungen zu tun. Begnügte man sich anfänglich damit, den Reinigungseffekt festzustellen, so war man allmählich doch bestrebt, einen tieferen Einblick in die sich dabei abspielenden Vorgänge zu gewinnen. Zahlreiche Erklärungen wurden gegeben, von denen die meisten später als unrichtig wieder verworfen werden mußten oder heute als überholt gelten müssen.

1.2. Polare und unpolare Adsorption

Die heutige Systematik unterscheidet bekanntlich zwischen polarer und unpolarer Adsorption. Die Wirkungsweise der Adsorbentien der ersten Art, der Ionen austauscher, wird bekanntlich auf COULOMBsche Kräfte zurückgeführt, während für die zweite Gruppe von Stoffen, die Molekularattraktion oder Allgemeinadsorption betätigen und als deren Prototyp die Aktivkohlen gelten können, VAN DER WAALS-LONDONsche Kräfte verantwortlich gemacht werden.

Die Ionenaustauscher sind übrigens nicht nur zum Austausch von Ionen befähigt, sondern in gewissem Grade auch zu Allgemeinadsorption; umgekehrt vermögen manche Aktivkohlen auch deutlich Ionen auszutauschen. Bei Lösungen komplizierter Zusammensetzung, wie Zuckerlösungen, ist oftmals eine Überlagerung beider Erscheinungen festzustellen. Auch treten im Anschluß an Ionenaustausch- oder Adsorptionsvorgänge vielfach Folgereaktionen ein, die das Bild komplizieren können.

Eine Übersicht über den vorliegenden Gegenstand kann sich daher nicht darauf beschränken, die Aufmerksamkeit ausschließlich auf die heute als Ionenaustauscher erkannten Adsorbentien hinzulenken, sondern muß sich in gewissem Umfange auch mit Adsorbentien im allgemeinen Sinne befassen, allerdings ohne hier auch nur einigermaßen eine Vollständigkeit anstreben zu können. Ferner wird es bisweilen kaum möglich sein, über die (z. B. bei einem Reinigungsprozeß) sich abspielenden Vorgänge Endgültiges auszusagen.

Die in der Zuckerindustrie gebrauchten Reinigungsmittel unterscheiden sich qualitativ wie quantitativ weitgehend in ihrer Wirkungsweise und deren Intensität, die beide teils durch den chemischen Charakter, teils durch die physikalische Form bedingt sind. Je nach dem chemischen Charakter der sogenannten Ankergruppen des Austauschers werden Kationen oder Anionen eingetauscht bzw. mehr oder weniger stark polare Stoffe festgehalten. Auch Ionenaustauscher von amphoterem Charakter sind auf dem Markt.

Die physikalische Form, die körnig oder laminar, grob- oder feindispers und selbst flüssig sein kann, wirkt sich in erster Linie auf die Intensität der Wirkung, seltener (Siebwirkung) auf ihre Spezifität aus. Auch die Neigung zur Verschmutzung ist zum Teil strukturbedingt.

Die in der Praxis benutzten Ionenaustauscher sollten unter allen Umständen beim Gebrauch mechanisch wie chemisch ausreichend widerstandsfähig sein; aber es gibt viele Reinigungsmittel, besonders älteren Typs, die strengen Anforderungen kaum genügen. Oft eignen sie sich nur für eine einmalige Verwendung und haben daher nur eine beschränkte Anwendung gefunden und meist nur historische Bedeutung.

1.3. Historische Übersicht

1.3.1. Reinigungsmittel der Zuckerindustrie

Die ältesten Reinigungsverfahren

Es dürfte feststehen, daß bereits etwa im Jahre 700 in dem von Arabern besetzten Ägypten von einer bewußten Anwendung fester Stoffe zur Reinigung von Zuckersäften die Rede ist. Die Anwendung von Ausflockungen, wie sie durch Hinzufügen von Alkalilösungen zu dem Saft entstehen, war schon sehr früh gebräuchlich. Auch die Zugabe von Ton, Kalk und Eiweißstoffen hatte sich schon verhältnismäßig früh zu einer allgemein üblichen Saftreinigungstechnik entwickelt. Die Reinigung von Flüssigkeiten mittels derartiger Stoffe war schon vorher bekannt, u. a. auch die von Honig, dessen Behandlung früher erfolgte als die von Zuckersäften oder auch alkoholischer Getränke. Das historische

Standardwerk von v. LIPPMANN kann u. a. als eine wichtige Quelle zum Studium der historischen Entwicklung der Zuckerherstellungsverfahren dienen.

Von der Anwendung einer Reinigungstechnik mittels fester Stoffe in größerem Umfang kann man indessen erst bei Zuckersäften sprechen. Die Ägypter hatten schon in den Zeiten der Pharaonen den Ruf, tüchtige Techniker zu sein; u. a. waren die Stein-, Glas- und Faserindustrie schon sehr früh zu einer hohen Blüte gelangt. In der Neigung der Ägypter, ihre Fachkenntnisse geheim zu halten, ist wohl die Ursache dafür zu suchen, daß Einzelheiten über ihre technische Arbeitsweise erst viel später und nur sehr zögernd in die Öffentlichkeit gedrungen sind. Mehr wurde bekannt über die blühende Zuckerraffinage in Sizilien. Später ist oft über die Zuckerherstellung aus manchen tropischen Gebieten wie z. B. Indien, Brasilien, den Karibischen Inseln usw., berichtet werden. Mehr noch wurde aus den Ländern vernommen, welche sich — wie die meisten europäischen Staaten und später auch Amerika — mit der Raffinage von tropischen Rohzucker beschäftigten.

Daß die Wirkung der bei der Zuckerherstellung benutzten Reinigungsmittel nicht ausschließlich auf Allgemeinadsorption beruht, sondern daß dabei auch speziell der Ionenaustausch eine wichtige Rolle spielt, geht u. a. aus einem noch in unsere Zeit reichenden Reinigungsverfahren hervor, nämlich der merkwürdigen Anwendung von Tonen zum Raffinieren von Zuckerhüten. Bei deren Herstellung wurde die durch Eindampfen erhaltene Zuckerfüllmasse in konische, perforierte Formen gebracht, mit der Spitze nach unten. Nach Abtropfen des Sirups bedeckte man die Oberfläche des Zuckers mit einer feuchten Tonschicht besonderer Zusammensetzung, mit dem Ziele, Farbstoffe[1]) und Salze zu entfernen. Diese Schicht wurde in den meisten Fällen einige Male erneuert. Auf diesem Wege erzielte man ein glänzendes Fabrikat. Diese primitive Methode der Zuckerherstellung und -reinigung fand in Java noch etwa im Jahre 1900 Anwendung, und man sah im „Decken" mittels einer Zuckerkläre durchaus keine Verbesserung der Arbeitsmethode. Bis in die jüngste Zeit forschte man, wenn auch ohne Erfolg, nach einer überzeugenden Erklärung des nach jener Arbeitsweise erreichten Reinigungseffektes. Eine Klärung brachten, wie HES erwähnt, erst jetzt die sich dabei abspielenden Ionenaustauschvorgänge nebst sich überlagernden Adsorptionseffekten.

Die Entwicklung seit etwa 1800

Eines der gebräuchlichsten Reinigungsmittel ist der Kalk. Die Anwendung von Kalk in der jetzt noch üblichen Weise geht bis in das 19. Jahrhundert zurück. Die Aufwendung eines größeren Kalküberschusses, der später im Saft mittels Kohlensäure niedergeschlagen wird, führte vor ungefähr hundert Jahren ROUSSEAU ein. Diese Arbeitsweise setzte sich hauptsächlich deshalb rasch durch, weil sie die sehr

[1]) Hier und im folgenden immer im Sinne „färbender Bestandteile" gebraucht (nicht in dem der Färbereitechnik).

kostspielige Behandlung der Säfte mit Knochenkohle überflüssig machte. Auch waren wegen der großen Nachfrage nach diesem Produkte Beschaffungsschwierigkeiten entstanden.

Noch vor der Anwendung von Knochenkohle war in einer englischen Zuckerraffinerie der Gebrauch pulverförmiger Holzkohle in Aufnahme gekommen, deren entfärbende Eigenschaften etwa 10 Jahre früher von Löwitz beobachtet worden waren. Wichtig war die Entdeckung, daß die Knochenkohle erheblich besser entfärbt. Es würde zu weit führen, der wirklich sensationellen Entwicklung der Saftreinigungstechnik mittels Knochenkohle zu folgen, nachdem sowohl in Deutschland als auch in Frankreich die Rübenzuckerindustrie zu beachtlichem Wachstum gelangt war. Den ersten Anstoß zur Entwicklung der Rübenzuckerindustrie bildeten bekanntlich die Blockademaßnahmen in der napoleonischen Periode. Zuerst wurde Knochenkohle nur als pulverförmiges Produkt verwandt, bald jedoch wurde der Gebrauch körniger Knochenkohle üblich. Auch die Regeneration dieser Knochenkohlequalität kam in Aufnahme, und etwa im Jahre 1830 kam Knochenkohle bereits in der bei den großen Zuckerraffinerien auch heutzutage noch üblichen Weise zur Anwendung.

A-Kohlen

Nachdem also die Holzkohle als Reinigungsmittel für Zuckersäfte (und auch für andere Flüssigkeiten) durch die Knochenkohle verdrängt worden war, hörte man bis 1900 nichts mehr über die Anwendung pulverförmiger Kohlen pflanzlicher Herkunft. Gleichwohl hatte Bussy bereits zu Beginn des 19. Jahrhunderts auf die Möglichkeit einer Verbesserung der Entfärbungskraft der Holzkohle hingewiesen, und zwar durch Anwendung bestimmter Hilfsmittel im Herstellungsgang. Grundsätzlich war diese Leistungssteigerung durch Imprägnieren des Rohstoffes mit gewissen Chemikalien erzielbar. An das Durchtränken mit Lösungen, wie z. B. Chlorzink, schloß sich eine Verkohlung bei niedriger Temperatur an, gefolgt von Auswaschen.

Inzwischen hatte auch der ebenfalls früher vorgeschlagene Weg einer Aktivierung mittels Gasen Beachtung gefunden, u. a. nach einem älteren Vorschlag mit Dampf bei hoher Temperatur. Beide Verfahren bilden noch heute die Grundlage zur Herstellung moderner Aktivkohlen. Nach dem ersten Weltkrieg gelangte dieser Produktionsweg zu einer schnellen Entwicklung.

Ältere Ionenaustauschertypen

Wie bereits erwähnt, spielt bei allen diesen Reinigungsverfahren für Zuckerlösungen neben der Allgemeinadsorption der Ionenaustausch eine Rolle. Zu einer bewußten Anwendung des Ionenaustauschverfahrens konnte man indessen erst schreiten, nachdem Spence, Thompson und Way entdeckt bzw. sichergestellt hatten, daß gewisse Bodenbestandteile, z. B. manche Tonsorten, auffallenderweise zum Austausch ihrer Basen befähigt sind. Anfänglich kannte man nur den „Basenaustausch", da die Beobachtungen sich praktisch auf den Austausch von Alkali- und Erdalkali-Ionen in neutralem Milieu beschränkten. Wenig später aber wurden auch Anionen austauschende Stoffe bekannt: Mineralien (z. B. der Skapolith- und Sodalithgruppe) und organische Naturstoffe (wie Leder, Wolle).

Daß dieser Basenaustausch künftig eine sehr große praktische Bedeutung erlangen könnte, erkannte als erster EICHHORN, der entgegen der Ansicht WAY's sicherstellte, daß der Austausch reversibel ist; praktisch bedeutet dies, daß basenaustauschende Stoffe wiederbelebt werden können.

Zu einer technischen Anwendung der Basenaustauscher kam es bekanntlich erst zu Beginn dieses Jahrhunderts auf Grund der Arbeiten von GANS, und zwar zunächst für Zwecke der Wasserenthärtung. Indessen waren schon vorher aus der Zuckerindustrie eine ganze Anzahl von Anregungen ergangen, die spezielle Effekte bei der Saftreinigung zum Gegenstand hatten und sich auf Ionenaustauschvorgänge gründeten. Diese Hinweise zielten zunächst auf eine größere Zuckerausbeute oder waren auf eine bessere Saftqualität gerichtet (HARMS, RÜMPLER, usw.). Praktisch sind diese Vorschläge damals nicht verwirklicht worden. Was war der Grund hierfür?

Die natürlichen wie die künstlichen Zeolithe sind auf Grund ihrer chemischen Zusammensetzung alle unbeständig in saurem Milieu.

Die größte Schwierigkeit lag darin, einen gangbaren Weg zur „Wiederbelebung" des Adsorbers zu finden; einer solchen stand vor allem die ungenügende Resistenz der damals zur Verfügung stehenden „Basenaustauscher" im Wege.

Die in Vorschlag gebrachten Austauschadsorbentien waren durchweg Produkte auf Aluminatsilikatbasis, die bekanntlich von alkalischen wie von sauren Lösungen angegriffen werden. Die Anwendung dieser künstlichen Zeolithe als Kationenaustauscher war daher auf ein neutrales Milieu beschränkt.[1])

Von einem universellen Kationenaustauscher (der auch den $H^{\cdot}$-Austausch umfaßte) konnte also nicht die Rede sein, geschweige denn von einer Entmineralisierung, zumal es um Anionenaustauscher noch schlechter bestellt war.

---

[1]) Diese synthetischen Zeolithe sind zum Teil auch ihrer physikalischen Beschaffenheit wegen technisch wenig geeignet und deshalb den modernen Kunstharzaustauschern unterlegen. Gleichwohl haben gewisse Typen jahrelang Bedeutung gehabt und sind bei Anwendung einer ihrer Eigenart angepaßten Arbeits- und Regenerationsweise auch jetzt noch in vielen Fällen geeignet. Es gibt Einzelfälle, wo sie selbst heute noch den Kunstharzaustauschern überlegen sind, z. B. wenn es auf Unempfindlichkeit gegenüber Redoxerscheinungen ankommt oder auf Stabilität gegenüber radioaktiven Einwirkungen; bisweilen ist auch das höhere spezifische Gewicht entscheidend oder — wie bei natürlichen Austauschern auf Silikatbasis wie Bentoniten, Glaukoniten usw. — der niedrige Preis. Erinnert sei beispielsweise daran, daß die kleinen Trinkwasserbeutel, die im letzten Weltkrieg Fliegern mitgegeben wurden, damit sie sich bei Notwässerung auf dem Meere aus Meerwasser kleine Mengen Trinkwasser bereiten konnten, als Hauptbestandteil mit Ag-Ionen beladene künstliche Zeolithe enthielten.

Immerhin gab es schon Hinweise auf zum Anionenaustausch geeignete Stoffe. Versuche auf wissenschaftlicher Basis mit Tonerde- und Eisenhydroxyden und auch einigen organischen Stoffen wie Haar, Tierhaut, lagen bereits vor, bevor Kunstharzaustauscher bekannt waren. Interessant sind Arbeiten von WILLSTÄTTER über Anilinschwarz sowie von DORAGI und später von STADNIKOW. Aus allen diese Mitteilungen fällt eine Veröffentlichung vom Jahre 1896 von RAIKOW besonders auf, die zuerst die Aufmerksamkeit auf ein synthetisches, durch Kondensation von Anilin mit Formaldehyd erzieltes Harz lenkte. Dieses Kunstharz zeigte die bemerkenswerte Eigenschaft, eine unlösliche Base zu sein, welche mit Mineralsäuren unlösliche Salze bildet. Leider erkannte auch RAIKOW damals noch nicht die technische Bedeutung, wenn er auch bemerkte, später auf das Produkt noch näher zurückkommen zu wollen, was jedoch unterblieb. Im Mittelpunkt chemischen Interesses stand damals die Synthese neuer Teer-Farbstoffe, und wenig definierte Reaktionsprodukte wie ein Kondensationsprodukt oder Schmieren waren durchaus unerwünscht. Für die Entwicklung von Ionenaustauschern auf dieser Basis waren die Zeiten noch nicht reif.

GRIESSBACH hat zuerst eine ausführliche Dokumentation über den Ionenaustausch zusammengestellt und dabei Kationen- und Anionenaustauscher als unlösliche Elektrolyte, Festsäuren bzw. Festbasen und deren Salze definiert; heute würde man sagen: makromolekulare Polyelektrolyte. Dadurch wurde unsere Einsicht in die durch diese Materialien gegebenen Möglichkeiten außerordentlich erweitert. Diese Einsicht führte zu unzähligen neuen Synthese- und Anwendungsmöglichkeiten.

Universeller Kationenaustauscher

Inzwischen war auf anderer Basis ein organischer Kationenaustauscher gefunden worden, der tatsächlich zu universellem Kationenaustausch einschließlich dem von $H^{\cdot}$-Ionen befähigt war. Es handelte sich um ein Reaktionsprodukt starker Schwefelsäure mit Steinkohle, Sägespänen und allgemein kohlenstoffhaltigen Materialien. Merkwürdig war, daß ein Produkt dieser Art aus der Patentliteratur bereits seit Jahren bekannt war und von KLINGELHOEFER und HALSE als Entfärbungskohle empfohlen worden war.

Gewisse besondere Eigenschaften schränkten indessen die Anwendungsmöglichkeiten stark ein. Etwa im Jahre 1932 wurde die Herstellung eines Produktes dieser Art in größerem Umfang von anderer Seite (P. SMIT und Activit-Gesellschaft Amsterdam) erneut aufgenommen und um 1930 unter dem Namen COLLACTIVIT in der Zuckerindustrie zur Anwendung gebracht. Der Zweck der Anwendung war wie bei der von Knochenkohle die Entfärbung sowie die Entfernung von Kalk aus den Zuckersäften, wie seit etwa der Jahrhundertwende bereits angestrebt. Bei der Perkolation von einem Spuren Ammoniak enthaltenden destilliertem Wasser über das körnige Material fand SMIT, daß dieses Produkt zu besonderen Leistungen befähigt war. Es wurde nämlich auf diesem Wege ein hochgereinigtes Filtrat erzielt, das den strengsten Anforderungen des Analytikers entsprach. Die Erklärung dieses überraschenden Ergebnisses konnte nur darin liegen, daß Ionenaustausch erfolgt war; weitere Forschungsarbeiten bestätigen dies. Durch Allgemeinadsorption ließ sich dieser Befund nicht erklären, da Parallelversuche mit einer Aktivkohle hervorragender Qualität negative Resultate lieferten.

Kunstharzaustauscher und die Entmineralisierung von Wasser

Kurze Zeit danach kam von seiten der englischen Forscher Adams und Holmes der Vorschlag, Kunstharze als Kationen- und Anionenaustauscher zu verwenden, um durch deren Schaltung hintereinander z. B. Leitungswasser zu „entmineralisieren". Die von den Autoren für diesen Zweck vorgeschlagenen Gerbstoffderivate und Kondensate waren aber technisch wenig geeignet. Insbesondere waren die nur schwachsaure phenolische Gruppen enthaltenden Kationenaustauscher (Bakelittypen) zur Neutralsalzspaltung im $H^{\cdot}$-Austausch kaum geeignet. Bei der IG-Farbenindustrie, die Lizenznehmerin des neuen Verfahrens geworden war, wurde diese Tatsache sofort erkannt, und Griessbach und seine Mitarbeiter haben sodann die Herstellung der Ionenaustauscher auf eine sehr breite Grundlage gestellt.

Es würde den Rahmen dieser Darstellung weit überschreiten, die stürmische Entwicklung im einzelnen zu beschreiben, die sodann folgte. Über die Synthese zahlreicher Typen von Kunstharzen führte sie bekanntlich zur Anwendung der Ionenaustauscher auf fast jedem wissenschaftlich-technischem Gebiete. In der ersten Phase dieser Entwicklung hatte — insbesondere auf dem Gebiet der großtechnischen Synthese — Deutschland die Führung, später ging sie an Amerika über, das mit großen Mitteln in diese Entwicklung eintrat, andere Länder folgten dann nach.

Harzadsorber zur Reinigung von Zuckerlösungen

Neben der schon in großem Umfange angewandten Entkalkung und der Entmineralisierung von Zuckersäften fehlte es nicht an Vorschlägen, Adsorptionsverfahren zu entwickeln. Wie schon vermerkt, war das Ziel, eine tunlich weitgehende Reinigung der Zuckerlösungen von störenden Nebenbestandteilen aller Art, anorganischer wie organischer Natur, zu erreichen, um neben der Zuckerqualität auch die Ausbeute zu steigern.

Wenn somit in der Zuckerindustrie bei der Anwendung von Ionenaustauschern Ionenaustauschphänomene selbstverständlich zunächst einmal im Vordergrund standen und zum Teil noch stehen, so sind doch noch einige andere daneben beobachtete Erscheinungen gleichfalls sehr wichtig geworden. Meist handelt es sich dabei um die Entfernung schwach dissoziierter Elektrolyte, teils auch um die Beseitigung störender Nichtelektrolyte. Dabei spielen oft auch gewisse Nebeneffekte eine Rolle, die z. B. mit Ausflockungserscheinungen in Verbindung stehen.

In Holland hatte man zunächst der Anwendung von Kunstharzaustauschern größte Aufmerksamkeit zugewandt. Hohe Beachtung fand hier weiterhin die spezielle Entwicklungsrichtung der Kunstharzadsorbentien, nämlich die Anwendung von Kunstharzen zur Reinigung von Flüssigkeiten insbesondere ihre Befreiung von Verunreinigungen kolloidalen Charakters (Kläreffekt[1])). Im Kapitel 3.2. (s. a. Anhang unter 3.) wird darüber ausführlich berichtet werden.

Es kann nicht das Ziel dieser Darstellung sein, eine auch nur einigermaßen vollständige Aufstellung der heute bekannten und gebrauchten Adsorbentien zu geben. Feste Stoffe aller Art wären hier zu nennen; neben den bereits erwähnten Adsorbentien wie Ton, Kohle, koaguliertem Eiweiß, Marmor oder gefälltem kohlensaurem Kalk werden Gips und schwerlösliche Mg-Verbindungen angewandt: Von größerer praktischer Bedeutung sind zahlreiche natürliche oder künstliche Metallhydroxyde, wie Bauxit, $Al(OH)_3$, $Fe(OH)_3$.

Einige der genannten Adsorptionsmittel, darunter die beiden letzten, werden häufig in der zu reinigenden Flüssigkeit als Niederschläge frisch erzeugt, zumal dann der Reinigungseffekt bedeutend größer ist.

Der vorstehend gegebene historische Überblick sei ergänzt durch einige Bemerkungen über die Entwicklung der benutzten Apparate, insbesondere der bei der Anwendung von Adsorbentien verwandten technischen Hilfsmittel.

1.3.2. Apparatives

Früher angewandte Apparatur

In erster Linie werden beim Einsatz von Ionenaustauschern oder von Adsorbentien für Allgemeinadsorption Filtrationshilfsmittel benötigt. Filterpapier als Filtrationsmedium wurde schon vor unserer Zeitrechnung von den Chinesen angewandt. Auch der Gebrauch eines einfachen Sandfilters, eines mit einer perforierten Bodenplatte ausgestatteten Behälters mit aufgelagertem Sandbett, war schon früh bekannt; ein genauer Zeitpunkt läßt sich aber nicht angeben.

Später wurde ein ähnlich gestaltetes, zumeist mit Sand beschicktes Filter angewandt, das mit einem der Stützplatte unmittelbar aufgelagertem Gewebe ausgestattet war. Als Gewebe diente ursprünglich Filz, dann nahm man auch Tücher aus Pflanzenfasern. Diese primitiven Vorrichtungen wurden zu Apparaten hoher Vollkommenheit ausgestaltet, als überall in Europa und in Amerika die große industrielle Entwicklung einsetzte.

Für die Zuckerindustrie kamen zu Anfang des 19. Jahrhunderts mancherlei mit filmartigen Filtermedien arbeitende Filtertypen auf. Sandfilter, längere Zeit ausschließlich für Zwecke der Wasserfiltration angewandt, behielten noch lange

[1]) Die Klärwirkung, welche Ionenaustauscher (zumeist Kationenaustauscher in der H-Form auf Lösungen mit Trübungsstoffen sauren bzw. amphoteren Charakters) ausüben, wird in der Regel durch Kontaktaustausch mit den Kolloiden eingeleitet. Folgereaktion: teilweise Entladung, partielle Dehydratation des Kolloides unter innerer Absättigung bzw. Molekülassoziation, schließlich kommt es zum Ausflocken, vielfach unmittelbar auf dem Austauscher.

ihre primitive Form. Streng genommen wurden selbst bis heute nur diejenigen Teile vervollkommnet, welche auf vereinfachte Bedienung und auf Arbeitsersparnis abzielten, insbesondere wurde eine wirtschaftliche Arbeitsweise zur Reinigung des Sandes angestrebt; doch datiert diese Entwicklung erst von Anfang dieses Jahrhunderts an.

Wo nur irgend möglich, ist man in der Zuckerindustrie bei der Saftreinigung weiterhin beim Absitzenlassen der Verunreinigungen verblieben; dies ist die klassische Arbeitsmethode der ältesten Zuckerpflanzungen.

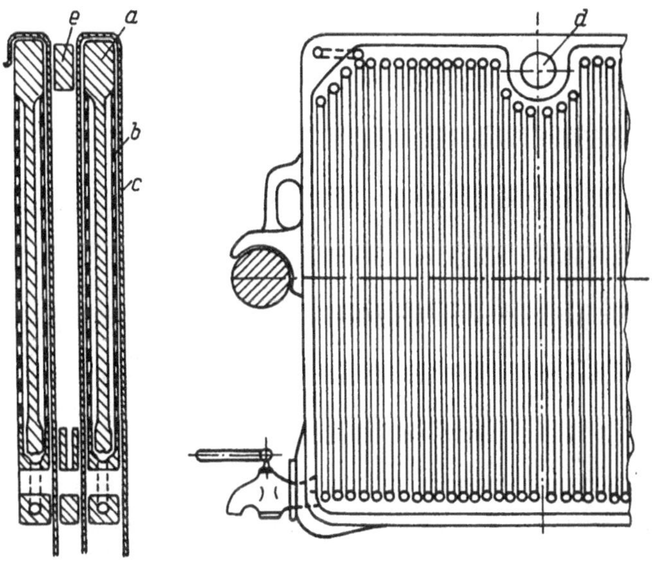

Abb. 1. Rahmenpresse

a – Kammer *b* – Sieb *c* – Tuch *d* – Schlammsaftzulauf *e* – Rahmen

Auch Apparate mit einem Kontaktbett aus körnigem Material haben keine glänzende Entwicklung genommen. Die alten Knochenkohlefilter findet man selbst in modernen Zuckerraffinerien in ihrer einfachen Form sogar noch heute. Gleiches gilt für die seit Anfang dieses Jahrhunderts zur Wasserenthärtung verwandten Apparate, die gegenwärtig zu mannigfachen Ionenaustauschreaktionen dienen; sie wurden prinzipiell kaum abgewandelt. Es fehlt zwar nicht an Vorschlägen für Vorrichtungen, Austauschverfahren im Dauerbetrieb durchzuführen, doch ist es offenbar zu einer zuverlässigen technischen Lösung dieses Problems noch nicht gekommen. Eine hoffnungsvolle Neuentwicklung, mit der bereits gute Ergebnisse erzielt worden sind, wird im Kapitel 4.3. behandelt. Filter mit filmartigen Medien zur Entfernung von Schwebestoffen aus Flüssigkeiten werden seit $1^1/_2$ Jahrhunderten in vielen Ausführungsformen hergestellt. Im sogenannten Taylorfilter wird die zu filtrierende Flüssigkeit langen, röhrenförmigen, den Filtrationsschmutz zurückhaltenden Säcken zugeführt, aus denen der filtrierte Saft klar wieder austritt. Dieser Filtertyp wurde bald von einem Sackfilter in flacher Form abgelöst, bei dem der Saftstrom in umgekehrter Richtung läuft. Diese Ausführungsform bringt den Vorteil, daß man einen, ein trübes Filtrat liefernden Filtersack in einfacher Weise abschalten kann, ohne daß der von den anderen Filtrationselementen abfließende klare Flüssigkeitsstrom getrübt wird.

Eine besondere Klasse von Filtern stellen die Filterpressen dar, bei welchen die Filtertücher zwischen flachen Platten liegen und in Rahmen eingeklemmt werden; eine große Anzahl von Tüchern, Platten und Rahmen ist hier vereinigt.

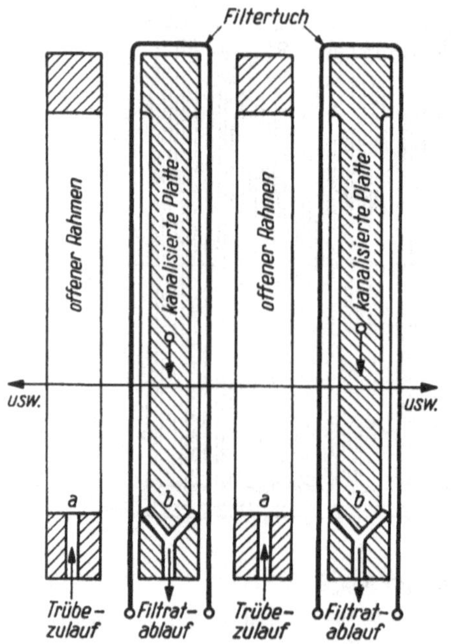

Abb. 2. Filterpresse

Die Rahmenpresse ist aus drei Grundelementen

1. Saftkammer
2. Wasserkammer
3. Schlammrahmen

aufgebaut, die in der Reihenfolge — Saftkammer — Schlammrahmen — Wasserkammer — Schlammrahmen — Saftkammer angeordnet werden.

Kennzeichen der Rahmenpresse sind die flachen Platten, die dazwischen liegenden Kammern, in denen sich der Schlamm ablagert und die Tücher ohne zentrales Loch, die glatt über die Kammern gelegt werden.

Offene Rahmen mit Zulauf und geriffelte Platten mit Ablauf wechseln einander ab. Die unreine und trübe Flüssigkeit tritt durch einen die ganze Filterpresse als Bohrung durchziehenden Kanal in je einen Leerrahmen ein, der beiderseits von zwei Filtertüchern begrenzt ist, die den geriffelten Platten der beiden Nachbarrahmen aufliegen und mit diesen ein Filterelement bilden. Schmutzstoffe und Schlamm häufen sich allmählich auf den Tüchern und damit in den Leerrahmen an, während das klare Filtrat hinter den Tüchern über die Riffelung einem Kanal im Inneren der Riffelplatte zuläuft. Von da aus führen Hähne von den einzelnen Platten nach außen, die über einer Sammelrinne sitzen, so daß sie bei Trübwerden des Ablaufes einzeln abgestellt werden können.

Neue Filter und Absetzvorrichtungen

Seit etwa 20 Jahren sind Sackfilter üblich, die anstelle von Tüchern Feindrahtgewebe aufweisen. Auf das Drahtgewebe wird mittels einer Flüssigkeit ein Filtrationshilfsmittel aufgespült, meistens Kieselgur, welches alsdann zusammen mit

a

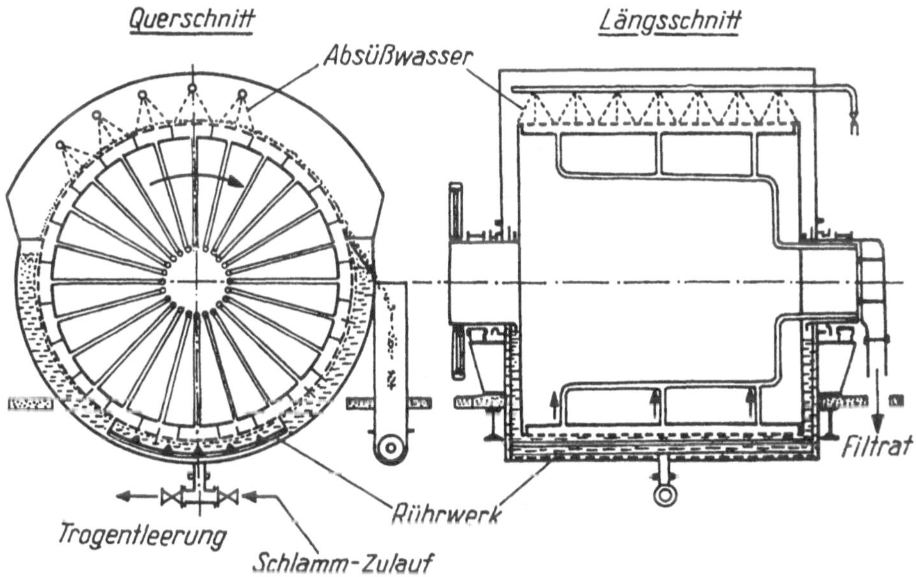

b

Abb. 3a und b. Dauerbetriebsfilter von DORR-OLIVER

dem Drahtstützgewebe das Filtrationsmedium bildet. Das Filter läßt sich nach Gebrauch in einfacher Weise reinigen, da man das Filtrationshilfsmittel mittels eines Wasserstrahles von dem Drahtgewebe leicht fortspülen kann. Alle diese Filterapparate werden in verschiedenen Modifikationen und Kombinationen auf den Markt gebracht.

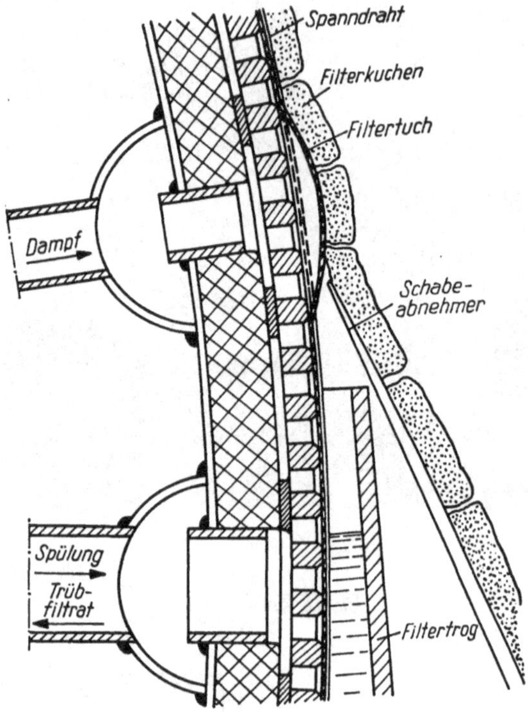

Abb. 4. Schlammkuchen-Abnahme bei einem Dreh-Filter

In letzter Zeit ist tüchtige Arbeit geleistet worden, um eine im Dauerbetrieb brauchbare Filterapparatur für die Filtration schwebender Stoffe zu entwickeln. So werden rotierende Trommelfilter, „Saugzellen“-Filter, Bandfilter usw. verwandt. Der Prototyp dieser kontinuierlich arbeitenden Apparate geht auf die siebziger Jahre des vorigen Jahrhunderts zurück. Dies zeigt deutlich, daß hier erst eine umfangreiche Entwicklungsarbeit zu leisten war und daß auch kein einfaches Problem vorliegt.

Dauerbetriebfilter dieser Art werden jetzt manchmal zur Filtration des ersten Saturationssaftes und des daraus abgeschiedenen Schlammes angewandt; man benutzt sie trotz gewisser, dem System anhaftender Nachteile, wie weniger gründlichen Absüßens, oft auch trüber Filtrate, nassen Schlammes usw. Meist steht die damit erzielte Arbeitsersparnis als entscheidender Faktor im Vordergrund. Voraussetzung für einen guten Erfolg dieser Dauerbetriebsverfahren sind Absitzvorrichtungen, die in großer Verschiedenheit der Form angewandt werden. Ganz allgemein bietet das Absitzenlassen fester Stoffe aus Flüssigkeiten keine Schwierigkeiten, erfordert aber lange Verweilzeiten, also sehr große Behälter. In der Praxis geht es aber meist darum, mit einer möglichst kleinen und einfachen Apparatur in kurzer Zeit große Mengen Saft zu verarbeiten, ein Dilemma, dessen Lösung viel Erfahrung erfordert.

1.4. Literatur

Buchliteratur über Zuckerverarbeitung, Gebrauch von Adsorbentien usw.

BARLAEUS, C., Rerum per octennium in Brasilia et alibi gestarum sub praefectura comitis Johannes Mauritii Nassoviae historia Amsterdam, 1647

BLACHETTE et ZOEGA, ,,*Manuel du Fabricant de Sucre et du Raffineur*", Paris, 1829

DE BOER, I. H., ,,*The dynamical charakter of adsorption*", Oxford, Clarendon Press, 1953

CALMON, C., und T. R. E. KRESSMAN, ,,*Ion Exchange in Organic and Biochemistry*", New York, 1957

Noel DEERR, ,,*History of Sugar*", London, 1950

DUBOURG, J., ,,*Sucrerie de Betteraves*", Paris, 1952

GRIESSBACH, R., ,,*Austauschadsorption in Theorie und Praxis*", Akademie-Verlag, Berlin, 1957.

HELFFERICH, F., ,,*Ionenaustauscher*", Bd. I, Weinheim/Bergstr., 1959

History of New York, New York, 1864

HONIG, P., und Mitarbeiter, ,,*Principles of Sugar Technology*", New York, London, 1953, siehe insbes. S. 655–719, ebenda, Seite 655–710

HOUBEN-WEYL, ,,*Arbeitsmethoden der organ. Chemie*", Stuttgart, 1958 Bd. I, 521 ff., Kapitel ,,*Ionenaustauscher*" von R. GRIESSBACH

KITCHENER, J. A., *Ion Exchange Resins*", London, 1957

KUNIN, R., und MEYERS, ,,*Ion Exchange Resins*", New York, 1958

Le grand d'AUSSEY, ,,*Histoire de la vie privée des François*", 1782

LEVEY, M., ,,*Chemistry and Chemical Technology in ancient Mesopotamia*", Amsterdam, 1959

VON LIPPMANN, E. O., ,,*Geschichte des Zuckers*", Berlin 1929

NACHOD, und J. SCHUBERT, ,,*Ion Exchange Technology*", New York, 1956

PAYNE, J. H., in Pieter HONIG ,,*Principles of Sugar Technology*", 1953, Seite 726–766

POPPE, ,,*Geschichte der Technologie*", Göttingen, 1811

PRINSEN-GEERLIGS, H. C., ,,*Cane Sugar and its Manufacture*", London, 1930

REED, ,,*The History of sugar and sugar yielding plants*", London, 1866

REISIG, J. H., ,,*De Suikerraffinadeur of Volledige beschrijving van het suiker*", 1793, Dordrecht

DE RENZI, Collectio Salernitana, Napels, 1859

Angelis SALA, Opera-Medico-Chymica, Rostock, 1650

SCHMIDT, CH. H., ,,*Handbuch der Zuckerfabrikation*", Weimar, 1858

SPENCER, G. L., und G. P. MEADE, ,,*Cane Sugar Hand Book*", New York, 1945, S. 333

ULLMANN, F., ,,*Enzyklopaedie der technischen Chemie*", Berlin u. Wien, Bd. 6 (1930), 617

VACCARO, Sul richiamo della canna zuccerine in Sicilia, Palermo, 1825

WOHRYZEK, O., ,,*Chemie der Zuckerindustrie*", Berlin, 1928

Verein der Zuckerindustrie, ,,*Technologie des Zuckers*", Hannover, 1955

,*Der technische Wert der Zuckerrübe*", Elsevier Publ. Co. Amsterdam, 1962

Polare und unpolare Adsorption

Activit, D. P. 923720 (Nied. Pr. 1939)
Activit, Am. P. 2671059 (Niederl. Pr. 1940)
Alien Property Custodian (P. Smit), Veröffentlichung 11. 5. 43 n. Patentanm. Niederl. Pr. v. 1939
Griessbach, R., und O. Richter, Kolloid-Z. **146** (1956), 107—120
Nakamura, M., J. Chem. Soc. Jap. **61** (1958), 1150—52

Frühe Mitteilungen über Adsorbentien in der Zuckerindustrie

Blachette und Zoega, „*Manuel du Fabricant de sucre et du Raffineur*", Paris, 1829
Noel Deerr, „*History of Sugar*", London, 1950
Lippmann, E. O. von, „*Geschichte des Zuckers*", Berlin, 1929
Reisig, J. H., „*De Suikerraffinadeur of Volledige beschrijving van het suiker*", Dordrecht, 1793
de Renzi, „*Collectio Salernitana*", Napels, 1958
Angelussala, Opera Medico Chymika, Rostock, 1950
Vaccaro, „*Sul Richiamo della canna zuccerina in Sicilia*", Palermo, 1825

Erste Hinweise auf Ionenaustauscher (bis ca. 1850)

de Bussy, Journal de Pharmacie 8 (1827), 257
Rousseau, Bull. Sté. d'Encouragement, März 1850, S. 338
Hes, J. W., Chemisch Weekblad (1951), 612
Schmidt, Ch. H., „*Handbuch der Zuckerfabrikation*", Weimar, 1858
Ullmann, F., „*Enzyklopädie der techn. Chemie*", Bd. **6** (1930), 617; Bd. **10** (1932), 822
Vaccaro, „*Sul Richiamo de canna zuccerina in Sicilia*", Palermo, 1825

Entwicklung der Ionenaustauscher und deren Anwendung seit ihrer Entdeckung durch Spence

Activit (J. J. du Saar) Niederl. P. 49741 (Anm. 1940)
Activit (P. Smit), Am. P. 2191063; Niederl. Pr. v. 1934
Adams, B. A., und E. L. Holmes, J. Soc. Chem. Ind. T. **54**, 1—6 (1935)
Cathcart, E., J. Roy. Agr. Soc., **10** (1874), 519
Claassen, H., Z. d. Vereins Deutscher Zuckerindustrie **57** (1907), 931
Deuel, H., und F. Hostettler, Experimentia **6** (1950), 445—56
Eichhorn, H., Poggendorfs Ann. **105**, 126 (1858)
Gen. Electric Co. (G. F. d'Adelio), Am. P. 2366007 (Anm. 1942)
Farbenfabrik Bayer, Fr. P. 645669 (D. Prior 1932)
Gans, R., Jb. Kgl. preuss. Geol. Landesanstalt, **26** (1905), 179
Griessbach, R., Angew. Chem. **52** (1939), 215
Harms, D. R. P. 95447 (1896)
Hirschmüller, H., Z. Zuckerind. **1** (1951), 5—7
Klingelhoefer und Halse, Fr. P. 326125 (Anm. 1902)
Lemberg, J., Z. dtsch.-geol. Ges. **22** (1870), 355ff.; **28** (1876), 519ff.
Raikow, P. N., Chemiker-Ztg. **20** (1896), 303
Rawlings, F. N., und R. W. Shafor, Sugar **37** (1942), 26—28
Rümpler, Int. Kongr. Angew. Chemie, Berlin 1903, III, 59, 69

Spengler, O., und H. Hirschmüller, Jahresbericht des Inst. f. Zuckerindustrie, Teil II (D), 1946
Thompson, H. S., J. Roy. Agr. Soc. **11** (1850), 68
Way, J. T., J. Roy. Agr. Soc. **11** (1850), **313**; **13** (1852), 123
Willstätter, R., und S. Dorogi, Ber. dtsch. chem. Ges. **42** (1909), 2163

Apparative Hilfsmittel in der Zuckerindustrie; Filter, Absitzvorrichtungen

Symposium „Über Absetzung", Sacharnaja Prom. **7** (1962), 9—17
Dickey, J. D., und C. L. Bryden, „*Theorie and Practice of Filtration*", New York, 1946
Hart, W., und J. Hart, E. P. 3734 v. 1872
Woodcroft Patents relating tu sugar, London (1870)

KAPITEL 2

In der Zuckerindustrie eingeführte Ionenaustauscher und Adsorbentien, Kennzeichnung und Arbeitsweise

2.1. Allgemeines über die Herstellung von Kunstharzaustauschern

Über die Herstellung von Ionenaustauschern und sonstigen Adsorbentien gibt es in der Literatur und insbesondere in der Patentliteratur eine große Anzahl Vorschläge, auf die aber hier nicht im einzelnen eingegangen werden kann. Die nachstehenden Betrachtungen seien auf das unmittelbar im Rahmen dieser Arbeit liegende beschränkt. Nähere Aufklärung über Einzelfragen findet der Leser in bekannten Lehrbüchern über Ionenaustausch und zum Teil auch in den Prospekten der Lieferfirmen für diese Adsorbentien.

Polykondensate

Es kann wohl als bekannt gelten, daß anknüpfend an die bereits im Eingangskapitel erwähnte Veröffentlichung englischer Forscher (Adams und Holmes) über Ionenaustauscher auf Kunstharzbasis zunächst die Polykondensate zu technischer Reife entwickelt wurden. Als Hauptkomponente dienten zumeist die hochkondensationsfähigen Phenole bzw. Aniline und deren Derivate nebst Formalin als Kondensationsmittel. Nachdem das Aufbauprinzip klar erkannt war, ergab sich eine schier unübersehbare Synthesemöglichkeit durch Abwandlung der Ausgangskomponenten und ihrer Nebengruppen. Sie spiegelt sich in einer Fülle von Patenten wieder, von denen in der anliegenden Literaturliste nur einige wenige von prinzipieller Bedeutung angezogen sind. Bei Durchsicht der Patentliteratur gewinnt man leicht den Eindruck, daß, um gute Kunstharzaustauscher bzw. -Adsorbentien zu erhalten, als Vor- oder Zwischenstufe immer die Bildung einer klaren, mehr oder weniger durchsichtigen Harzgallerte angestrebt werden müsse, die dann durch Trocknen in ein festes aber quellungsfähiges Gel übergeführt wurde. (Die Begründung für diese Auffassung erhellt aus dem im Abschnitt 2.3. über Struktur Gesagten.) Das Endprodukt der Kondensation stellte man sich zumeist als eine homogene feste Lösung vor. In der Folgezeit sind neben diesen Gelharzen auch Trübharze entwickelt worden, die sich als Harzadsorber (s. u.) vorzüglich bewährt haben.

Im übrigen setzte sich in den letzten Jahrzehnten immer stärker die Auffassung durch, bei Herstellung der Ionenaustauscher die Mannigfaltigkeit der Typen auf einige wenige zu beschränken: demzufolge hat sich auch die Anzahl der benötigten Rohstoffe verringert.

Polymerisate

Die technische Herstellung von Ionenaustauschern auf dem Wege der Polymerisation setzte etwas später ein und wurde vor allem durch amerikanische Forscher vorangetrieben. Der Fortschritt gegenüber den auf dem Kondensationswege erhaltenen Ionenaustauschern liegt vor allem in folgenden Punkten: Es ist auf diesem Wege wesentlich leichter möglich, Harze bestimmten Vernetzungs- und somit Quellungsgrades zu erhalten; auch gelingt es, monofunktionelle Austauscher herzustellen. Letzteres ist bei der Polykondensation nicht möglich, weil die für die Kondensationsfähigkeit verantwortlichen phenolischen Hydroxyl- bzw. aromatischen Aminogruppen als schwachsaure bzw. -basische Nebengruppen eine gewisse Polyfunktionalität des Austauschers bedingen. Diese im fertigen Harz verbliebenen Nebengruppen sind auch verantwortlich für eine erhöhte Quellungsfähigkeit der Austauscher sowie einige andere unerwünschte Nebenwirkungen.

Die auf dem Wege der Polymerisation gewonnenen Ionenaustauscher verwenden, wie ein Blick in die Literatur zeigt, als Ausgangskomponente heute vorwiegend mit Divinylbenzol vernetztes Styrol.

In der Dosierung der bifunktionellen Komponente hat man ein Mittel in der Hand, Quellung und Schrumpfung des Ionenaustauschers innerhalb der gewünschten Grenzen zu halten und Produkte einer dem jeweiligen Verwendungszweck angepaßten Dichte zu erzielen. Außer der Zudosierung des Divinylbenzols gibt es noch einige andere Mittel, um die Raumvernetzung (d. h. Anzahl der Kreuzbindungen im Austauscher) zu steuern. Zur Herstellung von Ionenaustauschern wird heute zumeist von Polymerisaten in Perlform ausgegangen. Diese unter Einhalten bestimmter Arbeitsbedingungen in möglichst einheitlicher Korngröße und Vernetzung erzeugten Kohlenwasserstoffperlen werden zwecks Überführung in Kationenaustauscher mit Schwefelsäure sulfoniert, eine Arbeitsweise, die heute wohl als Standardverfahren gelten kann.

Zur Herstellung von Anionenaustauschern werden die Polystyrolperlen erst chlormethyliert und alsdann aminiert.

Polymerisate auf anderer Rohstoffbasis als Styrol, etwa aliphatischen Komponenten wie Polyäthylen, sind für die Ionenaustauscher- bzw. Adsorberherstellung z. Z. nur von geringer Bedeutung. Zur Herstellung von Carbonsäureaustauschern geht man zumeist von Acrylsäure aus.

Harzadsorber

Aus der Reihe der Kunstharzionenaustauscher haben sich im letzten Jahrzehnt als wichtiger besonderer Typ die schon mehrfach genannten Harzadsorber abgezweigt; es sind dies Kunstharz-Adsorbentien, die neben der Befähigung zum Ionenaustausch in hervorragender Weise großmolekulare polare Stoffe oder Kolloide zu binden vermögen. Von den normalen Ionenaustauschern unterscheiden sie sich u. a. durch ihre „Weitporigkeit". Eine aufgelockerte Struktur kann man bei

Kondensaten, z. B. durch höhere Verdünnung des Kondensationsansatzes erreichen, bei Trübharzen durch gewisse Zusatzstoffe, bei Polymerisaten durch Zurückgehen mit der Vernetzungsmittelmenge.

Die Harzadsorber sind wie die normalen Ionenaustauscher filterfähige Produkte, sie werden wie diese in der Regel in hoher Schicht in Filterkolonnen eingesetzt. Bei gewissen älteren Typen mehr schwammartiger Struktur wurde bisweilen auch Lagerung auf Hürden übereinander empfohlen.

Daneben sind aber auch Adsorber von kolloidalem Charakter auf dem Markt, die ihrer Natur entsprechend im Batch-Verfahren eingesetzt werden: Umsetzung in Rühr- oder Mischbehältern und sodann Abtrennen von der Lösung durch Absitzenlassen oder mittels Separator.

Zu den bekanntesten Stoffen dieser Art gehört der oben erwähnte, in der Zuckerindustrie bekannte Collactivit, der zu den Kohleaustauschern zählt, ferner einige auch in der Klär- und Abwassertechnik gebräuchliche anorganische oder organische Klär- und Flockungsmittel; als kolloidale bzw. makromolekulare Stoffe bilden sie den Übergang zu den flüssigen Ionenaustauschern.

Austauscher und Adsorbentien auf Kohlebasis

Neben den Austauschern und Adsorbern auf Kunstharzbasis sind auch heute noch einige Adsorbentien und Kationenaustauscher auf Kohlebasis von Bedeutung. Und zwar handelt es sich vor allem um eine Weiterentwicklung der durch Schwefelsäurebehandlung von Kohlen gewonnenen, starksauren „Kohleaustauscher alten Stils“ in einen Kationenaustauschertyp von schwachsaurem Charakter. In gewissem Sinne kann man von einer Rückkehr der Produkte auf Kohlebasis in einzelne Anwendungsgebiete sprechen. Sowohl für die Glucoseindustrie wie für die Rüben- und Rohrsaftreinigung gewinnen sie ständig an Interesse, weil sie neben Ionenaustausch eine hohe Befähigung zu unpolarer Adsorption besitzen, also für die Entfärbung von Lösungen aller Art von besonderem Wert sind. Als weitere Empfehlung kommt die Billigkeit dieser Produkte hinzu.

Schwachsaure Kationenaustauscher dieser Art erhält man vorzugsweise auf dem Wege, daß man Sulfogruppen tragende Kationenaustauscher einer Pyrolyse bei 300—400 °C unterwirft. Dadurch werden die Sulfogruppen größtenteils oder völlig wieder abgespalten bzw. zum Verschwinden gebracht.

Produkte ähnlicher Art mit COOH-Gruppen können aber auch aus Kohle (und allgemein kohlenstoffhaltigen Stoffen) direkt durch Oxydation mit Sauerstoff hergestellt werden: ihre Aktivität ist allerdings kleiner als die der vorerwähnten.

Für die Zuckerindustrie sind billige, schwachsaure Kationenaustauscher besonders vorteilhaft, die man aus den in großer Menge anfallenden Säureteeren der Erdölindustrie gewinnt. Letztere werden zu diesem Zwecke in „Acidsludge-decomposing“-Anlagen einer partiellen Verkokung unterworfen. Die Arbeitsbedingungen müssen so gewählt werden, daß dabei Körner passender Struktur gebildet werden.

Zu den schwachsauren Ionenaustauschern mit hoher Allgemeinadsorption zählen weiterhin auch bestimmte Rußarten. Sie können eine innere Oberfläche von über 1000 m^2/g Trockenstoff und darüber aufweisen. Im allgemeinen müssen sie aber, um als Filtermaterialien brauchbar zu sein, erst zu Körnern agglomeriert werden. Sie weisen Sauerstoffgehalte bis zu 16% (auf den Trockenstoff bezogen) auf, ihr pH-Bereich liegt bei 3.

Die bisher gebräuchlichen Austauscher mit schwachsauren funktionellen Gruppen, Carbonsäureharze (meist Resorcylsäure- oder Acrylsäureharze), benötigten als Ausgangsstoffe kostspielige Chemikalien. Demgegenüber bilden die oben erwähnten Rohstoffe eine sehr willkommene, billige und wesentlich breitere Basis für Erzeugung dieses wichtigen Austauschertyps. Die bei vielen Kohleaustauschern bestehende Empfindlichkeit gegenüber Alkalilösungen (Peptisation) ist zwar bei frisch hergestellten Produkten dieser Art sehr ausgeprägt vorhanden, sie ist aber für die Zuckerpraxis bedeutungslos, da sie in Zuckerlösungen fast völlig zum Verschwinden kommt. In vielen Fällen ermöglicht eine leichte Angreifbarkeit durch Alkalilösungen eine billige und schnelle Wiederbelebung, sie ist also eher als Vorteil als ein Nachteil anzusprechen.

Bedenklicher als die Peptisation ist eine Verpulverung des Austauschers. In dieser Hinsicht sind bei der Herstellung von Kohle-Austauschern große Fortschritte erzielt worden, teils durch Wahl der Rohstoffe, teils durch Anpassung der Herstellungsbedingungen an das Rohmaterial. Insbesondere sind, um resistente hochwertige Erzeugnisse zu erhalten, bei der Einwirkung der Sulfierungsmittel auf das kohlenstoffhaltige Rohmaterial schonende Reaktionsbedingungen einzuhalten.

Flüssige Ionenaustauscher

Bei verschiedenen technischen, insbesondere aber metallurgischen Prozessen sind in den letzten Jahren auch flüssige Ionenaustauscher zur Anwendung gekommen. Hierher gehören u. a. einige Waschmittel (z. B. auf der Basis kondensierter Phosphate), ferner synthetische Klärmittel (meist linearpolymere Polyelektrolyte). Für metallurgische Zwecke sind insbesondere Phosphorsäureester bzw. Polyamine mit langkettigen Kohlenwasserstoffresten in Gebrauch. Näheres über Wesen und Anwendung flüssiger Ionenaustauscher findet der Leser im Anhang dieses Buches.

Listen der handelsüblichen Ionenaustauscher

Von den nachfolgenden Tabellen bringt Tab. 1 Angaben über die verschiedenen Austauscher alphabetisch nach den Handelsnamen geordnet. Die russischen Angaben über Austauscher sind nach Dorfner wiedergegeben. In der Tabelle fehlen bisweilen Daten, weil manche Lieferanten derartige Angaben nur mit einer gewissen Zurückhaltung veröffentlichen. Dies ist verständlich, denn schon bei Ein-

Tabelle 1. *Ionenaustauscherliste*

	Matrix	Charakter		Akt. Gr.		Beschaffenheit
Allasion C. S.	Polystyr.	Kat.	st. s.	monof.	SO_3H	Kug.
Allasion C. C.	—	Kat.	—	monof.	COOH	Gran.
Allasion C.	Kohle	Kat.	m. s.	polyf.		Gran.
Allasion AW 2	Polyam.	An.	m. b.	polyf.		Gran.
Allasion AW B3	Polyam.	An.	m. b.	polyf.		Kug.
Allasion AQ 17	Polystyr.	An.	st. b.	monof.	qu. Am.	Kug.
Allasion AQ 27	Polystyr.	An.	st. b.	monof.	qu. Am.	Kug.
Allasion DC 22	Polystyr.	An.	st. b.	monof.	qu. Am.	Kug. Por.
Amberlite IR 112	—	Kat.	st. s.	monof.	SO_3H	Kug.
120						
122					SO_3Na	
124						
Amberlite 200	—	Kat.	extra st. s.	monof.		Kug.
Amberlite IRC 50		Kat.	sw. s.	monof.	COOH	Kug.
Amberlite IRA 400	Polystyr.	An.	st. b.	monof.	qu. Am.	Kug.
Amberlite IRA 401	Polystyr.	An.	st. b.	monof.	qu. Am.	Kug. Por.
Amberlite IRA 401 S	Polystyr.	An.	st. b.	monof.	qu. Am.	Kug. Por.
Amberlite IRA 402	Polystyr.	An.	st. b.	monof.	qu. Am.	Kug. Por.
Amberlite IRA 405	Polystyr.	An.	st. b.	monof.	qu. Am.	Kug. Por.
Amberlite IRA 410	Polystyr.	An.	st. b.	monof.	qu. Am.	Kug. Por.
Amberlite IRA 411	Polystyr.	An.	st. b.	monof.	qu. Am.	Kug. Por.
Amberlite IR 45	Polystyr.		sw. b.		Polyam.	
Amberlite XE 208		E			SO_3H	
Amberlite XE 100		E			SO_3Na	
Amberlyst 15		Kat.	extra st. s.			Kug. Por.
Anex L	Lutidin	An.	st. b.			Kug. Kondensat
Asmit 173 N.	—		—		—	Gran.
Asmit 173 NP	—		—		—	Gran. Por.
Asmit 259 N	—		—		—	Kug.
Asmit 224	—		—		—	Kug.
Asmit 261	—		—		—	Kug.

nebst Erläuterungen

Körnung mm	pH-Bereich	max. Temp.	Totale Kap. (mval/l)	Totale Kap. (mval/g)	Volumen-änderung	Bemerkungen Anwendung
0,31—0,63	1—14	100°C	—		—	
0,31—0,63	1—14	90°C	—		—	
0,4 —1,25	—	50°C	—		—	
0,4 —1,25	0—8,5	45°C	—		—	
0,3 —1,25	0—8,5	45°C	—		—	
0,31—0,63	1—14	50°C	—		—	
0,31—0,63	1—14	45°C	—		—	
—	—	45°C	—		—	
16—50 M.	0—14	—	1900	5,0 4,4	—	u. a. für Mischbett
						niedrige Porosität
—	0—14	—	—		—	
	0—14		3500	10,0	—	
16—50 M.	0—14	140°F	1200		OH + 27%	
16—50 M.	0—14	140°F	800		OH + 27%	Entfärbung von Zuk-kerlösungen-Kapazi-
16—50 M.	0—14	170°F in Cl-form	800	3,4	OH + 25%	tätsabfall über pH 10,5
16—50 M.	0—14	105°F	1200	4,3	OH + 10%	dto.
—	0—7		—			
	0—7	212°F	2000	5,0	Cl + 15%	hohe Kap.
—						porös
						Entfärbungsharz
			1200	4,3		hochporös
0,3—1,2	max. Entf. 3—5	100°C	—		—	Entfärbung von Glukoselösungen etc.
0,3—1,2			—		—	
0,6—1,2	3—9	pH 8,50°C	—		—	Polizeiharz etc.
0,3—1,8	1—10	pH 7 100°C pH 5 30°C	—		—	Zuckersäfte m. hohem Salzgehalt
0,4—0,8	3—9	pH 8 50°C				Entf. Zuckerklären

(Fortsetzung)

	Matrix	Charakter		Akt. Gr.		Beschaffenheit
De-Acidite E	Phenol	An.	m. b.	polyf.	Amin	Gran.
De-Acidite FF	Polystyr.		st. b.	monof.	qu. Am.	Kug.
De-Acidite M	Polystyr.		sw. b.	polyf.	prim. sec Amin	Kug.
De-Acidite GH	—	An.	sw. b.			
Dowex 30	—	Kat.	st. s.			—
Dowex 50		Kat.	st. s.	monof.	SO_3H	Kug.
Dowex 50 W		Kat.	st. s.	monof.	SO_3H	Kug.
Dowex 1	—	An.	st. b.	monof.	—	Kug.
Dowex 2	—	An.	st. b.	monof.		
Dowex 3	—	An.	m. b.—sw. b.			
Dowex 11	—		—		qu. Am.	—
Dowex 21 K	—		—			—
Duolite C 3	Phenol		st. s.		SO_3H	Gran.
Duolite C 10	Phenol		st. s.		SO_3H	Gran.
Duolite C 20	Polystyr.	Kat.	st. s.	monof.	SO_3H	Kug.
Duolite C 25	Polystyr.	Kat.	st. s.	monof.	SO_3H	Kug.
Duolite C 27	Polystyr.				SO_3H	Kug.
Duolite C 63	Polystyr.		m. s.		$P(O)(OH)_2$	Kug.
Duolite CS 100	Kohle	Kat.	st./schw. s.	polyf.	COOH	Kug.
Duolite CS 101	Acr.	Kat.	sw. s.			
Duolite A. 101 D.	Polystyr.		st. b.		qu. Am.	Kug.
Duolite A 101 D A 102 D	Polystyr.		st. b.	monof.	qu. Am.	Kug.
Duolite A 30 A 30 B	Epoxy Polyam.	An.	m. b.	polyf.		Kug.
Duolite A 30 T A 41	Polyam.		sw. b.		$N(R)_2$	Kug.
Duolite A 40, 42, 44	Polystyr.		st. b.			
Duolite A 7	Phenol		st. b.		$N(R)_2$	Gran.
Duolite A 4, A 6	Phenol		st. b.		$N(R)_2$	Gran.
Duolite A 2	Phenol		st. b.		$N(R)_2$	Gran.
Duolite S 10	Phenol		—		Cu	Gran.

Körnung mm	pH-Bereich	max. Temp.	Totale Kap. (mval/l)	Totale Kap. (mval/g)	Volumenänderung	Bemerkungen Anwendung
0,3–1,2	–0–7		—		—	
0,3–1,2	0–14	In OH-form 60 °C	—		—	
0,3–1,2	0–8	100 °C	—		—	
20–50 M	—	—	—		—	
20–50 M	0–14	150 °C	1900		H + 8%	
20–50 M	0–14	150 °C	1900		H + 8%	für Mischbett
20–50 M	0–14	—	1300		OH + 20%	hohe Kap.
—	—	—	—		—	Ionen-Verzögerg.
—	—	—	—		—	sel.
10–50 M	0–9	60 °C	1200		—	Behandlung von Rübenzucker u. Stärkesirup
10–50 M	0–9	40 °C	600		—	
16–50 M.	0–14	150 °C	2200		—	
16–50 M	0–14	120 °C	1700			Mischbett und Zuckerraffinierg.
16–50 M	0–14	150 °C	2100			
16–50 M	4–14	100 °C	3300			
16–50 M	6–14	100 °C	3500			
16–50 M	0–14	ROH 60 °C RCl 100 °C	1400			
16–50 M	0–14	ROH 40 °C RCl 100 °C	1400			
10–50 M	0–9	80 °C	2600			
10–50 M	0–8	80 °C	2800			Entsalzung von Zuckerl. hohe Kap.
10–50 M	0–4	40 °C	2500			Zuckerraffinierg.
10–50 M	0–5	50–60 °C	2000 A-4 2400 A-6			Zuckerraffinierg.
10–50 M	0–4	40 °C	2300			Rübenzuckerraff.
10–50 M	6–10	40 °C	—			Redoxharz

(Fortsetzung)

	Matrix	Charakter		Akt. Gr.		Beschaffenheit
Duolite S 30, 35	Phenol	E			OH	Gran.
Dusarit S	Kohle		m. s.	polyf.		Gran.
Imac C 19	Kohle	Kat.	st. + sw. s.	polyf.		Gran.
Imac C 12, 14	Polystyr.	Kat.	st. s.	monof.	SO_3H	Kug.
Imac C 26	Polystyr.	Kat.	st. s.		SO_3H	Gran.
Imac C 16 P	Polystyr.	Kat.	st. s.		SO_3H	Kug.
Imac Z 5	Acr.		sw. s.		COOH	Kug.
Imac A 13						
A 17	Polyam.	An.	m. b.	prim.sel.	polyf.	Kug.
A 19				ter. qu. Am.		
Imac A 27	Polyam.	An.	m. b.	prim.sel.	polyf.	Kug.
Imac A 20	Polyam.	An.	sw. b.	ter.	polyf.	Kug.
A 21						
Imac A 33	Polyxyl.		sw. b.	prim.sel.		Gran.
A 34				ter.		
Imac S 5—40	Polystyr.		st. b.	Trim.typ	monof.	Kug. por.
S 5—42	Polystyr.		st. b.		monof.	por.
Imac S 5—50	Polystyr.		st. b.	Trim.typ	monof.	por.
Imac S 5—52	Polystyr.	An.	st. b. abgeschw.	Dim. aeth.	monof.	por.
Ionac C-150	Kohle				polyf.	Gran.
Ionac C-151	Kohle				polyf.	Gran.
Ionac C-200	Kohle				polyf.	Gran.
Ionac C-265						Gran.
Ionac C-240	Polystyr.	Kat.	st. s.	SO_3H	monof.	Kug.
Ionac C-250	Polystyr.	Kat.	st. s.	SO_3H	monof.	Kug.
Ionac C-255	Polystyr.	Kat.	extra st. s.	SO_3H	monof.	Kug.
Ionac C-260	Polystyr.	Kat.	st. s.	SO_3H	monof.	Kug.
Ionac C-270	Acr.	Kat.	sw. s.	—	monof.	—
Ionac X. L. C	—		—	Phosph.		—
Ionac A-200						
A-260	---	An.	sw. b.	—	polyf.	Gran.
A-263						
Ionac A-300	—	An.	m. b.	—	polyf.	Gran.
A-330						
Ionac A-540	—	An.	st. b.		monof.	Kug.
A-550						

Körnung mm	pH-Bereich	max. Temp.	Totale Kap. (mval/l)	Totale Kap. (mval/g)	Volumen-änderung	Bemerkungen Anwendung
10–50 M	0–8	40°C				Entfärbungsharz
0,3–1–2	0–14	80°C			Na + 15%	Glukosereinigung
	0–14	100°C	1000			
0,3–1–2	0–14	120°C	2000			
0,3–1–2	0–14	120°C	2000			
0,3–1–2	0–14	120°C	2100			
0,3–1–2	4–14	100°C	3000			
0,3–2	0–8	$>$ pH 7 100°C $\leq$ pH 5 30°C	–			
0,3–2	0–8	$\geq$ pH 7 – 100°C $\leq$ pH 5 40°C	–			
0,4–0,8	0–8	bei 100°C	–			
0,3–1,3	0–8	bei 40°C	–			Entfärbung und Entsalzung
0,4–0,8	0–14	$>$ pH 8 50°C $<$ pH 8 100°C				
0,4–0,8	0–14	$>$ pH 8 50°C $\leq$ pH 8 100°C	1200			hohe Kap.
0,4–0,8	0–14	$>$ pH 8 40°C $<$ pH 8 80°C	1200			

(Fortsetzung)

	Matrix	Charakter		Akt. Gr.		Beschaffenheit
Ionac A-580-A-590	—	An.	sel.	monof.	—	—
Ionac D-100		E				
KB-1	Methacr.	Kat.	sw. s.	COOH		
KU-2	Polystyr.	Kat.	st. s.	monof.	SO_3H	Kug.
Kastel C-300	Polystyr.	Kat.	st. s.	monof.	SO_3H	Kug.
Kastel C-100	Acr.	Kat.	sw. b.	monof.	COOH	Kug.
Kastel A-500	—	An.	st. b.	monof.	qu. Am.	Kug.
Kastel A-200			st. s. sw. b.	polyf.		
Kastel A-300 A-300 C	—	An.	sw. b.	monof.	qu. Am.	Kug.
Kastel A-100	—		m. b.		—	Kug.
Katex S	Polystyr.	Kat.	st. s.	SO_3H		Kug.
Lewatit S-100 Q-100	Polystyr.	Kat.	st. s. extra	monof.	—	Kug.
Lewatit S-115	—				—	Kug.
Lewatit K. S. N.	—		st. s.		—	Gran.
Lewatit C. N. O.	Kohle	Kat.	sw. s.	polyf.	—	Gran.
Lewatit C. N. S.	—	Kat.	m. s.		—	Gran.
Lewatit M. J. H.-59	—	An.	m b.	polyf.	—	Gran.
Lewatit M. P. 60	—	An.	sw. b.		—	Kug.
Lewatit M. N.	—	An.	st. b.		—	Gran.
Lewatit M-500	—	An.	extra st. b.	monof.	—	Kug.
Lewatit M-600	—	An.	st. b.	monof.	—	Kug.
Lewatit M. P.-500	—	E	st. b.		—	Kug.
Lewatit M. P.-600	—	An.	st. b.		—	Kug.
Nalcite H. C. R.	Polystyr.	Kat.	st. s.	monof.	SO_3H	Kug.
Nalcite H. C. R. W.	Polystyr.	Kat.	st. s.		SO_3H	Kug.
Nalcite SBR-P	Polystyr.	An.	st. b.	monof.	—	Kug.
Nalcite SBR-M	Polystyr.	An.	st. b.	monof.	—	Kug.
Nalcite SBR	Polystyr.	An.	st. b.			Kug.
Nalcite SAR	Polystyr.	An.	st. b.	monof.	—	Kug.
Permutit H 53						
Permutit J 53	Kohle	Kat.	st. + sw. s.	polyf.		
Permutit C 40 216 A						
Permutit R. S.	Polystyr.	Kat.	st. s.	monof.	SO_3H	Kug.
Permutit E. S.	Polystyr.	An.	st. b.	monof.	qu. Am.	Kug.

Körnung mm	pH-Bereich	max. Temp.	Totale Kap. (mval/l)	Totale Kap. (mval/g)	Volumenänderung	Bemerkungen Anwendung
						porös, hohe Kap.
						Entf. Harz
0,3–1,5		130 °C		4,5		Wasseraufbereitg.
0,3–0,9	0,1–14	120 °C				
0,25–0–7	0,1–14	80–90 °C				
0–25–0,8	0,1–12	65 °C				
0–25–0,8	0,1–12	40 °C				
0,3–1	0,1–8,5	45 °C				
0,3–1	0–12	110 °C				
0,3–1	0–12	110 °C				
0,3–1,5	0–8	30 °C		4,0		
0,3–1,6	0–8	40 °C		4,0		
0,3–1,6	0–8	40 °C		5,0		
0,3–1,2	1–14	30 °C		6,0		
0,3–1,5	1–14	100 °C		6,3		
0,3–2	1–14	30 °C		2,3		
0,3–1,2	1–14	70 °C		3,3		
0,3–1,2	1–14	40 °C		3,3		
0,3–1,5	1–14	70 °C		4,0		Ads. Harz
0,3–1,5	1–14	40 °C		3,7		
16–40 M	–	150 °C		–	Na + 5%	
20–40 M	–	150 °C			Na + 5%	
20–35 M	–	50 °C			OH + 25%	
14–20 M	–	–			–	
20–35 M		60 °C			OH + 20%	
20–25	–	40 °C			OH + 20%	porös
–	0–14	100 °C, 40 °C (OH-form)			–	
–	0–14	–			–	

(Fortsetzung)

	Matrix	Charakter		Akt. Gr.		Beschaffenheit
Permutit S 1	Polystyr.	An.	st. b.	monof.	qu. Am.	Kug.
Permutit S 2	Polystyr.		st. b.	monof.	qu. Am.	Kug.
Permutit ESB-26	Polystyr.		st. b.	monof.	qu. Am.	Kug.
Permutit E 5			m. b.	polyf.		
Permutit E-3	—		m. b.	polyf.	ter.	—
Permutit H 70		Kat.	sw. s.		COOH	
Relite C. F.	—	Kat.	st. s.	monof.	—	—
Relite C. F. S.	—	Kat.	extra st. s.	monof.	—	por.
Relite C. C.	—	Kat.	m. s.		COOH	—
Relite 2 A	—	An.	st. b.	monof.	—	—
Relite 3 A	—		st. b.		—	—
Relite 2 A. S.	—	An.	st. b.	monof.	—	por.
Relite 3 A. S.	—		st. b.	monof.	—	por.
Varion KC	Acr.	Kat.	sw. s.	COOH		
Varion AP	Polystyr.	An.	st. b.			Kug.
Varion ADA	Polystyr.	An.	m. b.	ter. Am.		Kug.
Varion AED	Polystyr.	An.	sw. b.	prim. sec. Am.		Kug.
Vionit CS-2	Polystyr.	Kat.	st. s.	SO_3H		Kug.
Vionit KS 21	Polystyr.	Kat.	st. s.	SO_3H		Kug. por.
Vionit AT I	Polystyr.	An.	st. b.			Kug.
Wofatit Z		Kat.	st. s.			Gran.
Wofatit F	Phenol	Kat.	st. s.	polyf.	SO_3H	Gran.
Wofatit P	Phenol	Kat.	st. s.	polyf.	SO_3H	Gran.
Wofatit KS	Phenol	Kat.	st. s.	polyf.	SO_3H,OH	Gran.
Wofatit CN	Phenol	Kat.	st. s.	polyf.	SO_3H	—
Wofatit CP	Acr.	Kat.	sw. s.	monof.	—	Kug.
Wofatit KPS	Polystyr.	Kat.	st. s.	monof.	SO_3H	Kug.
Wofatit M-1			sw. b.			Gran.
Wofatit MD	Aromat. Amin	An.	sw. b.	polyf.		Gran.
Wofatit N	—	An.	sw. b.	polyf.		Gran.
Wofatit L-150	Polyalk.	An.	st. b. + m. st. b.	polyf.		Gran.
Wofatit CV	Phenol	Kat.	sw. s.	COOH		Gran.
Wofatit MBW	Polystyr.	Kat. An.	st. s./ st. b.	SO_3H/qu. Am.		Kug.
Wofatit SBW	Polystyr.	An.	st. b.	qu. Am.		Kug.

Körnung mm	pH-Bereich	max. Temp.	Totale Kap. (mval/l)	Totale Kap. (mval/g)	Volumen-änderung	Bemerkungen Anwendung
—		—			—	hohe Kap.
—		—			—	hohe Porosität
—	0–14	70 °C			—	
—	—	—	—		—	Reinigung von Zuckerl.
—	1–14	150 °C				
—	1–14	150 °C				
—	7–14	150 °C				
—	1–14	32 °C				
—	1–14	65 °C				
—	1–14	32 °C				
	1–14	65 °C				
0,6–2,0	0–14			3,0		Metallurgie-Austauscher für Uran
0,3–1,5	—	50 °C		2,9		Entsalzung Zuckerl.
0,3–1,5	—	97 °C		1,3		Entkalkung Zucker-lösg.
0,3–1,5		30 °C		2,0		
0,3–1,0		30 °C		10,0		
0,3–1,0	—	115 °C		4,5		Entkalkung Zuckerl.
0,3–1,5		30 °C				
0,3–1,5		50 °C				Entsalzung Zuckerl.
0,3–1,5	6–14	40 °C		4,0		Wasserentsalzung
						Wasserentsalzung
0,3–1,5	0–11	60 °C		3,5		Entkieselung

(Fortsetzung)

	Matrix	Charakter		Akt. Gr.		Beschaffenheit
Wofatit SBT	Polystyr.	An.	st. b.	qu. Am.		Kug.
Wofatit SBK	Polystyr.	An.	st. b.	Dim. aeth.		Kug.
Wofatit SBU	Polystyr.	An.	st. b.			Kug.
Wofatit ES	Polystyr.	An.	st. b.	qu. Am.		Kug.
Wofatit EW	Polykondensat	An.	b.			Gran.
Wofatit EZ	Polykondensat	An.	b.			Gran.
Wofatit AK 40	Polystyr.	An.	sw. b.	prim. sec. Am.		Kug. por.
Zeo-Carb. 215	Phenol	Kat.	m. s.	polyf.		Kug.
Zeo-Carb. 228	Acr.	Kat.	sw. s.		COOH	—
Zeo-Carb. 225	Polystyr.	Kat.	st. s.	monof.	SO_3H	Kug.
Centranol						
Daion						
Egalite						
Juvion						
Nekrolith RAZ	Kohle	Kat.	m.—st. s.	polyf.		
Nekrolith MM PP		Kat.	st. s.	monof.		
Srafion						
Varion KS		Kat.	st. s.	monof.	SO_3H	
Varion AD		An.	st. b.	monof.		

Erläuterungen zur Tabelle 1

Acr.	— Acrylsäure	Kap.	— Kapazität
Amin.	— Amino-Gruppen	Kug.	— Kugeln
An.	— Anionenaustauscher	mm	— Millimeter
°C	— Grad Celsius	M.z.	— Maschenzahl
Dim. aeth.	— Dimethylaethanolamintypus	m. b.	— mittelbasisch
E	— Entfärbungsharz	monof.	— monofunktionell
°F	— Grad Fahrenheit	m. s.	— mittelsauer
Gran.	— Granalien	mval	— Millival
Kat.	— Kationenaustauscher	Phosph.	— Phosphoniumgruppe

Körnung mm	pH-Bereich	max. Temp.	Totale Kap. (mval/l)	Totale Kap. (mval/g)	Volumenänderung	Bemerkungen Anwendung
0,5–2,0	0–14	65°C		3,0		Metallurgie-Austauscher für Uran
0,3–1,5	0–10	40°C		3,0		Wasserentsalzung
0,6–2,0	0–14			3,0		Metallurgie-Austauscher für Uran
0,5–2,0	2–10	60°C		3,5		Entfärbungs- und Adsorberharz
0,3–1,5	0–14	90°C				Adsorberharz
0,3–1,5	1–9	90°C				Adsorberharz
0,3–1,2	<7	100°C		5,5		Wasseraufbereitung
0,3–1,2	0–9	100°C				Zucker- und Stärke-
0,3–1,2	–	–				hydrol.
–	0–14	110°C				

Phenol. – Phenolgruppen
Polyalk. – Polyalkylgruppen
Polyam. – Polyaminogruppen
polyf. – polyfunktionell
Polystyr. – Polystyrol
Polyxyl. – Polyxylenol
por. – porös
prim. – primär
qu. Am. – quaternäres Amin

R. – Radikal
sek. – sekundär
sel. – selektiv
st. s. – stark sauer
st. b. – stark basisch
sw. b. – schwach basisch
sw. s. – schwach sauer
ter. – tertiär
Trim. typ. – Trimethyltypus

satz in der Wasseraufbereitung würde eine Projektierung, die in diesen „Angaben“ eine erschöpfende Charakterisierung der Austauscher sähe, oft zu Fehlschlägen führen. Erst recht gilt dies für die Zuckerindustrie, woselbst bei Anwendung von Ionenaustauschern und Adsorptionsharzen stark variierende Umstände in Betracht gezogen werden müssen. Die Angaben der Firmen beziehen sich meist auf die Aufbereitung von Wasser. Bei Wässern kennt man trotz aller Mannigfaltigkeit nicht die stark wechselnden Eigenschaften eines biologischen Rohstoffes und seiner Verarbeitungsprodukte, der Zuckersäfte und Sirupe. Zu beachten ist noch, daß die Synthese der Kunstharzadsorbentien trotz aller Bemühungen der Hersteller auch heute noch nicht zu völlig genau reproduzierbaren Fertigprodukten führt, die dann beim technischen Einsatz immer den gleichen Enderfolg gewährleisten. Jeder Hersteller macht denn auch seine Angaben ohne Garantie für die Wirkung der Ionenaustauscher im speziellen Anwendungsfalle; ebensowenig gibt er eine Gewähr gegenüber etwaigen Patentverletzungen.

Es muß also Sache des Zuckertechnikers bleiben, die empfohlenen Produkte mit Umsicht auszuwählen und mit Vorsicht einzusetzen. Ein Vorstudium, insbesondere Vorversuche vor der Anwendung sind immer notwendig, vor allem dort, wo langjährige Erfahrungen für eine bestimmte Anwendung noch nicht vorliegen. Mit Erfolg ein neues Ionenaustauschverfahren zu realisieren, setzt immer ein hohes fachliches Können des Zuckerfabrikanten voraus.

In den Tabellen sind demzufolge nur die Daten gebracht, die zur Wahl für einen bestimmten Zweck eine einigermaßen sichere Grundlage bilden und die insbesondere gestatten, gewisse weniger geeignete Produkte beiseite zu stellen, etwa wegen zu großer Atmungsdifferenz, starker Peptisation oder zu großer Löslichkeit.

Bezüglich der Kapazitäten war ich versucht, sie ganz wegzulassen, da die Firmenangaben sich — wie erwähnt, auf die Wasseraufbereitung beziehen und bei der Verarbeitung von Zuckerlösungen ganz andere Umstände entscheidender Art hinzutreten können. Kapazitätswerte können daher dem Zuckerfachmann höchstens als ein roher Anhaltspunkt dienen. Auch Angaben über chemische Widerstandsfähigkeit der Austauscher haben wenig Zweck. Zumal bei der Anwendung starkbasischer Harze in Zuckerlösungen ist in dieser Hinsicht immer Skepsis am Platze, ein Umstand, auf den im Text und in der Literatur immer wieder hingewiesen wird.

Sofern von einem bestimmten Typus Austauscher verschiedene Untertypen angeboten werden, wie z. B. bei Polystyrolharzen unterschiedlichen Vernetzungsgrades (Divinylbenzolgehalt) oder sei es, daß die Harze anstatt in Gelform als poröse Harze geliefert werden, so sind die Angaben summarisch gemacht. Konzentrationsangaben der zur Regeneration gebrauchten Chemikalienlösungen wurden nicht übernommen, da von den Lieferanten die Regeneration im Gegenstrom meist nicht berücksichtigt ist und bei dieser Arbeitsweise höhere Konzentrationen oft den Vorzug verdienen.

Als Anhang von Tab. 1 sind noch einige Produkte erwähnt, deren Eigenschaften nicht in die Liste aufgenommen wurden, da sie nicht oder zu spät in den Besitz des Verfassers gelangten.

Tabelle 2

Lieferanten für Ionenaustauscher und Entfärber

Allassion:	Prosim, Vitry sur Seine (Frankreich)
Amberlite:	Minoc, Paris (Frankreich)
	Rohm and Haas, Philadelphia (USA)
Asmit:	Imacti (Industriele Mij Activit), Amsterdam (Holland)
De-Acidite:	Permutit, London (England)
Dowex:	Dow Chemical, Midland (USA)
Duolite:	Chemical Process, Red Wood City (USA)
Dusarit:	Imacti (Industriele Mij Activit), Amsterdam (Holland)
Imac:	Imacti (Industriele Mij Activit), Amsterdam (Holland)
Ionac:	Ionac Chemical Cy., New York (USA)
	Permutit, New York (USA)
Kastel:	Montecatini, Milano (Italien)
Lewatit:	Farbenfabrik Bayer, Leverkusen (DBR)
Nalcite:	National Aluminate Corp., Chicago (USA)
Permutit:	Permutit, Berlin (DBR)
Relite:	Resin d'ion, Milan (Italien)
Wofatit:	Farbenfabrik Wolfen, Wolfen (DDR)
Zeo-Carb: (*Zerolit*)	Permutit, London (England)
Centranol:	Centrale Suikermaatschappij, Amsterdam (Holland)
Daion:	Mitsubishi Chem. Ind., Tokio (Japan)
Egalite:	Elga Products Ltd., Lane End (England)
Juvion:	Chem. Fabrik Budenheim, Budenheim (DBR)
Nekrolith:	Robert Reichling, Krefeld (DBR)
Soucol:	Joseph Crosfield, Warrington (England)
Srafion:	Ayalon & Etzioni, Haifa (Israel)
Varion:	Chemolimpex, Budapest (Ungarn)

2.2. *Ionenaustauschvorgänge*

Wichtigste Vorgänge

Der Vollständigkeit halber seien die bekanntesten Ionenaustauschvorgänge nach vereinfachtem Schema angegeben. Spezielle Vorgänge werden nötigenfalls an geeigneten Stellen im Text gebracht.

Der Austausch von beispielsweise $Ca^{\cdot\cdot}$-Ionen aus einer Lösung gegen $Na^{\cdot}$-Ionen im Ionenaustauscher, wie es bei Enthärtung des Wassers geschieht, und die anschließende Regeneration des Austauschers erfolgen nach folgenden Gleichungen:

Enthärtungsprozeß

$$Ca(HCO_3)_2 + 2\,NaR \rightarrow CaR_2 + 2\,NaHCO_3$$

Regeneration

$$2\,NaCl + CaR_2 \rightarrow 2\,NaR + CaCl_2$$

(R = bedeutet den Ionenaustauscher).

Man muß dabei stets berücksichtigen, daß man es mit Gleichgewichtsreaktionen zu tun hat. Je nach den besonderen Umständen, bestimmtem Verhältnis der Reaktionskomponenten und der Konzentrationen, kann die Umsetzung nach der einen oder anderen Seite verlaufen. Die Wiederbelebung z. B. findet einigermaßen vollständig nur statt bei Anwendung eines entsprechend großen Überschusses an NaCl, weil die $Ca^{\cdot\cdot}$-Ionen vom Kationenaustauscher selektiv bevorzugt gebunden werden.

Die Entmineralisierung von Wasser im $H^{\cdot}$- und $OH^{\cdot}$-Austausch nebst Wiederbelebung der Austauscher wird durch nachstehendes Schema veranschaulicht. Dabei ist als Beispiel die Entfernung von NaCl aus einer Lösung gewählt und als Regenerierungsmittel sind HCl und NaOH eingesetzt.

Vorgang der Entsalzung

I. Stufe $NaCl + HR \rightarrow NaR + HCl$

II. Stufe $HCl + ROH \rightarrow RCl + H_2O$

Regeneration

I. Stufe $HCl + NaR \rightarrow HR + NaCl$

II. Stufe $NaOH + RCl \rightarrow ROH + NaCl$

Während des Regenerationsvorganges in die Lösungsphase übergegangene Ionen bzw. daselbst gebildete Elektrolyte werden durch Waschen mit Wasser entfernt.

Eine gründliche Betrachtung dieser Art Gleichungen, in denen besser anstatt des Zeichens $\rightarrow$ das Zeichen $\leftrightarrows$ gesetzt wird, gibt Veranlassung zu einigen Bemerkungen von außerordentlicher Wichtigkeit.

Über Austausch-Gleichgewichte ist teils theoretisch-mathematisch, teils von seiten der Praktiker viel gearbeitet worden, wobei man vom Massenwirkungsgesetz (DONNAN-Gleichung), dem logarithmischen (FREUNDLICH-OSTWALDschen) Adsorptionsgesetz oder der LANGMUIRschen Gleichung usw. ausging. Unter Hinweis auf diese Arbeiten dürften die nachstehenden Bemerkungen von großer praktischer Bedeutung sein.

Selektivität

Die verschiedenen Kationen bzw. Anionen lassen sich in bestimmte Reihen ordnen, aus denen man ersehen kann, daß sie unter vergleichbaren Bedingungen beim Ionenaustausch mehr oder weniger bevorzugt vom Ionenaustauscher gebunden werden.

Diese Reihenfolge ist etwa:

$$Li^{\cdot} < Na^{\cdot} < K^{\cdot} < Rb^{\cdot} < Cs^{\cdot} < Mg^{\cdot\cdot} < Ca^{\cdot\cdot} \text{ usw.}$$

$$NO_3' < Cl' < SO_4'' \text{ usw.}$$

Das erste Glied hat die geringste Affinität zum Ionenaustauscher, das letzte die größte, ein voranstehendes Glied eine geringere als jedes nachfolgende. Dieser Tatsache kommt hohe praktische Bedeutung zumal dann zu, wenn man es mit den äußersten Gliedern zu tun hat, wie z. B. in der Praxis mit $Ca^{\cdot\cdot}$- und $Na^{\cdot}$-Ionen; insbesondere aus verdünnter Lösung werden die zweiwertigen Metall-Ionen erheblich fester gebunden als die einwertigen. Deshalb kann man mittels eines $Na^{\cdot}$-Austauschers $Ca^{\cdot\cdot}$-Ionen praktisch quantitativ aus Wasser entfernen; die Regeneration ist schwieriger durchzuführen, und man braucht hierzu einen deutlichen Überschuß an $Na^{\cdot}$-Ionen und zwar in möglichst hoher Konzentration angewandt.

Um die vielfältigen Möglichkeiten des Ionenaustausches zu verstehen und auszunutzen, muß man eine Menge Faktoren kennen und berücksichtigen; so kann sich obige Reihenfolge mit dem physikalischen und chemischen Aufbau des Ionenaustauschers ändern im Sinne einer selektiven Bevorzugung ganz bestimmter Ionen oder Ionenarten (s. Griessbach). Selektive Wirkungen dieser Art sind oft auch für die Saftreinigung ausschlaggebend. Als ein Beispiel sei der schon obengenannte Fall der Wasserenthärtung herangezogen. Zwei verschiedene Ionenaustauscher seien eingesetzt, einer mit Sulfogruppen als Ankergruppen, der andere mit Carboxylgruppen. Beide entfernen aus dem Wasser die $Ca^{\cdot\cdot}$-Ionen; doch ist im letzten Fall die Regeneration viel schwieriger, da die $Ca^{\cdot\cdot}$-Ionen viel stärker gebunden sind, so fest, daß in diesem Fall (d. h. sofern man bei der Kochsalzregenerierung verbliebe) die Anwendung eines Carbonsäure-Austauschers praktisch sehr beschwerlich wäre. Doch bietet die Anwendung von Carbonsäureharzen unter bestimmten Umständen so große Vorteile (s. Kap. 7.1.), daß man alsdann zu einer anderen und rationelleren Art der Wiederbelebung greift, nämlich der mittels eines Hilfsiones. In diesem speziellen Falle wendet man $H^{\cdot}$-Ionen an, worauf allerdings der Ionenaustauscher vor Wiedereinsetzen als Enthärter erst mittels einer NaOH- oder Sodalösung wieder ganz oder teilweise neutral gestellt werden muß. Sowohl der chemische Aufbau wie auch strukturelle Einflüsse können einem Austauscher in sehr ausgeprägter Weise Selektivität verleihen; z. B. ist ein Harz, dem man Dipikrylamino-Gruppen einverleibt hat, durchaus Kalium-spezifisch. Es vermag dem Meerwasser selbst die darin in relativ geringer Menge vorkommenden $K^{\cdot}$-Ionen zu entziehen, ungeachtet des großen Überschusses an $Na^{\cdot}$- und anderen Ionen. Es liegt hier ein sehr eindrucksvolles Beispiel der Anwendung eines selektiven Ionenaustausches vor. Für zahlreiche andere Ionen, insbesondere die gewisser Schwermetalle oder technisch wichtiger Spurenelemente, hat man gleichfalls spezifisch wirkende Ionenaustauscher entwickelt. Hier liegen noch große technische Möglichkeiten, wenn sie auch für die Zuckersaftreinigung bis jetzt noch keine ausgeprägte Rolle spielen. Dafür hat für die Saftreinigung, wie weiter unten gesagt, der physikalische Bau der Ionenaustauscher eine um so größere Bedeutung, und dieser ist hier in den Vordergrund zu rücken.

Die Benutzung eines Austauschers bzw. Adsorbers passend gewählter Porenweite gestattet vielfach, Siebeffekte zu erzielen, d. h. großmolekulare von niedermolekularen Stoffen zu trennen oder spezifische Adsorptionswirkungen zu erreichen.

Schon einleitend wurde darauf hingewiesen, daß polare und unpolare Adsorption sich auch überlagern können, eine Erscheinung, die vor allem bei Harzadsorbern von hoher technischer Bedeutung ist. Ferner spielt offenbar auch eine

Rolle, daß im Anschluß an Ionenaustausch- oder Adsorptionsvorgänge vielfach Folgereaktionen eintreten, wie z. B. die Abscheidung von Niederschlägen, Vorgänge, die teils erwünscht, teils sehr unerwünscht sein können; denn ausgeflockte Niederschläge usw. können mehr oder weniger fest am Austauscher haften, seine Oberfläche bedecken, die Poren verstopfen und dadurch seine Wirksamkeit herabsetzen; letzteres gilt zumal bei der Reaktion von Lösungsbestandteilen mit der Matrix oder mit den Wirkungsgruppen des Austauschers oder Adsorbers.

Bisweilen wird eine ganze Reihe von Reaktionsstufen durchlaufen. In manchen Fällen führen sie zu bleibenden (irreversiblen) stofflichen Veränderungen der ursprünglichen Lösungsbestandteile oder auch des Austauschers. Eine zunächst reversible polare oder unpolare adsorptive Bindung kann in eine echte chemische Bindung übergehen (Alterung!). Die Reaktion kann sich auf Lösungsbestandteile beschränken, doch können auch die Austauscher oder Adsorber selbst daran teilnehmen. Alle diese Momente können den einfachen Primärvorgang überlagern und die Deutung des Gesamtvorganges erschweren.

Einige Beispiele mögen dies erläutern:

Aluminatsilikataustauscher vermögen sich z. B. mit $Mg^{\cdot\cdot}$- oder $Fe^{\cdot\cdot}$-Ionen unter Bildung sehr stabiler, einfacher Silikate zu vereinigen.

$H^{\cdot}$- bzw. OH'-Austauscher lösen beim Inberührungkommen mit den Lösungen verschiedenster Art primär mehr oder weniger erhebliche pH-Verschiebungen aus, die ihrerseits zur Bildung und Abscheidung von insbesondere Schwermetallhydroxyden oder zum Ausfallen schwerlöslicher Säuren oder Basen führen können.

An einen Kontaktaustausch mit Kolloiden schließen sich vielfach Umladungs- oder Dehydrationserscheinungen an, die weiterhin Agglutination und schließlich Ausflocken, beispielsweise von Eiweißkörpern, zur Folge haben.

Auch katalytische Vorgänge können hereinspielen: an Kationenaustauschern meist Oxydationen, an Aminharzen vielfach auch Reduktionen.

Erscheinungen dieser Art werden begünstigt durch die adsorptive Konzentrierung gewisser Lösungsbestandteile (Schwermetallspuren oder organischer Stoffe mit reaktionsfreudigen Gruppen) an der Austauscheroberfläche usw.

2.3. Chemischer Aufbau und physikalische Struktur der Ionenaustauscher und Adsorber

Klassifikation der Ionenaustauscher nach Säure- und Alkalistärke Art der Ankergruppen

Die ältere Klassifikation der Ionenaustauscher in stark- und schwachsaure Kationenaustauscher sowie stark- und schwachbasische Anionenaustauscher ist inzwischen durch Einschalten mittelstark-saurer bzw. -basischer Ionenaustauscher erweitert worden. Gerade die letzteren sind neuerlich in der Zuckerindustrie besonders wichtig geworden. Gewisse Anwendungsmöglichkeiten sind eng mit der Einführung dieses Hilfsmittels in den Betrieb verbunden. Jede Inversionsgefahr zu vermeiden, ist für den Zuckerfachmann — zumal in der Rübenzuckerindustrie

— ein sehr beachtenswerter Punkt. Die Furcht vor der Zuckerinversion als des großen Schreckbildes im Betrieb war zu Anfang gerade eines der starken Hemmnisse, die sich der Einführung der Austauschadsorbentien in die Rübenzuckerindustrie entgegenstellten. Die Gefahr als solche besteht immer, und sie ist auch heute noch bei Durchführung von Ionenaustauschprozessen zu beachten; es würde keine Lösung des Problems sein, wollte man zu ihrer Behebung einfach nur hohe Alkalitäten im Betriebe zulassen.

Es besteht in dieser Hinsicht zudem ein großer Unterschied zwischen den Auffassungen des Rohrzucker- und des Rübenzuckerexperten. Der erstere kann sich nicht erlauben, so hohe Alkalitäten zuzulassen, wie sie bei den Säften und Sirupen der Rübenzuckerindustrie heute gebräuchlich sind. Denn Rohsaft aus Zuckerrohr enthält schon von vornherein eine große Menge reduzierender Zucker, die nicht vernichtet werden dürfen und eine schonende Behandlung erfordern; in einer Rohrzuckerfabrik wird man niemals geklärte Säfte und Sirupe mit einem pH über 8 antreffen, während dies im Rübenzuckerbetrieb ständig der Fall ist.

Die unterschiedlichen Eigenschaften der Ionenaustauscher hinsichtlich Beeinflussung des pH sind durch die Art ihrer Ankerionen und deren Absättigung bedingt.

Starksaure Wirkung bei Vorliegen des Austauschers in der $H^{\cdot}$-Form ist durch die Anwesenheit stark dissoziierter Sulfogruppen bedingt, während die Carboxylgruppen tragenden schwachsauren Ionenaustauscher $H^{\cdot}$-Ionen sehr fest binden, also wenig dissoziieren. Entsprechendes gilt für Anionenaustauscher mit den stark dissoziierten quaternären Ammoniumgruppen im Gegensatz zu solchen, deren Wirkungsgruppen tertiäre oder sekundäre usw. Aminogruppen sind.

Wie schon früher vermerkt, sind nur gewisse Typen von Ionenaustauschern monofunktionell. Polyfunktionelle Ionenaustauscher besitzen mehrere Arten austauschaktiver Gruppen, die von gleichem (z. B. stark- und schwachsaure nebeneinander) oder auch von gegensätzlichem chemischem Charakter sein können. Als Beispiel für den letzteren Typ seien die amphoteren Chelatharze genannt, die durch ihr spezifisches Bindungsvermögen für bestimmte Schwermetalle wichtig geworden sind.[1])

In diese letzte Gruppe gehören auch die neuerlich entwickelten Snake-cage-Harze, deren beiderseits stark dissoziationsfähige, saure und basische Gruppen sich in ausgewaschenem Zustande gegenseitig absättigen (gewissermaßen in den Schwanz beißen), aber bei Berührung mit Elektrolyten unter Aufquellen beide Ionenarten binden, während sie Nichtelektrolyten gegenüber indifferent sind und so Nichtelektrolyte von Elektrolyten voneinander zu trennen gestatten.

---

[1]) Über hochspezifische Ionenaustauscher mit Ankergruppen vom Charakter SCHIFFscher Basen, welche mit zahlreichen Schwermetallen sehr stabile Komplexe bilden, berichtet E. BAYER (Anomalien bei Ionenaustauschvorgängen, Akademie-Verlag, Berlin 1961, S. 305).
Über Redoxharz berichtet ebenda B. SANSONI S. 411, ferner in HOUBEN-WEYL, Methoden der org. Chemie (4. Auflage), Bd. I/1, S. 601, sowie in zahlreichen Einzel-Veröffentlichungen, siehe auch G. MANECKE.

Man erkennt schon hieraus, daß die Kenntnis der Ankergruppen allein noch kein erschöpfendes Kriterium für das Verhalten eines Austauschers oder Adsorbers sein kann. Einen recht guten Aufschluß über das Austauschverhalten gibt die pH-Titration; ihre Ermittlung ist leider oft etwas langwierig.

Struktur

Die Herstellung von Polykondensaten erfolgt bekanntlich in der Regel in der Weise, daß man die meist aromatischen Komponenten mit einem Aldehyd oder einem ähnlich reaktionsfähigen Körper zusammenbringt, worauf — oft unter starker Wärmeentwicklung — unter Wasserabspaltung Verknüpfung zum Polykörper erfolgt. Durch geeignete Verdünnung, Kühlung usw. gelingt es, die oft sehr stürmische Reaktion soweit zu beherrschen, daß die Masse gleichmäßig durchgemischt ist, bevor sie zu einer homogenen Gallerte erstarrt. Aus der Gallerte entsteht alsdann — meist durch Trocknen — ein homogenes Gel von hoher innerer Dispersität bei guter mechanischer Festigkeit.

In entsprechender Weise wird auch bei der Herstellung von Polymerisat-Austauschern Homogenität angestrebt, und man sucht zu diesem Zweck für die Nachsulfonierung bzw. -aminierung tunlichst von homogenen, spannungsfreien Kohlenwasserstoffperlen auszugehen. (Unterschiedlich polymerisationsfähige Komponenten reagieren im Gemisch mit verschiedener Geschwindigkeit, so daß von außen nach innen Unterschiede in der Zusammensetzung, im Quellverhalten dem Spannungszustande usw. vorhanden sein können.) Die Endprodukte besitzen gleichfalls Gelcharakter.

Eine Besonderheit der Gelharze liegt in ihrer Eigenschaft, abhängig vom Milieu, worin sie sich befinden, zu quellen oder zu schrumpfen. Von Bedeutung ist dabei ihre Beladung mit bestimmten Ionen. Die bei Ionenwechsel auftretende „Atmungsdifferenz" kann gelegentlich hinderlich sein und muß bei der technologischen Ausführung der Apparatur beachtet werden. Auch bei der Wiederbelebung sind Quellungsdifferenzen zu beachten, da diese durch Arbeiten in einem ungeeigneten Milieu (z. B. in einem pH-Bereich, das eine starke Schrumpfung des Austauschers bewirkt) sehr erschwert werden kann.

Auf dem Gebiete der Harzadsorber ist die Palette, wie schon oben bemerkt, durch eine Gruppe nicht homogener Harze, die sogenannten Trüb- bzw. Schwammharze, bereichert worden. Trübharze lassen äußerlich keine Gelstruktur erkennen und galten darum anfänglich als wertlos. Diese Adsorber weisen neben einer Mikro(gel)struktur zahlreiche Makroporen auf, ähneln also in dieser Hinsicht den A-kohlen.[1]) Sie vermögen insbesondere großmolekulare Stoffe festzuhalten und zeichnen sich durch eine hervorragende Entfärbungs- und Reinigungskraft aus.

---

[1]) Porenbereiche:

Zur Bestimmung der Porenbereiche von Adsorbentien und insbesondere auch der Ionenaustauscher sind Methoden auf verschiedener Grundlage entwickelt worden, die aber zumeist keine strenge Vergleichbarkeit zulassen. Der Bereich der meisten Kunstharz-

Man kann nicht behaupten, daß die Zuckerindustrie bisher zielsicher auf die selektiven Eigenschaften der angewandten Ionenaustauscher und Adsorbentien hingesteuert bzw. sie beachtet hat. Fortschritte resultieren meist auf Grund praktischer Beobachtungen und empirischer Methoden; damit geht viel Zeit verloren; gelegentlichen Erfolgen stehen mannigfache Enttäuschungen gegenüber.

Der Schwerpunkt der Entwicklung ist eigentlich auch heute noch immer auf dem Gebiete des Apparatebaues zu sehen, der einer tunlichst wirtschaftlichen Anwendung der alten wie der neuen Reinigungsmittel dienen will. Die Frage nach Ionenaustauschern besonderer Spezifität wird aber wahrscheinlich akut werden, wenn die Gewinnung von Nebenprodukten aus den Zuckerlösungen mehr Beachtung gefunden und größere praktische Bedeutung gewonnen hat. Die Abscheidung von Glutaminsäure aus dem Ablauf der Regenerate des Anionenaustauschers, der zur Entmineralisierung der Säfte diente, hat schon eine gewisse Bedeutung erlangt und drängt in dieser Richtung, zumal bestimmte Eigenschaften des Anionenaustauschers in diesem Zusammenhang schon als wichtig erkannt worden sind (s. Kap. 11.2.).

Daß es keinen universell brauchbaren Austauscher gibt, der zugleich auch jedem speziellen Zwecke dienen kann, erschwert bei der Vielzahl der bestehenden Wünsche die Aufgabe, die schon zufolge der Verschiedenartigkeit der Zuckerlösungen hinsichtlich ihrer Zusammensetzung und ihrer Eigenschaften nicht einfach ist.

2.4. Untersuchungsmethoden

Standardmethoden

Zur Charakterisierung der Austauschadsorbentien haben sich eine Anzahl Untersuchungsmethoden eingebürgert, die als Standardmethoden gelten können. Hierher gehören Elementaranalyse, Wasser- und Aschebestimmung, Ermittlung von pH-Titrationskurven sowie der Korngröße, des Schüttgewichtes, der Austauschkapazität u. a. m. Unter Hinweis auf die vorliegende Spezialliteratur kann es hier genügen, einige Bestimmungsmethoden hervorzuheben, die für die Zuckerindustrie wichtig sind.

Für alle Anwendungsgebiete, insbesondere aber für analytische Untersuchungen, gilt als Grundsatz: keine Bestimmungen an frisch hergestellten Erzeugnissen durchzuführen. Fast alle Eigenschaften der Kunstharzadsorbentien ändern sich nach kurzer Gebrauchsdauer. Analysen mit fabrikneuem Material sind daher von nur geringem Wert. Allenfalls lassen sich einige Produkte ausscheiden, die unter den in der Praxis in Frage kommenden Arbeitsbedingungen wegen zu geringer Stabilität ungeeignet sind.

---

austauscher dürfte in den Grenzen von 10—100 Å liegen, für Aktivkohlen werden höhere Zahlen 100—8000 Å angegeben, die sich aber oft in mehrere Bereiche spalten. Besonders engporig sind Adsorbentien von Zeolithcharakter < 10 Å (Molekularsiebe)!

Sehr wichtig ist es für den Zuckerfachmann, das Quellungsverhalten der Harze zu beachten, wenngleich es nur von sekundärer Bedeutung zu sein scheint. Die Auswirkungen auf Güte und Schnelligkeit der Wiederbelebung wurden bereits oben erwähnt. Bedeutsamer können die Folgen hoher Quellungsdifferenzen auf die mechanische Widerstandsfähigkeit der Ionenaustauscher und Adsorbentien sein. Vielfach geht damit ein rascher Kornzerfall parallel und — damit zusammenhängend — tritt bei der Filtration wie bei der Wiederbelebung Druckverlust ein. Dies sind Übel, welche die Anwendbarkeit starkbasischer Anionenaustauscher in der Zuckerindustrie sehr begrenzen, abgesehen von ihrer Empfindlichkeit gegenüber hohen Temperaturen und ihrer Neigung, mit gewissen Nebenbestandteilen der Zuckerlösungen irreversibel zu reagieren.

In bezug auf mechanische Festigkeit und Abrieb haben die Austauscher und Adsorbentien in Perlform bereits eine Verbesserung gebracht gegenüber den früher angebotenen, unregelmäßig gebrochenen Kondensatkörnern. Auch die gleichmäßigere Lagerung im Filterbett wirkt sich günstig aus. Wichtig ist es, beim Einsetzen auf spannungsfreie Perlen zu achten, nicht nur darauf, daß sie gleichmäßig ausgesiebt sind; sondern vor allem sollen sie auch keine Risse und Kerben aufweisen, und keine Perlenbruchstücke vorhanden sein. Eine mikroskopische Kontrolle einiger Partikelmuster ist hier sehr zu empfehlen. Einheitlichkeit der Körnung begünstigt eine gleichmäßige Lagerung im Filterbett, die sich nach jeder Rückspülung erneuert; dies wiederum gibt geringeren Druckverlust und Körnerbruch; zumal die Perlform an sich resistenter ist. Auch ist die Berührungsmöglichkeit der Flüssigkeit mit runden Körpern gleicher Dimension günstiger, was einem schnelleren und besseren Austausch bzw. Adsorptionsvorgang gleichkommt.

Schwierigkeiten bei betrieblicher Anwendung der Ionenaustauscher und deren Vorbeugung

Bei der Anwendung von Austauschadsorbentien im Zuckerbetrieb wird häufig Klage geführt über einen abnormalen Materialverschleiß durch Abrieb oder durch Weichwerden der Partikel. Dies gilt auch, selbst wenn zu Anfang der Anwendung nichts auf das Auftreten dieser Übel hindeutete. Schwierigkeiten dieser Art zeigen sich insbesondere oft bei Anionenaustauschern. Laboratoriumsbefunde, zumal nach sogenannten Schnellmethoden ermittelte Ergebnisse, sind meist von nur bedingtem Werte und müssen zumindest mit aller Vorsicht interpretiert werden.

Am wirksamsten kann man Schwierigkeiten dieser Art auf technologischem Wege begegnen, d. h. durch richtig geleitete Arbeitsvorgänge und eine dem Verfahren wie dem Material angepaßte Apparatur; leider wird z. B. einer richtigen, schichtweisen Schüttung der Filtermasse nur selten die erforderliche Aufmerksamkeit geschenkt. Oft ist ein mehrmaliges Umschichten des Filtermaterials, z. B. zu Beginn und am Ende der Regeneration, notwendig. Das Rückspülen, als das hierzu zweckdienliche Verfahren, geschieht meist unfachmännisch oder kann bisweilen selbst fachmännisch kaum durchgeführt werden, weil die Anlage nicht zweckentsprechend konstruiert ist. Unter anderem sind z. B. die Leitungen oft zu eng bemessen. Im Kap. 5 wird dieses Thema ausführlich behandelt werden. Auch darf man nicht dem Irrtum verfallen, als könnten große Apparate genauso gehandhabt und bedient werden wie eine Laboratoriumsapparatur.

Um einem ungleichmäßigen Aufquellen des Ionenaustauschers und damit Filterstörungen zu begegnen, ist es prinzipiell richtig, Lösungen wie Spülflüssigkeit von unten nach oben durch die Filtermasse zu führen.

Besonderen Vorteil würde es natürlich bringen, wenn man den Arbeits-(Filtrations-)Prozeß und die Wiederbelebung im Gegenstrom vornehmen könnte: Längere Laufzeit der Filter (späterer Ionendurchbruch), Ersparnis an Regenerierchemikalien, geringerer Leck-Verlust (Näheres hierüber s. Kap. 5).

Prüfmethoden der Praxis

Aus Vorstehendem geht hervor, daß vor Einsatz von Ionenaustauschern und Adsorbentien in den Betrieb einer Zuckerfabrik Prüfmethoden angewandt werden müssen, die den Arbeitsbedingungen in der Praxis nahekommen. Eine völlige Übereinstimmung kann niemals erzielt werden, und man muß bei Beurteilung der Resultate immer gewisse unsichere Faktoren in Erwägung ziehen. Eine exakte Reproduzierbarkeit ist schon deshalb unmöglich, weil im Betrieb die Bedingungen ständig wechseln, und konstante Verhältnisse wie bei Versuchen niemals in gleicher Weise eingehalten werden können. Gleichwohl sind Laboratoriumsversuche, insbesondere aber halbtechnische Vorversuche unentbehrlich, obwohl sie viel Zeit und Arbeit erfordern.

Im Sinne der Angleichung an Betriebsverhältnisse ist es sehr empfehlenswert, bei der Feststellung der pH-Titrationskurven nicht nach einer Standardmethode zu verfahren, die bekanntlich mit reinen Lösungen arbeitet, bzw. diese nicht allein anzuwenden. Versuche dieser Art sind unvollständig und bedürfen unbedingt der Ergänzung durch entsprechende Titrationen von Säften und Zuckerlösungen. Feststellung der pH-Verschiebungen bei variablem Zusatz von Lauge bzw. Säure ist äußerst wichtig. Insbesondere ist bei Versuchen dieser Art auf das Auftreten von Ausflockungen zu achten; eine zu starke Verdünnung ist zu vermeiden. In dieser Weise durchgeführte Versuche geben wichtige Aufschlüsse u. a. auch für die Wahl geeigneter Austauscher. Zum Beispiel wird man, wenn es sich um die Entmineralisierung von Säften handelt, bei Vorliegen eines Saftes mit einer über pH 4 flach verlaufenden Titrationskurve *B* (Abb. 29), die dann plötzlich unter pH 2 abfällt, einen Austauscher mit schwächer sauren Gruppen bevorzugen, gegenüber einem anderen Saft, der eine Kurve zeigt mit zuerst schnell unter 4 fallendem pH, die dann erst allmählich auf pH 2 heruntergeht und für den ein Sulfonsäureharz richtig ist; denn der erste (schwachsaure) Austauscher ergibt eine bessere Ausnutzung des Regenerationsmittels. Schon dieses Beispiel zeigt, daß die Kenntnis der Titrationskurven von hoher praktischer Bedeutung für die Wahl der zu benützenden Ionenaustauscher[1]) ist.

Bei Anwendung von Ionenaustauschern zur Behandlung von Säften und Sirupen kann als Regel gelten: Soweit bei der Saftentmineralisierung die erste Arbeitsstufe der Entbasung der Lösung schon von einem schwachsauren Kationenaustauscher geleistet wird (von welchen es ebenfalls noch mehrere Schattierungen mit mehr oder weniger sauren, aktiven Gruppen gibt), wird man diesen schon wegen der viel geringeren Regenerationsspesen einem starksauren $H^{\cdot}$-Austauscher unbedingt vorziehen. Der Nutzeffekt bei der Säureregeneration kann sich dann bisweilen 100% annähern.

Weitere Gründe in allen tunlichen Fällen, schwachsaure Ionenaustauscher zu wählen, sind neben geringerer Inversionsgefahr, die meist sehr hohe Austauschkapazität, ferner ihre vielfach recht bedeutende Befähigung zu Allgemeinadsorption. Ihre Einsatzfähigkeit für Zwecke der Entmineralisierung von Lösungen ist leider begrenzt durch ihr geringes Neutralsalzspaltungsvermögen, ihre Anwendung daher wesentlich auf Lösungen mit überwiegender Karbonathärte beschränkt. Bei Lösungen, die vorwiegend Salze starker Mineralsäuren (Sulfate oder Chloride) enthalten, müssen bekanntlich als Neutralsalzspalter die leistungsfähigeren Sulfonsäureharze eingesetzt werden. Immerhin läßt sich, sofern die zu entmineralisierende Zuckerlösung nicht allzuviel Salze starker Mineralsäuren enthält, mittels der schwachsauren Austauschertypen eine Teilentsalzung erreichen.

Zur Beurteilung der Frage, in welchem Anteilverhältnis zwecks Vollentmineralisierung einer Zuckerlösung beide Typen von Neutralsalzspaltern hintereinander einzusetzen sind, muß man also — wie es bei der Aufbereitung von Wässern selbstverständlich ist — vorher feststellen, welcher Anteil von den darin gelösten Elektrolyten auf Salze starker Mineralsäuren entfällt.

Es empfiehlt sich — nach Möglichkeit im halbtechnischen Versuche — noch folgende ergänzende Bestimmungen durchzuführen:

Ermittlung der Kapazität der Ionenaustauscher

Bestimmung des Durchbruchpunktes, insbesondere auch schädlicher Ionen

Atmungsdifferenz

Druckverlust der Austauscherschicht bei verschiedenen Filtrationsgeschwindigkeiten (sowie vor und nach Beendigung der Arbeitsperiode)

Filterbettstreckung bei verschiedenen Aufspülgeschwindigkeiten

Vor allem aber sollte man nie versäumen, für jeden Saft die Menge an Ausflockungen in Abhängigkeit vom pH zu bestimmen.

---

[1]) Auch in der Wasserchemie ist es keineswegs gleichgültig, mit welchen Austauschertypen etwa ein Entsalzungsverfahren durchgeführt wird. Anhand der pH-Titrationskurve (nebst einigen anderen analytischen Daten) gilt es hier wie dort, in technischer wie ökonomischer Hinsicht das Optimum zu suchen.

2.5. Literatur

Herstellung[1]) von Kunstharzaustauschern (Kondensate und Polymerisate)

ADAMS, B. A., und E. L. HOLMES, Eng. P. 450308/9 (Anm. 1934)
ADAMS, B. A., und E. L. HOLMES, J. Soc. chem. Ind., Chem. and Ind. **54**, 1—6 T (1935)
D'ALELIO, G. F., und General Electric Co., Am. P. 2366007/8 (Anm. 1942)
CATHEART, E., J. Roy. Agr. Soc. Engl. **10** (1874), 519
CLAASSEN, H., Z. Ver. dtsch. Zuckerind. **57** (1907), 931
Dow Chemical Co., E. P. 679852/3 (1952); E. P. 683399/400 (Anm. 1952)
DEUEL, H., und K. HUTSCHNEKER, Chimia **9** (1955), 49
DEUEL, H., und K. HUTSCHNEKER, J. Solms Z. Elektrochem. **57** (1953), 172
EICHHORN, H., Poggendorfs Ann. Physik Chemie **105**, 126 (1858)
EVERS, W. L., Rohm u. Haas Co., Am. P. 2518420 (Anm. 1946)
IG Farbenindustrie, Fr. P. 845669 (D. Prior. 1937); Fr. P. 838999, (D. Prior. 1937)
Farbenfabriken Bayer und H. LAUTH; D. B. P. 871964 (Anm. 1953)
GANS, R., Jb. Kgl. preuss. geol. Landesanstalt **26** (1905), 179
GRIESSBACH, R., Angew. Chem. **52** (1939), 215

Kunstharz-Adsorber, Schwamm- und Trübharze und amphotere Harze

Activit (P. SMIT), D. P. 844663 (Nied. Pr. 1940)
Activit, Nied. P. 86272 (Anm. 1954)
ANISCENKOVA, E., K. CIZ und V. VALTER, Listy Cukrovarnické **76** (1960), 202—207
ANISCENKOVA, E., V. VALTER und K. CIZ, Listy Cukrovarnické **77** (1961), 131—137
BOYD, R., und R. W. SCHMIDT, Ind. Engng. Chem. **34** (1942), 744—747
Farbenfabrik Bayer, E. MEIER und H. CORTE, Fr. P. 1251522 (Anm. 1960)
Centrale Suiker Maatschappij, Eng. P. 668377 (Anm. 1949)
CIZ, K., I. FILIPCZAK, Z. MENCL und V. VALTER, Listy Cukrovarnické **75** (1959), 155—158
CIZ, K., Z. MENCL und V. VALTER, Listy Cukrovarnické **77** (1961), 55—58
GRANT, R. A., Proc. 34th. Ann. Congr. S. African Technol Assoc. 74—77 (1960)
GUSTAFSON, H. B., (Infilco Inc.), Am. P. 2561695 (Anm. 1948)
IWASHINIA, S., T. MIYAO und T. ASAMI, Proc. Res. Soc. Japan Sugar Refineries Technol. **4** (1955), 34—40
JACOBS, R. T., und F. N. RAWLINGS, Ind. Engng. Chem. **41** (1949), 2769—2774
KRESSMAN, T. R. E., und J. A. KITCHENER, J. chem. Soc. (1949), 1190—1211
LESPAGNOL, J., Sucr. France **3** (1963), 62—63
LIEBKNECHT, O., Am. P. 2155318 (D. Pr. 1935)
MEIJER, H. W., Ital. P. 396347 (Nied. Pr. 1940)

[1]) Bezüglich Herstellung, Aufbau und der allgemeinen Eigenschaften der Ionenaustauscher auf Kunstharzbasis muß auf die eingangs erwähnte Buchliteratur verwiesen werden. Hinweise auf die sehr umfangreiche Patentliteratur findet der Leser insbesondere in den diesbezüglichen Literaturlisten der Monografien von GRIESSBACH (s. 73) und HELFFERICH (s. 59). Über spezielle Eigenschaften der handelsüblichen Austauscher unterrichten die Prospekte der Herstellerfirmen.
Die nachstehend hier gegebenen Literaturhinweise beschränken sich auf wenige, prinzipiell interessante Arbeiten.

Monsanto Chem. Co., Am. P. 2540984 (Anm. 1948)
RAIKOW, P. N., Chemiker-Ztg. **20** (1896), 306
RAMONDT, D., Chem. and Ind. 543–545 (1947)
RÜMPLER, Int. Kongr. Angew. Chemie, Berlin **1903** III 59, 69
SMIT, P., Chemisch Weekblad **39** (1942), 375–377
SPENGLER, O., und H. HIRSCHMÜLLER, Jahresbericht des Institutes für Zuckerindustrie, 1946
STAMBERG, J., V. VALTER und Z. MENCL, Czech. P. 92447 (Anm. 1959)
STAMBERG, J., V. VALTER und Z. MENCL, Chem. Techn. **12** (1960), 32–36
STROMQUIST, D. M., Proc. Amer. Soc. Sugar. Beet Technol. 549–553 (1950)
THOMPSON, H. S., J. Roy. Agr. Soc. **11** (1850), 68
VEB Farbenfabrik Wolfen, (F. WOLF, H. HÄDER), D. A. S. 1138221 (Anm. 1960)
WAY, J. T., J. Roy. Agr. Soc. **11** (1850), 313
WILLSTÄTTER, R., und S. DOROGI, Ber. Dtsch. Chem. Ges. **42** (1909), 2163

Kohle-Austauscher, Herstellung und Anwendung

ABRAHAMS, J. P., Interne Mitt. Activit Ges. 14. 3. 1946, 23. 6. 1947
Activit, Belg. P. 588746 (Niederl. Pr. 1959)
JONG, G. J. DE, Stärke **8** (1956), 164–168
MAYERT, W., D. R. P. 126670 (Anm. 1900)
SANDERA, K., Z. Zuckerind. Chechoslov. Rep. **61** (1936/37), 185–191
SMIT, P., Fr. P. 1077835 (Niederl. Pr. 1952)
SPENGLER, O., ST. BÖTTGER und W. DÖRFELDT, Z. Wirtschaftsgruppe Zuckerind. **87** (1937), 209–230
Staatsmijnen, Niederl. P. 77558 (Anm. 1952)

Adsorber auf Kohlebasis

a) Sulfonate (Collactivittyp)

Activit (P. SMIT), Am. P. 2171408 (Franz. Pr. 1934)
ACKERMANN, Collactivit als Saftreinigungsmittel. Bull. Ass. Chim. **56** (1939), 153
GILSE, J. P. M. VAN, Ve Congr. Int. des Ind. Agr. Schévéninque, (1937), 731–746
KLINGELHOEFER, A., und C. A. HALSE, Fr. P. 326125 (Anm. 1902)
SANDERA, K., Z. Zuckerind. Chechoslov. Rep. **61** (1936/37), 185–191
SCHWEITZER, A., Recueil Trav. Chim. Pays Bas, **59** (1940), 781–784
SMIRNOW, W. A., J. Appl. Chem. (russ.) **20** (1947), 449–453
SMIT, P., Mitteilung in Handel en Industrie **9** (1933), 3–4
SMIT, P., Congr. Int. Techn. Chim. Ind. Agr. Compt. rend. Ve Congr. 1, 739–747 (1937)
SMIT, P., Z. Zuckerind. **3** (1953), 151–154
SPENGLER, O., ST. BÖTTGER und W. DÖRFELDT, Z. Wirtschaftsgruppe Zuckerind. **87** (1937), 209–230

b) Pyrolysate

Activit, Fr. P. 1075243 (Niederl. Pr. 1951)
Activit (P. SMIT), Belg. P. 588746 (Niederl. Pr. 1959)
HIGGINS, E. B., Am. P. 2291226 (Eng. Pr. 1937)

Prüfung und Beurteilung der Ionenaustauscher und Adsorber
(s. auch obengenannte Handbücher)

BENIN, G. S., und E. E. SCHNAIDER, Sacharnaja Prom. **23**, Nr. 1 (1949), 16—23, 23—26 (n. Issledov. Sakhor Prom.)
DEDEK, J., J. HENRY, B. LANGE und G. RENS, Sucrerie Belge **70** (1950), 145—168
MENCL, Z., V. VALTER und A. DUSBABOVA, Listy Cukrovarnické **74** (1958), 193—196
STACH, H., Angew. Chem. **63** (1951), 263—267
STAMBERG, J., V. VALTER und Z. MENCL, Chem. Techn. **12** (1960), 32—36
STAMBERG, J., und Z. VASICEK, Listy Cukrovarnické **79** (1963), 33—39; Chem. Prumysl **12** (1962), 213—219

KAPITEL 3

Rüben- und Rohrzuckerindustrie

3.1. Entwicklung der Zuckerindustrie

Die Zuckerindustrie als eines der wichtigsten Anwendungsgebiete der Ionenaustauscher

Wollte man eine Aufstellung der Anwendungsmöglichkeiten der Ionenaustauscher in den verschiedenen Industriezweigen geben, so wären etwa 300 Produkte zu erwähnen, bei deren Herstellung ihre Anwendung bereits erprobt ist oder aussichtsreich erscheint. Weiter wäre eine große Anzahl von Arbeitsmethoden mit z. T. verschiedenen Modifikationen aufzuführen, welche zu diesem Zwecke angeregt wurden; gleichwohl dürfte damit kaum Vollständigkeit erreicht sein, und jedes Schema ist notwendigerweise unvollständig.

Vielfach liegen bloße Anregungen vor. Bisweilen ist man in (kaum gelungenen) Versuchen stecken geblieben, was aber keineswegs bedeutet, daß die betreffende Anwendung uninteressant oder gar unmöglich wäre. Oft haben unter günstigeren Bedingungen wiederholte Versuche zum Erfolg geführt.

Eine Beschränkung der folgenden Darstellung auf die Zuckerindustrie und ihre besondere Herausstellung erscheinen nach obigem etwas willkürlich; demgegenüber ist zu bemerken, daß neben Anwendung der Ionenaustauscher zur Wasseraufbereitung die Zuckerindustrie wohl der wichtigste und vielseitigste Interessent an diesen Adsorbentien ist; dieser Industriezweig stellt wohl das umfassendste Anwendungsgebiet der Ionenaustauscher dar, obwohl sich hier das praktische Interesse nur sehr langsam durchgesetzt und entwickelt hat. Dies geht wohl am deutlichsten daraus hervor, daß man inzwischen auf diesem Gebiet zu einer dauernden Anwendung gelangt ist, und zwar trotz der bedeutenden technischen Schwierigkeiten, die hier zu überwinden waren.

Kurzer Überblick über die heutige Lage der Zuckerherstellung

Im folgenden sei zunächst ein kurzer Überblick über die jüngsten Entwicklungen in der Zuckerindustrie gegeben. Danach seien summarisch die Anwendungsarten der Ionenaustauscher behandelt, die sich in dieser Industrie bereits eingeführt haben, und schließlich sei noch auf einige weitere noch in der Zukunft liegende Anwendungsmöglichkeiten eingegangen. Dabei ist den Kunstharzadsorbentien vor anderen daneben noch gebrauchten Adsorbentien eine besondere Bedeutung einzuräumen. Kap. 6 behandelt dann die Anwendung von Ionenaustauschern im einzelnen, wobei auch auf die zu ihrer Einführung notwendigen Änderungen der Saftreinigungsverfahren näher eingegangen wird.

Bevor wir die Anwendung der Ionenaustauscher bei der Zuckerherstellung behandeln, sei eine Beschreibung der üblichsten Fabrikationsvorgänge in einer Rübenzuckerfabrik vorausgeschickt. Schema 1 bringt eine Verdeutlichung.

Schema 1: Fabrikationsschema für Rübenzucker

(*a*) Rüben
↓
(*b*) Transport
↓
(*c*) Rübenwäsche
↓
(*d*) Schnitzelmaschinen
↓
Wasser
↓
(*e*) Diffusionsanlage → (*f*) Ausgelaugte Schnitzel
↓
(*g*) Rohsaft ← (*h*) Kalkmilch ← (*i*) Kalk ← (*j*) Kalkofen
↓
Heizung
↓
(*l*) Erste Saturation ← (*k*] CO_2 ← (*j*) Kalkofen
↓
(*n*) Filtration → (*m*) Schlamm
↓
(*o*) Zweite Saturation
↓
(*p*) Filtration → Schlamm → (*n*) Filtration
↓
(*q*) Sulfitation ← SO_2
↓
(*r*) Filtration
↓
(*s*) Verdampfanlage
↓
(*t*) Dicksaft
↓
(*u*) Kochstation
↓
Füllmasse
↓
(*v*) Schleudern → (*w*) *A*-Sirup → usw.
↓
Weißzucker

In vorstehendem Schema bezeichnet (*a*) die Rübenzufuhr mit den üblichen Mitteln, (*b*) den Rübentransport (heute ganz allgemein mittels Wasser) durch eine Rübenschwemme zur Rübenwäsche (*c*); letztere wird meist in einem offenen Trog mit halbzylindrischem Boden durchgeführt, in welchem eine Welle mit Rührarmen läuft.

Dann werden die Rüben in Schnitzelmaschinen (*d*) zu Schnitzeln zerkleinert. Den Rübenschnitzeln wird in der Diffusionsanlage (*e*) mit Wasser der Zucker in

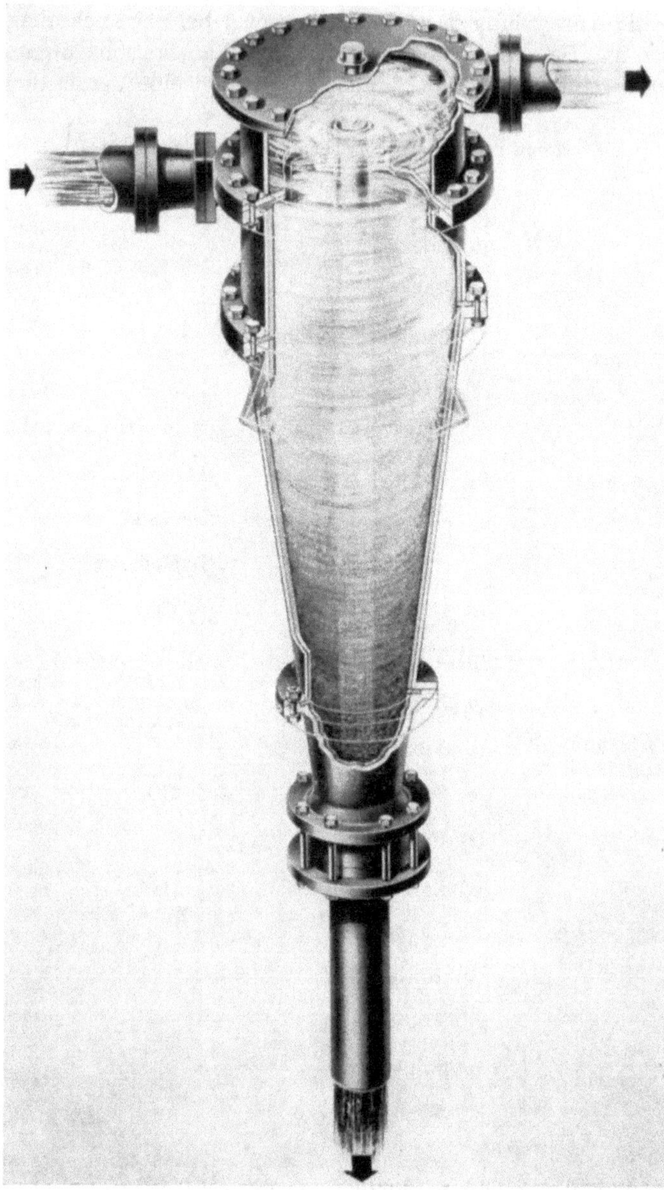

Abb. 5. Hydrozyklon, z. B. für Kalkmilch (Dorr-Oliver)

Form des sogenannten Rohsaftes entzogen. Die ausgelaugten Schnitzel (*f*) dienen als Viehfutter. Der erhaltene Rohsaft wird aufgeheizt (*g*) und ihm danach Kalk (*i*) zugesetzt. Dieser Kalk (*i*) wird in bekannter Weise durch Brennen von Kalkstein im Kalkofen (*j*) erhalten. Meistens wird er in Form von Kalkmilch (*h*) zugegeben. Es folgt nun die erste Saturation (*l*) mit Kohlensäure (*k*), die teils dem Kalkstein, teils den Verbrennungsgasen des zum Heizen der Kalköfen benutzten Kokses entstammt. Der Schlamm (*m*) wird danach abfiltriert (*n*), es folgt die zweite Saturation (*o*) mit anschließender zweiter Filtration (*p*); der Saft wird danach auf den richtigen pH-Wert (ca. 8) eingestellt (*q*), wozu man SO_2 benutzt. Bei der darauffolgenden Filtration (*r*) wird der Reinsaft erhalten, welcher in einer meist 4—5stufigen Verdampferanlage (*s*) zu Dicksaft (*t*) eingedickt wird.

Den bei der ersten Filtration abgeschiedenen Schlamm benutzt man meist als Bodenverbesserungs- und Düngemittel. Aus dem in der Regel nochmals filtrierten Dicksaft (*t*) wird in bekannter Weise über Kochstation (*u*) und Schleuder (*v*) der Weißzucker erhalten. In der Kochanlage fällt ein Kristallbrei an, die sogenannte Füllmasse.

Der abgeschleuderte Sirup — A. Sirup (*w*) — wird in verschiedener Weise weiter aufgearbeitet, um daraus den noch kristallisierbaren Zucker zu gewinnen. Meistens sind dazu noch zwei Eindickungen erforderlich, gefolgt vom Abschleudern eines Sirups, aus dem sich schließlich durch Eindicken kein Zucker mehr abscheiden läßt. Der hierbei anfallende Gelbzucker eignet sich nicht für den unmittelbaren Konsum; er wird gesondert gelöst, erforderlichenfalls geklärt und die erhaltene Kläre zu dem Dicksaft zurückgenommen.

Es sei betont, daß bei der Verarbeitung des Dicksaftes viele Abweichungen vom Schema möglich und üblich sind, auf die erst später näher eingegangen werden kann. Es sei daher darauf verzichtet, das gegebene Schema an dieser Stelle noch weiter zu ergänzen. Daß dieses Schema nicht unmittelbar auf die Verarbeitung von Zuckerrohr übertragen werden kann, ist klar. Ein großer Unterschied besteht vor allem hinsichtlich der Rohsaftgewinnung, welche dort durch Auspressen des Zuckerrohres erfolgt (s. Schema 2).

Es sei nunmehr auf die wichtigsten Änderungen eingegangen, welche auf die Einführung der Ionenaustauscher und die Anwendung adsorbierender Kunstharze in der Zuckerindustrie zurückgehen. Die Rübenzuckerindustrie hat während ihres 150jährigen Bestehens eine viel stürmischere Entwicklung durchgemacht als die Rohrzuckerindustrie, deren Wachstum seit Jahrhunderten langsamer und allmählicher vor sich ging. Die erstere wurde zu Beginn der napoleonischen Zeit noch nicht fabrikmäßig betrieben. Dagegen war dies bei der mit den Rohrzuckerplantagen tropischer Länder lokal verbundenen Rohrzuckerindustrie sehr wohl der

Schema 2: Arbeitsschemata für Rohrzucker

↓
Zuckerrohr
↓
Transport
↓
Vorbrechen
↓
Bagasse ⟵ Zuckerrohrmühle ⟵ Wasser
↓
Rohsaft

I. Defäkationsverfahren

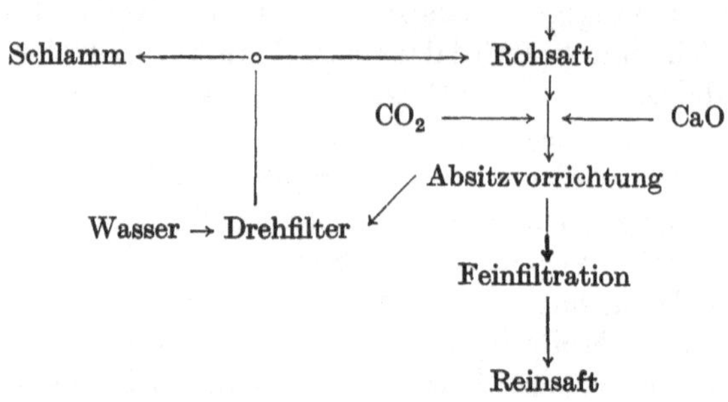

II. Sulfitationsverfahren

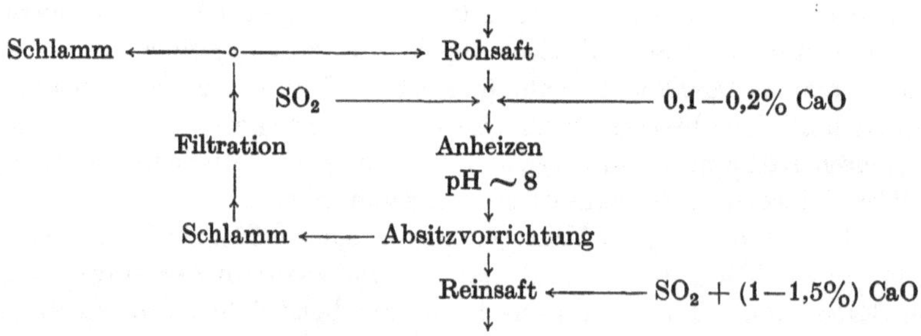

III. Karbonationsverfahren

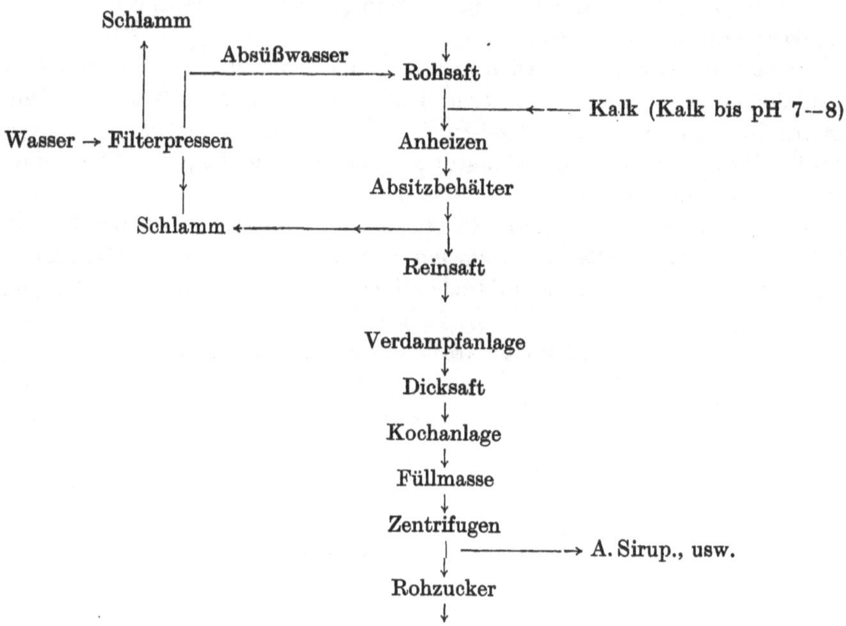

Fall, wenn auch in kleinem Maßstabe. Nur die Zuckerraffinerien für Rohzucker, die an den zuckerverbrauchenden Stellen entstanden waren, hatten bereits hohe technische Bedeutung. Auch war daselbst zwecks Gewinnung eines reinen, weißen Erzeugnisses bei der Raffination schon eine große meisterliche Kunst entwickelt worden.

Die angewandten Mittel unterschieden sich häufig sehr von den heute üblichen; jedenfalls kamen sie in anderer Weise zur Anwendung.

Die Reinigungsmethoden für Zuckerlösungen waren gleichwohl schon hoch entwickelt. Kalk wurde, wie bereits im ersten Kapitel erwähnt, schon lange als Neutralisationsmittel des Saftes verwendet; besser müßte man sagen, um die Verunreinigungen des Saftes in höchstmöglichem Grade zur Ausflockung zu bringen. Zu diesem Zwecke wurde auch die Kochung angewandt, gefolgt vom Absitzenlassen der entstandenen Ausscheidungen. Die geklärte Flüssigkeit bot dann keine größeren Schwierigkeiten bei der Weiterverarbeitung, wohl aber der Bodensatz. Mit mehr oder weniger Erfolg versuchte man, den darin noch enthaltenen Zucker zu gewinnen. Bei dieser Arbeit standen primitive Filtrationsmethoden im Vordergrund; daneben wandte man Verdünnung der Zuckerlösungen mit Wasser oder Absüßwasser an, gefolgt von erneutem Aufkochen usw. Doch waren die Schwierigkeiten, auf welche man bei der Filtration und der Absüßung des Bodensatzes stieß, sehr beträchtlich.

In den Raffinerien hatte sich um 1800 der Gebrauch von Eiweißstoffen, meist Ochsenblut, stark eingebürgert, womit man in der Tat vielfach eine schöne Reinigung des Zuckers erreichen kann, obwohl dieses Mittel nicht immer sicheren Erfolg verbürgt (Infektionsgefahr bei Anwendung schon verdorbenen Blutes!).

Es leuchtet ein, daß die Entwicklung der jungen Rübenzuckerindustrie sofort einen dynamischen Charakter annahm, zumal diese in einer Zeit entstanden war, in welcher Europa, bald gefolgt von Nord-Amerika, in ein großes industrielles Wachstum eintrat. Der Stand der Technik der Rohrzuckerfabrikation und -raffination bildete eine gute Grundlage.

Schon bald war man bestrebt, wie in Kap. 1.3.1. erwähnt, die bei der Rohzuckerraffinierung mit so viel Erfolg zur Anwendung gekommene Knochenkohle auszuschalten. Der auch jetzt noch benötigte große Kalkaufwand nebst dem hohen zu dessen Wiederabscheidung aus der Zuckerlösung erforderlichen Kohlensäureverbrauch veranlaßte die Zuckerfabriken aus ökonomischen Erwägungen heraus, selbst eigene Kalkbrennereien einzurichten, um Kalkstein in Kalk und Kohlensäure zu spalten. Diese Arbeitsstufe war wohl der am meisten ins Auge springende Fortschritt bei der Saftreinigung, und man glaubte Jahre hindurch, hier einen Endzustand der Vervollkommnung erreicht zu haben. Diese Auffassung führte dazu, sich nunmehr anderen vordringlicher erscheinenden Problemen zuzuwenden, wie z. B. der mechanischen Vervollkommnung der Anlage, der Dampfökonomie, der Fabrikationsausbeute usw.

Grundsätzlich handhabt fast jede Zuckerfabrik auch heute noch die Saftreinigung in dieser altherkömmlichen Weise, und man stößt sogar bisweilen auf die irrtümliche Meinung, eine Abänderung dieser Arbeitsweise sei unnötig. Aufs Ganze gesehen ist jedenfalls viel Tüchtiges geleistet worden, um ein in sich genau abgestimmtes Verfahren zu erarbeiten, und noch heute werden vielerlei Hilfsmittel herangezogen.

Auf einige Bemühungen, die Saftreinigung zu verbessern, sei etwas näher eingegangen. Eine der größten Schwierigkeiten, die im Betrieb auftreten können, liegt bekanntlich in einer mangelhaften Filtration, charakterisiert durch kurze Laufzeit der Filter und großen Druckverlust. Bei der Verarbeitung schlechter, gefrorener Rüben kann dieses Übel besonders unangenehme Folgen haben. Man wußte nun von jeher, daß Störungen dieser Art durch Zugabe eines größeren Kalküberschusses behoben werden können, wenn man auch bezüglich der Deutung des Phänomens seinerzeit noch im Dunkeln tappte.

Neuere Saftreinigungsmethoden mit Kalk

Es ist das Verdienst der neueren Forschung, nicht nur manche Unklarheit beseitigt zu haben, sondern darüber hinaus auch Hinweise gegeben zu haben, wie die Saftreinigung so zweckmäßig und ökonomisch wie möglich durchzuführen ist. Maßgebend waren hierbei Einblicke kolloidchemischer und physikalischer Art in das Wesen der Adsorption.

Der erste Erfolg dieser Untersuchungen war, daß allmählich fast alle Fabriken zu der Herstellung von Weißzucker übergingen. Damit wurde die Zuckerraffinerie entbehrlich; sie konnte sich auf besondere Erzeugnisse, wie Kandiszucker, Zuckerhüte, Würfelzucker usw. beschränken. Dies gilt indessen nur für die Rübenzuckerindustrie.

In der Rohrzuckerindustrie wird gegenwärtig noch viel Rohzucker hergestellt, wenn es auch hier nicht an Weißzuckerfabriken fehlt. Dies hat verschiedene Gründe: hier spielen Transportfragen und fiskalische Maßnahmen eine Rolle, ferner die Tatsache, daß die von der Rohrzuckerindustrie hergestellten und geklärten Säfte häufig von nur mäßiger Qualität sind, so daß daraus Weißzucker nicht in direkter Weise gewonnen werden kann. Das Arbeitsschema für die Rohrzuckerherstellung befindet sich auf S. 49.

In diesem Zusammenhang sei wiederholt, daß man sich in vielen Rohrzuckerfabriken zur Klärung der geschiedenen Säfte noch heute der uralten Sedimentationsverfahren bedient, während die Rübenzuckerindustrie zur Erzielung klarer Säfte bis in die jüngste Zeit meist Filterpressen benutzte. Es ist aber bemerkenswert, daß sich auf Grund der Arbeitsersparnis auch hier die Saftreinigung heute in gleicher Richtung weiterentwickelt: Gleichzeitige Anwendung auch von Absetzmethoden neben der Benutzung kontinuierlicher Filter. Sicherlich sind das subtilere Verfahren als die Filterpressenarbeit. Für die anschließende Filtration sind unter anderem Beutelfilter sowie keramische Filter in Gebrauch.

Eine der auffallenden Änderungen bei der modernen Saftreinigung ist die Anwendung einer Vorscheidung durch Zusatz einer kleinen Menge Ätzkalk vor Zugabe der Hauptmenge an Kalk. Obgleich diese Arbeitsweise schon um 1900 vorgeschlagen worden war, hat sie sich erst in letzter Zeit mit Erfolg in der Praxis durchgesetzt. Das alles beherrschende Bestreben bei der Vorscheidung ist, leicht filtrierbare Ausflockungen zu bilden, d. h. Keime zu erzeugen, die zur Ausbildung eines körnigen, groben Präzipitates führen.

Als Ideal verbleibt, einen späteren weiteren Zusatz großer Kalk- und Kohlensäuremengen ganz überflüssig zu machen. Soweit ist man indessen heute noch nicht.

Bei dem Bestreben, einen leicht filtrierbaren und dekantierbaren Niederschlag zu erhalten, darf man die Entfernung der Nichtzuckerstoffe und insbesondere der färbenden Bestandteile nicht aus dem Auge verlieren. Beide Forderungen zu vereinigen, ist oft nicht leicht.

Um einen guten Erfolg zu erzielen, muß u. a. das pH der Lösung beachtet werden. Auch hier hat man es jedenfalls mit einem schwer lösbaren Problem zu tun.

Es würde zu weit führen, alle Autoren aufzuführen, die sich mit der Lösung dieser Frage befaßt haben. Erwähnt seien aber Dedek und Vasatko, die zu Anfang mit ihrer Methode der progressiven Vorscheidung, und Brieghel-Müller, die durch Weiterentwicklung der Apparatur und Schlammrücknahme viel zur Verwirklichung des Verfahrens einer Vorscheidung beigetragen und entscheidende Fortschritte erzielt haben.

3.2. Rolle der Austauscher in der Zuckerindustrie

Entkalkung

In den letzten Jahrzehnten tauchten in der Zuckerindustrie immer mehr Vorschläge und Verfahren auf, bei denen Ionenaustauschern eine mehr oder weniger bedeutende Rolle zugedacht war. Sie seien hier zunächst kurz erwähnt, um dann später im einzelnen betrachtet zu werden.

Vor dem Jahre 1940 hat man sich, sofern Ionenaustauscher überhaupt herangezogen wurden, in Analogie zur Wasserenthärtung auf die Entkalkung von Zuckersäften beschränkt. Hier sind bekanntlich seit den letzten Jahrzehnten Kohle- und Kunstharzaustauscher in großem Umfange mit besten Erfolg in Gebrauch.

Die Tatsache, daß die neuen Kationenaustauscher außer einer Wiederbelebung mit einer NaCl-Lösung auch die Behandlung mit Säure- und Laugelösung zulassen, bildete den Ausgangspunkt, sich der Enthärtung von Zuckersäften erneut zuzuwenden; dabei stand zu Anfang kein anderes Ziel vor Augen, als das Sauberhalten der Saftverdampfer von einer Verkrustung während der ganzen Dauer der Kampagne zu gewährleisten. Bei den älteren säure- wie laugeempfindlichen „Basenaustauschern" hatte sich die Anwendung als unmöglich erwiesen, weil der Austauscher infolge starker Verschmutzung rasch völlig unbrauchbar wurde. Zu einer großzügigen Anwendung der neuen Kunstharzaustauscher in der Zucker. industrie, mit denen man prinzipiell alle Austauschreaktionen durchführen und deren Unwirksamwerden man begegnen kann, kam es erst nach dem zweiten Weltkriege. Doch waren sie schon währenddessen mit gutem Erfolge, wenn auch nur in kleinem Maßstabe, eingesetzt worden (Zuckerfabrik Östrum bei Hildesheim).

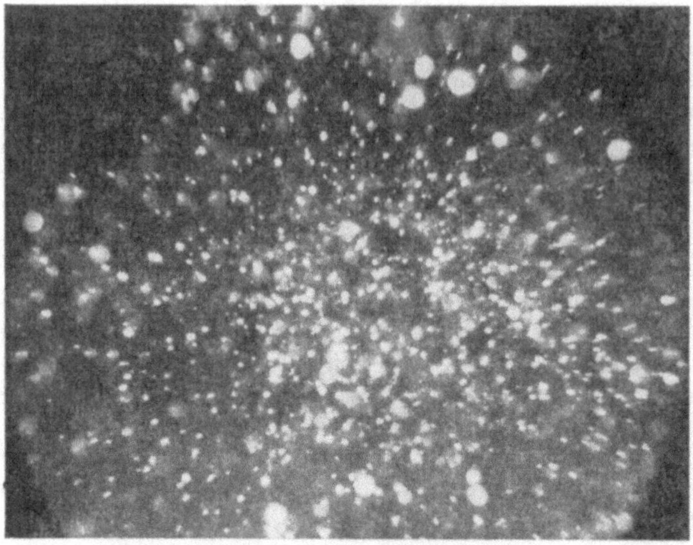

Abb. 6. Reinsaft vor Entkalkung (Vergrößerung 1000 : 1)

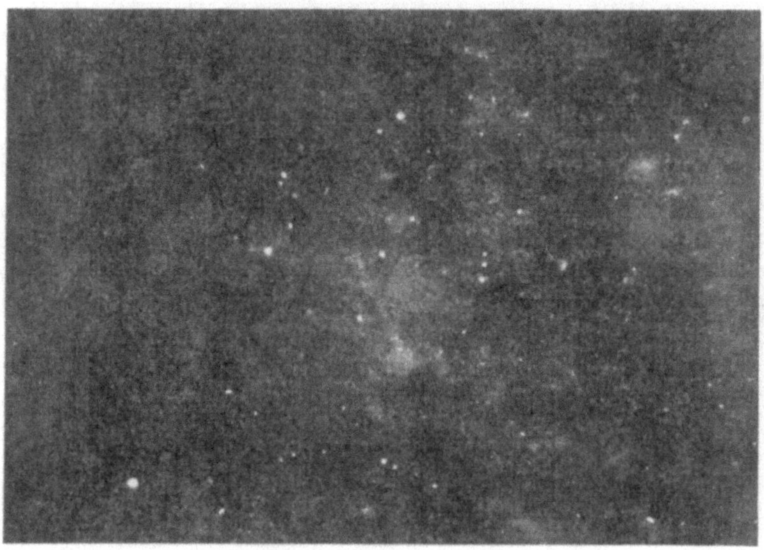

Abb. 7. Reinsaft nach Entkalkung (Vergrößerung 1000 : 1)

Daß vorherige Entkalkung die Verarbeitung von Säften und Sirupen erleichtert, hat sich vielfach bestätigt; in zahlreichen Fällen ist dadurch die Kapazität der Fabrik nicht unerheblich gesteigert worden. Dies ist besonders der Tatsache zuzuschreiben, daß sich die entkalkten Säfte leichter und ohne Schaumbildung eindicken und höher konzentrieren lassen. Auch die Zentrifugierbarkeit ist besser. Die Melasseproduktion ist bei wirtschaftlicher Arbeitsweise nicht höher als in einer normalen Fabrik.

Damit kann als erwiesen gelten, daß der höhere Gehalt der Sirupe an bei der Enthärtung eingebrachten Na-Salzen, welche an sich starke Melassebildner sind, in vielen Fällen keinerlei Nachteile bringt.

Diese Tatsache ist sehr bemerkenswert; sie ist der Entfernung von Nichtzuckerstoffen durch Adsorptionseffekte zuzuschreiben, die gleichzeitig mit der Enthärtung der Säfte am Ionenaustauscher erfolgt. Die Adsorbate werden vom Kationenaustauscher bei der Wiederbelebung mit Neutralelektrolyten zusammen mit den Härtebildnern entfernt. Neuere Angaben von Prey bestätigen dies.

Adsorption neben Ionenaustausch

Die für die Zuckerindustrie so wichtige Eigenschaft der Kunstharzaustauscher, nebenher Wirkungen der Allgemeinadsorption auszuüben, insbesondere auch auf die in den Zuckerlösungen vorhandenen stark färbenden Stoffe, wurde vor dem Krieg zum ersten Male beobachtet und erwies sich weiterhin als von größter technischer Bedeutung.

Die Anwendung geeigneter Kationen- und Anionenaustauscher bzw. Adsorber gestattet in der Tat, Zuckerlösungen zu erzielen, die praktisch frei von allen Nichtzuckerstoffen sind.

Zwar gibt es schon bei älteren Untersuchungen Anhaltspunkte für Erscheinungen, die wir heute als Allgemeinadsorption deuten, doch kommt diese Tatsache nirgends klar zum Ausdruck, geschweige denn, daß sie gar bewußt zur Anwendung gelangt wäre[1]).

Nach dem II. Weltkrieg wurde in Amerika die Saftreinigung mit Ionenaustauschern überall mit Eifer aufgenommen und fabrikmäßig eingeführt. An dieser neuen Entwicklungsrichtung waren hauptsächlich solche Firmen beteiligt, welche die neuen Ionenaustauscher bereits mit Erfolg für die Wasserreinigung und besonders auch für die der Wasserentsalzung eingesetzt hatten. Das neuartige Saftreinigungsverfahren erhielt die gleiche Bezeichnung „Entmineralisierung", mit dem es sich bei der Wasserreinigung schon eingeführt hatte.

Entmineralisierung der Säfte

Diese Ausdrucksweise deutet bereits an, daß die Schwierigkeiten unterschätzt wurden, die bei einfacher Übertragung der bei Wässern üblichen Arbeitsweise auf Zuckersäfte eintraten, wie man auch die darin liegenden weiteren Möglichkeiten keineswegs erkannte.

---

[1]) In einigen Patentschriften wird z. B. festgestellt, daß die für obigen Anwendungszweck eingesetzten Kunstharzaustauscher mit gewissen Chemikalienlösungen wiederbelebt werden können, und daß eine weiträumige Struktur in dieser Hinsicht ihre technische Brauchbarkeit im allgemeinen fördere.

In der Tat stellten sich gleich zu Anfang nahezu unüberwindbare Schwierigkeiten heraus, Schwierigkeiten, die auf Grund der alten Versuche mit Riedelpermutit in der Zuckerfabrik Fraustadt mindestens teilweise hätten vorausgesehen werden können und die zum Stillegen sämtlicher zur Entmineralisierung von Zuckersäften erstellten Anlagen führten. Mit soviel Begeisterung und Tatkraft in Gang gesetzt, bedeutete dies zunächst einen Schritt in rückwärtiger Richtung. Das Wort „Entmineralisierung“ blieb irrtümlicherweise bestehen, obwohl die Entfernung der Mineralsalze aus Zuckersäften sich inzwischen als Problem zweiten Ranges herausgestellt hatte.

Bei der neuen Reinigungsmethode von Zuckersäften hat man nämlich, um gute Erfolge zu erreichen, mancherlei Faktoren Rechnung zu tragen. Die Zuckersäfte enthalten bekanntlich sehr zahlreiche Stoffe, u. a. Nichtelektrolyte verschiedenartigster chemischer Zusammensetzung, und zwar von einer Molekülgröße, die bis zu der von Makromolekülen heraufreicht.

Stoffe dieser Art sind selbst im Reinsaft noch enthalten und werden zum Teil während der Fabrikation ständig nachgebildet. Diese großmolekularen Stoffe müssen vor der Behandlung mit Anionenaustauschern soweit wie möglich aus dem Saft entfernt werden, weil sie zufolge ihrer kolloidalen Struktur die Ionenaustauscher umhüllen können, deren Poren verstopfen und damit deren Wirksamkeit herabsetzen; sie verhindern auch ein völliges Auskristallisieren der Saccharose; es ist aber gerade Hauptzweck der neuen Arbeitsmethode, die Melassebildung tunlichst herabzudrücken bzw. ganz auszuschalten. Eine weitere, sehr zu beachtende Erscheinung bei der Entmineralisierung von Zuckersäften ist das Auftreten von pH-Verschiebungen. Der pH-Wert der Säfte kann nicht unter allen Umständen ohne unangenehme Folgen unter 7 erniedrigt werden, da alsdann die Bildung nicht kristallisierbaren Invertzuckers einsetzt.

Besondere Bedingungen der Entmineralisierung

Eine Entmineralisierung der Zuckersäfte erforderte also in allererster Linie besondere Typen von Ionenaustauschern, in zweiter eine Anpassung der Arbeitstechnik an dieses neue Hilfsmittel. Die Austauscher dürfen nicht die allgemein gebräuchliche kompakte Struktur haben, wie sie die Ionenaustauscher für Wasserbehandlung aufweisen; erwünscht sind ferner Typen mit starker Befähigung zur Allgemeinadsorption; anzustreben ist vor allen Dingen ein hohes Bindungsvermögen für großmolekulare und stark färbende Stoffe. Ein schwieriges, anfänglich im allgemeinen unterschätztes oder gar nicht vermutetes Problem bot zunächst auch die Regenerierung. Glücklicherweise erwiesen sich manche der später entwickelten, durch hohes Adsorptionsvermögen für färbende Stoffe gekennzeichneten Kunstharze als gut regenerierbar. Und zwar gelang die Wiederbelebung mit Hilfe von Chemikalienlösungen allein. Hierbei darf man nicht aus dem Auge verlieren, daß diese Art der Wiederbelebung bei den schon früher angewandten Adsorbentien, wie z. B. Knochen- und Aktivkohle, nicht möglich ist und bei diesen eine Regenerierung nur durch eine kostspielige thermische Behandlung erreicht werden kann. Diese Art von Regenerierbarkeit der Kunstharzadsorbentien allein kann bereits als ein großer technisch-wirtschaftlicher Erfolg gelten.

Eine Vorbedingung für eine rationelle Anwendung der Ionenaustauscher und Entfärbungsharze liegt weiter darin, die oben erwähnten, anfänglich aufgetretenen Schwierigkeiten zu vermindern. In dieser Hinsicht mußte bei der Weiterentwicklung von Spezialharzen für die Zuckerindustrie in erster Linie Wert auf Schaffen einer geeigneten weitporigen Struktur gelegt werden. Ferner waren Typen herauszuzüchten mit hohem selektivem Adsorptionsvermögen für die in den Zuckersäften enthaltenen Verunreinigungen. Die Regenerationsmethoden waren zweckdienlich auszugestalten. Betriebsseitig mußte der Vorreinigung und der Filtration der zuckerhaltigen Säfte besondere Aufmerksamkeit geschenkt werden. Diese Bestrebungen haben inzwischen zum Erfolg geführt. Die großen anfänglichen Schwierigkeiten können heute als überwunden gelten. Beste Ergebnisse werden erzielt trotz des anfänglich so pessimistischen Zukunftsbildes, das sich bei den ersten Anwendungen der Ionenaustauscher in der Zuckerindustrie bot. Zwar stehen noch Wünsche offen, doch beziehen sich diese größtenteils auf die ökonomische Seite der neuen Saftreinigungsverfahren; auch bezüglich Lebensdauer der Ionenaustauscher und hinsichtlich des Chemikalienverbrauches sind noch weitere Verbesserungen anzustreben usw.

Die in der Praxis zwecks „Entmineralisierung“ von Zuckersäften gebräuchliche Arbeitsweise ist gegenwärtig fast überall die gleiche. Zuerst reinigt man den Saft in der üblichen Weise mit Kalk usw., danach wird er gekühlt und dann folgt die Behandlung mit hintereinandergeschaltetem $H^{\cdot}$-Ionenaustauscher und OH'-Ionenaustauscher. Hieran schließt sich die Verarbeitung des gereinigten Saftes in gleichfalls bekannter Weise. Die Behandlung des Dicksaftes und der Sirupe bietet noch Probleme besonderer Art, welche mit dem Verfahren an sich nichts zu tun haben; sie bestehen darin, daß man, um zu den Endprodukten Zucker und Melasse zu gelangen, nicht das gewöhnliche Fabrikationsschema anwenden kann, da entsalzter Dicksaft einen sehr hohen Reinheitsgrad besitzt. Wir kommen hierauf im Kap. 6 zurück.

Neben dem oben erwähnten einheitlichen, einfachen System der Saftverarbeitung mit Ionenaustauschern und entfärbenden Harzadsorbern sind einige andere Schemata vorgeschlagen worden. Für Anregungen, soweit sie bisher nicht zu einer technischen Anwendung geführt haben, möge im allgemeinen eine globale Betrachtungsweise genügen, es sei denn, daß sie in bestimmter Richtung hoffnungsvolle Aussichten bieten. Bereits in technischem Umfange angewandte Methoden sollen, selbst wenn ein bleibender Erfolg noch nicht gesichert ist, später näher behandelt werden.

Behandlung von Rohsaft

Versuche, die sich eine Behandlung der Rohsäfte zum Ziele setzten, werden im allgemeinen als mißlungen betrachtet. Insbesondere gilt dies auch deshalb, weil man nach dem $H^{\cdot}$-Ionenaustauscher einen trüben Saft erhält; wollte man diese

Trübung beseitigen, so würde man nahezu ebenso hohe Reinigungsspesen aufwenden müssen, wie beim klassischen Verfahren. Doch sind auch hier nicht alle Möglichkeiten erschöpft. Im Kap. 8 werden wir über einige interessante, in der letzten Zeit erzielte Erfolge der Rohsaftreinigung mit Ionenaustauschern berichten.

3.3. Andere Wege zur Saftreinigung usw.

Anwendung des OH'-Austauschers vor dem H˙-Austauscher

Das Scheitern der Versuche mit Rohsaft bewirkte, daß man weiterhin nur den normal gereinigten, über 90 °C heißen Saft verarbeitete. Dies ist mit dem Nachteil verbunden, daß dieser Dünnsaft stark zwischengekühlt werden muß.

Man hat versucht, dies in verschiedener Weise zu umgehen. Nach einem bekannten Vorschlag will man — um einer Inversion vorzubeugen — den Saft zuerst über den OH'-Ionenaustauscher filtrieren und erst danach über den H˙-Ionenaustauscher führen — also die Austauscher in umgekehrter Reihenfolge anwenden. Indessen hat eine derartige Arbeitsweise aus verschiedenen Gründen praktisch wenig Chancen.

Zu einer ausreichenden Neutralsalzspaltung sind nämlich nur die stark basischen, aber weniger stabilen Anionenaustauscher imstande, welche quaternäre Ammoniumgruppen tragen. Die Arbeitsbedingungen, unter denen die umgekehrte Entsalzung durchzuführen wäre, d. h. die hohe Temperatur und Alkalität des Saftes würden sich aber auf die Struktur und Kapazität dieser Austauscherart sehr schädlich auswirken und deren Lebensdauer sehr verkürzen; außerdem ist ihr Anschaffungspreis ungewöhnlich hoch. Einen weiteren Nachteil stellen die hohen Aufwendungen für die Wiederbelebung dar. Im übrigen ist auch ein hohes pH ungünstig, weil es — obwohl in geringerem Umfang als ein zu niedriges pH — ebenfalls zur Zersetzung gewisser Saftbestandteile führt. Die schönen Ausflockungen, welche bei niedrigem pH in dem viel widerstandsfähigerem H˙-Ionenaustauscher auftreten und von diesem zurückgehalten werden, bleiben aus. Wegen ihrer Schädlichkeit im Laufe der weiteren Saftverarbeitung ist ihre Entfernung aber unbedingt notwendig.

Anwendung des Mischbettes

Die Anwendung des sog. „Mischbettes" (mixed-bed) bietet auch kaum günstigere Möglichkeiten. Bei diesem Arbeitsverfahren wird ein schwachsaurer Kationenaustauscher (H˙-Form) in Mischung mit einem stark basischen Anionenaustauscher in der OH'-Form in dem richtigen (molekularen) Verhältnis zur Anwendung gebracht. Das pH wird alsdann nicht übermäßig gesenkt; lokal ist aber immerhin eine vorherige Abkühlung des Saftes angezeigt, um einer Inversion vorzubeugen. Auch wegen der „Empfindlichkeit" des stark basischen Austauschers gegenüber hohen Temperaturen wird eine Abkühlung auf 50 °C als notwendig erachtet. Die Empfindlichkeit des stark basischen Anionenaustauschers ist aber trotzdem ein schwacher Punkt, besonders weil dann und wann eine Regenerierung mittels heißer Laugelösungen und mit heißem Wasser angezeigt ist. Bei der üblichen „Entmineralisierung", d. h. Behandlung der Zuckerlösung mit dem $H^{\cdot}$-Ionenaustauscher in erster Arbeitsstufe, kommt der Anionenaustauscher in einem bedeutend günstigeren Milieu zur Anwendung. Im letzteren Falle wird zudem der Einsatz weniger stark basischer und chemisch widerstandsfähigerer Harze bevorzugt.

Einführen von Hilfsionen

In den letzten Jahren ist man zwecks Herabsetzung der Melassemenge auf den alten Vorschlag zurückgekommen, mittels eines Kationenaustauschers die Alkaliionen des Saftes durch $Ca^{\cdot\cdot}$- oder $Mg^{\cdot\cdot}$-Ionen zu ersetzen, weil dadurch der Zucker weniger löslich wird. Maßnahmen dieser Art bieten tatsächlich Vorteile, zumal gewisse Bedenken gegen eine vollständige „Entmineralisierung" der gesamten Saftmenge bestehen. Im letzteren Falle würde bekanntlich gar keine Melasse mehr anfallen und Melassemangel wäre die Folge. Auch besteht die Befürchtung, das Verkochungsschema der Zuckerlösungen könne sich zufolge des zu hohen *RQ* des Reinsaftes zu sehr komplizieren. Aus diesen Gründen begnügt man sich jetzt meist mit einer „Teilentmineralisierung" des Saftes, so daß die Melasseproduktion bloß erniedrigt wird.

Hierzu genügt es aber, die Kationen des Saftes bzw. eines Ablaufsirups mit Hilfe eines in geeigneter Weise vorbeladenen Kationenaustauschers durch Ca-Ionen oder Mg-Ionen zu ersetzen. In einigen deutschen Zuckerfabriken werden Mg-Ionen direkt in den *B*-Sirup eingeführt (QUENTIN-Verfahren); dies ist hier wegen des niedrigen Preises der Mg-Salze, die bekanntlich ein Nebenprodukt der großen Kali-Industrie darstellen, wirtschaftlich zu verantworten.

Als Vorläufer eines derartigen Arbeitsprozesses kann ein während des zweiten Weltkrieges in Holland erfolgreich angewandtes Melasse-Entzuckerungsverfahren gelten, bei welchem die Masse mit $Ca^{\cdot\cdot}$-Ionen beladen wurde. In diesem Falle wurden $H^{\cdot}$-Ionen als Hilfsionen verwandt.

Sofern $H^{\cdot}$-Ionen als Hilfsionen eingeführt worden sind, beseitigt man sie hinterher leicht durch Neutralisieren mit Metallhydroxyden, in unserem Falle neutralisiert man mit Kalkmilch, d. h. die Hilfsionen werden durch $Ca^{\cdot\cdot}$-Ionen ersetzt.

Durch die Anwendung von Hilfsionen kann man den Austausch sehr weitgehend vervollständigen, also auf diesem indirekten Wege mehr $Ca^{\cdot\cdot}$- oder $Mg^{\cdot\cdot}$-Ionen in die zuckerhaltige Lösung einbringen, als es bei direktem Austausch möglich ist. $Ca^{\cdot\cdot}$- oder $Mg^{\cdot\cdot}$-Ionen lassen sich zwar leicht in den Austauscher einführen, werden aber nur schwer vollständig durch einwertige Alkali-Ionen verdrängt, es sei denn, letztere werden in sehr großem Überschluß angewandt.

Nach dem sogenannten S.C.C.-Verfahren (Sugar Chemical Company) erreicht man das gleiche Ziel durch Verwendung von $NH_4^{\cdot}$-Ionen als Hilfskationen, ebenfalls in großem Überschuß angewandt. Unter bestimmten Verhältnissen ist dieser Weg, Hilfsionen einzuführen, von technischer Bedeutung. Die $NH_4^{\cdot}$-Ionen lassen sich später leicht durch anschließende Wärmebehandlung aus dem Saft entfernen, sei es als freies Ammoniak oder als flüchtige Ammoniumsalze, die im Kreislauf geführt werden.

Behandelt man Melasse in der Weise, daß man sie (in geeigneter Verdünnung) über einen $H^{\cdot}$-Austauscher filtriert, so wird die Melasse sauer; in diesem Falle ist das belanglos, da die Melasse kalt und außerdem stark gepuffert ist; die Inversionsgefahr ist dadurch herabgesetzt und kaum von praktischer Bedeutung. Würde man statt dessen mittels eines mit $NH_4^{\cdot}$-Ionen beladenen Kationenaustauschers Ammoniak als Hilfsion einführen, wofür vor allem die einfache Art der Rückgewinnung dieser Base spricht, so müßte man auf den günstigen Ausflockungseffekt verzichten, der — durch den niedrigen pH-Wert bedingt — im anderen Falle eintritt.

Die Entfernung dieser ausflockbaren Stoffe, die in Kombination mit Ca- oder Mg-Salzen Schwierigkeiten verursachen, ist aber von großer technischer Bedeutung; sie sollte auf keinen Fall als Nebensache betrachtet und aus dem Auge verloren werden.

Im Vordergrund des Interesses steht somit das Problem, diejenigen Stoffe aus der Melasse bzw. den Sirupen zu entfernen, die im Verein mit den Ca-Verbindungen all die erwähnten großen Schwierigkeiten verursachen. Es handelt sich — wie erwähnt — in erster Linie um das Filtrationsproblem. Jedenfalls steht fest, daß die Filtration durch völligen oder teilweisen Ersatz der metallischen Kationen der Zuckerlösung durch $H^{\cdot}$-Ionen erheblich vereinfacht werden könnte. Die schädlichsten Bestandteile flocken alsdann aus und können, sofern sie sich nicht schon auf dem Ionenaustauscher abgeschieden haben, abfiltriert werden.

Die Glucoseindustrie hat zum Teil ähnliche Entwicklungen durchlaufen, wie sie oben für die Gewinnung von Saccharose skizziert worden sind, zum Teil waren aber auch Schwierigkeiten anderer Art zu überwinden. Bezüglich der daselbst vorliegenden Probleme nebst dem zu ihrer Lösung beschrittenen Wege sei auf den betreffenden Abschnitt im Kap. 9 Monosaccharide verwiesen.

3.4. Literatur

Neuere Saftreinigungsmethoden in der Zuckerindustrie

Buchliteratur

Claassen, H., Z. Ver. dtsch. Zuckerind. **57** (1907), 931
Dubourg, J., „*Sucrerie de Betteraves*“, J. B. Baillière, Paris 1952
Hoffmann-Walbeck, H. P., „Technologie des Zuckers“, Hannover 1955
Honig, P., „*Principles of Sugar Technology*“, New York/London 1953
Prinsen-Geerligs, H. C., „*Cane Sugar and its Manufacture*“, London 1930
Wohryzek, O., „*Chemie der Zuckerindustrie*“; Julius Springer, Berlin 1928

Neue Saftreinigungsmethoden mit Kalk

BERNADAC, B. (Werquin), Ind. Agric. Aliment. (1953), 379
BRIEGHEL-MÜLLER, A., Z. Zuckerind. **9** (1959), 563
DEDEK, J., und J. VASATKO, D. P. 64266 IVb/12d (Tschech. Pr. 1931)
HONIG, P., in „*Principles of Sugar-Technology*", New York, S. 655—710
WEIDENHAGEN, R., Technologie des Zuckers, 1955, S. 205—330
WIKLUND, O., und Mitarbeiter: Socker Handl. **7** (1951), 33—45

Übersichtsreferate über Anwendung von Austauschern in der Zuckerindustrie

BARTZ, J. P., Am. P. 2526111 (Anm. 1949)
BOHORNIK, L. D., und J. M. LITRAK, Sacharnaja Prom. **36** (1962), 18—26
BURIANEK, J., K. CIZ, V. VALTER und K. SANDERA, Listy Cukrovarnické **73** (1957), 41—45
CARRUTHERS, A., und J. F. T. OLDFIELD, Z. Zuckerind. **11** (1961), 23—30 und 85—90
CHANG, L. T., Taiwan Sugar, J. Quart. **1** (1948), 106—113
CASTILLO, F. S., Quim. e Ind. (Bilbao), **2** (1955), 25—30
CIHAL, K., und V. VALTER, Listy Cukrovarnické **71** (1955), 175—177
DEDEK, J., Ann. Chimica **43** (1953), 419—422
DEVILLERS, P., Exposé préssenté le 28 juin à la 14e Reunion technique du Syndicat National des Fabricants de Sucre
GRIESSBACH, R., „*Austausch-Adsorbentien in der Lebensmittelindustrie*", Leipzig 1949, S. 14—50
HIESTER, N. K., und R. C. PHILLIPS, Chem. Engng. **61** (1954), 161—180
HIRSCHMÜLLER, H., Z. Zuckerind. **1** (1951), 5—7
KOOIJ, J. N., Chim. et Ind. **64** (1950), 704—707
KORBOVA, M., Listy Cukrovarnické **69** (1953), 174—175
KOSTENYUK, N. N., und N. A. MAKSIMOVA, Trudy Tsentr. Nauch. Issled. Inst. Sakhar. Prom. **8** (1960), 174—185
MANTOVANI, G., Ind. Saccarif. Ital. **52** (1959), 418—423
MINDLER, A. B., in Nachod, Ion Exchange (1949), 315—350
ONGARO, D., Ind. Saccarif. Ital. **44** (1951), 293—308
PORTER, L. B., Sugar **42** (1947), 22—23
PORTER, R. W., Food Ind. **20** (1948), 85—96
SANCHO, J., und O. CARPENA, Ion (Madrid) **10** (1950), 447—457
VERHAART, M. L. A., Chem. Weekbl. **48** (1952), 365—369
WEAVER, H. E., Sugar Industry Technicans Ind. Mimeo seperate, Mai 1955
WEAVER, H. E., Sugar **51** (1956), 26—27

Entbasung

GAYLE, F. L., (Am. Cyanamid Co.), Am. P. 2496244 (Anm. 1946)
GOLOVIN, P. V., Z. B. SHAPOSNIKOVA, M. A. ABRAMOVA, A. A. GERASIMENKO und C. V. DEMISORA, Ukrain. Khim. Zhurn. **23** (1957), 397—399

Neutralaustausch

IDA, Y., Jap. P. 8882/1959 (Anm. 1957)
TOMIC, U., und F. DURDIK, Czech. P. 95219 (Anm. 1958)
ZAGRODZKI, S., ZAORSKA, H., J. MARCZYNSKI und K. SZWAJCOWSKA, Gaz. Cukrownicza **63** (1961), 353—358

Entmineralisierung

ABRAMOW, K., Czech. P. 81613 (Anm. 1949)
Activit (P. SMIT), D. B. P. 924620 (Nied. Pr. 1951)
Auxiliaire des Chemins de Fer et de l'Industrie, Belg. P. 471585 (Fr. Pr. 1946)
BEHRMAN, A. S., Am. P. 2388222 (Anm. 1940)
BENIN, G. S., Sacharnaja Prom. **31**, Nr. 12 (1957), 41–46
BENIN, G. S., Sacharnaja Prom. **33**, Nr. 11 (1959), 36–38
BENIN, G. S., und E. E. SHNAIDER, Trudy Vsesoyuz Tsentr. Nauch-Issledov. Inst. Sakhar. Prom. **2** (1953), 69–87
BORGHI, M., Ind. Saccarif. Ital. **42** (1949), 78–91
Dorr. Co., Can. P. 476259 (Am. Pr. 1946)
Intern. Minerals and Chemical Corp., Am. P. 2534560 (Anm. 1948)
MORINI, M., Ind. Saccarif. Ital. **47** (1954), 202–203
POPOV, S., Legkaya Prom. **5** (1956), 46–47
RAMONDT, D., Ind. Aliment. Agric. **64** (1947), 269–270
VALLEZ, H. A., Am. P. 2388194 (Anm. 1941)
WOLOCHWJANSKI, W. M., Sacharnaja Prom. **20**, Nr. **10** (1946), 20/23

Entfernung von Nichtzuckerstoffen, Entfärbung

ABRAMS, I. M., und B. N. DICKINSON, Ind. Engng. Chem. **41** (1949), 2521–2523
Activit (P. SMIT), D. P. 923720; Czech. P. 81315 (Niederl. Pr. 1939)
Activit, Eng. P. 650706 (Niederl. Pr. 1940)
KOOIJ, J. N., Chim. et Ind. **64** (1950), 704–707
SAPRONOV, A. R., und G. A. CHIKIN al, Sacharnaja Prom. **36**, Nr. **11** (1962), 15–17
SMIT, P., Chem. Weekblad **39** (1942), 375–377
VALTER, V., und K. CIZ, Listy Cukrovarnické **75** (1959), 37–42
VALTER, V., K. CIZ und J. STAMBERG, Listy Cukrovarnické **75** (1959), 121–125
WALERIANCZYK, E., K. KOPERA und A. JARZECKI, Gasz. Cukrownicza **61** (1959), 271–276

KAPITEL 4

Vorbereitung von Zucker-, Glukosesäften und dergleichen für die Reinigung mittels Ionenaustauscher

Die Vorbehandlung der Zuckersäfte bzw. von Lösungen ähnlicher Art hat zum Ziele, diese soweit vorzureinigen, daß man sie alsdann der Einwirkung von Ionenaustauschern und sonstigen Adsorbentien aussetzen kann ohne die Gefahr allzu schneller Verschmutzung; zwar gelingt dies meist nicht völlig, aber man wird wenigstens versuchen, die Lebensdauer und Brauchbarkeit dieser wertvollen Agentien zu verlängern. Man muß also zunächst nach den Ursachen fragen, die in der Praxis das Nachlassen ihrer Wirksamkeit herbeiführen.

Wie wir heute wissen, sind die Ursachen des Leistungsabfalles der Adsorbentien sehr verschiedener Natur: teilweise ist er gewissen Inhaltsstoffen der Zuckersäfte zuzuschreiben, teilweise geht er auf die Anwendung ungeeigneter Typen von Ionenaustauschern und Adsorbentien zurück und schließlich liegt die Schuld bisweilen auch an einer unfachmännischen Schaltung oder Bedienung der benutzten Apparatur.

4.1. Unerwünschte Nebenbestandteile der Zuckersäfte und ihre Auswirkung auf die Adsorbentien

Verschmutzung der Adsorbentien

Sehr nachteilig auf die Leistungsfähigkeit der Ionenaustauscher wie auch der Adsorber wirkt sich eine Verschmutzung durch Aufnahme von Kolloiden oder anderen großen, aus der Zuckerlösung stammenden Molekülen aus. Vielfach handelt es sich auch um Fällungsprodukte auf dem Austauscher, deren Ausscheidung durch Konzentrierung daselbst begünstigt oder durch Autoxydation mit anschließender Hydrolyse ausgelöst worden ist.

Verunreinigungen dieser Art bedecken die innere Oberfläche des Harzes und machen dessen Poren unzugänglich. Die Verschmutzung kann mehr oder weniger irreversibel sein. In vielen Fällen kann man sich dadurch helfen und den eingetretenen Leistungsrückgang dadurch beheben, daß man von Zeit zu Zeit vor der eigentlichen Regenerierung des Austauschers eine zusätzliche Waschung einschaltet. Eine meist gut wirksame Maßnahme besteht darin, den Kationenaustauscher vor der Wiederbelebung bzw. Überführung in die H^+-Form mit einer dünnen Laugelösung vorzuwaschen bzw. die Anionenaustauscher vor der Laugeregenerierung einer Säurelösung auszusetzen. Notfalls wendet man diese Lösungen heiß an und spült mit heißem Wasser nach (s. a. Anhang unter 2). Auch Salzlösungen, Lösungen vorstehender Art gegebenenfalls zugemischt, bringen bisweilen gute Erfolge; z. B. kann man damit bisweilen in wirtschaftlicher Weise vom Austauscher festgehaltene, färbende Bestandteile fortwaschen.

Auch durch eine gelegentliche Anwendung von Lösungen von Oxydantien (manchmal auch solchen reduzierenden Charakters) läßt sich bisweilen eine gute Reinigungswirkung erzielen. Man kann diese Behandlungen kaum als komplementäre Regenerationsmethoden ansehen; denn eine Beladung der Ionenaustauscher mit den im Arbeitsspiel später gebrauchten Ionen wird dadurch nicht erreicht. In dieser Hinsicht wäre also jede derartige Behandlung zwecklos. Die Vorbehandlung eines Kationenaustauschers mit einer dünnen Laugelösung hat kaum etwas mit Ionenaustausch zu tun: was sich abspielt, ist ein Vorgang chemischer bzw. kolloidchemischer Art; auch Quellungsphänomene können hereinspielen. Eine Vorwaschung dieser Art ist praktisch nach jedem Zyklus zu empfehlen; wegen Zeitersparnis wird sie leider oft unterlassen. Die Kosten der dafür benötigten kleinen Menge an Lauge bzw. Säure fallen kaum ins Gewicht. Praktische Beispiele bringt Kapitel 8.2.

Amphoterwerden der Austauscher

Sehr nachteilig verhalten sich Stoffe, die den Austauscher amphoter machen. Dies kann bei einem Kationenaustauscher z. B. dadurch erfolgen, daß von ihm hochmolekulare Basen festgehalten werden, die dann im $H^{\cdot}$-Austausch nicht oder doch nur unvollständig entfernt werden können (bei niedrigem pH tritt meist eine Schrumpfung der Kationenaustauscher ein, die den Austritt erschwert). Bei Aminharzen können durch oxydative Einwirkungen Aminogruppen zerstört und daraus saure Gruppen gebildet werden usw.

Vorgänge dieser Art geben besonders bei der Entmineralisierung Anlaß zu Bedenken. Die Kapazität sinkt zufolge der nur unvollständigen Wiederbelebung ab, und das Auswaschen ist sehr langwierig.

Aber auch auf die Entfärbung von Zuckersäften, bei welcher ein eigentlicher Ionenaustausch kaum eine Rolle spielt, wirkt ein amphoter gewordener Ionenaustauscher nachteilig, weil sich damit eine schlechte Auswaschbarkeit der „Farbstoffe" einstellt. Durch das Amphoterwerden des Austauschers ändert sich in mehr oder weniger irreversibler Weise auch die physikalische Beschaffenheit des Harzes sowie seine Atmungsdifferenz (der Volumenunterschied beim Wechsel von Arbeitsspiel und Wiederbelebung infolge Quellung oder Schrumpfung des Adsorbens); das spezifische Gewicht des Austauschers nimmt meist zu. Man kann diese Phänomene als Andeutungen beginnender Zerstörung des Materials betrachten. Oft tritt auch eine Zerkleinerung der Harzpartikel ein oder eine partielle Auflösung (Peptisation).

Physikalisch-chemische Veränderungen

Wir kommen damit schon zu Veränderungen physikalisch-chemischen Charakters; Wirkungen dieser Art gehen insbesondere von manchen chemisch sehr aktiven Nebenbestandteilen der Zuckerlösungen aus. Zu diesen Stoffen gehören — neben gelöstem Sauerstoff — insbesondere Spuren katalytisch wirksamer Schwermetallionen, sowie gewisse sehr reaktionsfähige organische Stoffe wie etwa Aldehyde, Ketone usw. Diese Stoffe reagieren zum Teil mit den Ankergruppen (insbesondere bei Aminharzen), zum Teil mit der Matrix. Sie vernichten z. B. Brücken im Harzgerüst oder zerstören Ankergruppen. Die dabei stattfindenden Vorgänge sind noch nicht restlos geklärt. Bei Stillständen können noch biologische Wirkungen, Pilzinfektionen usw. hinzutreten.

Wir werden uns weiterhin noch mehrfach mit den Arbeitsmethoden zu befassen haben, diese Schwierigkeiten zu vermeiden oder doch so zu verringern, daß ein gutes und sicheres Arbeiten mit den Adsorbentien gesichert ist. Oft kann man durch Wahl geeigneter Harztypen Störungen weitgehend ausschalten.

Einige Hinweise zur Beseitigung schon eingetretener Verschmutzungen wurden bereits oben gegeben. Mit den meisten dieser Mittel erreicht man leider nur einen mehr oder weniger begrenzten Erfolg; es bleibt daher die Forderung bestehen, die Zuckersäfte schon von vornherein soweit wie möglich von Kolloiden, gewissen Metallionen sowie von sonstigen mit den Adsorbentien reagierenden Bestandteilen zu reinigen.

Vorreinigung der Zuckersäfte

Es ist leider unmöglich, die Zuckersäfte so gründlich vorzureinigen, daß alle unerwünschten Verunreinigungen im voraus entfernt werden. Die Anwendung der Ionenaustauscher bzw. der Kunstharz-Adsorbentien erfolgt oft zu eben dem Zweck, Verunreinigungen dieser Art zu entfernen, weil das auf andere Art und Weise nicht möglich ist.

So stellt z. B. bei der Glucosesirupherstellung die Entfernung des Hydroxymethylfurfurols mittels eines Anionenaustauschers gerade einen der schönsten Erfolge seiner Anwendung dar. Es mag an dieser Stelle dieser kurze, grundsätzliche Hinweis genügen, da der umfangreiche mit der „Vorreinigung“ zusammenhängende Fragenkomplex zweckmäßig in dem größeren Rahmen der „Saftreinigungsmethoden“ behandelt wird. Unter anderem wird dort auch — an eine Bemerkung in Kap. 2 anschließend — näher zu erläutern sein, welche Rolle Kationenaustauscher als indirektes Mittel zur Abscheidung von Ausflockungen aus Saft oder Sirupen spielen können.

4.2. Wahl der Ionenaustauscher und Adsorber

Vorstehend wurde darauf hingewiesen, daß beim Arbeiten mit Kunstharzadsorbentien die zu behandelnde Lösung von vornherein tunlichst von allen den Stoffen befreit sein soll, die diese stark verschmutzen oder mit ihnen gar irreversibel reagieren. Dabei ist zu beachten, daß die einzelnen Harze und Harztypen den verschiedenen Verunreinigungen gegenüber sehr verschieden empfindlich sind. Wie schon oben ausgeführt, ist es grundsätzlich falsch, einen quaternär-basischen Anionenaustauscher vor den Kationenaustauscher zu schalten. Dagegen bestehen kaum Bedenken, eine kolloidreiche Lösung gleicher Art über einen $H^{\cdot}$-Austauscher zu führen, obwohl dabei Kolloide aus der Lösung ausgeschieden werden. Diese lassen sich aber von dem Kationenaustauscher bei der Wiederbelebung relativ leicht entfernen, und sogar mit der Filtration eines Rohsaftes über einen $H^{\cdot}$-Austauscher geht man kein Wagnis ein.

In gewissen Fällen erzielt man einen besonders hohen Reinigungseffekt, und zwar sogar unter Schonung des Austauschers, wenn man diesen mit einer bestimmten Vorbeladung einsetzt.

So wendet man beispielsweise zwecks Entfernung des gefürchteten Hydroxymethylfurfurols, das die Herstellung eines einwandfreien erstklassigen Glucosesirups verhindert, einen mit SO_2 vorbeladenen Anionenaustauscher an.

Eine andere Möglichkeit besteht darin, einen in geeigneter Weise modifizierten Austauscher, d. h. ein Spezialharz, einzusetzen; für vorstehendes Beispiel der Glucosereinigung ist ein tertiäres Entfärbungsharz zu empfehlen. Wollte man statt dessen ein schwach basisches, primäre und sekundäre Aminogruppen tragendes Harz anwenden, so würden die in der Glucoselösung vorhandenen reaktionsfähigen Sauerstoffverbindungen wie Aldehyde und dergl. mit diesen reagieren, wobei u. a. auch Säuregruppen entstehen.

Für die Reinigung von Zuckerlösungen liegen zumeist schon weitgehende praktische Erfahrungen vor, so daß sich ein im Einzelfalle weniger geeigneter Typ von vornherein ausschalten läßt.

In der Praxis spielen aber nicht nur die erwähnten inneren Eigenschaften eine Rolle wie Art und chemische Stabilität der Ankergruppen und der Brückenbildner sowie die Porosität des Austauschers; auch die äußere Form der Einzelkörner und damit die Gleichmäßigkeit der Lagerung und die Struktur der Filterschüttung sind von Wichtigkeit.

Beim Arbeiten im Kolonnenverfahren ist es nämlich nicht gleichgültig, wieviel das Zwischenkornvolumen ausmacht, d. h. welches Raumverhältnis zwischen der Raumerfüllung der Einzelpartikel als den Trägern der Austausch- bzw. Adsorptionseigenschaft und dem Leerraum zwischen diesen Körnern besteht. Dieser Zwischenkörnerraum, der dem aufgegebenen Elektrolyten bzw. der zu reinigenden Lösung zur Verfügung steht, ist nach Größe und Verteilung verantwortlich dafür, ob und wie weit Zutrittsmöglichkeit zur Oberfläche des Einzelkornes besteht und somit bestimmend für den tatsächlich vorhandenen Kontakt. Daß Klumpenbildung im Austauscherbett (clusters) und Kanalbildung die Filterleistung enorm beeinträchtigen können, liegt auf der Hand. Eine der Hauptaufgaben der Rückspülung innerhalb jedes Zyklus ist es ja bekanntlich — neben der Auswaschung von Regeneratresten und Schmutz — eine Auflockerung des gesamten Filterbettes und anschließend eine gleichmäßige Sedimentierung der Filterkörner zu erreichen (s. a. Kap. 7).

Theoretisch sollten Zwischenkornvolumen und Gesamtvolumen der Filterschüttung in konstantem Verhältnis stehen, sofern man voraussetzt, daß das Einzelkorn inkompressibel ist und alle Körner von gleicher Form und Größe sind, sowie von vornherein in dichtester Kugelpackung liegen. Ferner sollte die ganze Partikel in Reaktion treten, was voraussetzt, daß sie homogen zusammengesetzt ist. Auch diese letzte Voraussetzung ist meist nicht erfüllt; die Einzelkörner, zumal der Polymerisate, sind nicht homogen aktiviert und ihre Oberfläche ist anders zusammengesetzt als der Kern.

Ohne Zweifel haben die Fabrikanten das Bestreben, Produkte mit Partikeln gleichartiger Form und Größe zu erzeugen, was bestimmt sehr zu begrüßen ist. Ideal würde für unsere Zwecke ein Oberflächenaustauscher sein, ein Präparat aus ziemlich großen Kugeln bestehend, mit inaktivem Kern und einer aktiven, gleichmäßig rasch reagierenden Schale (z. B. Polymerisatkugeln, die nur an der Oberfläche sulfoniert wären), eine Aufgabe, die technisch wohl lösbar wäre, wenn nicht die Frage innerer Spannungen der Körner offen bliebe. Ein solcher Oberflächenaustauscher hätte trotz geringerer Kapazität für unser Arbeitsgebiet bedeutende Vorteile: geringer Druckverlust, sehr schnelles Reaktionsvermögen, größerer und besser zugänglicher Bergungsraum für Ausflockungen usw. Auch Wiederbelebung und Spülung großer Partikel dieser Art wäre viel einfacher und die Verschmutzungsgefahr viel geringer.

4.3. Allgemeine technische Voraussetzungen

Ionenaustauscherapparatur, Schaltung

Als Apparatur für Ionenaustauschprozesse haben sich — wir kommen darauf in Kap. 5 näher zurück — im allgemeinen und insbesondere auch für großtechnische Anlagen in den Zuckerfabriken von oben nach unten betriebene Einzelfilter (bzw. Filterkolonnen) bewährt. Für den einfachen Enthärtungsvorgang genügt in der Regel ein mit einem Kationenaustauscher beschicktes Filter, während man für eine Entmineralisation[1]) immer ein Filterpaar (bzw. mehrere hintereinander geschaltete Filterpaare) benötigt, von denen jeweils das erste Filter einen Kationenaustauscher in der Wasserstoff-Form, das zweite einen Anionenaustauscher in der Hydroxylform enthält. Auf die Bedeutung der Schaltung in richtiger Reihenfolge wurde oben bereits hingewiesen.

Richtige Bedienung der Filter

Ebenso wichtig wie die richtige Schaltung ist eine ordnungsgemäße Bedienung der Apparate. Auf die Behandlung der Filter und deren geeignetste Aufstellung wird in Kap. 5 und 7 näher eingegangen. Es darf vorausnehmend schon hier

[1]) Eine scheinbare Ausnahme bilden die Mischbettfilter.

betont werden, daß Fehler in der Bedienung der Filter bzw. in der rationellen Durchführung der verschiedenen Manipulationen zu sehr unbefriedigenden Resultaten führen. Viele Beanstandungen, die wegen nicht richtigen Funktionierens einer Anlage erhoben werden, sind z. B. auf ein unhomogenes, nicht klassifiziertes Filterbett zurückzuführen oder auf teilweise verklebte Harzpartikel (Nesterbildung). Nester dieser Art (clusters) bilden sich leicht bei Überfiltrieren von Lösungen, die entweder von vornherein Schwebestoffe enthalten oder die mit dem Austauscher unter Ausscheiden von Niederschlägen reagieren. Gelegentlich kann ein Verfilzen der Austauscherkörner durch Pilzwachstum hinzutreten. Folge von Nesterbildung in der Austauschermasse ist das Durchtreten der Flüssigkeit an bevorzugten Stellen, d. h. Kanalbildung, die durch Anwendung hoher Filterdrucke in der Arbeitsperiode noch begünstigt wird. Die primäre Ursache des Übels ist in einer ungenügenden Rückspülung des Filtermediums zu suchen. Ein gut klassifiziertes Filtermedium ist alsdann in der Regel nur unter Durchleiten von Luft „Kochen“ oder evtl. gar von Dampf und eine anschließende gründliche Spülung mit Wasser zu erreichen. Oft kommt diese Maßnahme bereits zu spät, und der Ionenaustauscher hat schon für immer bedeutend an Aktivität eingebüßt.

Aus vorstehendem geht erneut hervor, wie wichtig es ist, zu fragen, inwieweit die üblichen Saftreinigungsmethoden als Vorbereitung des Saftes und der Sirupe für eine anschließende Entmineralisierung und Feinreinigung genügen.

Saftreinigungsmethoden

Zwar haben die üblichen Saftreinigungsmethoden heutigen Tages die Tendenz, sich zu Standardverfahren zu entwickeln, die sowohl in der Rohr- sowie auch in der Rübenzuckerindustrie angewandt werden können; dennoch sind in jedem Betrieb Abweichungen zu beobachten. Auch geht man in der Rohrzuckerindustrie teilweise anders vor als in der Rübenzuckerindustrie. Andere Umstände, die für die eine oder andere Art der Reinigung sprechen, z. T. durch die Art des Rohstoffes bedingt, treten hinzu.

In Kap. 3 ist ein Schema für die Rübenzuckerherstellung gegeben; hier sei auf einige subtile, zwischen der Rüben- und Rohrzuckerindustrie bestehende Unterschiede hingewiesen, soweit sie mit dem Gegenstand dieser Arbeit in Zusammenhang stehen.

Bekanntlich werden die Rüben nach gründlicher Reinigung zu Schnitzeln zerkleinert, die in den Diffuseuren ihren Zucker soweit wie möglich abgeben. Bei guter Laugearbeit verbleiben ausgelaugte Schnitzel mit nur geringem Restzuckergehalt (um 0,2%) zurück. Erstrebt wird ein möglichst hoher Zuckergehalt bei entsprechend geringer Saftmenge pro Tonne Rüben. Diese Menge Saft nennt man den „Saftabzug“[1]). Um einen günstigen Wert für den Saftabzug zu erzielen, müssen genaue Laugebedingungen eingehalten werden: Lauge-Temperatur, deren Maxi-

---

[1]) $\textit{Saftabzug} = \dfrac{\textit{Saftmenge in } l}{\textit{Rübengewicht in } kg} \cdot 100$

mum, Zunahme und Abnahme, Kontaktzeit zwischen Schnitzel und Zuckerlösung, Abmessungen der Schnitzel usw.

Für gefrorene und danach aufgetaute Rüben sind die Arbeitsbedingungen ganz andere als für ungeschädigte Rüben usw. Auf zahlenmäßige Angaben kann hier verzichtet werden, doch sei auf die Wichtigkeit hingewiesen, die einer in rationeller Weise durchgeführten Extraktion des Zuckers zukommt. Als Ursache einer unbefriedigenden Saftextraktion kommen neben der Art des Rohstoffes vielfach technische Fehler in Frage, z. B. fehlerhaft geschliffene oder während der Arbeit abgestumpfte Messer, die dann ungeeignete, zerquetschte Schnitzel ergeben oder solche, die dem Rübenmaterial in den Abmessungen nicht angepaßt sind. Die Betriebsleitung hat ständig damit zu tun, zur Eliminierung der Mängel und ihrer Folgeerscheinungen geeignete Maßnahmen zu treffen. Auch ökonomische Gesichtspunkte können von Einfluß auf die gewählte Arbeitsweise sein (z. B. ist in USA der Brennstoff billig, während die Arbeitskräfte teuer sind).

Wie untenstehende Tabelle ausweist, spielt auch das Bestreben herein, eine recht hohe Kapazität der Anlage zu erreichen, nebst dem Ziele, die Schnitzel möglichst weitgehend zu entzuckern. Saftabzug, Kapazität/24 Std. und Verluste bei der Saftgewinnung sind in Betracht zu ziehen.

Tabelle 3

*Vergleichsdaten zur Rohsaftgewinnung in den USA und Schweden**

	USA	Schweden
Diffuseurinhalt (hl)	80	80
Abzug (Gew.-% a. R.)	155	124
Diffusionszeit (min)	36	78
Saftgeschwindigkeit (m/min)	2,1	1,0
Gedrückt über Gefäße (Zahl)	13	14
Füllung/Diffuseur in 100 kg	37,6	43,2
Füllung in kg/hl	47	54
Zahl der Runden/Tag	40	18,5
Rüben in dz je Runde	490	605
Rübenverarbeitung (t/24 h)	19600	11200
Verluste bei der Saftgewinnung (% Pol. a. R.)	0,18	0,35

*) Entnommen aus „Technologie des Zuckers", S. 28—57 (siehe auch Kap. 4.4.).

Bei unrichtiger Diffusionsarbeit oder gar bei Verarbeitung von angefaulten Rüben wird immer ein Rohsaft minderwertiger Qualität erhalten, der schon einer normalen Reinigung große Schwierigkeiten bereitet, geschweige denn der Anwendung eines Ionenaustauschverfahrens.

Eine sorgfältig und fachmännisch durchgeführte Saftreinigung vermag viele Fehler auszugleichen. Eines der Mittel ist die Zugabe einer höheren Kalkmenge auf die Einheit Rüben (bis 2% des Rübengewichtes). Der Kalk wird sowohl trokken als auch als Kalkmilch zugegeben. Auf einige Modifikationen bei Scheidung und Saturation, wie auf die Filtrationsmethoden wurde bereits im Kapitel 3 eingegangen. Das dort gegebene Schema ist gleichwohl nur als ein Beispiel zu betrachten, von dem beinahe jede Fabrik in dem einen oder anderen Punkte abweicht, und das oft komplizierter ist. Vom Kochschema wurde nur der Anfang angegeben. Das Ziel muß sein, eine Füllmasse zu erhalten, aus der schließlich weiterhin nur noch eine nicht mehr kristallisationsfähige Melasse abgeschleudert werden kann. Der Reinheitsquotient (*R. Q.*)[1]) der Füllmasse soll dann bei 80 liegen, reinere Füllmassen geben einen Sirup mit noch kristallisierbarem Zucker, der aber nicht ohne weiteres abgeschieden werden kann.

Aus einem Dicksaft mit einem *R. Q.* von ca. 90 kann man nach dem heutigen Verfahren unmöglich eine Füllmasse gewinnen, die unmittelbar eine Melasse ergibt; denn aus dem erhaltenen Sirup läßt sich immer durch Eindicken nochmals eine gewisse Zuckermenge gewinnen.

Daher wird oft nach diesen zwei Stufen noch eine dritte notwendig, um auf eine Melasse von um 60 *R. Q.* zu kommen. Es gibt Betriebe, die mit vier Stufen arbeiten. Auf diese wichtige Angelegenheit kommen wir, da sie eng mit der Reinigung mittels Ionenaustauscher zusammenhängt, in Kap. 6 ausführlich zurück.

Bei Betrachtung der Rohrzuckerfabrikation fällt die besondere Art des Rohstoffes auf. Gemeinsam ist den beiden nicht verwandten Pflanzenarten Zuckerrübe und Zuckerrohr nur die Gewinnungseigenschaft von Saccharose. Insbesondere zeigen die Nebenbestandteile der extrahierten Säfte sehr wenig Übereinstimmung. Auffallend ist der aromatische Geruch des Rohrsaftes und der unangenehme des Rübensaftes. Der Rohrsaft enthält viel Glucose, während der Rübensaft diese Zuckerart nur bei Verderb der Rübe in bedeutender Menge zeigt. Dieser letztere Unterschied ist wichtig, weil der Rohrzuckerfabrikant die Säfte niemals den hohen Alkalitäten und Temperaturen aussetzen darf, die bei Rübensäften zu Anfang angewandt werden, da sonst die Glucose vernichtet würde.

Sofern der aus den verschiedenen Säften erhaltene Zucker weiß ist, kann man bezüglich der Herkunft schwer einen Unterschied feststellen; doch bleibt zu beachten, daß sich z. B. für die Champagnerherstellung nur aus Zuckerrohr hergestellter Kandiszucker verwenden läßt. Um so weniger ist zu verwundern, daß bestimmte noch Sirup enthaltende Zuckerarten nur dann zum Verbrauch geeignet sind, wenn dieser Sirup nicht aus Rüben stammt. Gewisse Spezialitäten, wie z. B. „soft sugar", sind deshalb praktisch immer Zuckerrohrprodukte; dies gilt ebenfalls für Konsumsirupe, z. B. für goldfarbige Sirupe.

Bei der üblichen Zuckerherstellung aus Zuckerrüben und Zuckerrohr ist der „Dünnsaft" meist schon so weitgehend vorgereinigt, daß man damit direkt zum Ionenaustauschverfahren schreiten kann. In der Rübenzuckerindustrie wird der Saft vorgereinigt durch Scheidung, erste Saturation nebst anschließender Filtration, zweite Saturation nebst Filtration, Sulfitation und nochmalige Filtration.

---

[1]) *R. Q. = Zuckergehalt im Feststoff in %.*

In der Rohrzuckerindustrie erfahren jedoch die Saftreinigungsmethoden manche Abänderungen, so wird vielfach nur eine einmalige Saturation anstatt einer zweimaligen angewandt; daneben kennt man noch das alte sogenannte Defäkationsverfahren sowie die Einzel- und Doppelsulfitationsmethode. Der erzielte Reinigungseffekt ist bei diesen Arbeitsweisen sehr unterschiedlich. Bei der Defäkationsmethode wendet man nur soviel Kalk an, daß das pH des Saftes sich etwa 7 nähert, während beim Saturationsverfahren ein großer Kalküberschuß aufgewendet wird, den man mittels CO_2 niederschlägt. Die letzte Arbeitsweise ergibt einen guten und sehr wirtschaftlichen Reinigungseffekt. Obwohl die Qualitätsunterschiede bei den in verschiedener Weise gereinigten Säften äußerlich nicht immer augenfällig sind, so zeigt sich doch anhand exakter Proben an der Saftqualität, daß verschiedene Reinigungseffekte erzielt wurden, je nach der im Saturations- und Sulfitationsverfahren angewandten Kalkdosis. Man muß sich deshalb auch jederzeit fragen, ob der erzielte Vorreinigungseffekt genügt, um ohne Komplikationen Ionenaustauscher anwenden zu können. Die chemische Analyse des Saftes sagt hierüber nur wenig aus.

Die zuverlässigste Auskunft bezüglich einer für Ionenaustausch ausreichenden Vorreinigung würde man wohl erhalten durch eine Untersuchungsmethode, welche die bei dem Ionenaustausch ausflockenden Stoffe erfaßt.

Als Schnellmethode für diesen Zweck empfiehlt sich die nachstehende Prüfmethode: Zusatz von Kalkmilch zu dem gereinigten Fabriksaft, anschließend Aufkochen, Filtrieren und dann Vergleich mit dem entsprechend verdünnten unbehandelten Gegenmuster des Saftes.

Korrekt vorgereinigte Säfte sind durch bessere Farbe und Klarheit des Filtrates kenntlich. Zusätzlich sollte man noch den *R. Q.* und den CaO-Gehalt des Saftes feststellen. Diese Methode ergibt oft überraschende Aufschlüsse.

Der Reinheitsgrad ändert sich nicht nur mit der Saftreinigungsmethode, sondern hängt auch vom Rohsaft ab, von welchem ausgegangen wurde sowie vom Zeitpunkt der Probenahme.

Manchmal ist die Filtrationsmethode des Betriebes entscheidend für die Saftqualität. Bei den jetzt immer mehr gebräuchlichen Filtrationsverfahren muß man sich häufig fragen, ob der Grad der erzielten Vorreinigung für eine anschließende Behandlung mit Ionenaustauschern genügt. Zweifellos führt die ältere Filterpressenarbeit zu sehr zuverlässigen Resultaten; etwas weniger zuverlässig arbeiten Absitzmethoden und Dauerfiltriereinrichtungen, insbesondere bei gleichzeitiger Einsparung von Kalk. Auch spielt die Qualität des Absüßwassers eine große Rolle (diese Flüssigkeit wird dadurch erhalten, daß man aus dem im Filter abgesetzten Schlamm den Zucker mit Wasser verdrängt). Absüßwässer dürfen nicht bedenkenlos ohne weitere Reinigung den Säften oder Sirupen zugesetzt werden. Bei nicht ganz sorgfältiger Filtrationsarbeit ist unbedingt eine Nachfiltration nötig — evtl. unter Anwendung eines Klärmittels —, bevor man auf diese Lösungen das Ionenaustauschverfahren anwenden darf; insbesondere gilt dies für Verfahren, bei denen die robusteren Kationenaustauscher nicht an erster Stelle laufen. Es gibt übrigens jetzt auch billige Kationenaustauschertypen, die diese sogenannte

„Nachfiltration" größtenteils übernehmen können, und zwar bei oft erstaunlich hoher Leistung.

Schon seit Jahrhunderten wird Absitzenlassen angewandt, eine Reinigungsmethode, die auch noch heute in Zusammenhang mit Defäkations- und Sulfitationsmethoden von Bedeutung ist. Gegenwärtig ist auch hier eine Nachfiltration des Saftes mittels kontinuierlicher Filter üblich nebst Auswaschen des Zuckers aus dem Schlamm.

Auf kontinuierlich arbeitenden Filtern ist leider die Abscheidung der Trübungsstoffe und das Absüßen der Schlämme nur ungenügend (man könnte oft wohl eher nur von einer Absiebung sprechen). Filtration von Säften über Filterpressen bringt neben anderen Vorteilen bessere Resultate als das Absitzenlassen.

Bei lokaler Verwertung des Schlammes als Bodenverbesserungsmittel ist auf geeignete Konsistenz zu achten. Die mit Dauerbetriebsfiltern erzielten Ausscheidungen sind meist wenig konsistent und ergeben oft nur einen breiartigen Schlamm, der zu Bedenken beim Transport wie bei der Verteilung über die zu düngende Bodenfläche Anlaß gibt. Eine große Schwierigkeit bietet das Absüßen des Schlammes. Wenn schon das Absüßen einer gefüllten Filterpresse nicht als ideal gelten kann — man muß eine erhebliche Verdünnung des Saftes in Kauf nehmen —, so ist doch im Endeffekt diese in regelmäßig wiederkehrenden Zyklen verlaufende Manipulation Dauerbetriebsfiltern vorzuziehen. Bei Anwendung kontinuierlich arbeitender (Dreh)-Filter besteht immer die Gefahr, entweder zuviel Absüßwasser zu nehmen oder aber in ungenügender Weise abzusüßen. Eine der Ursachen liegt in der Schwierigkeit, das Absüßwasser gleichmäßig über die ganze Filtrationsoberfläche nebst dem darauf ausgeschiedenen Schlamm zu verteilen und ferner die Absüßwassermenge jeweils der Natur des Schlammes anzupassen. Im Schlamm auftretende Risse sind sehr bedenklich.

Bei Absitzenlassen der Feststoffe aus dem Saft hat die Sedimentationszeit im allgemeinen einen bedeutenden Einfluß auf Färbung und Beschaffenheit des Saftes; zu langes Verweilen in der Absitzvorrichtung ist äußerst nachteilig. Man nimmt aus diesem Grunde gern das Risiko eines weniger gut geklärten Saftes und eine anschließende Nachfiltration in Kauf.

Bekanntlich sind schon bei Zugabe einer an sich genügenden Kalkmenge Abtrennen des abgesunkenen Schlammes und sein Absüßen nicht einfach. Bisweilen ist das Absüßen kaum möglich und dann ist eine nur ungenügende Reinigung des Saftes unvermeidlich. Die Folgen hiervon sind ein erheblicher Zuckerverlust im Schlamm sowie eine starke Verdünnung des Saftes durch die erforderliche sehr große Menge an Absüßwasser. In tropischen Ländern treten oft Schwierigkeiten dieser Art auf.

Feinfiltration

Im Zusammenhang hiermit ist es wichtig zu wissen, daß viele dem Saft hinzugefügte Reinigungsmittel sich nur schwierig abfiltrieren lassen. So gibt Aluminiumhydroxyd zwar einen ausgezeichneten Entfärbungseffekt, wird aber aus dem genannten Grunde nur wenig gebraucht; auch Phosphorsäure ist einer guten Filtration auf keinen Fall förderlich.

Wie eingangs vermerkt, besteht die Tendenz, die verschiedenen Herstellungsverfahren der Rüben- und Rohrzuckerindustrie zu standardisieren und auszugleichen, wobei die Rohrzuckerindustrie die in Europa entwickelten Kalksatura-

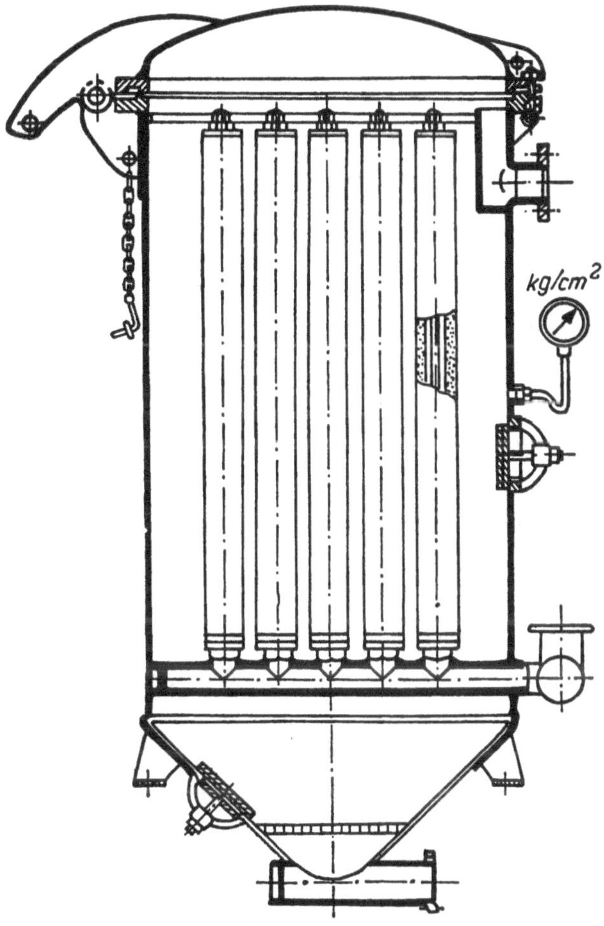

Abb. 8. Filter zur Feinfiltration

tions- und Scheidungsmethoden vielfach adoptiert hat. Doch haben sich bei diesem Erfahrungsaustausch beider Industrien heute auch einige Verfahren sehr schnell durchgesetzt, welche die Rübenzuckerindustrie seit langem mit Mißtrauen betrachtet: Stetig arbeitende Absetzer und die kontinuierlich arbeitenden Filter, die bei der Verarbeitung des Rohrsaftes schon jahrzehntelang eingeführt sind, erscheinen in zunehmendem Maße auch bei der Rübenverarbeitung.

Die Arbeitsbedingungen, unter denen Kalk hinzugefügt und wieder niedergeschlagen wird, haben bei modernen Saftreinigungsmethoden große Änderungen erfahren. Die sogenannte Feinfiltration der Säfte, die bei nachgeschalteten Ionenaustauschverfahren unentbehrlich ist, und der evtl. Absüßwasserbedarf spielen eine immer größere Rolle. Zu diesem Zweck angewandte moderne Filter sind mit einem Drahtstützgewebe versehen, auf welchem Kieselgur niedergeschlagen wird, um so ein genügend dichtes Filtermedium zu gewinnen. Filter dieser Art für Feinfiltration arbeiten nicht im Dauerbetrieb, da sich letztere nun einmal schwer kontinuierlich gestalten ließe und hier, wo es sich um die Entfernung von nur geringen Mengen an Schwebestoffen aus dem Saft handelt, wenig sinnvoll wäre. Bei allen diesen Filtern macht man ohne Ausnahme von „filter-aids“ Gebrauch. Der Zusatz dient nicht nur zur Erzielung einer genügend dichten Struktur des Mediums, sondern auch dazu, eine flotte Filtration zu garantieren und ein Verschlammen der Filtrationsoberfläche zu vermeiden. Nur wenige Stoffe eignen sich als „filter-aids“; in den meisten Fällen wird eine hier bewährte und in richtiger Partikelgröße sortierte Kieselgurqualität benutzt. Nicht jeder feste unlösliche pulverförmige Stoff genügt den Ansprüchen an ein „filter-aid“, wenn auch viele als angeblich geeignet schon vorgeschlagen wurden; diverse Erden, Bauxit, Bentonit, Holzkohle usw. werden immer wieder für diesen Zweck empfohlen. Aktivkohle ist in vielen Fällen als „filter-aid“ ungeeignet; eine Anzahl pulverförmiger fester Stoffe vergrößert sogar die Filtrationsschwierigkeiten.

Eine bestimmte Qualität der Aktivkohle soll angeblich keinerlei Filtrationsschwierigkeiten verursachen, da die mikroskopische Untersuchung größtenteils eine nadelförmige Struktur der Partikel erwiesen habe (Bruchstücke des verkohlten Rohstoffes, welche bei Gas-Aktivierung ihre Form behalten haben).

Dieser speziellen Kohle werden die durch Einwirkung von Chemikalien erzielten Aktivkohlequalitäten gegenübergestellt. Bei deren Herstellung werde der Rohstoff gelöst oder peptisiert oder es fehle ihnen von vornherein eine geeignete Struktur. Wie die Erfahrung gelehrt hat, kann diese Behauptung jedoch nicht aufrechterhalten werden.

Auffallend ist, daß ein Stoff, wie z. B. Collactivit, der durch Einwirkung von starker Schwefelsäure auf Sägespäne erhalten wird, welche dabei teilweise in kolloidale Form übergehen, trotz einer äußerst feinen Verteilung ein ausgezeichnetes „filter-aid“ darstellt.

Einer allgemeinen Anwendung von „filter-aids“ bei Feinfiltration stehen preisliche Bedenken entgegen. Auch Reinigung und Wiederbelebung der angewandten Filtermedien sind nicht immer eine so einfache Sache, wie oft angegeben. Zwar brauchen die Filtermedien hierzu nicht aus dem Filter herausgenommen zu werden; sie sind jedoch oft nur schwer zugänglich und können das Filter in hartnäckiger Weise verstopfen. Auch spielt sich das Absüßen nicht immer in einfacher und befriedigender Weise ab. Starke Verdünnung des Saftes mit Wasser kann eintreten. Sehr große Schwierigkeiten entstehen, wenn gar ein Loslösen des Filterkuchens (der abfiltrierten Verunreinigungen mit einem Teil des „precoats“) von dem metallischen Träger des Filtermediums erfolgt. Es liegt auf der Hand, daß eine Filtrationsmethode, die nur geringe Handarbeit erfordert, keiner „filter-aids“

bedarf und gleichwohl das Absüßen in rationeller Weise gestattet, erhebliche ökonomische Vorteile bietet.

Vielversprechend sind Resultate, die man in den letzten Jahren mittels der Immediumarbeit erzielt hat.

Diese Methode ist durch eine Filtration im Aufstrom über ein Medium von losem körnigen Material gekennzeichnet. Der ungestörte Durchfluß von Flüssigkeiten über ein loses, körniges Filtermedium, der sonst ohne besondere Maßnahmen unüberwindliche Schwierigkeiten bereitet (wie unvermeidliche Durchbrüche unfiltrierter Flüssigkeit durch die Filterschicht), ist beim Immediumfilter gewährleistet, da durch dessen besondere Konstruktion gerade diese Durchbrüche vermieden werden (Näheres im Kapitel 7).

Bis zu einem gewissen Maße kann, wie bereits oben angedeutet, ein Kationenaustauscher als Korrektor für eine wenig gelungene Saftreinigung dienen; indessen geht meist der Reinigungsvorgang auf Kosten des Ionenaustauschvermögens. Jedenfalls muß man dafür Sorge tragen, die adsorbierten Stoffe bei der Regenerierung immer sorgfältig mit zu entfernen. Gegen eine ähnliche Anwendung der viel empfindlicheren Anionenaustauscher bestehen indessen größte Bedenken.

Das Bindungsvermögen eines $H^{\cdot}$-Austauschers für nicht ionisierte oder kolloidale Stoffe erkennt man leicht daran, daß am Ende eines Arbeitszyklus organische Stickstoffverbindungen durchlecken. Die zu Beginn der Arbeitsperiode aufgenommenen Stoffe kolloidaler Natur werden dabei allmählich durch später aufgenommene, meist anorganische Kationen verdrängt. Dieses Phänomen, das beunruhigende Formen annehmen kann, ist bei Melassebehandlung mit dem bloßen Auge wahrzunehmen. Bei Versuchen zur Entsalzung von Rohsaft kann man ähnliche Beobachtungen machen [Kap. 8.2.]. Erfreulicherweise hat sich gezeigt, daß vom $H^{\cdot}$-Ionenaustauscher im Laufe der Entbasungsstufe aufgenommene organische Verunreinigungen obiger Art, sofern es sich nur um geringe Mengen handelt, schon bei der gewöhnlichen Regeneration mitentfernt werden. Bei starker Verunreinigung der Säfte empfiehlt sich eine ergänzende Vorbehandlung. Zweckmäßigerweise verwendet man heiße Chemikalienlösungen und Auswaschflüssigkeiten, die man mit dem Ionenaustauscher längere Zeit in Kontakt läßt.

Vorbehandlung von Sonderprodukten der Zuckerfabrikation

In Kap. 3 wurden bereits einige Hinweise gegeben, gewisse Abwandlungen der üblichen Saftreinigungsmethoden bei der Verarbeitung von Rüben und Rohr betreffend.

Ergänzend seien hier einige Bemerkungen eingefügt über Reinigung von Zuckerlösungen und Sirupen, die zum Teil als Zwischenprodukte auftreten oder auch spezielle Produkte des herkömmlichen Raffineriebetriebes sein können.

Beim heutigen Stand der Technik werden, soweit es sich um kristallisationsfähige Säfte handelt, diese oft gar nicht vorgereinigt, weil man daraus schon durch Eindickung einen Rohzucker abscheiden kann, welcher nur einen Teil der ursprunglich in diesen Lösungen vorhandenen Verunreinigungen enthält. Der abge schleuderte Sirup wird dann erneut in derselben Weise behandelt (d. h. eingedickt und abgeschleudert), bis schließlich Melasse anfällt.

Lösungen dieser Art unmittelbar mittels Ionenaustauschern und Entfärbungsharzen zu reinigen, kommt praktisch nicht in Betracht. Doch ist zu erwägen, ob man jetzt mit dem Ziele, daraus hochwertige Endprodukte zu gewinnen, auch auf diese Produkte — selbstredend nach geeigneter Vorreinigung — die Feinreinigung mit Ionenaustauschern bzw. Harzadsorbern anwenden kann.

In Raffinerien gibt es schon seit längerer Zeit Beispiele schöner Vorreinigungseffekte unter Anwendung von Kalksalzen. Im Großbetrieb kommt meist frischgefälltes Calciumcarbonat ($CaCO_3$) zur Anwendung, welches man nach Zusatz von Ätzkalk mittels CO_2 in der Flüssigkeit selbst erzeugt. Doch ist diese Methode wegen der Kostspieligkeit der Anlage bei kleineren Betrieben nicht beliebt. Auch frisch gefälltes Calciumphosphat, durch Phosphorsäurezusatz zur Zuckerlösung gebildet, wird in Rohrzuckerfabriken und Raffinerien gern angewandt; doch ergeben sich hier dann meist Filtrations- oder Absitzschwierigkeiten. Ferner hat Collactivit, im eigenen Betrieb durch Einwirkung von Schwefelsäure auf Sägespäne hergestellt, sehr gute Erfolge gebracht. Wegen schlechter Rohstofflage ist man von diesen Mitteln leider jetzt zumeist wieder abgekommen.

Eine noch überschüssige Schwefelsäure enthaltende Collactivitaufschlämmung, die mit kalkhaltigen Zuckerlösungen unter gleichzeitiger $CaSO_4$-Ausscheidung reagiert, war in der Tat ein ausgezeichnetes Reinigungsmittel. Man konnte damit selbst die meist dunklen Sirupe gut entfärben. Den Sirupen wurde Kalk zugesetzt, danach die unentsäuerte Collactivitmasse zugegeben in einer Menge, welche den pH-Wert auf 7 brachte.

Von hoher Bedeutung sind auch neuere großtechnische Versuche, in analoger Weise eine Aktivkohle von 1000 m^2/g innerer Oberfläche einzusetzen, die als Nebenprodukt bei einem neuen Verfahren der Synthesegasbereitung anfällt. Dieses Verfahren besteht darin, Heizöl am Kontinuumverfahren mit auf 300 °C vorerhitzten Sauerstoff unter 12—16 atm. Druck zusammenzubringen (u. a. Shellgas-Verfahren). Als Abfallprodukt entsteht dabei diese Aktivkohle.

In noch nicht völlig befriedigender Weise ist hierbei die recht schwierige Abscheidung eines Trockenproduktes gelöst. Ein Versuch mit dieser Kohle wurde in der Zuckerraffinerie Peten, Antwerpen (Belgien) durchgeführt; dabei wurde von einer Melasse ausgegangen, die bei der Herstellung von schwarzem Kandiszucker anfällt. Die Farbe der Melasse war 1050 °Stammer (pH 6,3, Brix 79,6). Zu 2000 kg dieser Melasse wurden 40 kg CaO und 50 kg der neuen Aktivkohle zugesetzt; mit einer 30%-H_2SO_4-Lösung wurde der pH-Wert der Mischung auf 5 gebracht, die Lösung alsdann aufgeheizt und über eine Filterpresse filtriert. Die Filtration verlief tadellos; es wurde ein fester Schlammkuchen erhalten; die Absüßung erfolgte ohne Schwierigkeiten. Die filtrierte Lösung war brillant, hatte eine Farbe von 15,5 °Stammer und lieferte nach Eindickung auf 80 Brix einen guten Speisesirup.

Aus diesem Beispiel geht hervor, daß Adsorbentien große Möglichkeiten zur Reinigung selbst dunkler Sirupe bieten. Der geklärte Sirup läßt sich ohne Schwierigkeit durch Ionenaustausch entsalzen und völlig entfärben. Die Spesen der Schwefelsäureanwendung zur Ausfällung des Kalkes in den Sirupen sind unbedenklich, weil man hierzu eine Abfall-Lösung verwenden kann, die sonst bei der Saftentsalzung in die Abflußrinne gehen würde. Man kann übrigens, um der Abscheidung von $CaSO_4$ beim Eindicken vorzubeugen, auch einen $Na^{\cdot}$-Austauscher zur Entkalkung des Filtrats einsetzen. In diesem Zusammenhang ist ein Beitrag von SAZARSKY beachtenswert, der in einer Studie über Zuckerherstellungsschemata und deren Vereinfachung gleichfalls die Reinigung der Sirupe mit Aktivkohle empfiehlt.

4.4. Literatur

Schädliche Nebenbestandteile der Säfte, Zersetzungsprodukte etc.

AHARI, D., und J. GENOTELLE, Ind. Aliment Agric. **78** (1961), 742—747

ATHENSTEDT, M., Z. Zuckerind. **11** (1961), 661—668

BROWNE, C. A., und F. W. ZERBAN, New York, 1093—1094 „*Physical and Chemical Methods of Sugar Analysis*"

CAROLAN, R. J., „*Der technische Wert der Zuckerrübe*" (Elsevier), 203—223

CAVALLERO, L., und G. MANTOVANI, Ind. Saccarif. Ital. **50** (1957), 221—225

DICKINSON, B. N., Food Technol. **3** (1949), 48—51

DIJK, C. M. VAN, und A. VAN BEEK, „*Onderzoekingen aangaande het zwart in de Melisbroden*", Amsterdam, 1829

FOLPMERS, T., Water **25** (1942), 46

GILLET, TH. R., in Pieter HONIG, „*Principles of Sugar Technology*", New York 1953, Seite 217—226

GORBAN, D. V., Sacharnaja Prom. **36**, Nr. 5 (1962), 19—23. Sugar Ind. Abstr. **24** (1962), 148

HIRSCHMÜLLER, H., in Pieter HONIG, „*Principles of Sugar Technology*", New York 1953, S. 7—14

KIMURA, K., K. HIBINO und A. TAKAHASHI, Proc. Res. Soc. Japan Sugar Ref. Technol. **10** (1961), 98—108, ref. in Z. Zuckerind. **12** (1962), 395

LEA, C. H., Chem. and Ind. **1950**, 145—158, 155—157

LEA, C. H., und R. S. HANNAN, Nature **165** (1950), 438—439

MAILLARD, L. C., Ann. Chim. **5** (1916), 258

MOHAMMAD, A., H. FRÄNKEL-CONRAT und H. S. OLCOTT, Arch. Biochem. **24** (1949), 157—158

MUTTI und REGINELLI, Zymologica chim. Colloidi **3** (1928), 91

PATRON, A., Ind. Agric. Aliment **68** (1951), 251—256

PICHLER, E., Cucoripar **5** (1952), 62—64

PREY, V., Z. Zuckerind. **9** (1959), 337—341

REBENFELD, L., und E. PACSU, J. Amer. Chem. Soc. **75** (1953), 4370—4371

SCHNEIDER, F. in H. P. HOFFMANN WALDECK, Technologie des Zuckers (1955), 28—57

WEIDENHAGEN, R., in Technologie des Zuckers (1955), 205—330

WOLFROM, M. L., L. F. CAVALIERI und D. K. CAVALIERI, J. Amer. Chem. Soc. **69** (1947), 2411—2413

Vorreinigung der Säfte: Vorscheidung und Kolloidentfernung

Auxiliare des Chemins de Fer et de l'Industrie, Fr. P. 1003259 (Anm. 1946)

BARTZ, J. P., Am. P. 2526111 (Anm. 1949)

BECKER, D., Technologie des Zuckers 1955, S. 449—451
BERNADAC, B., Ind. Agric Aliment **70** (1953), 379
BERNADAC, B., Ind. Agric Aliment (1954), 335—340
BONELILI, A., Ital. P. 534077 (Anm. 1954)
BORGHI, M., VIIIe Congr. Int. des Ind. Agric. Brüssel, (1950), Vol. I, 506—507
BOYER, G., und E. JACQUOT, Fr. P. 1012583 (Anm. 1949)
BRIEGHEL-MÜLLER, A., Z. Zuckerind. Sonderdruck (1952)
BRIEGHEL-MÜLLER, A., Z. Zuckerind. **9** (1959), 563—564
DEDEK, J., und J. VASATKO, Fr. P. 744037 (Tschech. Pr. 1931)
Dorr Co., Am. P. 2503767 (Anm. 1946)
DUBOURG, J., Sucrerie Belge **70** (1951), 237—240
EHRENKRANTZ, D., Ind. Alimentara-Produse Veget (Roumenia) **4** (1958), 8—9
FONSECA, M. M. E., Anais Assoc. Quim. Brasil **8**, 293—302 (1949). S. I. A. **12** (1950), 12—151
GOODBAN, A. E., A. I. MORGAN, R. TERANSHI, H. G. WALKER, R. E. KNOWLES und R. M. McCREADY, Zucker **15** (1962), 522—526
GUYOMARCH und WERQUIN, Privat-Mitteilung. 15. 1. 1939
KOWALSKI und KOZAKOWSKI, D. R. P. 138693 (1901)
LEPPLA, P. W., Ind. Engng. Chem. **54**, Nr. 5 (1962), 40—43
Soc. franc. de construct. mech., Fr. P. 932236 (Anm. 1948)
POPPER, K., und V. SLAMECKA, Fr. P. 1167375 (Port. Pr. 1956)
RAWLINGS, F. N., (Dorr Co.), Am. P. 2503767 (Anm. 1946)
RAWLINGS, F. N., (Dorr Co.), Canad. P. 418230 (Am. Pr. 1941)
RIETEMA, K., Water **47** (1963), 1—3
RUSSO, B., W. GUTFELD und K. POPPER, Fr. P. 1063379 (Eng. Pr. 1952)
SILIN, P. M., Sacharnaja Prom. **29**, Nr. 2 (1955), 6—12
SPENGLER, O., Z. Ver. Dtsch. Zuckerind. **82** (1932), 38, **83** (1933), 335, **83** (1933), 665
VASATKO, J., R. KOHN und L. ZAVODSKY, Chem. Zvesti **7** (1953), 43—54
VISSER, W., G. S. v. D. VLIES und H. I. WATERMAN, Chim. et Ind. **61** (1949), 337—344
VLIES, G. S. v. D., „*Anwendung von Ionenaustauschern bei der Saftreinigung in der Zuckerindustrie*", Dissertation Delft.
VLIES, G. S. v. D., VIIIe Congr. Int. des Ind. Agric. Brüssel, Vol. I, 505—506 (1950)
VUKOV, K., Die Zuckererzeugung **11** (1962), 284—286
WATERMAN, H. I., und A. R. VELDMAN, Fr. P. 968671 (Anm. 1948)
WEIDENHAGEN, R., Technologie des Zuckers. (1955), S. 237
WERQUIN, W., Communication au Consul de l'Administration de L'Association des Chimistes. (22. 1. 1942)
WEYMOUTH, L. E., und R. S. MONTGOMERY, Ind. Engng. Chem. **44** (1952), 430—434
ZENDER, J., (Am. Viscose Corp.), Am. P. 2502614 (Anm. 1944)

KAPITEL 5

Technische Arbeitsverfahren und apparative Hilfsmittel

Beim gegenwärtigen Stand der Technik handelt es sich hauptsächlich um Verfahren des einfachen sowie des doppelten Austausches: Entkalkung und Entsalzung von Dünnsaft oder Behandlung von Melasse. Doch hat neuerdings nach altem Vorschlag auch der Austausch von K-Ionen im Zuckersaft gegen Ca-, Mg- und andere Ionen Aufmerksamkeit gefunden. Harzadsorber werden in der Regel nur in Verbindung mit einem der genannten Ionenaustauschverfahren eingesetzt, z. T. als „Polizei-Harze" zum Schutze hochwertiger nachgeschalteter (meist Anionen-) Austauscher bzw. zu deren Entlastung. Für sich allein finden sie wohl nur bei der Feinreinigung praktisch elektrolytfreier Lösungen (wie z. B. bei der Herstellung von Würfelkläre aus Gelbzucker) Anwendung.

5.1. Arbeitsverfahren der Praxis, Vor- und Nachteile

In der Praxis kennt man zur Realisierung von Austauschreaktionen zwei Arbeitsverfahren, nämlich das „Batch"-Verfahren und das Kolonnenverfahren; bei dem ersteren wendet man das Austauschmaterial meist im Schwebezustande an, während beim letzteren das Kontaktmedium in einer ruhenden festen Schüttung gelagert ist.

Das letztere Verfahren ist für großtechnische Arbeiten das wichtigere, und zwar aus folgenden Gründen:

Austauschreaktionen sind bekanntlich Gleichgewichtsreaktionen und daher umkehrbar. Bei Filtration über eine Schicht des Mediums stellen sich günstigere Endgleichgewichte (Folgegleichgewichte) ein als bei einstufiger Arbeitsweise. Auch ist der Kontakt von Flüssigkeit und Medium besser, wenn eine geschlossene Ionenaustauscherschicht vorliegt, die eine entsprechend weitgehende Aufteilung des Flüssigkeitsstromes bewirkt. In einer durchgerührten Flüssigkeit mit in größeren Abständen voneinander schwebenden Festteilchen haben die gelösten Ionen längere Diffusionswege zurückzulegen. Die wirksame Oberfläche der festen Teilchen, von denen in einer Beschickung, verglichen mit der behandelten Flüssigkeitsmenge, nur eine relativ kleine Menge eingesetzt werden kann, ist schlechter; das Endgleichgewicht liegt damit ungünstiger und der Endzustand wird erst nach längerer Zeit erreicht. Die Diffusionsgeschwindigkeit im Feststoff ist nur von sekundärer Bedeutung. Bei Filtration der Flüssigkeit über eine festliegende Ionenaustauscher- oder Adsorberschicht wird demgegenüber das Gegenstromprinzip wirksam, es wird rasch nacheinander eine Folge gleichgewichtsnaher Zustände durchlaufen und so ein wesentlich günstiger liegendes Endgleichgewicht erreicht und zwar auch in wesentlich kürzerer Zeit.

Beim „Batch"-Verfahren ist daher nicht nur die Kapazitätsleistung des Ionenaustauschers geringer als beim Filterverfahren, sondern auch die Menge der in der gleichen Zeit zu behandelnden Flüssigkeit geringer. Die Batch-Methode hat daher nur eine sehr beschränkte praktische Bedeutung; man wird auf sie nur dann zukommen, wenn die Anwendung des Kolonnenprinzipes sich aus irgendeinem Grunde verbietet, also z. B. bei Lösungen, die feste, nicht oder schwer entfernbare Schwebestoffe enthalten. Gleichwohl sei nachstehend die Durchführung kurz beschrieben.

Batch-Verfahren

Am besten benutzt man für alle aufeinander folgenden Operationen ein Rührgefäß. Dem Mischen der zu reinigenden Flüssigkeit mit dem Ionenaustauscher durch Rühren folgt Absitzenlassen und sodann Abziehen der klaren, umgesetzten Flüssigkeit; nötigenfalls ist mit dem Ablauf die Behandlung einige Male unter Zugabe von frischen Mengen Ionenaustauscher zu wiederholen.

Die Wiederbelebung des erschöpften Austauschers erfolgt in der gleichen Rührapparatur, indem dieser dortselbst mit der Lösung des Wiederbelebungsmittels durchgerührt wird. Alsdann läßt man absitzen. Nach Abziehen der verbrauchten Elektrolytlösung wird Spülwasser aufgegeben; es erfolgt erneutes Absitzenlassen des Austauschers und Abziehen der verdünnten Waschlösung; nötigenfalls sind auch diese Arbeiten einige Male zu wiederholen. Sodann kann der Ionenaustauscher wieder benutzt und zur Behandlung einer neuen Flüssigkeitsmenge eingesetzt werden.

Nicht nur die Langwierigkeit des Verfahrens, auch die Vielzahl der Operationen ist beschwerlich. Man kann den Zyklus zwar verkürzen, z. B. durch Anwendung eines Siebbodens im Rührgefäß, um so die Flüssigkeit rasch abführen zu können, aber das Verfahren bleibt umständlich. Auch mit Abrieb des Austauschermaterials ist zu rechnen (durch die Rührung verursachter Mahleffekt). Die Vervollkommnung der Arbeitsweise durch Vermehrung der Stufenzahl führt zwangsläufig zum zweiten Verfahren, in welchem die zu reinigende Flüssigkeit über eine mehr oder weniger dicke Schicht des körnigen, festen Adsorptivs geführt wird.

Kolonnen-Verfahren

Meist setzt man den Austauscher bzw. den Adsorber in einer vollkommen geschlossenen Vorrichtung ein (Abb. 9), obgleich kaum Bedenken bestehen gegen offene Behälter, wie sie in der Tat früher auch vielfach verwendet worden sind. Wenn mehrere Filter hintereinander geschaltet werden und ein erheblicher Druckverlust zu überwinden ist, bedingt die Anwendung offener Filter allerdings gewisse Schwierigkeiten.

Geschlossene Apparate haben immer den Vorteil, daß sie mit und ohne Überdruck arbeiten können, nötigenfalls mit einem erheblichen Druckunterschied zwischen Austritt und Eintritt der Flüssigkeit. Die Filtrationsgeschwindigkeit kann deshalb größer sein; die Filter können höher und enger gebaut werden.

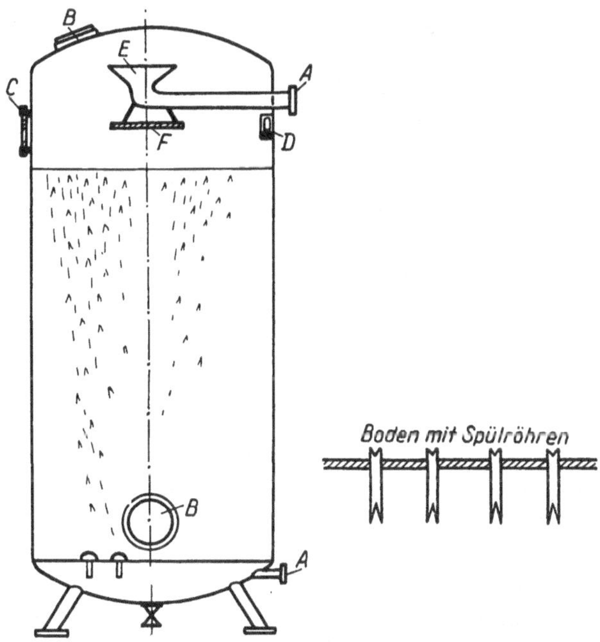

Abb. 9. Geschlossenes Filter für Ionenaustauscher

A – Rohrleitungsanschluß
B – Manndeckel
C – Schaufenster
D – Beleuchtung
E – Überlaufleitung
F – Prellplatte

Ein geschlossenes Filter ist daher immer teurer als ein offenes[1]), weil es den meist sehr strengen Prüfungsvorschriften unterliegt. Er muß Anwendung von Dampf oder Druckluft zulassen; auch darf die Gefahr einer Entwicklung von Gasen durch Gärung der Filterfüllung nicht unterschätzt werden. Geschlossene Filter müssen deshalb auch mit einer zuverlässigen Sicherheitsvorrichtung versehen sein. Außer Betrieb müssen sie gut wiederbelebt und ausgewaschen sein. Doch ist auch das allein noch keine sichere Gewähr dafür, daß selbst nach Zusatz eines vorbeugenden Desinfektionsmittels Gärungen nicht auftreten. Diese erstaunliche Tatsache ist bedingt durch eine fast immer ungenügende Reinigung des Filtermediums. Offene Behälter bieten hier den Vorteil, den Erfolg der Rückspülung

[1]) Ein geschlossener Behälter ist bekanntlich umso kostspieliger, je größer der Durchmesser und je geringer die Höhe gewählt wird. Die Wandstärke, insbesondere des Bodens, muß stärker gehalten werden als bei einem drucklosen, offenen Apparat.

des Mediums in einfacher Weise kontrollieren zu können. Hinsichtlich der Bedienung der Filter stößt man erstaunlicherweise häufig auf nur sehr geringes Verständnis; fast alle Klagen über eine ungenügende Reinigung der aufgegebenen Flüssigkeit gehen auf das Konto von Bedienungsmängeln.

Arbeitsspiel, Zweck der Wiederbelebung

Ein Ionenaustauscher- bzw. Adsorberfilter kann nur dann im Wechselspiel von Beladung und Regenerierung richtig und zufriedenstellend arbeiten, wenn zu Beginn jeder neuen Arbeitsperiode das chemisch wie auch mechanisch gut erneuerte Filterbett von der zu reinigenden Flüssigkeit gleichmäßig durchströmt werden kann. Dies setzt neben guter Überwachung aller Einzeloperationen und Kontrolle der Abläufe viel Sorgfalt und Umsicht bei der Wiederbelebung voraus, die ja nicht nur eine chemische (Behandlung mit Chemikalienlösungen), sondern auch eine wichtige physikalische Aufgabe (mechanische Auflockerung und Reinigung der Filtermasse sowie deren Neuschichtung) zu erfüllen hat.

Chemische Wiederbelebungsmittel

In der Praxis werden neben NaCl-, HCl- und NaOH-Lösungen als den meist benutzten und zweifellos im Gebrauch einfachsten Wiederbelebungselektrolyten noch einige andere Chemikalien benutzt, u. a. NH_4OH- und H_2SO_4-Lösungen. Verdünnte Schwefelsäure wird, obgleich ihre Anwendung mit gewissen Schwierigkeiten verbunden ist, des billigeren Preises und der bequemeren Transportmöglichkeit wegen sogar häufiger benutzt als HCl. Der Entmineralisierung der Säfte wird dann meist eine Entkalkung des Saftes vorgeschaltet, um bei der Wiederbelebung mit H_2SO_4 das Übertreten von $Ca^{\cdot\cdot}$-Ionen in die Lösung und demzufolge Ausscheidung von Gipskristallen in der Lösung bzw. ihre Abscheidung auf dem Austauscher zu vermeiden. Den durch Verkrusten des Austauschers bedingten schlechten Nutzeffekt glaubt man, durch Anwendung einer stark verdünnten H_2SO_4-Lösung verbessern zu können; aber die übliche Verdünnung auf $^1/_2$%ige Lösung genügt wegen der ziemlich geringen Löslichkeit von $CaSO_4$ nicht. Außerdem wird übrigens bei derartig verdünnten Lösungen auch schon aus Gleichgewichtsgründen der Nutzeffekt herabgesetzt.

Notwendigkeit einer mechanischen Erneuerung des Filterbettes und deren Schwierigkeiten

Zur mechanischen Reinigung dient die sog. Rückspülung des Filters mit Wasser von unten her, bei welcher sich das Filtermedium stark expandiert, um sich anschließend neu zu sedimentieren.

Eine gute Reinigung und Wiederbelebung des Filtermediums ist leicht daran zu erkennen, daß die Oberfläche des Bettes nach Reinigung vollkommen flach und von gleichmäßiger Struktur ist. Die Partikel der Schicht sind alsdann tadellos klassifiziert, d. h. sie werden in den höheren Schichten allmählich kleiner. Nur selten entspricht das gereinigte Medium nach der Rückspülung diesen Anforderungen. Oftmals findet man das Filtermaterial ganz inhomogen abgesetzt, darunter bisweilen vollkommen dichtverwachsene Klumpen oder Nester, welche — wie bereits früher gesagt — innen ganz und gar nicht mit der überfiltrierten Flüssigkeit in Berührung kommen können und Kanalbildung zur Folge haben.

Über die Ursachen dieser Schwierigkeiten seien einige Bemerkungen gestattet. Anfänglich meinte man, daß ein beliebig perforierter, eventuell mit einer Stützschicht von grobkörnigem Material als Träger für das Medium ausgestatteter, Boden genügend Sicherheit für eine wirksame Reinigung der Filterschicht böte; das ist indessen keineswegs der Fall. Genaue Beobachtung zeigt, daß die zum Rückspülen dienende Flüssigkeit sich keineswegs gleichmäßig über den ganzen Querschnitt verteilt, sondern örtlich bevorzugt aufsteigt, und bei expandiertem Medium sind auch umlaufende Flüssigkeitsströme, Wirbel, zu erkennen. Hier ist folgendes zu beachten:

Wenn man eine Flüssigkeit oder ein Gas von unten nach oben durch eine Schicht eines körnigen Materials hindurchtreten läßt, so kann diese Schicht, vorausgesetzt, daß das Material schwerer ist als die Flüssigkeit, was praktisch immer der Fall ist, in einen labilen Zustand kommen. Die Einzelkörner, aus denen die Filtermasse besteht, haben die Neigung, sich individuell und unabhängig voneinander abzusetzen; dem Drucke des von unten mit hoher Geschwindigkeit zutretenden Flüssigkeitsstromes suchen sie auszuweichen. Bei einem nach unten gerichteten Flüssigkeitsstrom ist das nicht der Fall; denn dann besteht diese Ausweichmöglichkeit der Teilchen nicht, und man kennt diese Schwierigkeit nicht. Daß bei Aufstrom örtliche Durchbrüche der Filtermasse auftreten können, ist durchaus normal; nur unter bestimmten Umständen kann man erwarten, daß die Schicht nicht durchbricht oder wenigstens gleichmäßig durchbrochen wird. Wie man lokale Durchbrüche bei Filtration im Aufstrom (Upflow) vermeiden kann, wird in Kap. 7.1. des näheren beschrieben werden. Es ist dies immer von Wichtigkeit bei jeder Anwendung des grundsätzlich stets ökonomischeren Gegenstromverfahrens. Um eine Austauscherkolonne wirksam zu reinigen, ist es unbedingt geboten, einen Durchbruch über den ganzen Querschnitt des Filters zu erzielen. Falls man dazu Luft zu Hilfe nimmt, so läßt sich das praktisch nur realisieren, wenn das Filter teilweise mit Wasser gefüllt ist. In der ersten Phase der Reinigung ist die Anwendung von Luft meist geboten, insbesondere bei Kationenaustauschern, da deren Partikel häufig verklebt sind. Bei der später zu beschreibenden Rohsaftreinigung ist eine derartige Spülung gleichfalls dringend erforderlich, um die Partikel ganz freizumachen. (Sie ist hier aber nur unter Aufheizen der Masse möglich.) Dazu wird zweckmäßigerweise der Flüssigkeitsspiegel vorher 1 m unter der Oberfläche des Bettes gesenkt. Diese Operation kann, selbst im normalen Falle, nur gelingen, wenn die zugeführte Luft unter dem Medium ganz gleichmäßig verteilt wird, eine Aufgabe, welche nur bei richtiger Konstruktion des Filterbodens gelingt (Näheres s. S. 86). Man erkennt das an einem gleichmäßigen „Kochen" über die ganze Oberfläche der Filterschicht. Die eigentliche Spülung der Filtermasse folgt dann in der Regel mit Druckluft erst nach der Behandlung, doch können beide Operationen einander teilweise überlappen; zum Schluß wird meist nur noch Wasser allein angewendet. In einfachen Fällen kann man ohne Luft arbeiten, aber dann muß unbedingt darauf geachtet werden, daß das Spülwasser die Filtermasse nicht in Kanälen durchströmt. Manchmal wird das letztere Übel gar nicht bemerkt, und erst ein Nachlassen der guten Wirkung der Anlage macht den Fehler deutlich. Auf die Frage, ob genügend Spülwasser durchgeleitet werde, muß man oft hören, daß selbst bei Anwendung von nur wenig Wasser schon Harzpartikel in den Kanal abgeschwommen seien, eine klassische Klage. (Einem Verlust an Austauschermasse beugt man am besten vor durch Nachschalten einer Abfangvorrichtung für abschwimmende Körner.) Eine okulare Inspektion des Filters belehrt dann meist, daß nach der Rückspülung und dem Ablassen des Wassers die Filteroberfläche nicht glatt ist; man sieht alsdann grobe Körner neben feinen, das ganze Bett ist inhomogen.

Um in richtiger Weise zu spülen, müssen folgende Bedingungen beachtet werden:

Man muß soviel Spülwasser durchleiten, daß sich das Bett gleichmäßig und genügend streckt (expandiert).
Das Spülwasser soll sich gleichmäßig über die ganze Austauschermasse verteilen.
Es darf keinerlei Wirbelbildung auftreten.

Das letzte Übel ist am schwersten festzustellen, doch muß es dennoch beachtet werden.

Um die Wichtigkeit einer guten und richtigen Handhabung einer Austauscher- oder Entfärbungs-Filteranlage zu betonen, seien nachstehend die oft wirklich verhängnisvollen Folgen einer unsachgemäßen Bedienung bzw. einer ungeeignet konstruierten Anlage nebeneinandergestellt:

Hohe Dampfspesen, weil sowohl beim An- als Absüßen eine zu starke Verdünnung der Zuckerlösung eintritt.
Ungenügende Kapazität der Anlage.
Unbefriedigender Reinigungseffekt der Zuckerlösungen.
Geringerer Nutzeffekt bei der Wiederbelebung.
Verderb des Austauschers.

Aus vorstehendem geht hervor, wie wichtig die richtige Gestaltung des Stützbodens unter dem Filtermedium sowie der Aufbau der darauf ruhenden Füllung ist.

5.2. Kolonnenapparatur

Stützboden und Verteilervorrichtung

Beginnen wir mit dem einfachsten Falle, daß nur für gleichmäßige Verteilung des Spülwassers Sorge getragen werden muß, also nicht noch Luft verwendet wird. Eine richtige Wasserverteilung bleibt auch dann noch ein Problem. Wenn man glaubt, diese durch Anwendung eines gelochten Bleches mit möglichst vielen Löchern zu erreichen, so wird der praktische Versuch rasch darüber belehren, daß man damit allein niemals einen wirklich befriedigenden Erfolg erzielen kann. Die zu verteilende Wassermenge kann nicht willkürlich genommen werden, und eine gute Verteilung der aufgegebenen Wassermenge findet nur dann statt, wenn die Flüssigkeit nicht bevorzugte Wege durch die Platte finden kann. Die nach oben strömende Flüssigkeit muß in jedem Loche einen bestimmten Druckverlust erfahren, nur dann kann eine gute Verteilung zustande kommen. Siebböden mit vielen großen Löchern sind daher zu verwerfen; aus praktischen Erwägungen heraus (Gefahr der Verstopfung) ist es auch nicht zu empfehlen, sehr zahlreiche Löcher zu geringen Querschnittes anzuwenden. In der Praxis wähle man deshalb pro m^2 des Filterquerschnittes 30—50 Öffnungen; meist wird man sie in Form abschraubbarer Spüldüsen zur Anwendung bringen in richtiger, d. h. gleichmäßiger, Verteilung. Für Zwecke der Wasserenthärtung genügt im allgemeinen die Anwendung solcher Spüldüsen, für die Reinigung von Zuckerlösungen sind sie jedoch nicht bedenkenlos zu empfehlen.

Zur Berechnung der Spülöffnungen in der Stützplatte einige Hinweise:

Es bedeutet einen großen Unterschied, ob das Filtermedium Sand oder ein Austauscher ist. Beim Spülen von Sand von z. B. 1—2 mm Korngröße benötigt man wenigstens 35 m^3/h Spülwasser pro m^2 Filterfläche; beim Austauscher darf diese Menge nur 6—10 m^3/h betragen. Diese Wassermenge ist bestimmend für die Düsenzahl und deren Abmessungen; die Filtrationsgeschwindigkeit des Saftes wird hierbei nicht berücksichtigt.

Legen wir den Fall zugrunde, alle Spülöffnungen seien einfache Röhrchen, die eine Spülwasser-Geschwindigkeit von ca. 2,5 m/sec zulassen, dann ist — um einen passenden Druckverlust und damit eine gute Wasserverteilung zu erzielen — bei 40 Spülröhrchen pro m^2 Filterfläche für Sand ein Durchmesser zu 11 mm und für den Austauscher ein solcher von 6 mm zu wählen. Diese Berechnung ist überschlägig; denn auch die Länge der Röhrchen ist in Betracht zu ziehen, ferner ist mit der Tatsache zu rechnen, daß bei gleicher Wasserförderung in ganz engen Rohren der Widerstand zu- und die Wassergeschwindigkeit abnimmt, der Durchmesser ist also dann etwas größer zu nehmen. Für klassische Düsen mit einem mit Schlitzen versehenen Kopf gilt diese Rechnung nicht und man muß sie am besten auf experimentelle Beobachtungen über deren Widerstand bei verschiedenen Wassergeschwindigkeiten stützen. Jedenfalls steht fest, daß man bei Wahl und Konstruktion des Stützbodens mit den Verteilerelementen nicht schematisch verfahren darf. Bei Standardausführungen für verschiedenartige Zwecke sind die Abstände der Elemente untereinander verschieden groß zu wählen, für spezifisch leichtere Medien mit ihrem geringerem Spülwasserbedarf sind also pro m^2 Filterfläche weniger Verteiler vorzusehen.

Weshalb sind nun feine Löcher und Schlitze in den Verteilerelementen zu vermeiden? Oft kann man beobachten, daß ein feines Sieb oder Rohr sich aus unbekannter Ursache verstopft; diese Gefahr ist bei feinen Öffnungen am größten. Selbst ein grobes Filtrierpapier verstopft sich bekanntlich schon bei Filtration von „klarem Wasser“, und auch bei weitmaschigen Geweben tritt das Übel oft auf. Siebe, die zur Abscheidung von Schwebestoffen, z. B. aus Flußwasser, eingebaut sind, können sich ganz mit feinen Körpern belegen, die zu einer schwer zu entfernenden Masse verklebt sind. Das Sieb erfordert deshalb eine ständige Reinigung. Man kann dieses Phänomen schon mit ganz starren Körpern in der Weise demonstrieren, daß man einen Körper durch ein Rohr führt. Er wird sich darin gern festsetzen in einer Lage, in der er eben nicht passieren kann, und oft kann er dann auch nicht ohne Gewalt wieder zurückgeführt werden. Eine poröse aber starre Stützschicht unter dem Filtermedium kann daher niemals auf die Dauer mit Erfolg benutzt werden.

Es ist der besondere Vorteil einer Kiesschicht, die einer mit groben Verteileröffnungen ausgestatteten Stützplatte aufgelagert ist, sich nicht so leicht zu verstopfen; die Masse liegt nicht völlig starr auf, sondern ist mehr oder weniger beweglich, und Verunreinigungen können hinterher leicht weggespült werden. Zu

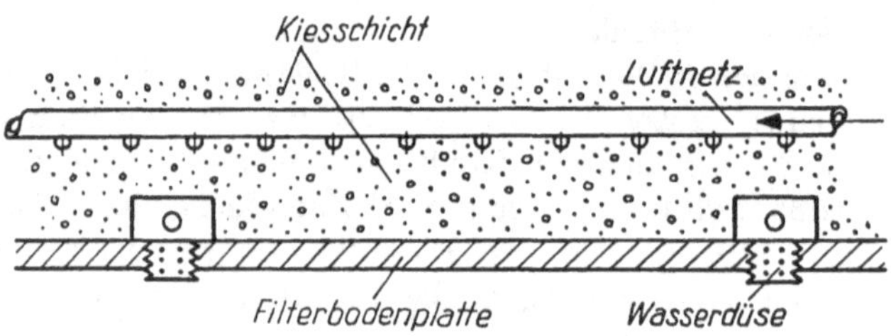

Abb. 10. Stützboden und Verteilereinrichtung

bedenken ist auch, daß es wegen der Unzulänglichkeit des Filterstützbodens gar keine andere Reinigungsmöglichkeit gibt, als die der Rückspülung. Es ist selbstverständlich, daß bei Reinigung von Zuckersäften diese Schwierigkeiten häufiger und ausgeprägter an den Tag treten als bei der Wasserreinigung. Leider werden die Schwierigkeiten oft nicht richtig interpretiert.

Wird zur Reinigung des Mediums neben Wasser auch Luft benötigt, so kann man diese durch ein in die Kiesschicht eingebettetes Rohrnetz oberhalb der Stützplatte einführen (Abb. 10). Zwar können auch in diesem Falle Verstopfungen auftreten, aber da die Luft immer nur einseitig zugeführt wird, ist diese Gefahr gering; mit richtig konstruierten Anlagen hat man gute Erfahrungen gemacht. Die Löcher im Verteilernetz dürfen nicht zu eng gehalten werden, auch umgibt man sie mit Drahtgewebe, um eine zufällige Verschmutzung in der Zeit der Nichtbenutzung zu vermeiden. Ferner wird, um einer Verstopfung des Luftnetzes vorzubeugen, die Luft vorher gefiltert.

Eine andere gut bewährte Verteilervorrichtung für Luft und Wasser, die sich für Wasserfilterung schon längere Zeit gut eingeführt hat, ist (in bestimmter Abänderung) unten angegeben. Eine Vorrichtung dieser Art ist charakterisiert durch ein Luftkissen unter der Stützplatte des Filtermediums (Spülelemente s. Abb. 11 und 12).

Abb. 41 (s. Anhang S. 249) zeigt den Zusammenbau von Stützschicht und Kiesschicht, und Filtermedium bei einem Immediumfilter vom Rosttyp (s. auch S. 122),

Abb. 11 die Anordnung der Verteilerelemente. Abb. 12 bringt die Wiedergabe eines Verteilerelementes besonderer Ausführung. In der Abb. 41 stellt *a* den Stützboden, *b* die Verteilerelemente, *c* das Luftkissen, *d* und *e* die Kiesschichten verschiedener Korngröße dar; *f* ist das eigentliche Filtermedium.

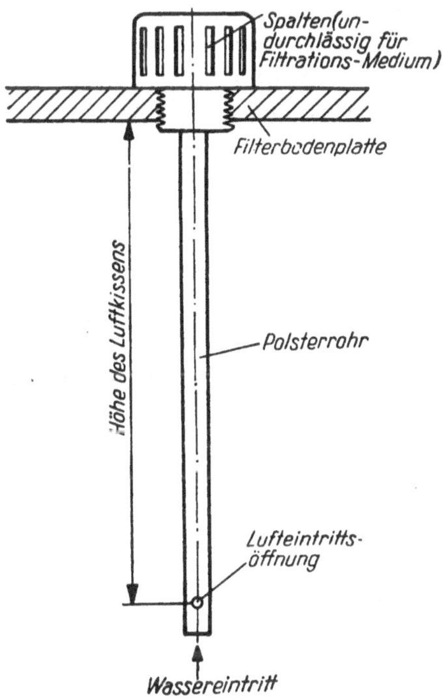

Abb. 11. Verteilerelement mit Anordnung (Spüldüse)

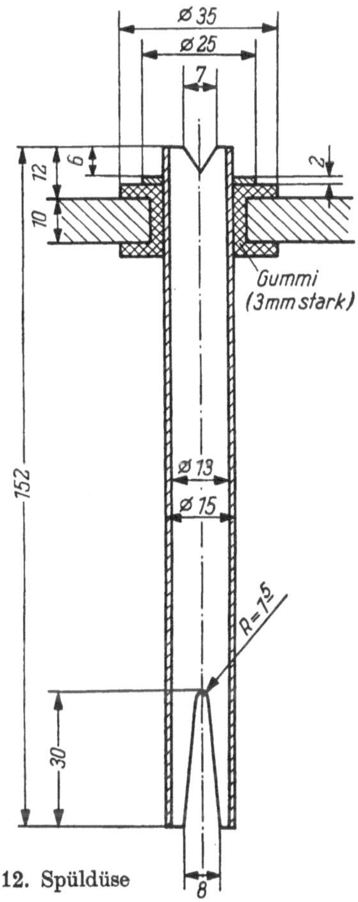

Abb. 12. Spüldüse

In Abb. 12 ist der Einbau eines Verteilerelementes angegeben. Das Material unter dem Loch ist, um einer Verstopfung vorzubeugen, nach unten abgeschnitten. Führt man unten ins Filter Luft ein, so bildet sich ein Luftkissen, und erst, wenn sich dieses bis zu den Löchern der Röhrchen ausgedehnt hat, wird die Luft nach oben treten, und zwar in ganz gleichmäßiger Weise. Durch unperforierte Röhren wäre die Verteilung sehr schwierig, weil eine geringe, praktisch unvermeidliche Abweichung aus der horizontalen Ebene der unteren Röhrenenden zu einer unregelmäßigen Luftzufuhr führen müßte. Diese Gefahr ist bei perforierten Röhren praktisch vermieden. Wie man sieht, hat die innere Bemessung der Röhren nichts mit der Luftverteilung zu tun, diese wird nur durch die gleichzeitig zugeführte Menge an Spülwasser bedingt. Wir bemerken noch, daß die beschriebene Konstruktion den Vorteil hat, die Röhren in einfacher Weise nachstellen und unten wegnehmen zu können. Zu diesem Zwecke ist Anbringen eines geräumigen Mannlochdeckels im Boden des Filters notwendig. Auf diese Weise kann man manchmal eine kostspielige Entleerung des Filters vermeiden.

Ein guter Aufbau allein gewährt aber noch nicht mit Sicherheit eine gute Spülwasser- und Luftverteilung. Die Flüssigkeit darf unter dem Filtermedium nicht in wogende Bewegung geraten; dies würde eine unzweckmäßige Zufuhr von Luft und Spülwasser und eine unrichtige Dimensionierung verraten. An die Zufuhr und Verteilung von Flüssigkeit und Gas und damit auch an die Abmessungen des Luftpolsters sind also sehr strenge Anforderungen zu stellen.

Aufbau der Stützschicht und des Filtermediums

Die der Verteileranlage aufgelagerte Kiesschicht wird oft wahllos genommen. Um Enttäuschungen vorzubeugen, seien auch hier einige Richtlinien gegeben.

Die Kiesstützschicht muß sehr sorgfältig aufgebaut werden. Unter keiner Bedingung dürfen bei der Reinigung des Filtermediums Teile der Stützschicht sich gegenseitig versetzen. Nach der Spülung darf im Filtermedium niemals feines Kiesmaterial gemischt mit grobem anzutreffen sein, die Folgen wären verhängnisvoll. Meist glaubt man, diesem Mißstand dadurch vorbeugen zu können, daß man Kieskörnungen anwendet, die in der Schichtung nach oben hin regelmäßig abfallen. Zum Beispiel wird oft empfohlen, eine Schichtenfolge gemäß nachstehender Tabelle zu wählen.

	Schichtdicke	Körnung	
	Filtermedium	1—2 mm	oben
Stützschicht	50 mm	2—3 mm	↑
	50 mm	3—6 mm	
	50 mm	6—10 mm	
	50 mm	10—15 mm	
	50 mm	15—20 mm	
	50 mm	20—30 mm	
	50 mm	30—40 mm	unten

Eine so weitgehende Abstufung ist aber, wie wir noch sehen werden, gar nicht notwendig und zweckmäßig. Eine regelmäßige Verminderung des Durchmessers der Partikel ist sogar sehr gefährlich. Aus der umfangreichen Literatur, welche über Reinigung des klassischen Sandfilters vorliegt, läßt sich erkennen, welche ungeheueren Schwierigkeiten in der Praxis auftreten, und daß man nicht bis zu der richtigen Interpretation ihrer Ursachen vorgedrungen ist.

Richtlinien für den Aufbau

Folgende Grundtatsachen sind zu beachten, die sich in der Tat in der Praxis auch bewährt haben:

Die Stützschicht als Ganzes muß unter allen Umständen unbeweglich festliegen, sie darf aber nicht starr sein. Bei der Spülung müssen kleine Verschiebungen der Kieskörner gegeneinander möglich bleiben. Das eigentliche, obenauf liegende, Filtermedium muß sich bei der Spülung mit Wasser immer expandieren können, damit zusammengepreßte oder verklebte Körner sich voneinander lösen können und mehr oder weniger frei beweglich werden. Vor Beendigung der Rückspülung muß sich das gesamte Filtermedium frei sedimentieren, was man vor Inbetriebnahme des Filters durch die sogenannte Stangenprobe feststellen kann (ein Stab soll im expandierten Bett frei beweglich sein). Diese Probe darf jedoch niemals in einer ruhenden Schicht ausgeführt werden. Man findet die erstaunliche Tatsache, daß bei der geringsten Ausdehnung des Filtermediums schon diese Beweglichkeit da ist, und daß man auf diese Weise leicht „Nester" feststellen kann, d. h. die Stellen findet, wo das nicht der Fall ist, die also dann betriebliche Störungen verursachen würden.

Notwendig ist weiterhin, daß zwischen der Korngröße der Stützschicht und der des Filtermediums ein möglichst großer Unterschied besteht. Ist dieser nicht genügend groß, so werden die Schichten beim Spülen gemischt. Eben deshalb ist es falsch, die Schichten in der oben genannten Weise aufzubauen. Es entstehen dann leicht Wirbel, welche den Transport von schweren Kiesschichten nach oben verursachen. Selbstverständlich ist es dann auch möglich, daß in analoger Weise feines Material in die Stützschicht wandert oder sogar die Verteilerelemente passiert, und daß Sand oder Austauscherpartikel unter den Filterboden gelangen bzw. unten im Filter gefunden werden. Flüssigkeitswirbel verhalten sich eben anders, als eine parallel gerichtete Strömung reinen Wassers. Das Verhalten einer im Aufstrom expandierten Schicht ist eher vergleichbar mit einer Flüssigkeit von sehr hohem spezifischen Gewicht.

Der Unterschied der Korngröße der oberen Stützschicht und der des Mediums kann viel größer gewählt werden, als man im allgemeinen denkt. Auch darf er nicht abgeleitet werden aus einem Vergleich der Durchmesser der Zwischenkornräume zwischen den einzelnen Körnern des oberen Kiesbettes mit der Partikelgröße der Körner des Mediums. Er ist vielmehr auch abhängig von der Schichtdicke der darunterliegenden groben Kiesschicht. Wenn bei Beaufschlagen des Filters mit der Flüssigkeit von oben nach unten das Feinkorn ein wenig in die grobe Schicht eindringt, so ist das kaum von Belang. Bei genügender Stärke der Stützschicht kann das Korngrößen-Verhältnis bis 1:10 gehen, bei einer geringeren Schichtdicke des Kieses kann man ein Verhältnis von 1:5 bis 1:6 wählen. Für ein (z. B. 300 mm-Sandfilter mit einem zwischen 1—3 mm variierenden Filtermedium einer unteren Schicht von 2—3 mm Korn und einer oberen Schicht von 1—2 mm Korn) kann man Stützschicht und Filtermedium etwa wie folgt aufbauen:

	Schichtdicke	Korngröße	
Filtermedium	>100 mm	1—2 mm	Sand
	300 mm	2—3 mm	Sand
Stützschicht	250 mm	8—10 mm	Kies
	100 mm	40—50 mm	Kies

Ist das Filtermedium ein Ionenaustauscher, dessen spezifisches Gewicht bekanntlich wesentlich niedriger ist als das von Feinsand, und dessen Körner auch meist kleiner sind als 1—3 mm, so muß die Wassergeschwindigkeit beim Rückspülen viel niedriger gehalten werden. Man kann daher auch die Korngröße der Stützschicht geringer und in anderer Zusammensetzung wählen. Weiter ist die Wassertemperatur wegen der damit veränderten Viskosität von großem Einfluß auf die anzuwendende Spülgeschwindigkeit des Wassers. Bei Spülen mit heißem Wasser muß die Spülgeschwindigkeit etwa doppelt so groß sein als bei Anwendung von kaltem Wasser. Bei Anionenaustauschern muß die Spülgeschwindigkeit niedriger gehalten werden als für Kationenaustauscher, weil erstere ein geringeres spezifisches Gewicht aufweisen. Bei Berechnung der Verteilerelemente ist zu beachten, daß schließlich deren innerer Durchmesser auch nicht zu klein gewählt wird, man soll unbedingt 6 mm nicht unterschreiten. Zum Ausgleich nimmt man dann notwendigerweise weniger Verteilerelemente pro m² Filterfläche.

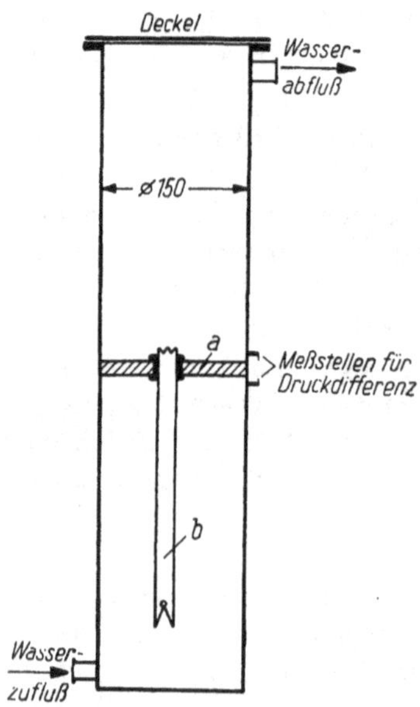

Abb. 13. Probestand für Verteilerelement

Nebenstehende Tabelle 4 gibt Mittelwerte für verschiedene Fälle.

Verschiedene Umstände können Abänderungen vorstehender **Richtzahlen** erwünscht machen. In speziellen Fällen empfiehlt es sich, auf einem Probestand (Abb. 13) in einfacher Weise die richtige Anzahl und Dimension der einzelnen Spülelemente festzustellen, wobei ein Druckverlust von mindestens 150 mm zugrunde zu legen ist. Bei großen Filterflächen ist es zu empfehlen, den Druckabfall etwas höher zu wählen.

Sicherungsmaßnahmen gegen Druckstöße

Schließlich muß die Aufmerksamkeit auf die Möglichkeit einer Störung der Schichtung der Stützmasse durch unkontrollierbare Druckstöße, insbesondere zu Beginn des Spülens, gelenkt werden. Diese Gefahr besteht immer, falls die Spülleitung an eine Betriebswasserleitung angeschlossen ist, in welcher große Druckänderungen auftreten können. Man muß sich dann davon überzeugen, daß unter

Tabelle 4. *Richtzahlen*

Filtermedium	Sand von 1—2 mm		Kationenaustauscher				Anionenaustauscher			
	kaltes Spülwasser		kaltes Spülwasser		heißes Spülwasser		kaltes Spülwasser		heißes Spülwasser	
	Anzahl/m²	mm	Anzahl/m²	mm	Anzahl/m²	mm	Anzahl/m²	mm	Anzahl/m²	mm
Obere Kiesstützschicht										
Korngröße		8—10		4—6		6—8		3—5		4—5
Schichtdicke		250		250		250		250		250
Untere Kiesstützschicht										
Korngröße		30—50		25—40		30—40		20—35		20—30
Schichtdicke		100—150		100—150		100—150		100—150		100—150
Verteilerelemente je m² Filteroberfläche	30—40		20—30		30—40		15—25		20—30	
innerer Rohr-∅ der Verteilerröhren		9—12		6—7		6—7		6—7		6—7

keinen Umständen die kritische Wassergeschwindigkeit überschritten werden kann. Meßgeräte, so empfehlenswert ihre Anwendung auch sein mag, vermögen das Übel nicht auszuschließen. Indessen ist Einbau eines Stauflansches, eines Reglers der Fließgeschwindigkeit oder eines Sicherheitsventils notwendig. Die Gefahr des Auftretens von Druckstößen ist immer dann sehr groß, wenn das Filtermedium verklebt ist.

Allgemeine Bemerkungen

Die Zufuhr einer Flüssigkeit ins Filter von oben her erfordert im allgemeinen keine besonderen Verteilervorrichtungen, doch muß man dafür Sorge tragen, daß die Oberfläche des Mediums durch den Flüssigkeitsstrom nicht aufgewühlt wird. Dieser Gefahr begegnet man durch Einbau einer Stoßplatte ganz oben im Filter, quer zur Zuflußrichtung. An- und Absüßen des Filters und Wiederbelebung erfordern immer besondere Aufmerksamkeit (worauf wir noch zurückkommen werden).

Hinsichtlich der Ausgestaltung der für Ionenaustausch gebrauchten Apparate sind nachstehende Punkte beachtenswert:

Unter Druck arbeitende Filterapparate bestehen in der Regel aus einem zylindrischen Mantel, der oben und unten durch normierte gewölbte Böden abgeschlossen ist, wie sie in bekannten Dimensionen vom Handel geliefert werden. Es kann als bekannt gelten, daß die Blechstärke von Mantel und Böden und ebenso die Ausführung der Schweißnähte bestimmten Sicherheitsvorschriften entsprechen müssen. Weiterhin müssen die Apparate innen mit einer Schutzauskleidung versehen sein, zweckmäßig wählt man meist Hartgummi.

Die bisherigen Erfahrungen mit einer Kunststoffauskleidung mahnen noch zu einer gewissen Vorsicht, wenn auch Fortschritte festzustellen sind. Die Notwendigkeit, oft bei hoher Temperatur arbeiten zu müssen, bildet wohl vorerst die größte Hemmung für ihre allgemeine Anwendung. Für unsere Zwecke sind daher auch Verteilerelemente aus Kunststoffen abzulehnen. Beachtenswert ist das neuerlich entwickelte Polypropylen, das sich auch bei Temperaturen um 100 °C noch bewährt hat. Auch die Zu- und Ableitungen sind nötigenfalls mit widerstandsfähigen Stoffen auszukleiden; gleiches gilt für die Absperrventile, die für Wasser, Dampf, Luft, Saft, Sirup, Ansüßwasser, Spülwasser etc. notwendig sind und zur Erleichterung der Bedienung zweckmäßig zusammengebündelt werden (Abb. 14).

5.3. Operationen bei den verschiedenen Austauschverfahren

Es möge zunächst ein kurzer Abriß gegeben werden über die verschiedenen Manipulationen, die beim Gebrauch einer Anlage je nach den unterschiedlichen Aufgaben der Zuckerindustrie durchzuführen sind. Zahlenmäßige und detaillierte Angaben bringt dann das folgende Kapitel gelegentlich der Beschreibung einiger in der Praxis angewandter Anlagen.

Entkalkung von Zuckersäften

Die einfachste Ionenaustauscher-Anlage ist eine für die Entkalkung von Zuckersäften. Die Enthärtung der Säfte wird bekanntlich durchgeführt, um einer Verkrustung der Verdampferelemente vorzubeugen und damit einen störungsfreien Verdampferbetrieb zu gewährleisten. Dabei werden die $Ca^{\cdot\cdot}$-Ionen des Saftes durch $Na^{\cdot}$-Ionen ersetzt; die Wiederbelebung des Ionenaustauschers erfolgt mittels

Abb. 14. Probemontage von einer Saftenthärtungsanlage

einer NaCl-Lösung. Hier liegen schon langjährige Erfahrungen vor; das Arbeitsverfahren gleicht weitgehend der Enthärtung von Wasser. Gleichwohl können bisweilen gewisse Schwierigkeiten auftreten, die man bei der Wasserenthärtung nicht oder wenigstens nicht in dem Maße kennt. Ob man die $Ca^{\cdot\cdot}$-Ionen des Saftes gegen $Na^{\cdot}$-Ionen austauscht oder — im Sinne einer anderen Zielsetzung — $K^{\cdot}$-Ionen durch $Ca^{\cdot\cdot}$-, $Mg^{\cdot\cdot}$- oder $NH_4^{\cdot}$-Ionen ersetzt, macht im Betrieb hinsichtlich des Baues der Anlage und ihrer Bedienung kaum etwas aus. In den letzteren Fällen sind nur andere Wiederbelebungsmittel anzuwenden.

Anfänglich glaubte man, ein Entkalkungsfilter bedürfe innen keiner schützenden Auskleidung; doch ist man bald hierauf zurückgekommen, weil tatsächlich verschiedentlich ein Materialangriff auftrat.

Dann und wann ist es notwendig, Ionenaustauscher mit Säurelösung zu behandeln, um einem Rückgang der Kapazität vorzubeugen. Ein Kapazitätsabfall kann durch Ablagerung kolloidaler, meist organischer Stoffe erfolgen oder durch Ausfall schwerlöslicher Salze oder durch Ausscheidung von Metallhydroxyden und dergleichen in und auf den Austauscher-Partikeln verursacht sein. Die zu Anfang eingesetzten polyfunktionellen Ionenaustauscher büßten des öfteren schon nach einigen Anwendungszyklen 70 % und mehr ihrer anfänglichen Kapazität ein. Ihre Anwendbarkeit für Zuckerlösungen schien daher zunächst fragwürdig; nach Kenntnis der Ursachen und deren Beherrschung wurden sie aber Jahre später noch angewandt.

Zwecks Beseitigung des Übels hat man zur Anwendung einer Säurelösung an erster Stelle und einer erst darauffolgenden mit NaCl-Lösung als Wiederbelebungsmittel gegriffen oder beide Mittel in Mischung angewandt.

Neben Kunstharzkationenaustauschern benutzte man auch sulfonierte Kohlen, die durch eine Pyrolyse in schwachsaure Ionenaustauscher übergeführt worden waren. Diese zeichneten sich zudem durch eine starke Befähigung zur Allgemeinadsorption aus. Mit diesen wurden recht befriedigende Reinigungsergebnisse erzielt, doch war der Regeneriermittelaufwand ziemlich hoch. Es erwies sich als notwendig, nach der Wiederbelebung mit Säurelösungen den Ionenaustauscher erst teilweise in die $NH_4^{\cdot}$- oder $Na^{\cdot}$-Form zu überführen, um einen raschen Austausch[1]) zu gewährleisten und zugleich auch einer zu großen pH-Senkung des Saftes vorzubeugen. Nachdem man gefunden hatte, daß stark saure Ionenaustauscher auf Polystyrolbasis im $Na^{\cdot}$-Zyklus eine konstante Kapazität bewahren, wurde später dieses Verfahren wieder verlassen. Ob in dieser Angelegenheit das letzte Wort gesprochen ist, steht aber noch nicht fest. Auch bestand betriebsseitig seinerzeit in der Zuckerindustrie eine starke Abneigung gegen alle mit Säure arbeitenden Verfahren. Die Anwendung von Säuren war so unbeliebt, daß man kaum geneigt war, die Vorteile des Verfahrens zuzugestehen. Im übrigen war man der Meinung, daß man zwecks Reinhaltung der Verdampferanlage während der Kampagne sich auf eine Entkalkung der Säfte beschränken könne. Bald stellten sich die weiteren Vorteile heraus, die — wie schon erwähnt — eine einfache Saftentkalkung bringt, Vorteile, die erst später richtig eingeschätzt wurden. Man beobachtete nämlich in der Rübenzuckerindustrie, daß entkalkte Säfte sich im allgemeinen viel leichter eindicken lassen, daß die Füllmassen schneller geschleudert werden können, und daß dadurch die Verarbeitungskapazität der Fabrik gesteigert wurde.

Es lag nahe, ähnlich günstige Ergebnisse auch zu erwarten bei Übertragung des Verfahrens auf Rohrzucker verarbeitende Anlagen. Ließen sich die erwähnten Vorteile dort vielleicht sogar noch vervielfältigen? Darauf gerichtete Großversuche brachten indessen Enttäuschungen. Jedenfalls hat es sich gezeigt, daß sich in der Zuckerindustrie an einer Stelle erzielte günstige Ergebnisse nicht einfach verallgemeinern lassen, und daß man sie nicht einfach auf anders geartete Verhältnisse übertragen darf.

---

[1]) Carbonsäureaustauscher tauschen zufolge ihrer in der $H^{\cdot}$-Form nur schwachen Dissoziation viel langsamer aus als in der starkdissoziierten Salz-Form.

Einzelstufen des Arbeitszyklus

Wenn wir nunmehr den Arbeitszyklus der Saftentkalkung in seinen einzelnen Arbeitsstufen betrachten, so sei von einem wiederbelebten Filter ausgegangen. Von vornherein sei festgestellt, daß mannigfache Modifikationen in der Handhabung möglich sind, und daß bisweilen Erwägungen mehr oder weniger subjektiver Art für die Wahl der Arbeitsweise entscheidend sein können. Es kann z. B. einen erheblichen Unterschied ausmachen, ob man einerseits höchste Ökonomie des Verfahrens anstrebt oder ob man sich andererseits das Ziel gesetzt hat, die Bedienung der Anlage möglichst zu vereinfachen.

Die erste Arbeitsoperation des regenerierten und gespülten Filters ist das „Ansüßen". Am wirtschaftlichsten würde es sein, das Wasser völlig aus dem Filter abzulassen und dann die Zuckerlösung zufließen zu lassen, um so eine nur minimale Verdünnung des Saftes zu erreichen. Zuführen des Saftes ins Filter von oben her bringt aber die Schwierigkeit, daß im Filterbett Luft verbleibt und eingeschlossen wird; bei Eintritt der Zuckerlösung von unten wird andererseits leicht die Filterschüttung in Unordnung gebracht. Man muß sich daher fragen, was das geringere Übel ist. Ja, kann man nach letzterem Verfahren überhaupt fehlerlos arbeiten?

Am besten scheint es auf den ersten Blick, den Saft oben zutreten zu lassen und die Luft unten abzuziehen. Das Einschließen von Luft im Filtermedium läßt sich aber nur unter ganz bestimmten Umständen vermeiden; um dies bei Aufgabe von oben her zu erreichen, ist es empfehlenswert, in dieser Phase schnell zu filtrieren.

Versucht man andererseits, der Gefahr des Einschließens von Luft durch Zufuhr des Saftes zum Filter von unten her vorzubeugen, dann muß die Verdrängung äußerst langsam stattfinden, weil sonst leicht Kanalbildung in der Ionenaustauscherschicht eintritt. Bei einer schnellen Saftzufuhr von unten her ist auch zu bedenken, daß alsdann zum Ansüßen Reinsaft verwandt werden müßte und nicht etwa ungereinigter Saft benutzt werden dürfte.

Die letzterwähnten Schwierigkeiten in Verbindung mit der dadurch bedingten Komplizierung des Leitungssystems und der Bedienung werden im allgemeinen dazu führen, die erste Möglichkeit zu wählen und den Saft oberhalb des Mediums aufzugeben. Das Wasser wird zu diesem Zwecke abgedrückt, und zwar nur bis zum oberen Rande des Filterbettes. Dabei muß man darauf achten, daß dabei die Oberfläche nicht aufgewirbelt wird und in Bewegung kommt.

Schon die vorstehenden Bemerkungen zeigen, daß jede Arbeitsweise ihre besonderen Schwierigkeiten hat. Den Saft zu langsam zutreten zu lassen, kann dazu führen, örtliche Durchbrüche von Zuckerlösungen höheren spezifischen Gewichtes auszulösen, was zu einer starken Verdünnung des Saftes führen kann. Um eine Anlage zuverlässig bedienen zu können, sind zusätzliche Leitungen und Absperrventile erforderlich; das bedingt also einen weiteren Ausbau der meist schon komplizierten Apparatur.

Das Auftreten örtlicher Durchbrüche einer schweren Flüssigkeit ist ein leider oft vernachlässigtes Phänomen. Wenn man auf Wasser Saft oder eine andere schwerere Flüssigkeit aufbringt, kann man beobachten, daß diese mit großer

Geschwindigkeit absinkt, ohne sich praktisch mit dem Wasser zu mischen; bei Aufgabe von Wasser auf den Saft bekommt man indessen zwei scharf getrennte Schichten. Die Meinung, das erstere Phänomen verschwände, sobald die schwerere Flüssigkeit in die Zwischenräume des körnigen Mediums eingetreten ist, ist irrig; der Durchbruch wird hier nur verzögert. Im übrigen ist zu beachten, daß bei Durchbruch das Filtrat sofort in den Betrieb abgeführt werden muß zur Verdampfung der großen Wassermenge.

Die Entscheidung für eine bestimmte Arbeitsweise ist, wie man sieht, oft nicht leicht, und man kann bisweilen nicht mit Sicherheit sagen, ob es im Einzelfalle nicht besser gewesen wäre, eine andere Entscheidung zu treffen. Jedenfalls kennt man bei der Zuckersaftentkalkung Schwierigkeiten, die bei der Wasserenthärtung unbekannt sind, weil Zuckerlösungen ein höheres spezifisches Gewicht und eine höhere Viskosität als Wasser haben; auch ist Zucker kostspieliger als Wasser. Auf jeden Fall wird man anstreben, die verschiedenen Flüssigkeitsfraktionen tunlichst immer getrennt aufzufangen und zu speichern.

Dem Ansüßen folgt die eigentliche Entkalkung des Saftes. Wohl immer läßt man den Saft den Ionenaustauscher von oben nach unten durchströmen. Es ist erwünscht, die Geschwindigkeit der Filtration genau zu regulieren und ferner Klarheit und Farbton des Filtrates laufend zu überwachen. Zweckmäßig ist die Ausstattung der Abflußleitungen mit geeigneten, teilweise durchsichtigen Apparateteilen; auch wird man selbstverständlich pH- und $Ca^{\cdot\cdot}$-Messer in den Saftstrom einschalten, und zwar tunlichst solche registrierender Art.

Immer ist dafür Sorge zu tragen, daß das Filter während der Filtration keine Luftpolster enthält. Man stellt das Luftventil oberhalb des Filters so ein, daß ständig ein wenig Saft austritt, der (z. B. durch die Abfuhrleitung für das Absüßwasser) in den Betrieb zurückgenommen wird. Es ist praktisch, im Leitungsnetz einen großen Trichter anzubringen, in den Flüssigkeiten dieser Art sichtbar abfließen.

Die anschließende Maßnahme nach Erschöpfung des Filters ist das Absüßen; es muß, um eine zu große Saftverdünnung zu vermeiden, in besonders sorgfältiger Weise vorgenommen werden; das Absüßwasser muß so auf den Saft geleitet werden, daß keine Mischung der Flüssigkeiten auftreten kann. Auch ist es notwendig, die Wassergeschwindigkeit zu begrenzen, damit der Saft aus den einzelnen Partikeln des Ionenaustauschers herausdiffundieren kann, ohne mit allzuviel Wasser gemischt zu werden. Um eine günstige Absüßkurve zu erhalten, ist die Anwendung 90—95 °C heißen Wassers zu empfehlen. Sobald die Verdünnung des Saftes zu groß wird, führt man die Zuckerlösung einer geeigneten Stelle des Betriebes zu.

Dem Absüßen des Mediums folgt die Rückspülung mit Wasser. Wie oben bereits ausgeführt, ist es oft notwendig, zu diesem Zweck neben Wasser auch Luft oder Dampf aufzuwenden; denn die Partikel des Ionenaustauschers können zufolge Abscheidung fester oder kolloidaler Stoffe aus dem Safte verfilzt oder verklebt sein. Am Ende des Rückspülens darf nur noch Wasser allein aufgegeben werden, um den Partikeln des Filtermediums Gelegenheit zu geben, sich gleichmäßig zu sedimentieren. Die Fließgeschwindigkeit am Ende der Manipulation soll für

Wasser von 10—20 °C ungefähr 10 m/h (10 m^3 Wasser/h pro m^2 Filterquerschnitt) betragen. Diese Arbeitsstufe erfordert wenig Zeit.

Die Wiederbelebung findet mit einer Salzlösung statt, in der Regel Kochsalzlösung, die zumeist von oben nach unten geführt wird. Auch in diesem Fall ist es wichtig, auf „Schlierenbildung" zu achten. Durchbruch der (Zucker- bzw.) Salzlösung läßt sich immer in einfacher Weise analytisch feststellen. Bezüglich des Zeitpunktes des Durchbruches wie des Konzentrationsgradienten spielen selbstverständlich Partikelgröße und Beschaffenheit des Austauschers und des Ionenaustauscherbettes eine große Rolle.

Entmineralisieren von Zuckersäften

Die zur Entmineralisierung von Zuckersäften mit $H^{\cdot}$-Ionen- und OH'-Ionenaustauschern übliche Arbeitsweise ist für jedes Einzelfilter dieselbe, wie vorstehend bei der Entkalkung mittels eines $Na^{\cdot}$-Ionenaustauschers beschrieben. Das gleiche gilt übrigens für Entfärbung mit einem körnigen Entfärbungsmittel. Größere

Abb. 15. Anlage zur Entmineralisierung (2 $H^{\cdot}$-Austauscher und 2 OH'-Austauscher)

Abweichungen bestehen u. a. hinsichtlich der Kontaktzeiten und der Temperaturen. Die Schaltung mehrerer Filtereinheiten mit verschiedenen Funktionen in räumlicher oder zeitlicher Aufeinanderfolge bedingt selbstverständlich eine gewisse Komplizierung der Anlage wie auch der Bedienung. Die gegenüber den vorstehend beschriebenen Manipulationen etwas kompliziertere Arbeitsweise läßt es zweckmäßig erscheinen, durch Anbringen von Mannlöchern, Schaugläsern

Abb. 16. Entmineralisierung von (geklärtem) Reinsaft nebst Vorreinigungsanlage

und Probeentnahmestellen an den Filtern und an sonstigen zweckmäßig erscheinenden Stellen die ganze Anlage mit tunlichst vielseitigen Kontrollmöglichkeiten auszustatten. Zum Beispiel ist es bei der Rückspülung notwendig, zu kontrollieren, ob dabei eine ausreichende Volumenausdehnung des Mediums eingetreten ist, und ob das Filterbett in expandiertem Zustand nicht etwa noch Nester von zusammengeklebten Austauscher-Partikeln erkennen läßt. Bei der Filterspülung mit Luft und Wasser muß man sich überzeugen, ob selbst bei Zuspeisung nur geringer Mengen Luft diese gleichmäßig über die ganze Oberfläche verteilt austritt usw. Der Gebrauch automatischer pH-Messer, Colorimeter usw. ist selbstverständlich auch hier zu empfehlen. Anscheinend ist man heutzutage überall zu einem nahezu einheitlichen Arbeitsverfahren gelangt und steht wohl unter dem Eindruck, daß an diesem nicht mehr viel verbessert werden könne.

Gleichwohl stehen in der Praxis noch mancherlei Wünsche offen, insbesondere gilt dies hinsichtlich des Regenerations-Effektes. Der Wirkungsgrad der Wiederbelebungsmittel z. B. ist im allgemeinen unbefriedigend niedrig. Dies ist umso bedauerlicher, als eben in dem hohen Chemikalienverbrauch eine der Ursachen für die in der Zuckerindustrie so langsam in Fluß kommende Entwicklung der Ionenaustausch- und Entfärbungsmethoden mittels Kunstharzen zu erblicken ist. Für die Wasseraufbereitung gilt diese Tatsache nicht in so ausgesprochener Weise. So wird bei der Entkationisierung des Wassers mit den stark sauren Ionenaustauschern auf Polystyrolbasis im allgemeinen ein Nutzeffekt der Wiederbelebung von 40—60% als normal erachtet — 60% ist schon erfreulich hoch. Es hat sich aber gezeigt, daß man, sofern man nur zielbewußt arbeitet, schon bei Anwendung des üblichen Verfahrens ohne Schädigung der Normal-Kapazität des Austauschers sogar leicht einen Nutzeffekt von 80% und höher erzielen kann. Zu diesem Zwecke müssen die verschiedenen Einzelfaktoren gut aufeinander abgestimmt werden; Partikelgröße und Struktur des Ionenaustauschers mit der Menge und Konzentration des Wiederbelebungsmittels; der Austauscher muß durch die vorangehende Rückspülung gut aufgelockert sein, die Kontaktzeit mit der Regenerierlösung muß dem Ionenaustauscher angepaßt sein usw. Insbesondere müssen aber alle Unregelmäßigkeiten, wie die oben erwähnten Lösungsdurchbrüche, vermieden werden. Die Wiederbelebung einschließlich der verschiedenen vorbereitenden Arbeitsstufen erfordert dann allerdings eine sehr genaue Überwachung und höheren Zeitaufwand.

Adsorptive Reinigung bzw. Entfärbung von Zuckersäften

Für die adsorptive Reinigung bzw. Entfärbung von Zuckersäften werden neben den seit altersher gebräuchlichen Adsorbentien, wie gewissen Tonsorten, Bauxiten und dergl., Knochenkohle, Aktivkohlen usw., heute — wie mehrfach betont — mit bestem Erfolge gewisse Sorten von Ionenaustauschern mit hoher Befähigung zu Allgemeinadsorption eingesetzt: die Harzadsorber. Letztere zeichnen sich, abgesehen von guter Reinigungswirkung, dadurch aus, daß sie in einfacher Weise wiederbelebt werden können, und haben sich gerade auch deshalb rasch in der Technik eingeführt.

In der Regel werden Harzadsorber — wie bei der Reinigung von Dünnsäften oder Sirupen — in Kombination mit Ionenaustauschfiltern bzw. Entsalzungsaggregaten eingesetzt. Neben einer Entfärbung der Lösung kommt ihnen in diesem Falle bisweilen die spezielle Aufgabe zu, nachgeschaltete Ionenaustauscher, insbesondere den relativ empfindlichen Anionenaustauscher, vor einer Verschmutzung zu schützen und damit einem Leistungsrückgang vorzubeugen (scavenger-Harze).

Für sich allein kommt ein Einsatz der Harzadsorber seltener in Frage. Man verwendet sie zur Feinreinigung praktisch schon elektrolytfreier Lösungen wie z. B. zur Herstellung von Würfelkläre aus Gelbzucker. Auch bei der Reinigung gefärbter oder schwer filtrierbarer Flüssigkeiten, deren Elektrolytgehalt meist gering ist bzw. nicht interessiert, zur Entfernung von Geschmacks- und Trübungsstoffen wie bei der Abwasseraufbereitung usw. leisten sie sehr wertvolle Dienste. Da die Filterfähigkeit ein wesentliches Merkmal der Harzadsorber ist, sind die für die genannten Zwecke benötigten apparativen Hilfsmittel Filter von ganz analoger Bauart, wie die vorstehend für Ionenaustauscher beschriebenen Filtertypen. Die Betriebsweise stimmt — bis auf Einzelfälle, wo eine Angleichung an die bei Aktivkohlen übliche Arbeitsweise am Platze ist — mit der oben bei Ionenaustauschern vermerkten überein. Auch die zu beachtenden Schwierigkeiten sind ähnlicher Art, und für deren Behebung gelten die früher gegebenen Hinweise.

Ein Unterschied besteht zumeist hinsichtlich der anzuwendenden Wiederbelebungs- und Regeneriermittel. Da der mit Harzadsorbern erzielte Reinigungseffekt sehr häufig durch einen Austauschvorgang nur eingeleitet wird und der Hauptvorgang als eine Folgereaktion geknüpft ist (die recht mannigfacher Art sein kann), ist die Regenerierung auf diese doppelte Aufgabe abzustellen. Neben Säure- bzw. Laugebehandlung ist im allgemeinen eine zusätzliche, meist anschließende Erneuerung auf dem Wege der Peptisation erforderlich. Hier leistet ein Aufgeben einer stark verdünnten Elektrolytlösung auf den Adsorber (Nachspülen!) oft hervorragende Dienste.

5.4. Literatur

Technische Arbeitsverfahren und apparative Hilfsmittel

Dickey, G. D., und C. L. Bryden, „*Theorie and Practice of Filtration*", New York (1946)
Gilse, J. P. M. van, Delft (Dissertation 1927)
Hart, W., und J. Hart, Eng. P. 3734 (Anm. 1872)
Hill, S., Chem. Engng. Sci. **6** (1952), 247—253
Tijdschrift voor Nijverheid en Landbouw in Ned. Indie, **19** (1874), 329
Woodcroft, „*Patents relating to sugar*", London 1871

Gegenstrom (kontinuierlich und diskontinuierlich) bei Ionenaustauschbetrieb

Activit (P. Smit), Fr. P. 1176184 (Nied. Pr. 1956)
Collier, D. W. (Sharples Co.), Am. P. 2697724 (Anm. 1950)
Cukoripari Kutato Intezet (Gryllus, V., M. Tegze, S. Vajna und G. Oplatka), Ung. P. 146432 (Anm. 1955)
Daniels, R. M., J. E. Mandru und G. O. Rorabaugh (Holly Sugar Corp.), Am. Pat. 2744840 (Anm. 1950)
Dorr. Co., Schwed. P. 129089 (Am. Pr. 1942)
Dorr. Co., Nied. P. 66671 (Anm. 1945)
Fonseca, M. M. E., Anais Assoc. Quim. Brasil 8 (1949), 293—302, Sugar Ind. Abstr. **12** (1950), 151
Hofmann, K., Mitt. Vereinig. Großkesselbesitzer **70** (1961), 48—54

Metallgesellschaft AG., D. A. S. 1084241 (Anm. 1954)
NEWKIRK, T. H., und M. HANDELMAN, Ind. Engng. Chem. **41** (1949), 452
Tate and Lyle Ltd. (E. G. SIMMONS), Eng. P. 578520 (Anm. 1943)
THIELEPAPE, E., Zucker **4** (1951), 73–76

Aufstrom und schwebendes Filterbett

GIRKO, I. P., und P. V. GOLOVIN, Trudy Kiev. Tekhnol. Inst. Pishchevoj Prom. **14** (1954), 41–44
GROSVENOR, W. M. (American Sugar Refining Co.), Am. P. 2954305 (Anm. 1959)
GROSVENOR, W. M., Am. P. 2969297 (Anm. 1959)
KOOIJ, J. N., Chem. Weekbl. **46** (1950), 795–801
SMIT, P. (Activit), Fr. P. 1302366 (Nied. Pr. 1959)
SMIT, P., Chemische Courant **59** (1960), 1885
Union des Fabrique Belges de Textiles Artificiels, Fr. P. 1064029 (Belg. Pr. 1951)
THOMPSON, J., und F. X. MCGARVEY, Chem. Ind. (1948), 284–285

Lösungen, schwerer als Wasser

Soc. An. Etablissements Philips und Pain, Fr. P. 954104 (Am. Pr. 1947)

Immedium-Filter

VAN DEN BERG, L. C. H., Gids voor Zwem-en Badinrichtungen (Januar 1957)
HEINRICH, K., Chemie-Ing.-Techn. **32** (1960), 734–739
HEINRICH, K., und J. ZIEGFELD, Glückauf **99** (1963), 782–790
V. D. MADE, D., VIIIe Congr. Intern. d. Ind. Argic. 9–15 Juli 1950
SMIT, P., Z. Zuckerind. **4** (1954), 191–193
SMIT, W. J., Water **41** (1957), 252–253

Filteranordnung, Serienschaltung, automatische Anlagen

PFEIFFER, P. W., Chem. Engng. Sci. **2** (1953), 45–52
STEVENS, A. H. (Am. Cyanamid Co.), E. P 633552 (Anm. 1946)
Soc. Civile d'Etudes de Sucrochimie (J. C. BONDIOU), Fr. P. 1195655 (Anm. 1958)
VOLOKHVYANSKII, V. M., Sacharnaja Prom. 1955, Nr. 6, 15–17
WINTERS, J. C., und R. KUNIN, Am. P. 2551519 (Anm. 1948)

Mischbett

Anon, Sugar, **45** (1950), 41
AUSTERWEIL, G. V., Compt. Rend. hebd. Séances Acad. Sci. **234** (1952), 1289–91
COLLIER, D. W., (Sharples Corp.), Am. P. 2563006 (Anm. 1946)
CONKLIN, C. D., und A. CONGELOSI, Proc. 6th. Tech. Session Bone Char. **1959**, 31–46, 46–52
DANIEL, F. K., (Sun Chem. Co.), Eng. P. 636240 (Am. Pr. 1944)
DANIEL, F. K., Am. P. 2461506 (Anm. 1946)
Dorr Oliver Inc., Am. P. 2767140 (Anm. 1954)
The Dow Chemical Co., D. A. S. 1050733 (Am. Pr. 1956)
HERRMANN, E., Chemie-Ing.-Techn. **27** (1955), 573–578
Japanese Organo Co. und Japanese Beet Sugar Refining Co. (NASU, O., S. OIKAWA, A. MIYAHARA und H. SHIMIZU), Jap. P. 18419/60 (Anm. 1957)

Ilinois Water Treatment Co. (Stromquist, D. M., und M. E. Veerman), Am. P. 2771424 (Anm. 1949)
Kunin, R., und F. X. McGarvey (Rohm and Haas Co.), Am. P. 2578937 (Anm. 1948)
Kunin, R., und F. X. McGarvey (Rohm and Haas Co.), Am. P. 2578938 (Anm. 1950)
Lister, B. A. J., Int. Chem. Engng. Process Ind. **51** (1950), 365–366
Morawe, K., und H. Corte (Permutit, Berlin), D. B. P. 971771 (Anm. 1952)
Nippon Tensai, DAS 1119790 kl 89c (Anm. 1958)
Pepper, K. W., Chem. and Ind. **65** (1950), 252–253
Rohm and Haas Co., D. A. S. 1093749 (Am. Pr. 1948)
Rohm and Haas Co., Eng. P. 670350 (Am. Pr. 1948)
Rohm and Haas Co., Eng. P. 841620 (Ital. Pr. 1955)
Shimizu, H., A. Miyahara, S. Oikawa und O. Nasu, Am. P. 2926110 (Jap. Pr. 1957)
Smit, P. (Activit), Am. P. 2564820 (Nied. Pr. 1939)

Durchsatz (Filtrationsgeschwindigkeit, Bettdicke, erforderliche Harzmenge)

Brammeyer, J. J., J. F. Deeg, M. L. A. Verhaart, G. S. v. d. Vlies und H. I. Waterman, Chim. et Ind. **63** (1950), 369–378
Burianek, J., und F. Durdik, Listy Cukrovarnické **76** (1960), 126–129
Graver Water Conditioning, Chem. Engng. News **40**, 15. 1. 1962, 61
Vajna, S., Cucoripar **5** (1952), 13–15

Filtersysteme, Filterschaltung (mehrere Paare) und Betriebsweise im Gegenstrom, im Aufstrom, in der Schwebe

L'Auxiliaire des Chemins de Fer et de l'Industrie, Fr. P. 1000920 (Anm. 1946)
Golovin, P. V., und A. A. Gerassimenko, Sacharnaja Prom. **33** (1959), 40–41
Golovin, P. V., und A. A. Gerassimenko, Voprosy Razvitiya Sakhar Prom. V 68–72 (1961)
Japanese Organo Co. und Japanese Beet Sugar Refining Co. (Miyahara, S., H. Shimizu, O. Nasu und S. Oikawa), Jap. P. 18418/60 (Anm. 1957)
Juda, W. (Ionics Incorp), Am. P. 2917368 (Anm. 1957)
Menckl, Z., V. Valter und F. Vavra, Listy Cukrovarnické **76** (1960), 84–90
Menz, D., Aqua. **2** (1962), 6–13
Shah, H. A., Proc. Sugar Technol. Assoc. India Pt I, (1954), 46–49
Shah, H. A., K. A. Joshi, S. L. Bafna und K. P. Govindan, Proc. 9th Ann. Conv. Deccan. Sugar Technol. Assoc. **1952**, 43–51
Stevens, A. H. (Am. Cyanamid Co.), Eng. P. 633552 (Anm. 1946)
Winters, J. C., und R. Kunin, (Rohm und Haas Co.), Am. P. 2551519 (Anm. 1948)

KAPITEL 6

Zuckerreinigungsanlagen der Praxis

6.1. Beschreibung einer Entkalkungsanlage

Schema der Enthärtung

Im nachstehenden Schema ist eine Enthärtungsanlage für vorgereinigten Dünnsaft dargestellt.

Schema 3: Enthärtung

Arbeitsperiode

Saft
↓
Entkalkungsfilter
(Kationenaustauscher in $Na^{\cdot}$-Form)
↓
entkalkter Saft
↓
Eindicker

Wiederbelebung

Kochsalzlösung ↘ ↙ Spülwasser
Entkalkungsfilter (erschöpft)
↓
Abflußrinne

Der Dünnsaft geht durch den Kationenaustauscher, der vorher mit einer NaCl-Lösung in den Arbeitszustand gebracht wurde, und fließt ganz oder teilweise enthärtet ab, d. h. frei von $Ca^{\cdot\cdot}$- und $Mg^{\cdot\cdot}$-Ionen. Ist der Gehalt an $Ca^{\cdot\cdot}$-Ionen im Filtrat zu hoch angestiegen, dann muß das Filter wiederbelebt werden.

Das Filter wird zunächst abgesüßt und rückgespült. Zur Wiederbelebung des Kationenaustauschers läßt man sodann aus einem überstehenden Gefäß die notwendige Menge 10—12%iger NaCl-Lösung zum Kationenaustauscher fließen. Die verbrauchte Salzlösung wird stetig der Abwasserleitung zugeleitet. Zweckmäßig erfolgt eine laufende Härtekontrolle des Ablaufes, um bei sparsamen Salzverbrauch eine gründliche Regenerierung zu gewährleisten.

Nachdem die berechnete bzw. abgemessene Lösungsmenge Kochsalz überfiltriert ist, wird der Kationenaustauscher von restlicher NaCl-Lösung durch Waschen mit Wasser befreit, das dem Filter ebenfalls von oben zugeführt wird und dann unten in den Abwasserkanal abfließt. Sodann ist das Filter wieder zur Saftentkalkung bereit.

Daten über eine Betriebsanlage

Einlegetafel 1 zeigt eine Betriebsanlage zur Entkalkung von Reinsaft für eine tägliche Verarbeitung von 2000 t Rüben.

Die Anlage hat folgende Abmessungen. Die zwei Behälter, welche den Ionenaustauscher Imac C 12 enthalten, haben 2100 mm Durchmesser, 3100 mm Totalhöhe. Jeder Behälter ist mit 6000 *l* Ionenaustauscher gefüllt.

Der Reinsaft enthält pro Liter 30—400 mg CaO, der Kalkgehalt wechselt also ziemlich stark, die Laufzeit des Ionenaustauschers ist deshalb variabel. Für die Wiederbelebung sind 4 Stunden vorgesehen.

Weil die Durchflußgeschwindigkeit des Saftes durch das Harzbett pro Stunde etwa 20 Volumen auf 1 Volumen der Austauscherfüllung beträgt, sind größere Schwankungen im Kalkgehalt keine Erschwernis. In einem Zyklus werden normal 150 kg CaO aufgenommen. Diese Menge zeigt unter Betriebsverhältnissen gewisse Schwankungen. Diese hängen hauptsächlich von der im Saft enthaltenen Menge an Begleitelektrolyten ab; ferner geht die zur Wiederbelebung aufgewandte Kochsalzmenge ein. Indirekt sind weiterhin Menge und Zusammensetzung der nichtionisierten Bestandteile des Saftes von Einfluß; auch eine evtl. Verschmutzung des Ionenaustauschers, z. B. mit kolloidalen Stoffen, setzt die Leistung herab.

Die Resthärte des überfiltrierten Saftes, wie die im Betrieb erzielte Kapazitätsleistung des Ionenaustauschers, bedürfen einer ständigen Überwachung und Kontrolle; zweckmäßig werden die Einzeldaten graphisch aufgezeichnet und alsdann die erhaltene Kurve integriert. Neben einer sehr zuverlässigen Bedienung erfordert die Anlage, die man nicht ungelernten Kräften überlassen darf, eine ständige analytische Laboratoriumskontrolle; sonst sind Enttäuschungen unvermeidlich.

Bei Überfahren der Filter kann (insbesondere, wenn zugleich pH-Verschiebungen und Änderungen im Mineralstoffgehalt des Saftes eingehen) ein teilweiser Rücktausch der vom Austauscher aufgenommenen Ionen (Härtebildner gegen Alkaliionen des weiterhin zutretenden Saftes) eintreten, der zu Ausfällungen an der Oberfläche der Austauscherkörner führt, z. B. von $CaCO_3$ oder Hydroxyden, die Saftkolloide mitreißen. Diese festen Verschmutzungen sind in der Regel ohne Aufwand von Säure nicht zu beseitigen.

Ein Vorschlag von G. ASSALINI[1]) will auf diesen Effekt (den sogenannten Austausch II. Art) ein **Reinigungsverfahren für Rohsaft** gründen. Der Rohsaft wird über den mit $Ca^{\cdot\cdot}$-, $Mg^{\cdot\cdot}$-, $Na^{\cdot}$-Ionen beladenen Austauscher geführt. Dabei reagieren die vorher gegen die Alkaliionen des Saftes eingetauschten Erdalkalien, die sich im Oberflächenfilm der Austauscherkörner angehäuft haben, unter Niederschlagsbildung, weiter mit den Saftanionen (CO_3'', OH', SO_4'', PO_4''' usw.). Hierbei werden erhebliche Mengen der Nichtzuckerstoffe mitgerissen.

Die NaCl-Lösung wird in einem Salzlöser bekannter Konstruktion in konzentrierter Form hergestellt. Die Zuflußgeschwindigkeit des zuströmenden Wassers wird nach Einfüllen des festen Salzes entsprechend geregelt. Zurückbleibende unlösliche Verunreinigungen werden durch eine eingebaute Siebvorrichtung (z. B. Sandschicht) zurückgehalten und abgetrennt.

Die konzentrierte Stammlösung wird, während man sie dem zu regenerierenden Filter zuführt, mit Wasser verdünnt; Menge und Konzentration der zugeführten Salzlösung werden ständig beobachtet. Die Salzlösung wird auf die oberste Schicht des Ionenaustauschers gegeben, nachdem man vorher die überstehende Flüssigkeit bis genau zu dieser Grenze abgelassen hat, was man durch Schaugläser

---

[1]) Rohm and Haas Co. Pol. P. 45142 mit Ital. Prior v. 7. 9. 1959.

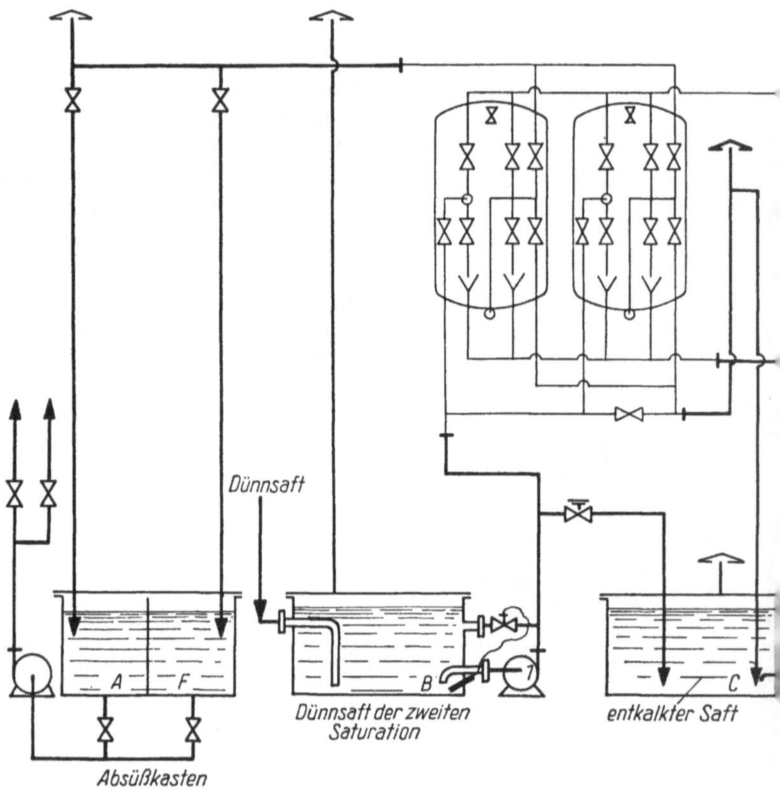
Dünnsaft
A
F
Absüßkasten
B
Dünnsaft der zweiten Saturation
C
entkalkter Saft

Entkalkung

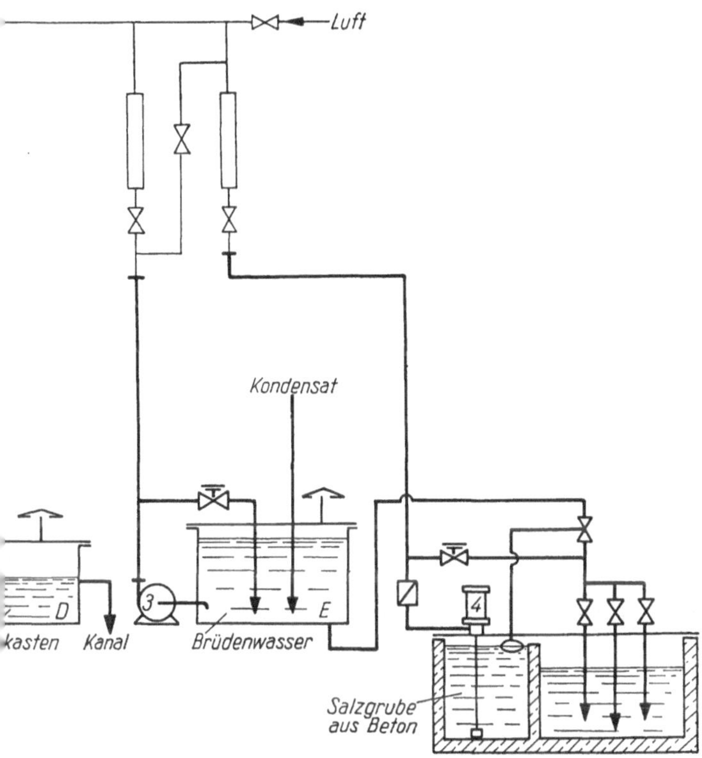

Luft
Kondensat
3
4
D
E
kasten
Kanal
Brüdenwasser
Salzgrube
aus Beton

saft

kontrolliert. Man kann auch ein konstantes Flüssigkeitsniveau im Filter automatisch einhalten, indem man mit einer offenen, in der Filterablaufleitung angebrachten, Überlaufleitung arbeitet.

Nachstehende Tabelle 5 bringt wichtige Angaben, bezogen auf 1 kg entferntes CaO.

Tabelle 5

Verbrauchs- und Verlustziffern

Salzverbrauch (NaCl)	7—9 kg
Zuckerverlust	0,2 kg
Harzverlust	0,016—0,018 *l*
Verdünnung mit Wasser	31—34 *l*
Verbrauch von Kondenswasser	420—450 *l*.

Der Nutzeffekt der Wiederbelebung liegt mit ca. 22% (s. S. 113) bedeutend niedriger als bei dem unten gegebenen Entsalzungsbeispiel.

6.2. Beschreibung einer Entmineralisierungsanlage

Anlage und Arbeitsverfahren

Die jetzt folgenden Einzeldaten beziehen sich auf eine Entsalzungs- oder Entmineralisierungsanlage mit einer Tagesleistung von 1000 t Rüben. Die tägliche Verarbeitsquote der Fabrik beträgt das Doppelte (2000 t Rüben); aus praktischen Gründen wird im allgemeinen nicht die gesamte Saftmenge entmineralisiert.

Schema 4: Entmineralisierung

Arbeitsperiode

Entkalkter Saft
↓
Kühlanlage
↓
Kationenaustauscher
(in der H^--form)
↓
Anionenaustauscher
(in der OH^--form)
↓
entmineralisierter Saft

Wiederbelebung

Säurelösung ↓ → erschöpfter Kationenaustauscher
Spülwasser ↙ ↘ (erschöpfter Kationenaustauscher, erschöpfter Anionenaustauscher)
Lauge ↓ → erschöpfter Anionenaustauscher
erschöpfter Kationenaustauscher ↘ Abflußrinne ↙ erschöpfter Anionenaustauscher

Die Arbeitsweise ist folgende. Der Reinsaft wird zuerst in einer oben beschriebenen Enthärtungsanlage entkalkt. Die Anlage ist so bemessen, daß sie die gesamte Tagesproduktion zu verarbeiten vermag und auf diese Weise sicher Stein-

Abb. 17. Groß-Anlage zur Entionisierung von geklärtem Reinsaft

Abb. 18. Bedienungsstand zur kontinuierlichen Entionisierung von geklärtem Reinsaft

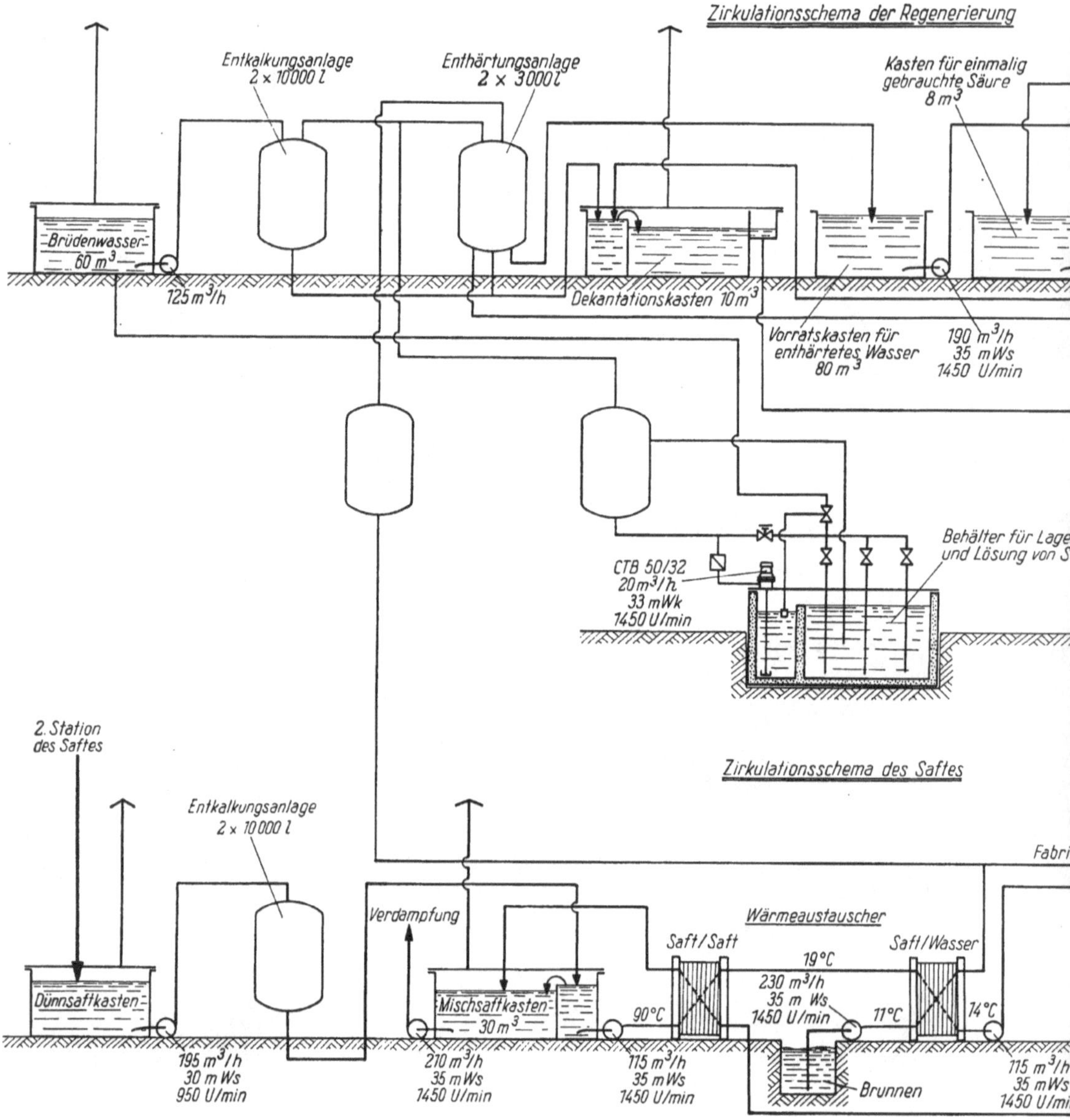

Zirkulationsschema der Regenerierung
Entkalkungsanlage
2 × 10000 l
Enthärtungsanlage
2 × 3000 l
Kasten für einmalig
gebrauchte Säure
8 m³
Brüdenwasser
60 m³
125 m³/h
Dekantationskasten 10 m³
Vorratskasten für
enthärtetes Wasser
80 m³
190 m³/h
35 mWs
1450 U/min
CTB 50/32
20 m³/h
33 mWk
1450 U/min
Behälter für Lage
und Lösung von S
2. Station
des Saftes
Zirkulationsschema des Saftes
Entkalkungsanlage
2 × 10000 l
Fabri
Verdampfung
Wärmeaustauscher
Saft/Saft
Saft/Wasser
19 °C
230 m³/h
35 m Ws
1450 U/min
90 °C
11 °C
14 °C
Dünnsaftkasten
Mischsaftkasten
30 m³
195 m³/h
30 m Ws
950 U/min
210 m³/h
35 m Ws
1450 U/min
115 m³/h
35 m Ws
1450 U/min
Brunnen
115 m³/h
35 m Ws
1450 U/mi

Entminera

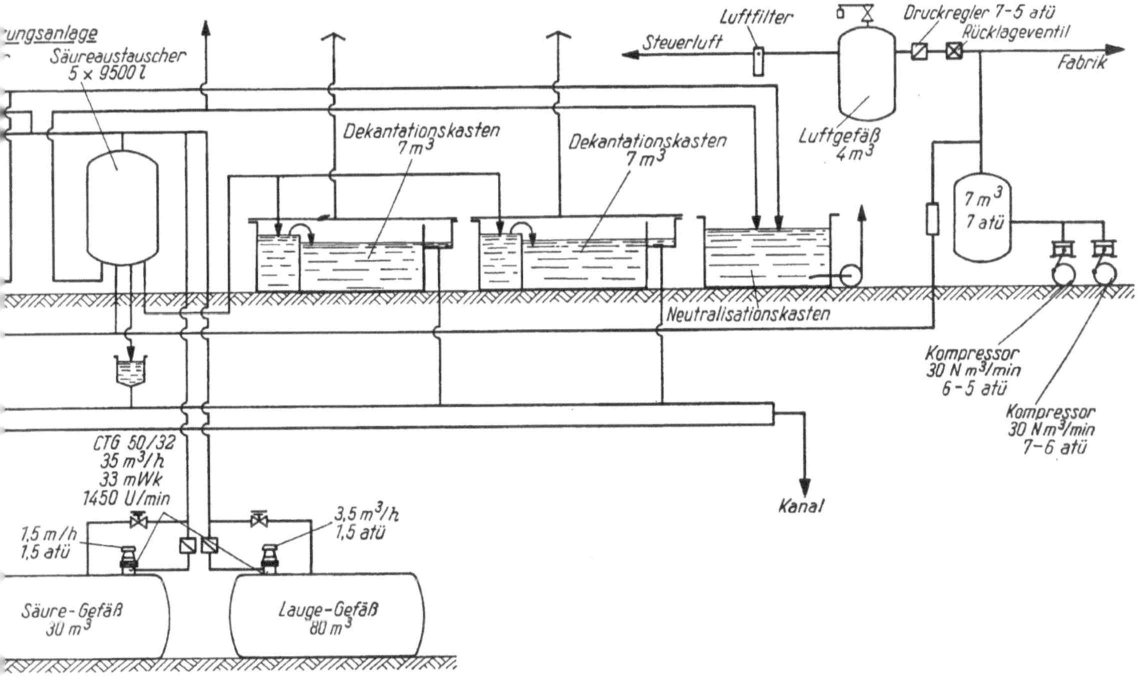

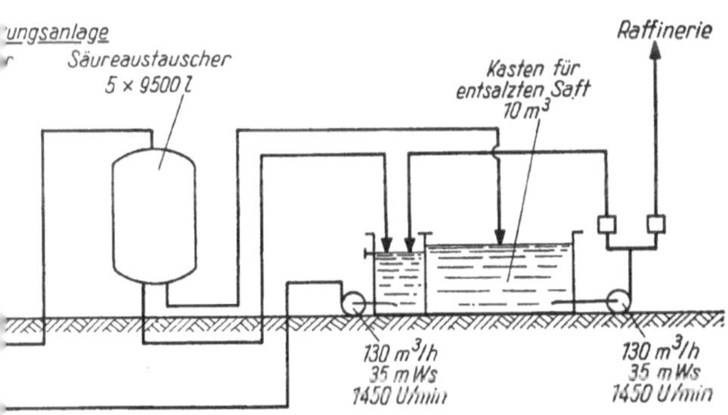

für Reinsaft

belag in der Verdampfungsanlage verhindert. Ein Teil des entkalkten Saftes wird zuerst auf eine Temperatur von 10—14 °C gekühlt und danach über den H˙-Austauscher und sodann den OH′-Austauscher geführt. In der Anlage sind 3 mit Imac C 12 beschickte H˙-Austauscher-Filter vorgesehen von 2700 mm Durchmesser und 3100 mm Totalhöhe; ferner 3 mit Imac A 17 gefüllte OH′-Austauscher-Filter von 3100 mm Durchmesser und 3100 mm Totalhöhe. Die Füllung beträgt 10000 *l* H˙-Austauscher bzw. 13000 *l* OH′-Austauscher pro Filtereinheit. Im Mittel ist immer nur ein H˙-Austauscher nebst einem OH′-Austauscher in Betrieb, während die anderen regeneriert werden.

Die Arbeitsperiode beträgt durchschnittlich 2,5 Stunden, während für die zahlreichen Arbeitsstufen der Wiederbelebung insgesamt 5 Stunden vorgesehen sind.

Die Kationenaustauscher werden mit Schwefelsäurelösung regeneriert, die wegen des großen Preisunterschiedes zwischen Salz- und Schwefelsäure bevorzugt wird. Dies ist einer der Gründe, den Saft, wie schon erwähnt, vorher zu entkalken, weil dadurch dem lästigen Absetzen von unlöslichem $CaSO_4$ im Kationenaustauscher vorgebeugt wird. Die vorausgehende Entkalkung des Saftes ist übrigens zugleich eine ausgezeichnete Vorreinigungsmethode. Die Wiederbelebung der Anionenaustauscher erfolgt mit verdünnter Natronlauge.

Die Arbeitsweise bei Regeneration der Austauscher ist die gleiche, wie oben für die Saftenthärtung vermerkt. Die Bereitung der Regeneriermittel und ihre Verdünnung auf die gewünschte Konzentration geschehen in analoger Weise. Grundsätzlich hat man es mit dem gleichen filtertechnischen Problem zu tun, nur ist hier ein noch sorgfältigeres, zugleich technisch einwandfreies wie ökonomisches Arbeiten wegen der Kostspieligkeit der Chemikalien noch wichtiger. Von einem völlig befriedigenden Erfolg ist man auch hier in der Praxis noch weit entfernt. (Näheres s. unter 6.5.)

6.3. Wie weit kann die Entmineralisierung im Rahmen der heutigen Fabrikation getrieben werden

Schwierigkeiten bei völliger Entmineralisierung

Wir kommen jetzt zu einem weiteren Problem, das noch immer einer endgültigen Lösung harrt. Es ist die Frage, bis zu welchem Grade man die Entmineralisierung treiben soll. Wollte ein Betrieb den Saft vollständig entmineralisieren, so ergäben sich bei dessen weiterer Verarbeitung verschiedene Schwierigkeiten, da man es dann mit allzu reinen Säften zu tun hätte. Es handelt sich bekanntlich darum, aus dem Saft einen möglichst hohen Anteil reinen Zuckers zu gewinnen, außer einem Rest Melasse, aus der durch Eindicken kristallisierbarer Zucker nicht mehr zu gewinnen ist. Mit Recht wird der Leser die Frage stellen, weshalb dies mit einem demineralisierten Saft so wesentlich schwieriger zu realisieren ist als mit dem üblichen Reinsaft.

Betriebliche Kochschemata

Betrachten wir deshalb eine zu diesem Zweck übliche Arbeitsmethode. Aus dem eingedickten Reinsaft von etwa 90—92 RQ wird Zucker als erstes Produkt erhalten, wobei ein Sirup von geringerer Reinheit als der Dünnsaft anfällt; dieser Sirup enthält noch bedeutende Mengen kristallisierbaren Zuckers.

Schema 5: Kochschema (Liquidation)

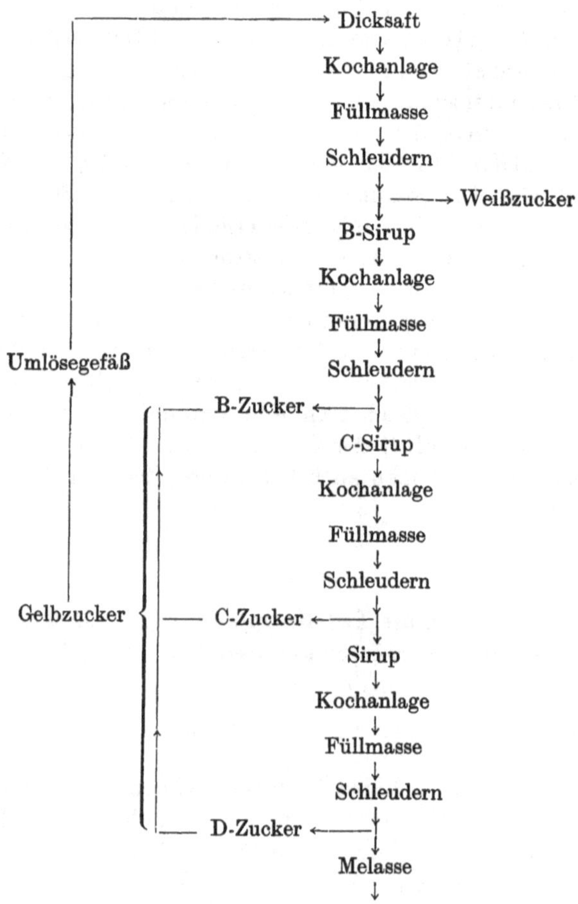

Daher sind, wie schon betont, im allgemeinen noch zwei dieser Manipulationen notwendig, um schließlich eine wirklich erschöpfte Melasse zu erhalten. Der in erster Stufe erhaltene Zucker kann unmittelbar als Weiß- oder Kristallzucker abgesetzt werden; der sodann aus den verschiedenen Sirupen abgeschiedene Zucker muß wegen ungenügender Qualität umgelöst werden. Auch die bei der

Zentrifugenarbeit anfallenden Waschwässer sind weniger reine Zuckerlösungen und müssen an geeigneter Stelle anderen Zuckerlösungen zugemischt werden. Das sogenannte Kochschema einer Zuckerfabrik, wie es etwa das Schema 5 zeigt, ist daher auch recht kompliziert.

Es gibt gewisse Möglichkeiten, das vorgenannte Schema zu vereinfachen, indem ein Sirup bzw. eine Zuckerlösung nach einer früheren Stufe des Betriebes zurückgeführt wird. Geschieht dies in beschränktem Umfange, so wird das sogenannte Rücknahmeschema einfacher. Man erhält hier nicht drei oder vier Zuckerarten, sondern nur eine erste und eine zweite Sorte Zucker.

Schema 6: Einfache Zirkulation

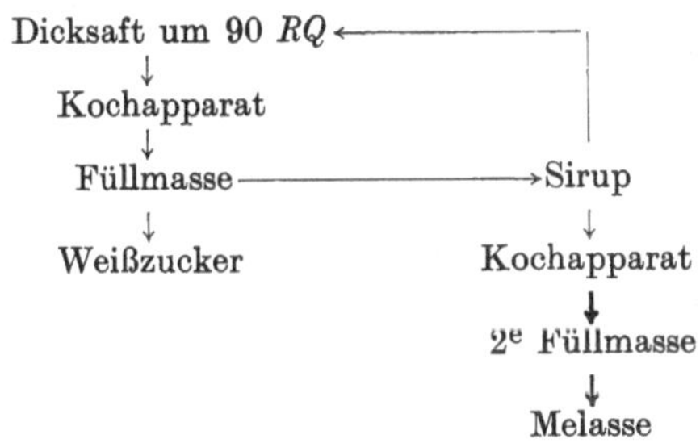

Rücknahme von Sirupen

Nach der letzterwähnten Arbeitsweise, die, wie man sieht, weniger kompliziert ist, kommt man mit einer einfachen Anlage aus. Gleichwohl wird nicht allgemein nach diesem Schema gearbeitet, weil gewisse Bedenken bestehen, einen großen Teil der Zuckerlösungen ständig zirkulieren zu lassen. Im ersten Schema werden alle Lösungen schnell aufgearbeitet und kehren praktisch nicht mehr in den Betrieb zurück. Der Hauptnachteil eines Zirkulationsschemas liegt in der auffällig zunehmenden Verfärbung der umlaufenden Zuckerlösungen; insbesondere gilt dies für die letzten Posten, welche schließlich die Melasse liefern. Nie erhält man Zucker von so schöner, heller Farbe, wie es die Produkte eines nach dem ersten Schema arbeitenden Betriebes sind. Die Folgen eines unrichtigen Schemas zeigen sich übrigens auch an anderer Stelle, so beim Zentrifugieren, bei der Kristallisation usw.; alles geht schwieriger.

Man wird also die durch ein Zirkulationsschema gegebenen Vereinfachungen anstreben, ohne indessen die oben erwähnten Nachteile hinnehmen zu müssen.

Die Anwendung eines Kochschemas gemäß Schema 5 für entmineralisierte Säfte (wohl das rationellste) bringt zwangsläufig mit sich, daß man im Betrieb statt dreier Produkte beträchtlich mehr erhält. Eine hochgereinigte Zuckerlösung enthält nämlich so wenig „Nichtzuckerstoffe", daß nach jeder Kristallisation noch ein Ablaufsirup hoher Reinheit anfällt; aber auch nach weiterem

Eindicken ergibt sich wiederum ein Sirup mit einen nur sehr wenig abgefallenen RQ. Erst viel später, nachdem der RQ niedriger geworden ist, geht er nach jeder Kristallisation schneller herunter. Der Vorgang läßt sich rechnerisch übersehen. Die erhaltene Füllmasse muß bekanntlich immer flüssig sein und einen Wassergehalt um 10% enthalten.

Bei dieser Sachlage hat man versucht, das äußerst komplizierte Kochschema hier durch Rücknahme geeigneter Sirupe zu vereinfachen, ohne indessen bis jetzt einen vollen Erfolg erzielt zu haben. Die heutigen Bestrebungen sind demzufolge darauf gerichtet, den Mengenanteil entmineralisierter Säfte ausfindig zu machen, den man den zu verarbeitenden Säften zusetzen kann, ohne wesentliche Änderungen des Betriebsschemas vornehmen zu müssen. Dies ist u. a. durch Vergrößerung der Rücknahmemenge an Sirup möglich.

In diesem Zusammenhang bemüht man sich sehr um die Klärung der Frage, warum durch Übernahme von Sirupen usw. die Qualität der Sirupe und Füllmassen fällt. Eine der Ursachen ist die zunehmende Verfärbung, ihrerseits bedingt durch Eintreten der MAILLARDschen Reaktion; alle stickstoffhaltigen Begleitstoffe begünstigen wahrscheinlich diese Reaktion; Beobachtungen an völlig entfärbten Lösungen sprechen deutlich dafür. Eine weit wichtigere Rolle spielt daneben das gefürchtete Hydroximethylfurfurol = H. M. F.[1]).

Bei völlig klaren und entfärbten Zuckerlösungen läßt sich die Haltbarkeit in einfacher Weise durch längeres Aufbewahren von Mustern verfolgen; schnellere Resultate ergibt deren Aufstellen bei Licht oder bei höherer Temperatur. Zwischen guten und schlechten Produkten kann man alsdann hinsichtlich der Verfärbung jedenfalls recht große Unterschiede beobachten.

Sehr beachtlich ist weiter die Karamelisierung als vielleicht wichtigste Ursache des Verderbs der Sirupe. Es gibt wohl eine ganze Anzahl mehr oder weniger befriedigender Erklärungen für dieses Übel. Primäre Ursache der geschilderten Schwierigkeit ist offenbar das wiederholte Kochen der Lösungen. Zur Zeit laufende eingehende Untersuchungen werden hoffentlich bald eine endgültige Klärung dieser Angelegenheit bringen.

Will man Sirupe in bedeutender Menge zurücknehmen, um zu einem einfacheren Kochschema zu gelangen, so ist mit Sicherheit ein wirklicher Erfolg nur dann zu erwarten, sofern die zurückgeführten Sirupe genügend rein sind. Daß eine so weitgehende Reinigung der Sirupe heute praktisch nicht ausgeübt wird, geschieht wohl z. T. auf Grund der Meinung, sie sei nicht so wichtig oder zu kostspielig oder sogar unmöglich.

Es wäre schon ein großer Fortschritt, wenn man die in diesen Zuckerlösungen enthaltenen kolloidalen Stoffe herausnehmen könnte. Dies ist, wie wir oben sahen, schon als Vorbereitung für die Behandlung der Säfte und Sirupe mit Ionenaustauschern notwendig. Auf die Rolle des Kationenaustauschers selbst bei dieser Reinigung und der dabei auftretenden pH-Erniedrigung wurde bereits hingewiesen. Ein guter Reinigungseffekt gegenüber kolloidalen Stoffen wird aber offenbar

[1]) Auch als ω-Oxymethylfurfurol bezeichnet.

bei Anwendung pulvriger Adsorbentien erzielt. In der Flüssigkeit präzipitierter Kalk wirkt sicher hervorragend, zudem ist er billig und steht fast überall zur Verfügung. Kombiniert man diese Art der Reinigung mit einer anschließenden Behandlung der zuckerhaltigen Lösungen mit Ionenaustauschern und Kunstharzadsorbentien, so erreicht man einen erstaunlich hohen Grad der Reinigung, so daß auf diesem Wege sehr wohl ein vereinfachtes Kochschema realisiert werden kann. Theoretisch erscheint ein ganz einfaches Schema durchführbar, gekennzeichnet durch nur eine Eindickung, ein Verfahren also, bei welchem Weißzucker und Melasse aus nur einer Füllmasse erhalten werden; es ist dies ein heute phantastisch anmutendes Ideal.

Bestehen heute wirklich noch schwere Bedenken? Es liegen schon mancherlei Erfolge vor und Anregungen, diesen Weg zu beschreiten. Als bedeutungsvoll in dieser Hinsicht dürften Reinigungsverfahren mit SO_2 in Kombination mit der Anwendung von Adsorbentien und Ionenaustauschern gelten, die Produkte hervorragender Qualität gewährleisten, zumal auf adsorptivem Wege jetzt auch das berüchtigte H. M. F. aus den Zuckerlösungen entfernt werden kann.

6.4. Völlige Entmineralisierung

Weißzucker in kompakten Stücken

Ein völlig konsequenter Weg zur Behandlung von Zuckersäften würde der sein, eine völlige Entionisierung der gesamten Saftmenge durchzuführen, sodann die Eindickung zu Dicksaft vorzunehmen und dann nach Entfärbung des gereinigten Dicksaftes auf Kristallmasse einzudampfen. Dieses Verfahren würde gestatten, bei Erstellung von Neuanlagen mit einer relativ einfachen Anlage auszukommen. Dies gilt insbesondere für viele Länder, welche sich jetzt bemühen, eine eigene Zuckerindustrie aufzubauen. Das einzige Bedenken gegen diese Arbeitsweise ist die Unmöglichkeit, aus den hochgereinigten Säften sogenannten „Kristallzucker“, aus Einzelkristallen bestehend, herzustellen. Säfte zu hohen Reinigungsgrades ergeben bekanntlich beim Kristallisieren in sich verwachsene Kristallmassen. Tatsächlich entspricht dieses Produkt den in den ehemaligen Zuckerfabriken üblicherweise hergestellten Fabrikaten. In der Tat hat man vor 100 Jahren hauptsächlich Zuckerbrote und Zuckerhüte hergestellt und in den Handel gebracht, und die altmodischen Küchenmeisterinnen haben die für den Tag benötigte Zuckermenge durch Raspeln dieser Brote bereitgestellt. Aber auch heutzutage haben wir an dieser Art Zucker einen enormen Verbrauch, nur hat sich die äußere Form geändert. In Hotels und Restaurants stehen nahezu ausschließlich Zuckerwürfel auf den Tischen. In den arabischen und auch anderen südlichen Ländern wird loser Kristallzucker überhaupt nicht gebraucht, und in vielen europäischen Ländern ist selbst im Haushalt die Anwendung von Zucker in losen Stücken üblich.

Notwendige Voraussetzung für die praktische Durchführung des oben beschriebenen Verfahrens hochgereinigter Säfte ist somit die unmittelbare Verwertungsmöglichkeit nahezu völlig entfärbter Zuckerlösungen von einem RQ um 100. Bei einem an sich minimalem Gehalt an Nichtzuckerstoffen muß insbesondere das Produkt frei sein von N-Verbindungen und damit den hohen Anforderungen genügen, welche jetzt für Glucoselösungen und die sog. „Liquid-Zucker“ gelten. Diese Ansprüche können aber bei völliger Entmineralisierung der Säfte gemäß obigem Vorschlag bestimmt erfüllt werden. Man könnte neben Liquid-Zucker sowie Invertzuckerlösungen auch Zuckerbrote und -hüte, Raspelzucker, Kandiszucker usw. herstellen. Man wird sich selbstverständlich auch auf Würfelzucker sowie Weißzucker in Stücken beliebiger Form und Größe einrichten und so den Wünschen der Verbraucher weitgehend anpassen können.

Eindicken entmineralisierter Säfte

Setzen wir voraus, eine moderne Zuckerfabrik habe sich für das neue Arbeitsverfahren entschieden — d. h. auf eine völlige Entionisierung und Feinreinigung der Säfte umgestellt — und beabsichtige, auf die Fabrikation der letzterwähnten Zuckerprodukte überzugehen. Setzen wir ferner voraus, daß auch die Absatzfrage für Zucker in diesen Formen gesichert sei, so verbleibt noch als Frage von Wichtigkeit, welche Methode der Eindickung des entmineralisierten Dünnsaftes zu wählen ist. Ökonomische Gründe sprechen für die üblichen „Multiple effet“-Verdampfer. Andererseits muß man aber der in der heutigen Praxis meist auftretenden Verfärbung mit Sicherheit vorbeugen. In modernen Fabriken kennt man Vielkörperverdampferanlagen, die bis zu 6 Stufen enthalten. Bekanntlich beruht das System einer Verdampfung in Vielkörperanlagen auf dem Prinzip der Vakuumverdampfung unter nach und nach immer gesteigertem Vakuum. Nur der erste Verdampfer erhält Frischdampf, während die folgenden, jeweils unter zunehmendem Vakuum gehaltenen Verdampfer mit den Brüdendämpfen des vorherstehenden Apparates beheizt werden. Dem hohen Dampfdruck des mit Frischdampf gespeisten ersten Apparates entspricht selbstverständlich ein relativ hoher Siedepunkt der diesem zugespeisten Zuckerlösung. In den nachgeschalteten Einheiten fällt dem steigenden Vakuum zufolge die Temperatur bedeutend ab. Die Druckverdampfung mit Frischdampf hoher Spannung birgt für den Zuckerfachmann, zumal in der ersten Einheit, die große Gefahr einer Verfärbung des Saftes, die sich bei längerer Verweilzeit noch steigert.

Eine eingetretene Verfärbung des Saftes läßt sich leicht durch Verdünnung des Dicksaftes auf Dünnsaftkonzentration feststellen. Kann man die Verfärbung beherrschen? Das ist überhaupt der entscheidende Punkt für das ganze Verfahren; er ist entscheidend für die Erstellung der Anlage. Andererseits bestimmt der erreichte Grad der Reinigung des Saftes von gewissen Nebenbestandteilen wesentlich seine Stabilität gegenüber einer Verfärbung beim Erhitzen. Eine Anlage mit sehr großen Einheiten, in welchen der Saft in den ersten Arbeitsstufen hohen

Temperaturen ausgesetzt wird, ist wegen der damit gegebenen längeren Verweilzeit abzulehnen; selbst gut gereinigte Säfte können darin nachträglich verdorben werden.

Schon um die Jahrhundertwende hat man versucht, die Verweilzeit des Saftes in der Anlage zu verkürzen. Klassisch ist die „KESTNER“-Verdampfungsanlage, bei welcher das Problem bereits gelöst ist (Abb. 19). Heute gibt es mehrere geeignete Verdampfertypen, von denen die meisten aber nicht als Vielkörperanlagen ausgeführt sind. KESTNER-Verdampfer werden oft als erste Körper der Verdampferanlage angewandt; die folgenden Körper sind dann von üblicher Konstruktion, da bei diesen wegen der darin herrschenden niedrigeren Temperaturen kaum Bedenken bestehen.

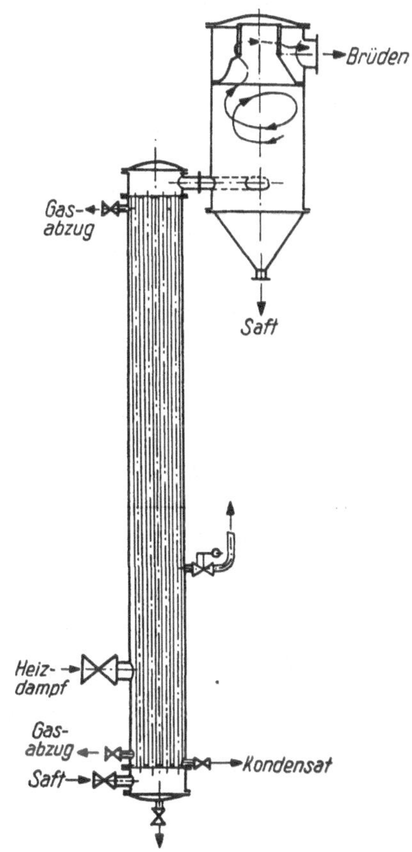

Abb. 19. KESTNER-Verdampfer

6.5. *Nutzeffekt der Regeneration, seine Berechnung und Überwachung*

Wir kommen jetzt auf den Nutzeffekt der Regeneration zu sprechen, einen schon einige Male berührten Punkt. Die hohe ökonomische Bedeutung dieser Frage bei verschiedenen Austauschertypen liegt auf der Hand und ist bestimmend für deren Einführung in die Zuckerindustrie wie auf verwandten Gebieten. Die in diesem Kapitel gegebenen Daten über den Chemikalienverbrauch zur Wiederbelebung der Enthärtungs- bzw. Entmineralisierungsfilter mögen als Anhaltspunkte für eine Beurteilung dienen. Die Ziffern für die Entkalkung, bezogen auf die Entfernung von 1 kg CaO, wurden bereits gegeben (s. Tabelle 5, Seite 105). Die Daten für die Entmineralisierung sind auf 1 kg Nichtzuckerstoffe berechnet (s. Tabelle 6, Seite 114).

Für 1 kg aus dem Saft zu entfernenden Kalkes (CaO) benötigt man 7—9 kg NaCl; hieraus berechnet sich ein NaCl-Verbrauch von 3,3—4,6 mval, je 1 mval CaO, also ein auffällig niedriger Nutzeffekt von nur 22—30%.

Den Nutzeffekt einer Entmineralisierung festzustellen, ist weniger einfach; wegen der Verschiedenartigkeit der entfernten Nichtzuckerstoffe und ihrer unterschiedlichen Äquivalentgewichte kann man nicht ohne weiteres ausrechnen, wieviel mval Kationen bzw. Anionen auf 1 kg entfallen. Die nach den üblichen

Analysenmethoden ermittelten Werte für Aschegehalt und RQ des Dünnsaftes geben zwar Hinweise, aber keine sichere Grundlage. Die Analysenmethoden erfordern in dieser Hinsicht eine Revision und müssen durch der neueren Literatur zu entnehmende exakte Methoden ergänzt werden. So ist z. B. der Aschegehalt einer Melasse, ausgedrückt als Sulfatasche, eine recht wertvolle Grundlage zur Berechnung ihres Kationengehaltes. Sofern von einer neutralen Lösung ausgegangen wurde, ist auch Umrechnung auf Neutralsalze gestattet und liefert einen Anhalt für den Anionengehalt. Für eine globale Berechnung kann die Annahme eines mittleren Äquivalentgewichtes für alle Kationen (das des Kaliums) genügen; eine genaue Berechnung erfordert aber nähere Unterlagen über die Zusammensetzung der Lösung hinsichtlich aller Kationen. Es ist zu empfehlen, den Ionengehalt in mval auf 100 g Zuckergehalt zu beziehen. Ein Sulfataschegehalt von 11% einer Rübenmelasse mit 50% Zuckergehalt ergibt 22% $K_2SO_4 \sim$ 8,25 g Kationen oder 210 mval/100 g Zucker. Enthält die Asche größere Mengen Na_2SO_4 oder $Fe_2(SO_4)_3$ oder anderer Metallverbindungen, so ist eine entsprechende Korrektur anzubringen; denn in letzterem Falle kann die Asche bedeutend mehr Kationen enthalten, als sich gemäß obigem aus dem Sulfatgehalt errechnet.

Für Dünnsäfte ist die Beurteilung des Kationengehaltes auf Grund des Aschegehaltes oft schwieriger, weil die Basen teilweise flüchtig sind (wie z. B. $NH_4^{\cdot}$-Ionen und organische Basen) und sich dadurch einer Bestimmung entziehen.

Eine Überschlagsrechnung zeigt, daß — wie im einzelnen der Tabelle zu entnehmen — die zur Regeneration benutzte Säure bzw. Lauge nur mit einem geringen Nutzeffekt verwertet wurde.

Einige beim Betrieb von Entmineralisierungsanlagen in der Praxis gewonnene Daten mögen das Bild ergänzen. Hierbei wird von der in der Praxis bewährten Annahme ausgegangen, daß 1 *l* des Kationenaustauschers IMAC C 12 und 1,43 *l* des Anionenaustauschers IMAC A 17 P zusammen etwa 200 g Nichtzuckerstoffe aus dem Saft entfernen.

Je Kilogramm entfernte Nichtzuckerstoffe hat man mit den folgenden Verbrauchs- und Verlustziffern zu rechnen:

Tabelle 6

Verbrauchs- und Verlustziffern

Chemikalien	H_2SO_4	96%	0,50—0,55 kg
	NaOH	100%	0,39—0,41 kg
Zuckerverlust	(Absüßen bis 1 Bx)		0,1054 kg
	(Inversion)		0,015 kg
Harzverlust	Imac C 12		0,0025 *l*
	Imac A 17 P		0,0116 *l*
Verdünnung (An- und Absüßwasser)			12,2 *l*
Wärmeverlust des Saftes			10°C
Wasserverbrauch f. Wiederbelebung			110—130 *l* (134 *l*)

Nachstehende Beobachtungen und bilanzmäßige Folgerungen aus vorstehender Tabelle dürften interessieren:

Bei Filtration eines Zuckersaftes z. B. einer Rohmelasselösung über einen H˙-Austauscher von unten nach oben erhält man leicht Filtrate hoher Brixzahl, z. B. von um 60 Bx. Bei Filtration von oben nach unten ist dies nicht der Fall; hierbei erzielt man in der Praxis nur 25 Bx. Weiter kann man beobachten, daß bei pH-Werten von 2,6—7 der Feststoffgehalt im Filtrat bedeutend niedriger ist als der der ursprünglichen Melasse.

Der Ionenaustauscher leistet mehr, als nur Ionen auszutauschen. Dies erkennt man deutlich, wenn man den Nutzeffekt der Wiederbelebung genau nachrechnet. Man stößt alsdann auf eine Anomalie: offenbar spielen neben dem Ionenaustausch Adsorptionsphänomene eine große Rolle. Dies gilt zumal bei langen Berührungszeiten (Versuchsdauer ca. 3 Stunden). Berechnet man den Nutzeffekt der Regeneration des Kationenaustauschers bezogen auf den Entmineralisierungsgrad, so findet man, daß der Austauschwert bei Verarbeitung von 25 *l* Saft über 1 *l* H˙-Austauscher etwa 1000 mval beträgt. Zusammen mit dem OH'-Austauscher sind 200 g Nichtzuckerstoffe aus 25 *l* Saft entfernt worden. Bei der Regenerierung des beladenen Austauschers mit einer 2150 mval Säure enthaltenden Schwefelsäurelösung findet man, daß im Ablauf nicht nur 1000 mval an Säure ausgenutzt wurden, sondern 1600 mval. Es errechnet sich somit ein verschiedener Nutzeffekt von 48% bzw. 74%. Was ist die richtige Zahl?

Auch der Nutzeffekt der Regeneration des Anionenaustauschers liegt mit 0,4 kg NaOH (0,55 kg H_2SO_4) um 20% höher als auf reinen Ionenaustausch bezogen.

Wenn auch die Rechnungsgrundlage im allgemeinen recht unsicher ist, so ergibt sich doch aus Vorstehendem, daß schon die Überwachung der wenigen, leicht zugänglichen Analysenwerte für die Bestimmung des Nutzeffektes recht wertvoll sein kann. Die Schaffung einheitlicher, zuverlässiger Analysenmethoden ist notwendige Voraussetzung einer sicheren Kontrolle und damit zur Aufstellung zutreffender Ionenbilanzen. Festzustellen sind vor allem Säure- resp. Laugeverbrauch der Säfte bis zum Neutralpunkt sowie die entsprechenden Werte der Regenerationsabläufe; erwünscht ist ferner Kenntnis der Feststoffmengen und deren Veränderung in Lösungen verschiedener Arbeitsstufen usw.

6.6. Literatur

Entkalkung (Enthärtung) von Zuckersäften [H˙- bzw. Na˙-Zyklus]

ARRIAGA, R., Sugar. J. **21** (1958—59), 27—30

BÖTTGER, ST., Sonderdruck aus Zucker **10**, 15. Mai (1951)

CAVALLARO, L., und G. MANTOVANI, Sucrerie Franc. (1956), 19—25

CHEN, W., Taiwan Sugar **6** (1959), 13—24

CHEN, W., und S. H. WU, Rept. Taiwan Sugar Expt. Station **24** (1961), 153—157

CHEN, W., C. T. YU und Y. C. CHENG, Proc. 10th. Congr. Int. Soc. Sugar Cane Technol. (1959), 362—373

CIZ, K., Listy Cukrovarnické **67** (1951), 81—84

DIMA, M., G. V. COTRUT, M. MAVRODIN, L. PETRARIU und I. SCONDAC, Studii Cercetari Stiintfice Chimie, Acad, Rep. Populare Romine Filiale Iasi, **10** (1959), 339–378
DURDIK, F., und J. BURIANEK, Listy Cukrovarnické **76** (1960), 2–7; Ref. Z. Zuckerind. **11** (1961), 693
FIVIAN, W., und U. MANZ, Zucker, **7** (1954), 370–372
GALVAO, M. F. J., Rev. Quim. Ind. (Rio de Janeiro) **20** (1951), 24
GRIESSBACH, R., „*Austausch-Adsorb. in d. Lebensmittelind.*“, Leipzig 1949, S. 26
HAMOUS, J., Z. Zuckerind. Böhmen-Mähren **64** (1941), 241–242
HARTL, H., Zucker **12** (1959), 534–542
LABOUCHÉRE, A., IXe Congr. Int. Ind. Agric. Sect. CS-CP-5 (1952)
LABOUCHÉRE, A., Xe Congr. Int Ind. Agric. y aliment. Madrid **2** (1954), 1225–1235
LESPAGNOL, J., Sucrerie Franc. **104** (1963), 62–63
VON LILLIENSKIOLD, M., Zucker **3** (1950), 370–372
PAPARELLE, G. A., Materie Plast. **24** (1958), 213–217
QUENTIN, G., Zucker **4** (1951), 342–344
RADBRUCH, G., Dtsch. Zuckerind. **64** (1939), 953–954, 965–966, 977–978
RAMONDT, D., Ind. Agric. Aliment **70** (1953), 803–804
SCHNEIDER, F., A. EMMERICH und H. G. SCHNEIDER, Zucker Beihefte **1** (1952), 59–70; Zucker Beihefte **2** (1953), 78–84
SMIT, P., Archief van de Suikerind. in Ned. en Ned. Indie. **1** (1940), 143–151
SMIT, P., Sucrerie Belge **82** (1962), 6–8
SPENGLER, O., und F. TÖDT, Z. Wirtschaftsgr. Zuckerind. **92** (1942), 152–159
STRANSKY, P., und V. VALTER, Listy Cukrovarnické **75** (1959), 246–253
WALERIANCZYK, E., K. KOPERA und A. JARZECKI, Gaz. Cukrowincza **61** (1959), 271–276
WALLENSTEIN, H. D., Z. Zuckerind. **7** (1957), 157–161
WEBER, J. und D. BECKER, Zucker **5** (1952), 508–512
WERNER, E., Zucker **4** (1951), 484–487
WERNER, E., Z. Zuckerind. **2** (1952), 413–416
YU, C. T., und P. C. WANG, Rept. Taiwan Sugar Expt. Sta. **12** (1954), 146–164

$NH_4^{\cdot}$-Zyklus

Am. Cyanamid Co., Am. P. 2560504 (Anm. 1947)
Leipnitz Lundenburger Zuckerfabriken AG, Oestr. P. 188288 (Anm. 1954)
v. LILLIENSKIOLD, M., Zucker **6** (1953), 483–486
MOEBES, E., und L. WIENINGER, Zucker **8** (1955), 129–134
SCHICK, K., Oestr. P. 202939 (Anm. 1958)
SPILLMANN, H. J., Fr. P. 1109784 (Anm. 1954)
TALALMANYOKAT, L., Schw. P. 302892 (Ung. Pr. 1951)
VAJNA, S., D. A. S. 1057990 kl 89c. (Anm. 1957)
ZAGRODSKI, S., Gaz. Cukrowincza **63** (1961), 353–358

Entmineralisierung und Saftreinigung mit Ionenaustauschern

Ergebnisse der Praxis

Anon, Sugar **38** (1943), 26–30
BENIN, G. S., Sacharnaja Prom. **30**, Nr. 4 (1956), 56–61
BENIN, G. S., und E. E. SHNAIDER, Sacharnaja Prom. **24**, Nr. 10 (1950), 14–19
DICKINSON, B. N., Chem. Engng. **55**, Nr. 7 (1948), 114–117
DÖRFELDT, W., Korrespondenzbriefe für Zuckerfabriken. **4** (1950), 3–4, **5** (1950), 1–4, 13–15

ELLISON, H. E., und L. B. PORTER, Sugar **43** (1948), 30–34
GENOTELLE, J., Sucrerie Belge **80** (1960), 49–65
GUTLEBEN, D., und F. HARVEY, Int. Sugar J. **47** (1945), 11–12
HITZEL, H., Zucker **13** (1960), 431–435
LANG, L., Int. Sugar. J. **47** (1945), 12–13
VON DER LINDE, H. J., Zucker **15** (1962), 340–345
LITVINENKO, A. I., „*Über die Ökonomie der Saftreinigung mittels Ionenaustauschharzen*“. (Verfasser behauptet, daß die Methode keine Vorteile biete)
MAUDRU, J. E., Sugar **46** (1951), 28–29
MICHENER, J. W., B. FITCH und E. J. ROBERTS, Ind. Engng. Chem. **42** (1950), 643–647
MILLS, G. F., und J. L. PORTER, Am. P. 2568925 (Anm. 1948)
MITCHELL, E., und C. A. SOMMERFELD, Proc. Queensland Soc. Sugar Cane Technol. **18** (1951), 111–120
MORINI, M., Ind. Sacc. Ital. **47** (1954), 105–107
OPLATKA, G., Mezôgazdasag és Ipar. **2**, Nr. 11 (1948), 1–9
RAWLINGS, F. N., und R. W. SHAFOR, Sugar **37**, Nr. 1 (1942), 26–28
SACCENTI, G., und M. MORINI, Ind. Saccarif Ital. **47** (1954), 37–41
SMIT, P., Zuckerind. **2** (1952), 149–154
SMIT, P., Fette–Seifen–Anstrichmittel **64** (1962), 12–16
STROMQUIST, D. M., und H. E. ELLISON, Sugar **45**, Nr. 2 (1950), 27–31
VOLOKHVYANSKI, V. M., Sacharnaja Prom. **33**, Nr. 6 (1959), 10–15
VINOGRADOV, N. V., I. I. ZILBERMAN und F. O. LOMOV, Sacharnaja Prom. **25**, Nr. 12 (1951), 27–29
WEITZ, F. W., Sugar **38**, Nr. 1 (1943), 26–31
WILLER, R., Sbornik Cukrovarnicko-Reparske Konf. v. Prag **2** (1955), 859–866
VEB Farbenfabrik Wolfen, DDR P. 5563 Kl 89c. (Anm. 1943)

Anwendung von Entfärbungsharzen

ABRAMS, I. M., und B. N. DICKINSON, Ind. Engng. Chem. **41** (1949), 2521–2523
Activit, Eng. P. 650706 (Niederl. Pr. 1940)
Anon, Chem. Engng. **62** (1955), 122–124
BENIN, G. S., Kommisiya pokhromatografii i Kommisiya Para Vysokikh Paramentrov Akad. Nauk S. S. S. P. Sbornik Slatzi, 1955, 148–155
BLANN, W. A. (American Cyanamid Co.), Canad. P. 525394 (Am. Pr. 1945)
FUMASONI, S., E. MARIANI und G. C. MAURA, Ind. Saccarif. Ital. **52** (1959), 7–13
FUMASONI, S., E. MARIANI und G. C. MAURA, Ind. Saccarif. Ital. **52** (1959), 349–357
GRYLLUS, V., und T. ZAGON, Ung. P. 148588 (Anm. 1960)
Infilco, Inc., Am. P. 2561695 (Anm. 1948)
IWASHINA, S., Jap. Agric. Chem. Soc. Japan. **31** (1957), 827–830
MARIANI, E., Ind. Saccarif. Ital. **52** (1959), 14–24
MORINAGE, F., Taiwan Sugar **2** (1955), 26–28
RAMONDT, D., Ind. Agric. Aliment. **70** (1953), 803–804
SMIT, P., Z. Zuckerind. **4** (1954), 61–63
VALTER, V., und K. CIZ, Listy Cukrovarnické **75** (1952), 37–42
VALTER, V., Z. MENCL, K. CIZ und J. STAMBERG, Listy Cukrovarnické **76** (1960), 241–246
VALTER, V., Z. MENCL, K. CIZ und J. STAMBERG, Listy Cukrovarnické **76** (1960), 246–249
WEAVER, H. E., und A. G. WINGER, Sugar Y. Azucar. **53** (1958), 27–30
WOLOCHWJANSKI, W. M., Sacharnaja Prom. **29** Nr. 6 (1955), 15–17

KAPITEL 7

Mängel des derzeitigen Arbeitsverfahrens und ihre Ursachen sowie Vorschläge zur Verbesserung und Weiterentwicklung

Die schönen Erfolge, die bisher bei der Reinigung von Dünnsäften mit Ionenaustauschern und Harzadsorbern erzielt worden sind, können nicht darüber hinwegtäuschen, daß sowohl verfahrensmäßig wie auch apparativ noch mancherlei zu verbessern ist. Diese Mängel — sie wirken sich vor allem auf die Ökonomie des Prozesses ungünstig aus — sind insbesondere, daß die effektive Kapazitätsleistung des Austauschers immer wesentlich hinter der analytisch ermittelten zurückbleibt und ferner, daß der Nutzeffekt der Wiederbelebung durchaus unbefriedigend ist.

Eine chemische Betrachtungsweise wird Verbesserungen in der Richtung suchen, einen vollständigeren Umsatz zu erreichen, etwa durch Verwirklichung des Gegenstromprinzips, Serienschaltung, Einsatz spezifisch wirkender Austauscher und dergleichen, während der Apparatetechniker sich vor allem fragen wird, wie der Kontakt zwischen Austauscher und Lösung verbessert werden kann und in welcher Weise Störungen und Unregelmäßigkeiten, die zu vorzeitigen Durchbrüchen usw. führen, ausgeschaltet werden können. Als Endziel wird ihm eine kontinuierliche Gestaltung und Automatisierung des Arbeitsprozesses vorschweben.

Die nachstehenden Ausführungen behandeln einige Vorschläge dieser Art. Ferner wird auf einige wichtige technische Neuerungen eingegangen, die z. T. ganz neue Möglichkeiten — wie z. B. die unmittelbare Verarbeitung von Rohsaft — erschlossen haben.

7.1. Das Gegenstromprinzip

Anwendung auf Ionenaustauscher und Adsorber und seine Schwierigkeiten

Da es sich bei Austauschreaktionen um chemische Gleichgewichte handelt, wäre es erwünscht, die zu behandelnden Lösungen und auch das Wiederbelebungsmittel im Gegenstrom zu führen. In betrieblichem Maßstabe ist dieses Prinzip bisher aber nur ausnahmsweise verwirklicht worden, obgleich es nicht an Versuchen zu seiner Realisierung gefehlt hat. Ideal wäre es, zur Durchführung von Ionenaustauschreaktionen über ein vollkommen kontinuierlich arbeitendes Gegenstromverfahren zu verfügen. Zwar sind Vorschläge dieser Art schon in großer Vielfältigkeit ergangen, auch sind zu ihrer Verwirklichung zahlreiche Vorrichtungen erdacht und entwickelt worden; die meisten der damit hartnäckig durchgeführten Versuche haben indessen hinsichtlich des praktischen Erfolges bisher enttäuscht. Dies gilt leider noch heute, obwohl das Interesse für kontinuierlich arbeitende Verfahren schon seit Jahrzehnten ganz allgemein sehr groß ist und auch bei der Zuckerfabrikation (z. B. schon bei der Anwendung von Knochenkohle zur Entfärbung von Säften) besteht.

Indessen sind für Kontaktverfahren, an denen eine feste Phase beteiligt ist, die Aussichten, sie völlig kontinuierlich zu gestalten, mit viel größeren prinzipiellen Schwierigkeiten belastet, als für zwei flüssige Phasen. Während in diesem Falle kontinuierliche Arbeitsweisen großtechnisch eingeführt sind, tritt bei Beteiligung eines festen Mediums, ganz abgesehen von gleichmäßiger Materialbewegung, die Schwierigkeit hinzu, dieses immer in gleicher Lagerung und Packungsdichte zu erhalten und mechanischen Verschleiß zu verhüten. Bei Austauschadsorbentien und Adsorbern, die während des Arbeits- wie des Wiederbelebungsprozesses schrumpfen oder aufquellen, also ihr Volumen verändern, ist die übliche großtechnische Arbeitsweise im Filterverfahren schon bei einer diskontinuierlich arbeitenden Anlage nicht einfach. Zumal bei großen Apparaten ist die Kanal- und Nesterbildung im Filterbett eine kaum zu vermeidende Schwierigkeit und ein Gegenstand ständiger Sorge. Ja selbst eine Verbesserung des Ionenaustauschprozesses durch Filtration der zu reinigenden Flüssigkeit in entgegengesetzter Richtung, als die der zur Wiederbelebung verwandten Elektrolytlösung, stößt auf Schwierigkeiten.

Eine Elektrolytlösung durch das Filtermedium von unten nach oben zu führen, ist bei den zur Zeit gebräuchlichen Anlagen schwieriger realisierbar. Dies verbietet sich schon deshalb, weil das Filtermedium nicht völlig festliegt; denn es muß ja im Filter oberhalb des Mediums ein freier Raum vorhanden sein, um bei der Rückspülung zu Anfang der Wiederbelebung die Expansion des Mediums zu gestatten. Anderen Arbeitsweisen haften ähnliche Mängel an, zumal das Vermeiden einer Schwierigkeit zumeist eine andere herbeiführt.

Immediumfilter

Einen bedeutenden technischen Fortschritt hat das Immediumfilter gebracht, über das nachstehend einige Bemerkungen eingeschaltet seien.

Das Immediumfilter ist prinzipiell ganz anders konstruiert, als die in der Zuckerindustrie üblicherweise angewandten Filter. Hier bedient man sich ganz allgemein der Filtration zur Entfernung fester Schwebestoffe aus einer Zuckerlösung und führt sie zu diesem Zwecke über ein filmartiges Medium. Soweit früher hierfür schon Sandfilter benutzt wurden, geschah dies mit wenig Erfolg.

Von dieser Art mechanischer Filtration, die der Entfernung grober Verunreinigungen sowie der von Schwebestoffen dient, sind Vorgänge nach Art der Austauschadsorption bzw. der Allgemeinadsorption grundsätzlich zu unterscheiden. In diesen beiden Fällen handelt es sich um die Beseitigung echtgelöster Stoffe. Die Austauschadsorption gestattet, Ionen bzw. Elektrolyte aus einer Lösung herauszunehmen, während man sich zur Entfärbung der Allgemeinadsorption bedient, also z. B. einen Harzadsorber einsetzt, welcher vorzugsweise Nichtelektrolyte aus einer Flüssigkeit herausnimmt.

Die mechanische und die adsorptive Filtration dienen somit ganz verschiedenen Aufgaben und arbeiten demzufolge meist auch mit verschiedenartigen apparativen Hilfsmitteln. Daß das Wort „Filtration" gleichwohl für beide Operationen gebraucht wird, hat bisweilen zu einer Verwirrung geführt.

Es muß indessen betont werden, daß beide Arten von Vorgängen sich überschneiden können, das heißt, daß mechanische und adsorptive Filtration vielfach nebeneinander stattfinden; insbesondere gilt dies bei Beseitigung kolloidal gelöster Stoffe aus Lösungen, wobei gelegentlich, wie eingangs schon vermerkt, Ionen- bzw. Kontaktaustauschprozesse den Vorgang einleiten, indem sie z. B. eine elektrische Umladung der Partikel auslösen, was dann weiterhin zu einem Ausflocken der Kolloide führt.

Bei der Wasseraufbereitung spielt die Sandfiltration bekanntlich als Vorreinigung eine außerordentlich wichtige Rolle; der Hauptpunkt ist die Beseitigung von Trübungsstoffen und Kolloiden. Gelegentlich werden zusätzlich Flockungsmittel beigegeben, so daß dann auch hier nebenher chemische Prozesse, Austausch- und Umladungseffekte mit eingehen.

Als Analogon in der Zuckerindustrie, d. h. als eine Kombination mechanischer und adsorptiver Wirkung, kann das klassische Beispiel der Entfärbung von Zuckersäften durch eine Filtration über Knochenkohle gelten.

Beim Immediumfiltrationsvorgang wird ebenfalls ein körniges Medium angewendet. Das Material kann Sand sein, doch können auch allerhand andere Stoffe eingesetzt werden, u. a. Kohle, Koks, Bauxit, ja selbst Ionenaustauscher oder Entfärbungsharze.

Wodurch unterscheidet sich das Immediumfilter von anderen mit körnigen Medien gefüllten Filtern? Dadurch, daß mit dieser Apparatur sowohl eine mechanische Filtration erfolgt als auch chemische Reaktionen durchgeführt werden können. Ganz allgemein kann damit der Kontakt einer in aufsteigender Richtung bewegten Flüssigkeit mit einem festen Medium realisiert werden. Man könnte fragen, ob diese letztere Möglichkeit nicht auch in üblicher Weise durch Filtration über eine Sandschicht verwirklicht werden kann.

Dies ist nicht der Fall, obgleich es einfach erscheint.

Bei einem aufsteigenden Flüssigkeitsstrom besteht ständig die Gefahr eines Durchbruches der Filterschicht; dies erfolgt mit Sicherheit nach einiger Beladung der Filtermasse oder bei Überschreiten einer bestimmten Strömungsgeschwindigkeit; alsdann findet eine Reinigung gar nicht mehr statt.

Im Immediumfilter ist dieser Gefahr auf zwei verschiedenen Wegen vorgebeugt. Die dazu notwendige Filterkonstruktion ist in zwei Figuren schematisch wiedergegeben.

A ist ein Filter mit Dränagesystem, *B* mit Gittersystem. (*a*) stellt den Mantel des Filters dar, (*b*) den Boden, (*c*) die Stützplatte mit Spüldüsen, (*d*) das Filtermedium mit der darunterliegenden Stützschicht. Bei *A* ist ein Dränagekörper *f* oben in das Medium eingebettet, bei *B* ein Gitter (*h*).

Bei A, der ältesten Konstruktion, wird die Rohflüssigkeit teils unterhalb bei g und teils oberhalb bei h durch dieselbe Leitung zugeleitet; durch die Dränageleitung f wird das Filtrat abgeleitet. Der hydraulische Druck oben auf das Bett contrabalanciert also unter allen Umständen den unterhalb des Bettes ausgeübten Druck; Durchbrüche sind dadurch unmöglich. Beim Immediumfilter nach dem Gittersystem B wird einem Durchbruch des Bettes durch ein weitmaschiges Gitter h vorgebeugt.

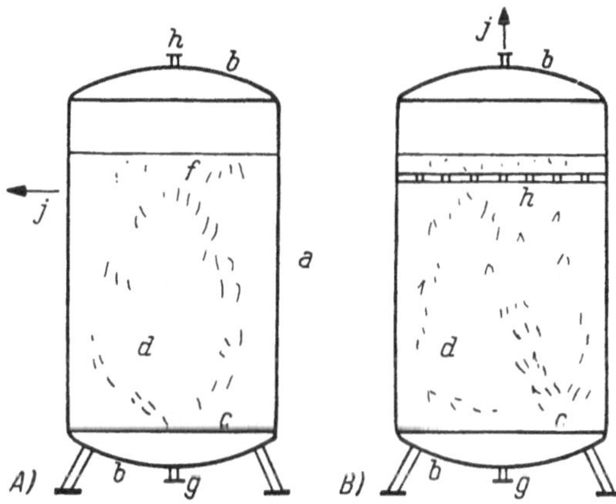

Abb. 20. Immediumfilter
links: Filter A (Dränage); rechts: Filter B (Gitter)

Der Abstand der Gitterstäbe ist sehr groß, ihre Wahl hängt von vielerlei Umständen ab, insbesondere vom Durchmesser der Einzelkörner des Filtermediums. Für Sand von z. B. 1—2 mm ist dieses Maß um 150 mm. Daß ein derartiges Gitter nicht durchbricht, und daß das Filtermaterial nicht durch das Gitter hindurchgedrückt wird, selbst bei Drücken von mehreren Atmosphären unter dem Bett, ist eine erstaunliche Tatsache. Der Gittereffekt kann nur durch eine erhebliche Steigerung der Aufstromgeschwindigkeit aufgehoben werden, die soweit geht, daß der Flüssigkeitsstrom das Filterbett zur Ausdehnung zwingt, d. h. die Einzelkörner zum Aufschwimmen bringt. Aber selbst dieser Möglichkeit kann man zuvorkommen, und zwar mittels eines Hilfsmediums — einer dünnen Schicht von geringerem spezifischem Gewicht, z. B. Anthrazit als dem eigentlichen Medium zukommt, aber von gröberem Korn auf das Filterbett. Bei Filtration von Wasser über Sand als Medium kann man die Belastung z. B. auf 30 m^3 Wasser pro m^2 und Stunde steigern; im Einzelfalle muß die Filtrationsgeschwindigkeit dem Problem angepaßt werden.

Die Erklärung des Phänomens ist die, daß sich bei der Filtration Gewölbe in und unter den Gitterstäben ausbilden, die nach unten gebogen sind, einen enormen Druck aushalten können. Je engmaschiger das Gewölbe ist, desto tragfähiger wird es sein. Durch die richtige Wahl der Gitterabmessungen ist das vorliegende Filtrationsproblem gelost.

Für die im Einzelfall zu wählenden Abmessungen sind zahlreiche Faktoren zu berücksichtigen; es liegen darüber bereits umfangreiche Erfahrungen vor; bei neuen Aufgaben müssen gegebenenfalls Betriebsversuche Auskunft geben. Zu diesen Faktoren gehören u. a. spezifisches Gewicht, Form, Durchmesser und Ober-

Abb. 21. Immediumfilter (Rosttyp)

flächenbeschaffenheit der Partikel des Filtermediums, Viskosität und spezifisches Gewicht der Flüssigkeit, der Reibungskoeffizient zwischen Partikeln und Flüssigkeit, die Fließgeschwindigkeit der Flüssigkeit in den Körnerzwischenräumen und deren Veränderlichkeit, die Schichtdicke des Mediums unter dem Gittersystem und dessen Bauart, die Beladung des Mediums mit aus der Flüssigkeit bereits abgeschiedenen Feststoffen usw.

Man könnte die Maße des Gitters sehr eng nehmen, um einem Durchbruch des Mediums unter allen Umständen vorzubeugen; indessen sind zwecks Reinigung des Mediums auch Spülungen notwendig. Die während des Filtrationsprozesses gebildeten Gewölbe müssen darum bei Überschreiten einer bestimmten Spülgeschwindigkeit durch den aufwärts gerichteten Wasserstrom zerstört werden können. Für die Konstruktion zweckmäßiger Gitter besteht ein genügender Spielraum. Im nächsten Kapitel werden einige praktische Fälle beschrieben.

Die Gitter werden meist aus Flacheisen hergestellt; oft setzt man mehrere Gitter übereinander. Oben im Medium eingesetzte Gewebe sollen fast ausschließlich Durchbrüchen des Mediums vorbeugen; unten angebracht, haben sie die Aufgabe, eine möglichst gleichmäßige Flüssigkeitsverteilung — „Dispersion“ der Flüssigkeit — zu bewirken. Man nennt sie deshalb „Dispersionselemente“ zur Unterscheidung von den oben eingebauten „Reaktionselementen“. Die unteren Elemente können manchmal weggelassen werden; doch fördern sie durch ihre Anwesenheit eine zweckmäßige Klassifikation des Mediums beim Aufspülen.

Wir kommen nun zur Frage, weshalb eine Filtration in Aufstrom besser ist als eine solche von oben nach unten. Dies ist eine Tatsache, die die Praxis bestätigt hat; man kann dafür verschiedene Erklärungen geben. Ein körniges Material ist bekanntlich niemals uniform im Durchmesser, immer findet man im Filtermedium nach der Spülung das gröbere Korn unten und das feinere oben, die Masse ist „klassifiziert“. Vorher, bei der Filterspülung mit Luft und Wasser, die nach jeder Beladung des Filters zwecks Reinigung von Schmutzstoffen stattfinden muß, wird das Medium nicht nur zur Ausdehnung gebracht, sondern auch durchgemischt. In der letzten Phase spült man aber bekanntlich mit Wasser allein, und die anschließende Sedimentierung der Filterbeschickung hat eine Klassifizierung des Bettes zur Folge. Läßt man dann die Filtration folgen, so werden sich bei von oben nach unten betriebenen Filtern die Schmutzstoffe vorzugsweise auf der Oberfläche ansammeln, d. h. über dem feinkörnigen Material. Bei einem von unten nach oben beaufschlagten Filter finden demgegenüber die Schmutzstoffe schon in den groben Zwischenräumen zwischen den Körnern der Stützschicht wie auch des

Tabelle 7

Resultate eines Immediumfilters für Rohsaft

Filtriergeschwindigkeit: 2—3 m/h
Feststoffgehalt des Saftes vor der Filtration: 90—100 mg/l
Filtermedium: Sand, Partikelgröße 1—2 mm, Schütthöhe 1000 mm

Nach x Stunden Laufzeit	Druckverlust	Trockenstoffgehalt des Filtrats
Anfang	1,5 m	< 5 mg/l
10 Stunden	1,6 m	< 5 mg/l
20 Stunden	1,8 m	< 5 mg/l
30 Stunden	2,1 m	< 5 mg/l
40 Stunden	2,2 m	< 5 mg/l
50 Stunden	2,5 m	< 5 mg/l

Mediums genügend freien Raum zur Ablagerung. Diese Raumwirkung fehlt bei Niederstrombetrieb; die verhältnismäßig kleine Bettoberfläche ist sehr schnell belegt. Es kommt bei einem im Aufstrom betriebenen Filter noch hinzu, daß die Beladungsfähigkeit des Mediums durch die Möglichkeit einer geringen lokalen Ausdehnung des Bettes in der Arbeitsperiode vergrößert wird.

Der große Unterschied zwischen der Filtration nach dem Immediumverfahren und der klassischen Filtrationsmethode zeigt sich am deutlichsten bei sogenannten „unfiltrierbaren Flüssigkeiten", d. h. solchen die — wie z. B. ein mit Kolloiden beladener Rohsaft — wegen zu hoher Druckverluste bisher als unfiltrierbar galten; mit dem Immediumfilter gelingt die Filtration auch in diesem Falle sehr wohl. Eine Feinfiltration dieser Art würde mit einem einfachen Filter nicht möglich sein und auch ein Ionenaustauscherfilter üblicher Bauart würde hier versagen.

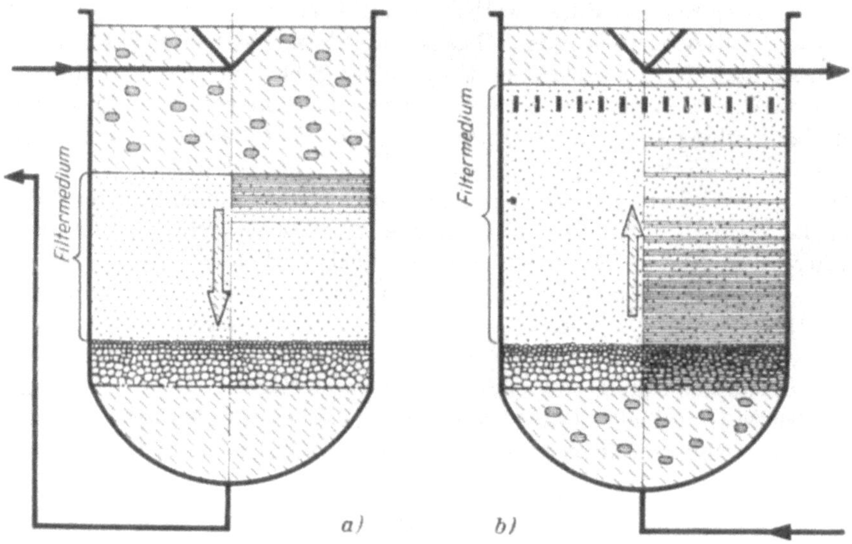

Abb. 22*a*: Sandfilter üblicher Konstruktion
b: Immediumfilter

Wie die vorstehenden Ausführungen zeigen, stellt das Immediumfilter eine wesentliche Bereicherung der bisherigen Filterkonstruktionen dar. Seine Wirkung als chemisch-technischer Apparat ist etwa der des bekannten Wirbelschicht-Verfahrens an die Seite zu stellen, das bekanntlich eine neue Entwicklung für die Durchführung chemischer Umsetzungen zwischen Feststoffen und Gasen im Aufstrom eingeleitet hat. Das Immediumfilter vermag eben nicht nur Trübungsstoffe — und zwar insbesondere auch anderweitig schwierig oder nicht zu entfernende — und dergl. aus Flüssigkeiten herauszunehmen, es gestattet vielmehr darüber hinaus, auch chemische Reaktionen zwischen festen Stoffen und Lösungen im Aufstrom durchzuführen.

Es bedarf nur geringfügiger, dem besonderen Zwecke angepaßter, Änderungen, will man das Immediumfilter mit anderen Filtermedien als Sand beschicken, um dann damit chemische Umsetzungen durchzuführen. Wie oben schon erwähnt, kann es anstatt mit Sand mit feinkörnigen Medien verschiedenster Art beschickt werden. Mit bestem Erfolge wurden darin beispielsweise auch Ionenaustauscher oder Harzadsorber eingesetzt.

Damit bietet das Immediumfilter gerade für die Zuckerindustrie mannigfache Vorteile: mit Feinsand beschickt, kann es zur Vorbehandlung bzw. Feinfiltration von Zuckerlösungen und Sirupen dienen, um Feststoffe und hartnäckige Trübungen zu entfernen. Mit einer Ionenaustauscher- bzw. Harzadsorberfüllung versehen, lassen sich damit mit bestem Erfolg alle Reaktionen nach Art des Ionenaustausches oder der Allgemeinadsorption — sei es für sich allein oder in Kombination — durchführen. Völlige oder teilweise Entionisierungen, Feinstreinigung und Entfärbung von Zuckersäften lassen sich mit Hilfe dieses Apparates in mannigfacher Art durchführen. Dabei kann zugleich eine Konzentrierung wertvoller Nebenprodukte der betreffenden Zuckerlösungen erreicht werden.

Die besondere Bedeutung des Immediumfilters für die Zuckerindustrie liegt aber nicht nur im Einsatz zur Vorfiltration von Zuckersäften und zu deren Entmineralisierung und Entfärbung nach Beschickung mit jeweils den entsprechenden Medien, sondern darüber hinaus auch noch darin, daß damit auch das Gegenstromprinzip betriebsmäßig verwirklicht werden kann.

Ein Gegenstromverfahren bedeutet immer eine ansehnliche Verbesserung des Nutzeffektes, sei es hinsichtlich der Volumenleistung des Austauschers, sei es der Regeneriermittelausnutzung. Bei diesem Verfahren müssen unbedingt entweder die zur Regeneration benötigten Chemikalienlösungen oder der Saft aufwärts durch das Filtermedium perkolieren. Die Schwierigkeit einer hierbei im Austauscherbett auftretenden Kanalbildung und damit eines ungenügenden Reinigungseffektes ist oben bereits gekennzeichnet und nicht zu unterschätzen. Man hat nun heute durch Anwendung des Immediumprinzips gewaltige Verbesserungen erzielt. Wenn dieser Apparat auch bei den feinkörnigen und oberflächlich glatten Austauschern, die während der verschiedenen Phasen der Arbeitsprozesse schrumpfen oder schwellen können, nicht ganz so zuverlässig arbeitet, wie z. B. bei Sandfüllung, so sind doch auch hier schon wesentliche Fortschritte erzielt.

Dränagefilter

In Amerika hat man zwecks Verwirklichung des Gegenstromprinzipes Versuche mit Dränagefiltern gemacht, bei denen allerdings ein Arbeiten im Aufstrom nur bei beschränkter Aufgabegeschwindigkeit der Regenerierflüssigkeit möglich ist, was übrigens wegen deren besserer Ausnutzung auch sonst zu empfehlen ist. Das Bett muß in diesem Falle unter Wasserdruck stehen, das zugeleitete Wasser wird durch den Dränagekörper abgeleitet.

Das Immediumfilter gibt demgegenüber jederzeit die Möglichkeit, Filtration oder Regeneration im Aufstrom durchzuführen (Vorzug des eingebauten Gittersystems!). Wegen der Feinheit und des geringen spezifischen Gewichtes der Austauscherkörner erweist es sich aber dann als zweckmäßig, als Zwischenbett ein geeignetes Hilfsmedium einzubauen. Ein solches Filter hat gegenüber dem Dränagefilter u. a. den Vorteil größerer Einfachheit: es sind weniger Absperrventile erforderlich, und es ist auch kein Dränagekörper erforderlich, der sich unter ungünstigen Umständen sehr leicht verstopft.

Volumen-Ausgleichsvorrichtungen

Der Ausgleich von Volumenänderungen im Austauscherbett muß, um einer Kanalbildung zuvorzukommen, sofort an Ort und Stelle erfolgen. Zur Lösung dieser besonderen Aufgabe stehen mehrere Ausgleichsmethoden zur Verfügung, die auf Grund ihrer praktischen Zuverlässigkeit zu vergleichen sind.

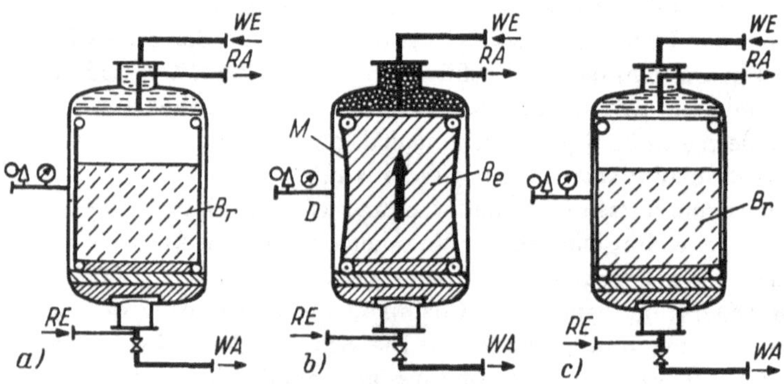

Abb. 23. Pressbett-Filter

a) vor der Regeneration
b) während der Regeneration
c) nach der Regeneration

Eine gute Lösung bringt das „Preßbett"-Filter (Interindustrie Brüssel). Es ist dies ein mit einer dehnbaren Wand bzw. einem Schlauch ausgestattetes Filter, welcher ganz automatisch Änderungen des Austauschervolumens kompensiert. Man kann diese Vorrichtung auf verschiedene Weise anbringen, z. B. als Einbau eines elastischen Verdrängungs- und Ausgleichskörpers. Die innere Auskleidung des zylindrischen Teiles des Filters wird zu diesem Zwecke mit einer schlauchartigen Gummiwand ausgestattet, welche nur am oberen und unteren Ende des Filters befestigt ist. Durch Eindrücken von Wasser oder Druckluft läßt sich dieser Schlauch von der Wand mehr oder weniger abpressen, so daß man damit das Filtermedium in stetiger Weise zusammenpressen und so eine einigermaßen geschlossene Masse behalten kann. In Abb. 23 ist das Filter, das Filtermedium, die Gummiwand, ein Luftbehälter mit Absperrventil dargestellt. Der Raum zwischen Filterwand und Gummischlauch ist mit Wasser gefüllt; man kann dazu auch Luft benutzen. Selbstverständlich läßt sich derselbe Effekt auch auf andere Weise erreichen; man kann z. B. einen Schlauch dieser Art auch in die Filtermasse zur Auffüllung des inneren durch Schrumpfung entstandenen Raumes einbauen, z. B. in der Mitte des Filters. Beim Spülen des Filters werden Wasser oder Luft ganz aus dem Ausgleichsraum entleert.

Bei der üblichen Ausführung des Systems kann sich der Kompensator also soweit ausdehnen, als dem während der Spülung (zur Ausdehnung der Filtermasse) zusätzlich notwendigen Raume entspricht.

Eine andere Methode, das Übel der Kanalbildung durch eine Kompensationsvorrichtung zu beheben, wie sie beim Überleiten einer Flüssigkeit von unten nach oben auftreten kann, ist in Abb. 24 angegeben. In dieser Abbildung stellt $A \times B$ das Filter mit Boden vor, A und B sind verschiedene Räume, welche durch die Seitenwand 2 teilweise geschieden sind. Beide Räume kommunizieren nur an der Unterseite miteinander. 3 und 4 sind Leitungen mit Absperrventilen. Die Austauschermasse 8 ist punktiert angegeben.

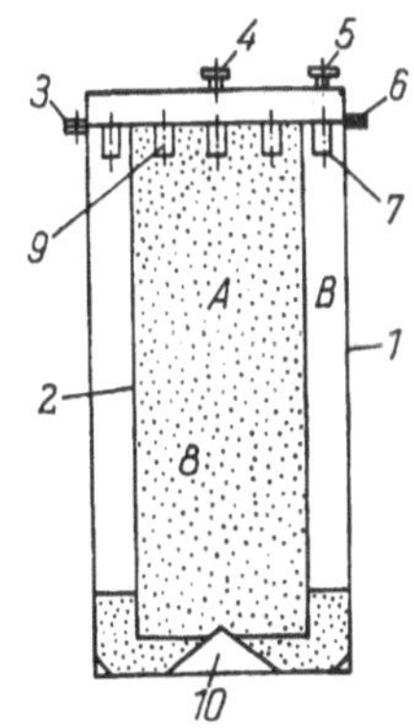

Abb. 24. Filter mit Kompensationsvorrichtung

Die zu reinigende Zuckerlösung tritt bei 5 ein und bei 4 aus; bei Strömung oder Stillstand der Flüssigkeit kann die Austauschermasse nicht zurücktreten; bei Schrumpfung der Masse im Raume wird aber eine entsprechende Menge Austauscherpartikel zugeführt.

Serienschaltung

Filter gleicher Art, seien es Ionenaustausch- oder Entfärberfilter, werden in technischen Betrieben aller Art nur relativ selten in Serienschaltung angewandt, obgleich dies aus theoretischen Gründen durchaus empfohlen werden kann. Zum Beispiel kann man durch Anwendung eines Doppelfilters gleicher Art, dessen beide Einheiten im Wechselspiel an erster und zweiter Stelle betrieben werden, ohne Zweifel eine größere Gleichmäßigkeit und Vollständigkeit der Umsetzung erzielen. Indessen will man eine meist schon komplizierte Anlage und ihre Bedienung in der Regel nicht noch verwickelter gestalten. — Von besonderem Vorteil kann eine solche Serienschaltung von Filtern gleicher Art aber sein, wenn die Gewinnung von Nebenbestandteilen der Säfte beabsichtigt ist (s. u.). Durch Adsorptionsverdrängung kann man in diesem Falle meist eine Anreicherung der betreffenden Bestandteile an bestimmter Stelle bzw. bei der Wiederbelebung eine Konzentrierung in einer engen Filtratfraktion erreichen.

Filter in Reihenschaltung, beschickt mit Austauschadsorbentien verschiedenen Typs, wendet man sehr häufig an, und zwar teils aus wirtschaftlichen Gründen, teils zur Schonung nachgeschalteter, besonders wertvoller oder empfindlicher, Austauschertypen. Zum Beispiel wird gern ein mit einem schwach sauren Ionenaustauscher beschicktes Filter einem stark sauren vorangestellt; denn die schwach sauren Carboxylaustauscher lassen sich als schwache Elektrolyte bekanntlich im Gegensatz zu den Sulfonsäureharzen schon mit geringem Säureüberschuß regenerieren, so daß für ihre Wiederbelebung meist schon der Regenerierablauf des im Arbeitsspiel nachgeschalteten, mit einem stark sauren Harz beschickten Filters genügt.

Einem aus H'- und OH'-Ionenaustauscher gebildeten Filterpaar wird insbesondere bei der Aufbereitung von Speisewasser für Höchstdruckkessel oft ein Mischbett als Sicherheitsfilter nachgeschaltet.

Auch die Hintereinanderschaltung zweier in verschiedener Weise beschickter Mischbettfiltereinheiten wird bisweilen empfohlen, z. B. um bei der Zuckersaftentmineralisierung einer Invertierung vorzubeugen.[1])

Ein stark basisches Entfärbungsharz wird nach oder vor einer Knochenkohleanlage zur Anwendung gebracht usw. Durch geschickte Schaltungen dieser Art kann man oft durchschlagende wirtschaftliche oder technische Vorteile erzielen und z. B. den Reinigungseffekt erheblich steigern.

Wahl von schwachsauren Kationenaustauschern

In der zweckmäßigen Wahl der anzuwendenden Ionenaustauschertypen hat man eine Möglichkeit, einen besseren Nutzeffekt der Wiederbelebung zu erreichen. In Kap. 2 wurde bereits darauf hingewiesen, wie man anhand der pH-Titrationskurven etwa vorgehen kann. Zum Beispiel läßt sich ein großer Teil der Kationen oft schon in einer Vorstufe mittels eines schwach sauren H˙-Austauschers entfernen. Nur für den verbleibenden Rest ist nötigenfalls danach noch ein stark saures Harz anzuwenden. Diese pH-Kurven geben selbst Anhaltspunkte über das Mengenverhältnis der erforderlichen beiden verschiedenen Typen von H˙-Austauschern. Notwendig ist die Anwendung beider nacheinander; gleichzeitige Anwendung etwa in Mischung hat hier keinen Zweck; deshalb kommt auch die Anwendung eines H˙-Austauschers, welcher schwach und stark saure Gruppen nebeneinander enthält, nicht in Frage.[2]) Von den schwach sauren Harzen sind die auf Akrylsäurebasis sehr kostspielig; außerdem zeigen sie eine bedeutende Atmungsdifferenz.

---

[1]) Für das I. Filter wird eine Mischung eines schwach sauren H˙-Austauschers mit einem schwach- bis mittelbasischen OH'-Austauscher und für das II. Filter eine solche aus einem schwach sauren H˙-Austauscher mit einem stark basischen OH'-Austauscher vorgeschlagen.
(Jap. Organo Co. u. Jap. Beet Sugar Ref. Co und Hiroshi Shimizu u. Mitarb.)
Am. P. 2920110; Am. P. 2926110; Jap. Pr.; 25. 7. 1957

[2]) Austauscher dieses Typs, d. h. solche mit gemischt sauren Ankergruppen ($-SO_3H$ neben COOH-Gruppen) spielen in der Wasseraufbereitungstechnik zur Teilentsalzung mancher Wässer und für Pufferungszwecke eine gewisse Rolle, wobei eine Gemischtregenerierung mit HCl + NaCl im Verhältnis ihres Gehaltes an bleibender und vorübergehender Härte angewandt wird.

Demgegenüber sind die schwach sauren Kohleaustauscher billig und zeigen wenig Schrumpfung bzw. Quellung, zudem sind sie gute Adsorber. Als Nachteil wird oft aufgeführt, daß sie neben Carboxylgruppen noch eine Menge stark saurer Gruppen enthielten, obgleich die Sulfogruppen durch Pyrolyse größtenteils zerstört sein sollten. Gewiß wird bei ihrer Herstellung von einem Schwefelsäure enthaltenden Rohstoff (Säureteer der Ölraffinierung) ausgegangen. Bei der anschließenden thermischen Behandlung werden aber die SO_3H-Reste abgespalten und etwa verbleibende Sulfon(-SO_2-)-Gruppen nehmen praktisch nicht am Ionenaustausch teil. Leider bedingt Anwendung eines schwachsauren vor einem starksauren $H^{\cdot}$-Austauscher in 2 verschiedenen Filtereinheiten eine Komplizierung der Anlage, und deshalb ist diese Arbeitsweise nicht beliebt.

Eine elegante Lösung des Problems bietet hier die Anwendung in Kombination, d. h. Übereinanderschichten eines stark und eines schwach sauren Austauschers in ein und derselben Filtereinheit unter gleichzeitiger Verwirklichung des Gegenstromprinzips.

Aus mehreren Austauscherarten aufgebaute Filtermedien in einer Filtereinheit

Wir haben in diesem Fall kein Mischbett vor Augen, zusammengesetzt aus einem Kationen- und Anionenaustauscher, welche beim Filtrationsverfahren in Mischung benutzt werden, um sodann zwecks anschließender Regenerierung in demselben Filter in zwei Schichten geschieden zu werden. Das Mischbett, das bekanntlich bei der Entsalzung von Wasser als Sicherungsfilter hohe Bedeutung gewonnen hat, kommt für Zuckerreinigung kaum in Frage. Einesteils werden bei der Entmineralisation von Zuckerlösungen nicht die hohen Ansprüche minimaler elektrischer Leitfähigkeit an die Filtrate gestellt wie bei Wasser für Hochdruckanlagen. Zum anderen sind Anlagen dieser Art für Zwecke der Zuckerindustrie zu empfindlich.

Die hier zur Diskussion stehende Frage ist, ob es sinnvoll und technisch durchführbar ist, zwei Kationenaustauscher (oder gegebenenfalls auch zwei Anionenaustauscher) unterschiedlichen Typs in einer Filtereinheit unterzubringen. Ohne Zweifel wäre diese Kombination in Verbindung mit einer Betriebsweise im Gegenstrom eine elegante Lösung des vorstehend behandelten Problems.

Notwendige Voraussetzung für die Möglichkeit einer Übereinanderschichtung zweier Austauscher in einem Filter ist, daß beide Austauschertypen einen ausreichenden Unterschied in den spezifischen Gewichten aufweisen, so daß nach der Rückspülung durch die anschließende Sedimentierung immer wieder scharfe Schichtentrennung beider Austauschermaterialien hergestellt wird.

Bei Betrieb eines Zweischichtenfilters im Gegenstrom ist dann hinsichtlich der Strömungsrichtung folgendes zu beachten: Einbau zweier Kationenaustauscher unterschiedlicher Säurestärke erfordert je nachdem, ob der COOH-Austauscher spezifisch leichter (Fall *I*) oder schwerer (Fall *II*) ist als der Sulfonsäureaustauscher,

Betrieb von oben nach unten und Regenerierung von unten nach oben im Falle *I* bzw. das Umgekehrte im Falle *II*.

Tabelle 8. *Zweischichtfilter*

Arbeitsperiode	Kombination	Regenerierung
↓	*I* Acrylsäureharz Styrolsulfonat	↑
↑	*II* Styrolsulfonat COOH-Kohleaustauscher	↓

Für das Austauscherpaar Acrylsäure-Styrolsulfonat gilt Fall *I*, für den oben bezeichneten schwach sauren Kohleaustauscher-Styrolsulfonat gilt Fall *II*.

In der Tat läßt sich Fall *II* durchaus realisieren. Der sulfonierte Harzaustauscher legt sich nach dem Spülen tadellos auf den körnigen schwach sauren Kohleaustauscher.[1]) Filtrieren des Saftes erfolgt alsdann von unten nach oben, womit zugleich der Forderung Rechnung getragen ist, die schwerere und viskose Flüssigkeit von unten zuzuführen. Die Wiederbelebungsäure wird dagegen von oben zugeleitet und durchströmt wie sonst das Filter von oben nach unten, so daß die Frischsäure zuerst auf das Sulfonsäureharz einwirken kann, und die schon teilweise verbrauchte Säure dann erst auf den Carbonsäureaustauscher einwirkt, um dort noch weitgehend ausgenützt zu werden. Zu diesem hohen Nutzeffekt der Regenerierung kommt als weiterer Vorteil hinzu, daß das Ansüßwasser, von unterhalb kommend, das zwischen den Austauscherperlen haftende Wasser leicht verdrängen kann; ebenso vermag dann die schwere viskose Zuckerlösung ohne Gefahr der Bildung von Luftpolstern und ohne stärkere Verdünnung des Saftes das Absüßwasser von unten her leicht zu verdrängen (Dampfersparnis!). Dieser Vorteil ist beachtlich, zumal bei Reinigung von Sirupen und Melassen, die bei richtiger Arbeitsweise wenig verdünnt zugeleitet werden können.

Zu den Harzen, die in Aufeinanderschichtung, z. B. mit einem Austauscherharz, in einer Filtereinheit eingesetzt werden können, gehören auch die Entfärbungsharze, sofern nur ein ausreichender Unterschied im spezifischen Gewicht vorhanden ist und beide Harzarten wenigstens teilweise mit denselben Regeneriermitteln wiederbelebt werden können.

---

[1]) Die Kombination Acrylsäureharz-Styrolsulfonsäureharz eignet sich weniger für diesen Zweck. Die starke Quellung bzw. Schrumpfung dieses Harztyps, d. h. die Instabilität des spezifischen Gewichtes im Laufe des Arbeitsspieles, ist hier ohne Zweifel von Nachteil. Dazu kommt der höhere Preis im Vergleich zu den schwach sauren Kohleaustauschern in Perlform.

Filtration in aufsteigender Richtung

In diesem Kapitel ist bei der Beschreibung des Immediumfilters gesagt, daß es im Aufstrom betrieben wird. Gerade in unserem Falle, wo es sich um den Einsatz von Ionenaustauschern handelt, sind indessen einige einschränkende Bemerkungen am Platze. Erschwerend sind bei diesen Materialien für ihren Einsatz im Aufstrom wesentlich zwei Dinge, erstens das relativ geringe spezifische Gewicht und zweitens eine ihnen als quellungsfähigen Kunstharzen zukommende gewisse Volumeninstabilität der Einzelkörner wie der ganzen Schüttung.

Auf einige apparative Hilfsmittel zur Behebung bzw. Verminderung der durch Quellung und Schrumpfung bedingten Schwierigkeiten wurde bereits oben hingewiesen. Bei einer Filtration im Aufstrom ist vor allem zu beachten, daß die Masse während des Arbeitsprozesses ruhig liegt und nicht ganz oder teilweise emporgehoben wird. Andererseits kann sie aber auch nicht eingespannt werden, da wegen der Notwendigkeit der Reinigung durch Rückspülung darüber ein freier Raum zum Expandieren vorhanden sein muß; denn ein gutes Arbeiten setzt ja bekanntlich ein gut und gleichmäßig aufgelockertes Filterbett voraus. Bei Aufstrom tritt jetzt als weitere Forderung hinzu, daß zwischen zu filtrierender Lösung und Austauscher eine ausreichend große Differenz im spezifischen Gewicht vorhanden ist, damit die Körner nicht aufschwimmen oder durch die Strömung in Schwebe kommen, eine Schwierigkeit, die bei abwärts gerichteter Flüssigkeitsströmung eine weniger große Rolle spielt. Hieraus geht zugleich hervor, wie gefährlich Druckstöße oder eine stoßweise Flüssigkeitszufuhr sein kann.

Vielfach ist vorgeschlagen, die Flüssigkeit mit geringer Geschwindigkeit in aufsteigender Richtung durch das Austauscherbett zu leiten und wenigstens die Regeneration in dieser Weise zu realisieren, weil die benötigte Menge Flüssigkeit und Wasser meist gering ist im Vergleich zur Menge an zu reinigender Flüssigkeit; doch wirkt sich diese Maßnahme im allgemeinen als ein Nachteil aus. Der Regenerierefolg ist meist enttäuschend. Auch wird man feststellen, daß eine Verminderung der Zuflußgeschwindigkeit (soweit, daß eine Ausdehnung des Bettes nicht mehr auftreten kann) keine Gewähr ist für eine richtige Durchströmung des Bettes. Die aufgegebene Flüssigkeitsmenge kann lokal doch zu groß sein; eine gleichmäßige Flüssigkeitsverteilung im Aufstrom in einem „ausdehnbaren Bett" bleibt fast unmöglich. Es ist eben der Vorteil der Filtration im Niederstrom, daß dergleichen üble Folgen nicht zu befürchten sind, weil die Partikel mit einem über dem der Flüssigkeit liegenden spezifischen Gewicht sich nach unten absetzen.

Fragt man sich jetzt, wie beim Aufstrom diesen Schwierigkeiten vorgebeugt werden kann, dann nur dadurch, daß man Mittel findet, das Bett während des ganzen Arbeitsprozesses immer von außen unter Druck zu halten, so daß Volumenverminderungen sofort kompensiert werden. Technisch sind fehlfreie Lösungen erst in der letzten Zeit verwirklicht.

Einigermaßen befriedigend arbeitet bei Beachtung obiger Momente wohl noch ein Immediumfilter, das mit einem der Austauschermasse aufgelagerten grobkörnigen Hilfsmedium geringeren spezifischen Gewichtes ausgestattet ist. An sich ist es eine schwierige Aufgabe, ein entsprechendes Hilfsmittel zu finden; der Ausgleich von Volumenänderungen ist nicht immer tadellos. Nur mit schweren und groben Austauscherpartikeln von geringer Atmungsdifferenz ist die Methode zu realisieren.

Aus vorstehendem geht hervor, daß die Herstellung grober Austauscherpartikel mit schwerem innerem Kern und einer dünnen ionenaustauschenden Schale in diesem Falle sehr wertvoll sein würde.

7.2. *Literatur*

Inversion

Fivian, W., Zucker **9** (1956), 529–538
Fort, C. A., und B. A. Smith, Sugar J. **15**, Nr. 9 (1953), 16, 18, 22–23
Girko, I. P., und P. V. Golovin, Ukrain. Khim. Zhurn. **21** (1955), 530–533
Mindler, A. B., Int. Sugar. J. 266–266 (1948)
Blann, W. A. (American Cyanamid Co.), Am. P. 2534694 (Anm. 1946)
Cavallaro, L., und G. Mantovani, Ind. Saccarif. Ital. **50** (1957), 221–225

Verderb der Austauscher

Bacon, H. E., und W. J. Lewis, Combustion **32**, Nr. 1 (1960), 37–41
Benckiser, J. A., Z. Zuckerind. **10** (1960), 648
Bergdoll, M. S., und E. Holmes, Food Res. **16** (1951), 50–56
Calmon, C., und A. W. Kingsbury, in F. C. Nachod, J. Schubert, Ion Exchange Technology, 1956, S. 231–271
Deschreider, A. R., und E. Maes, Rev. des Fermentations et des Ind. Alim. (1960), 223
Dubourg, J., und P. Devillers, Ind. Agric. Aliment. **79** (1962), 625–629
Ellis, G. P., Advances Carbohydrate Chem. **14** (1959), 125–133
Folpmers, T., Water **26** (1942), 28
Frisch, N. W., und R. Kunin, Ind. Engng. Chem. **49** (1957), 1365–1372
McGarvey, F. X., und A. C. Reents, Chem. Engng. 1954, Nr. 9, 205–208
Hulme, A. C., Nature **171** (1953), 610–611
Ivanov, S. Z., und A. R. Sapronov, 1 st. Int. Conf. Chemistry and Technology of Sugar, Lodz 1962
Iwashina, S., J. Agric. Chem. Soc. Japan. **32** (1958), 876–882
Iwashina, S., J. Agric. Chem. Soc. Japan. **32** (1958), 882–889
Iwashina, S., Proc. Res. Soc. Japan Sugar Refineries Technol. **7** (1958), 74–83
Iwashina, S., J. Agric. Chem. Soc. Japan. **33** (1959), 42–45
Iwashina, S., J. Agric. Chem. Soc. Japan. **33** (1959), 437–444
Iwashina, S., J. Agric. Chem. Soc. Japan. **33** (1959), 163–166
Bogers, P. F. J., Water **38** (1954), 299–301
Frisch, N. W., und R. Kunin, J. Amer. Water Works Assoc. **52** (1960), 875–887
Kunin, R., Amber-Hi-Lites, 73, Jan. 1963
Mencl, Z., V. Valter und A. Dusbabova, Listy Cukrovarnické **74** (1958), 193–196

MINDLER, A. B., in C. Calmon. T. R. E. Kressman, Ion Exchanges in organic and Biochemistry. S. 602—613
MOEBES, E., Zucker **14** (1961), 497—504
NEWKIRK, T. H., und M. HANDELMANN, Ind. Engng. Chem. **41** (1949), 452
PAYNE, J. H., H. P. KORTSCHAK und R. F. GILL, Ind. Engng. Chem. **44** (1952), 1411—21
RABEK, T. J., und D. ZUCHOWSKA, Bull. Acad. Polon. Sciences ser. Sci. chim. **10** (1962), 57—62
SMIT, P., Kongreß der chemischen Gesellschaft, Weimar 13.—15. April 1961
SMIT, P., Angew. Chem. **73** (1961), 472
SMIT, P., Fette—Seifen—Anstrichmittel **64** (1962), 12—16
SUZUKI, K., Proc. Res. Soc. Japan Sugar. Ref. Technol. **8** (1959), 22—29
SVOBODA, A., und J. PRIHODA, Listy Cukrovarnické **78** (1962), 88—92
TANAKA, T., Proc. Res. Soc. Japan Sugar Ref. Technol. **8** (1959), 30—31; Proc. Res. Soc. Japan Sugar Ref. Technol. **9** (1960), 71—72
VAVRA, I., und A. VAVRA, Z. Zuckerind. **12** (1962), 199—202
DE WILLIGEN, A. H. A., und J. HOFSTEE, Conserva **2** (1954), 278—280
WILSON, A. L., J. Appl. Chem. 452—359 (1959)
WOLFROM, M. L., R. D. SCHUETZ und L. F. CAVALIERI, J. Am. Chem. Soc. **71** (1949), 3518 bis 3523
SMITH, B. A., C. A. FORT und L. F. MARTIN, Proc. 4th. Tech. Session. Bone Char. (1955), 267—280
SMITH, B. F., F. SANCHER, NIEVICZ, L. F. COLONZ und E. E. COLL, „*Versuche zur Reinigung von Puerto Rico Rohrsaft*“

Wahl der Ionenaustauscher- und Adsorbertypen, Prüfung auf div. Eigenschaften

ACKERMANN, A., Bull. Assoc. Chimistes **56** (1939), 153
ACKERMANN, A., Bull. Soc. chim. France. **14** (1947), 619—625
Activit, Nied. P. 95588 (Anm. 1939)
Activit (P. SMIT), Am. P. 2671059 (Nied. Pr. 1940)
Activit (D. RAMONDT), Am. P. 2582849 (Nied. Pr. 1942)
BENIN, G. S., und E. E. SHAIDER, Sacharnaja Prom. **23**, Nr. 1 (1949), 16—23
BENIN, G. S., und E. E. SHAIDER, Sacharnaja Prom. **23**, Nr. 6 (1949), 23—26
CALMON, C., Analyt. Chem. **24** (1952), 1456—1458
DEDEK, J., J. HENRY, S. LANGE und G. RENS, Sucrerie Belge **70** (1950), 145—168
EVERS, W. L. (Rohm u. Haas), Am. P. 2518420 (Am. Pr. 1946)
EVERS, W. L. (Rohm u. Haas), Am. P. 2521288 (Am. Pr. 1947)
HARDING, F. H., und F. BRUDER (Rohm and Haas), D. P. Anm. R. 15468 (Am. Pr. 1953)
HERRMANN, E., Chemie-Ing.-Tech. **27** (1955), 573—578
IWASHINA, S., Proc. Res. Soc. Japan Sugar Ref. Technol. **9** (1960), 114—124, ref. in Z. Zuckerind. **11** (1961), 527
IWASHINA, S., T. MIYAO und T. ASAMI, Duolite A-102 in Chloridform Proc. Res. Soc. Japan Sugar Refineries Technol. **6** (1957), 23—35
Japan Organo Co. SHIMIZU, H., Y. SATO und S. MIYAHARA, Jap. P. 251224 (Anm. 1956)
O. J. Meijer's Dextrinefabrieken, Fr. P. 876030 (Nied. Pr. 1940, 1941)
MILLS, G. F. (Chem. Process Co.), Am. P. 2481768 (Am. Pr. 1947)
OBARA, J., Proc. Res. Soc. Japan Sugar Ref. Technol. **4** (1955), 22—30

Comp. de Prod. Chim., Fr. P. 1012190 (Anm. 1949)
Quentin, G., Zucker **4** (1951), 342–344
Rohm and Haas Co. (Harding, F. H. und F. Bruder), Am. P. 2785998 (Anm. 1953)
Rohm and Haas Co., D. A. S. 1091050 (Am. Pr. 1956)
Rohm and Haas Co., D. A. S. 1121326 (Am. Pr. 1959)
Stach, H., Angew. Chem. **63** (1951), 263–267
Stamberg, J., und F. Krska, Listy Cukrovarnicke **76** (1960), 129–135

Regenerierung und spezielle Wege und Mittel der Wiederbelebung

Activit, D. B. P. 923720 (Nied. Pr. 1939)
Activit, Nied. P. 69718 (Belg. Pr. 1940)
Activit, Nied. P. 68653 (Am. Pr. 1940)
Activit, D. Anm. N. 3623 (Nied. Pr. 1950)
Activit, Fr. P. 1085983 (Nied. Pr. 1952)
Activit (A. de Waard), Fr. P. 1241337 (Anm. 1959)
Aniscenkova, E., und V. Valter, Listy Cukrovarnické **77** (1961), 39–44
Assalini, G., D. A. S. 1004109 (Anm. 1955)
Badische Anilin- und Sodafabrik AG (E. Abrahamczik), D. A. S. 1054419 (Anm. 1954)
Farbenfabriken Bayer (E. Meier), D. B. P. 904640 (Anm. 1944); D. B. P. 934400 (Anm. 1945)
American Cyanamid Co. (W. A. Blann), Am. P. 2451272 (Anm. 1945)
Permutit Co., Eng. P. 531694
Kerr Mc. Gee (Oil Industries), Can. P. 600303 (Am. Pr. 1955)
Golovin, P. V., M. A. Abramova, Z. B. Shaposhnikova und A. A. Gerasimenko, Sacharnaja Prom. **35**, Nr. 6 (1961), 13–16
Gryllus, V., Cukoripar **15** (1962), 23–31
Haagensen, E. A. (Dorr. Co), Am. P. 2482765 (Anm. 1946)
Haagensen, E. A., Sugar **41**, Nr. 4 (1946), 36–41
Iwashina, S., J. Agric. Chem. Soc. Japan. **33** (1959), 163–166, 437–444
Jordan, D. W. (Dorr Co.), Am. P. 2528058 (Anm. 1949)
Maudru, J. E., Ind. Engng. Chem. **43** (1951), 615–618
O. J. Meijer's Dextrinefabrieken, Fr. P. 901785 (Nied. Pr. 1942)
Payne, J. H., und H. P. Kortschak, (Pacific Chemical Fertilizer Co.), Am. P. 2507992 (Anm. 1948)
Rohm and Haas Co. (Harding, F. H., und F. Bruder), Fr. P. 1113717 (Am. Pr. 1953)
Shafor, R. W. (Dorr Co), Am. P. 2391649 (Anm. 1941)
Smit, P., Sucrerie Belge **70** (1950), 97–107
N. V. Centrale Suikermaatschappij, Eng. P. 729522 (Nied. Pr. 1952)
N. V. Centrale Suikermaatschappij (L. J. Kantebeen), Z. Zuckerind. N 6796 IVa/89c 1956 Reg. in 2 Stufen bei Amphotärharzen und schwach basischen Harzen
Winters, J. C., und R. Kunin (Rohm and Haas Co.), Am. P. 2551519 (Anm. 1948)

KAPITEL 8

Einzelne Verfahren und Möglichkeiten

8.1. Einleitung

In diesem Kapitel werden verschiedene Verfahren und Verfahrensvorschläge der Entionisierung von Zuckersäften behandelt, welche indessen nur teilweise zu praktischen Resultaten geführt haben oder zur Zeit in der Praxis noch ausprobiert werden. Sie werden hier erwähnt, auch wenn sie sich nicht durchgesetzt haben — was aber das Verdienst dieser Verfahren nicht berührt — weil sie doch vielfach einen Einblick in die besonderen Schwierigkeiten unseres Problems geben. Oft ist auch ein bestimmter Vorteil erwähnenswert, obwohl das Verfahren als Ganzes Ablehnung gefunden hat. Häufig sind es ungünstige äußere Umstände, die das Scheitern einer solchen Pionierarbeit verursacht haben: hohe Chemikalienkosten, ungünstige Rohstofflage, Änderung der Marktverhältnisse — u. a. haben bisweilen die stark schwankenden Melassepreise hereingespielt — u. a. m. Vielfach sind inzwischen neue Gesichtspunkte hinzugetreten, die das Verfahren erneut beachtenswert machen, wie z. B. das Interesse an der Gewinnung von Nebenprodukten aus Saft oder Melasse. Die Auswirkung kann z. T. heute kaum überschaut werden. Vielfach hat sich das Bild auch dadurch geändert, daß gewisse politische Momente eingehen. So kann sich z. B. die technische Bewertung eines Verfahrens durch das Streben verschiedener, in den letzten Jahren entstandener, neuer Staaten nach Autonomie sowie zufolge der dort herrschenden besonderen wirtschaftlichen Verhältnisse wesentlich verschieben.

8.2. Behandlung von Rohsaft mit Ionenaustauschern

Schon beim ersten Auftauchen des Gedankens, Zuckerlösungen mit Hilfe von Ionenaustauschern ganz oder teilweise zu entionisieren, bestand die Absicht, nicht mit Reinsaft zu arbeiten, — wie es heute geschieht — sondern unmittelbar den Rohsaft der Behandlung zu unterziehen. Indessen schlugen bekanntlich alle Versuche mit Rohsaft fehl, so daß man sich entschloß, das bisherige Saftreinigungsverfahren als Vorbehandlung beizubehalten und die Dünn- und Dicksäfte nachträglich zu entionisieren. Die Ursachen dieser anfänglichen Mißerfolge sind mannigfacher Art, und es gehörten neue Erkenntnisse und die Erfahrungen einer ganzen Generation von Zuckerfachleuten dazu, die Ursachen im einzelnen zu ergründen und — gestützt auf vielseitige Versuchsarbeiten — die auftretenden Störungen nach und nach zu beherrschen und zu beseitigen.

Rückblickend können wir heute keineswegs alle der damaligen Versuche als mißlungen ansehen. Eine Summe wertvoller Erfahrungen wurde dabei gesammelt, und die Literatur erwähnt sogar einige beachtenswert schöne Erfolge. Oftmals wurden die Versuche nur nicht weitergeführt, weil zahlreiche andere Probleme dringlicher schienen. Es ist sehr reizvoll, sich den Gang der Entwicklung seit etwa der Jahrhundertwende kurz vor Augen zu halten.

Der Fehlschlag von Gans, der mit einem Schmelzzeolithen auf Silikatbasis die Melassebildner Calcium und Kalium durch Ammonium zu ersetzen versuchte, scheiterten an der starken Verschlammung der Filtermasse. Bei der Empfindlichkeit des Austauschers gegen Säuren und Laugen sowie gegenüber erhöhter Temperatur, war eine Wiederbelebung unmöglich.

Von der Riedel-AG, als der Fabrikantin der Schmelzpermutite, wurde daher schon in den Jahren 1911/12 die Anwendung eines Ionenaustauschers in der Zukkerindustrie nur in Verbindung mit einer Vorreinigung der Säfte für durchführbar erachtet und unter Patentschutz gestellt. Daß es vor allen Dingen die Schleimstoffe der Zuckersäfte sind, die eine Behandlung mit Ionenaustauschern erschweren bzw. unmöglich machen, wurde späterhin von zahlreichen Fachleuten wie z. B. Mutti und Reginelli (s. Kap. 4) bestätigt.

Die United Water Softeners, Ltd. London, die sich das Ziel gesetzt hatten, aus den rohen Rübensäften mittels eines künstlichen Natriumzeolithen die löslichen Aminobasen zu entfernen, scheiterten am gleichen Punkte, obwohl sie versuchten, der mechanischen Verschmutzung des Austauschers dadurch zu steuern, daß sie den Basenaustauscher in einem Spitzzylinder zur Anwendung brachten und im Schwebezustand beanspruchten.

Einen gewissen Fortschritt hinsichtlich Beseitigung kolloidaler Verunreinigungen brachten dann die sog. „sauren Kohlen", ein von der Aktivit-Gesellschaft Amsterdam unter dem Namen „Collactivit" auf den Markt gebrachtes, durch Behandlung von Sägemehl und ähnlichen kohlenstoffhaltigen Stoffen mit SO_3 usw. erhaltenes Präparat. Teils in der $H^{\cdot}$-Form, teils in der $Na^{\cdot}$-Form eingesetzt, diente es nicht nur der Beseitigung von Melassebildnern, sondern entfernte zugleich auch erhebliche Mengen der Kolloidbestandteile aus den Zuckersäften.

Pfeifer und Langen, die mit einem filterfähigen Kohleaustauscher arbeiteten, erzielten damit analoge Effekte.

Beim Auftauchen der Kunstharzaustauscher setzte man diese sogleich mit dem Ziele einer völligen Entionisierung der Säfte ein, indem man diese nacheinander über einen Kationenaustauscher in der $H^{\cdot}$-Form und sodann einen OH'-Austauscher führte — die ja nunmehr gleichfalls verfügbar waren —. Die ersten mit verdünnter Melasse durchgeführten Entmineralisierungs-Versuche gelangen in der Tat störungsfrei, und es wurden darüber hinaus ausgezeichnete Entfärbungseffekte erzielt.

Man ging zu Dünnsäften über (Hemecke, Zuckerfabrik Östrum und Farbenfabrik Wolfen). Der Gefahr einer Invertierung beim Durchlauf durch den $H^{\cdot}$-Austauscher suchte man von vornherein durch starke Kühlung der Säfte in Verbindung mit Wärmeaustausch zu begegnen. Indessen tauchte nunmehr als unangenehme Begleiterscheinung bald das alte Problem einer Verschmutzung der Austauscher wieder auf, die zu einem Leistungsabfall — insbesondere des Anionenaustauschers — führte. Auch die in der Nachkriegszeit von amerikanischer Seite mit großem Enthusiasmus und zum Teil in weitgehend automatisierten Versuchsanlagen durchgeführten Arbeiten einer Entmineralisierung von Zuckersäften verschiedener Art brachten zunächst nur Fehlschläge und Enttäuschungen gleicher Art.

Die tiefere Ursache liegt offenbar in der Tatsache begründet, daß bei einer Entmineralisierung infolge der dabei eintretenden starken pH-Verschiebungen auf dem $H^{\cdot}$- bzw. OH'-Austauscher der isoelektrische Punkt der in den Säften und Rohsäften enthaltenen zahlreichen Kolloide und Ampholyte durchschritten wird, was meist zu deren Ausflocken führt, eine Erkenntnis, die bereits Dario TEATINI technisch auszunutzen empfahl, um optimale Fällungsbedingungen für die Saftkolloide zu erreichen (EP 693437 v. 5. 4. 1930 mit Belg. Pr. v. 15. 2. 1930).

Wie ließ sich die Störung einer Verklebung und Porenverstopfung der Austauscherpartikel im Filter durch die dem Rohsaft entstammenden Kolloide und Schleimstoffe vermeiden?

Man konnte erstens versuchen, die vom Saft mitgeführten grobdispersen und kolloidalen Stoffe von vornherein — gegebenenfalls unter Anwendung von Ausflockungsmitteln und unter Zuhilfenahme bekannter Hilfsmittel — vor den Austauschfiltern tunlichst weitgehend abzuscheiden. Ferner konnte man die Austauschmaterialien in entsprechend grober Körnung einsetzen, eine hohe Filtriergeschwindigkeit wählen und — wie schon die United Water Softeners vorschlugen — im Aufstrom arbeiten.

Zweitens konnte man versuchen, aus der Not eine Tugend zu machen, d. h. gemäß TEATINI den Flockungseffekt auf den Austauschern technisch auszunutzen und diese damit gewissermaßen doppelte Arbeit leisten zu lassen. Der letztere Weg setzte dann allerdings die Anwendbarkeit rigoroser Reinigungsmethoden für die Austauscher voraus.

In der Tat sind von seiten der Praktiker alle diese Wege beschritten worden, und auch der Verfasser hat in zahlreichen Versuchen und in mehreren Kampagnen sowohl in holländischen wie auch in französischen Zuckerfabriken alle diese Möglichkeiten sorgfältig geprüft.

Die Technik ging bei Erstellung großtechnischer Entionisierungsanlagen bekanntlich den Weg, das in der Zuckerindustrie bisher übliche Saftreinigungsverfahren als Vorstufe einer Entmineralisierung beizubehalten und damit die Aufgabe der Ionenaustauscher auf den eigentlichen Ionenaustausch zu beschränken, d. h. lediglich die kationischen und anionischen Mineralbestandteile zu entfernen. In der Tat arbeiten heute eine ganze Anzahl bedeutender technischer Großanlagen des In- und Auslandes nach diesem Prinzip, und ohne Zweifel hat die Entmineralisierung von Dünn- und Dicksäften sowie von Melassen — wie in den vorstehenden Kapiteln im einzelnen berichtet — für die Zuckerindustrie bemerkenswerte Erfolge gebracht, die sowohl in einer Steigerung der Zuckerqualität wie auch der Zuckerausbeute liegen.

Mit Recht wird daher der Leser fragen, warum die weiteren Bemühungen um die Entmineralisierung unmittelbar von Rohsaft, wo doch die vorbezeichnete Kombination einer Vorreinigung der Säfte nach dem alten Verfahren mit anschließender Entmineralisierung so schöne und wertvolle Erfolge gebracht hat? Zunächst sei bemerkt, daß die großen Zuckerfabriken — sei es aus Gründen einer Einsparung an Investierungsmitteln, sei es eines einfachen Kochschemas wegen — in der Regel nur die Säfte um die Hälfte entmineralisieren, wodurch der Melasseanfall gegenüber früher auf nur die Hälfte herabgesetzt wird. Andererseits sind doch noch einige Wünsche offen, die weniger auf technischem, sondern wesentlich auf ökonomischem Gebiete liegen, und zwar sind die noch bestehenden Mängel nahezu ausnahmslos durch den Anionenaustauscher bedingt. Die Notwendigkeit seiner Regenerierung mit den teuren Alkalilaugen belastet erheblich den laufenden Betrieb. Hinzu kommt die geringe Widerstandsfähigkeit der heute für diesen Zweck allgemein als Anionenaustauscher verwandten, quaternären Basen gegenüber gewissen chemischen Agentien (Oxydationsmittel) und erhöhter Temperatur sowie ihre Empfindlichkeit gegenüber biologischer Verschmutzung usw. Trotz schonender Behandlung ist der Verschleiß an diesem wertvollen Material durch Abnutzung und Verderb sehr hoch; rascher und erheblicher Kapazitätsabfall der Anionenaustauscher zwingt zu häufiger Auswechslung. Die Spesen für die laufend benötigten Chemikalien und für die Erneuerung des Austauschers sind daher fast 3mal so hoch, wie die entsprechenden Beträge für den Kationenaustauscher. Dazu kommen die nicht unerheblichen Aufwendungen für Kalk und sonstige zur Vorreinigung der Säfte benötigte Mittel.

Von diesen Erwägungen ausgehend, stellte sich der Autor die Aufgabe — zum Teil in Verfolgung der oben gestellten Doppelfrage — zu prüfen:
Gibt es vielleicht neuere Mittel und wirksamere Methoden der Saftreinigung als den althergebrachten Weg der Dünnsaftaufbereitung, um bei Entmineralisierung der Säfte die Ionenaustauscher, insbesondere den empfindlichen Anionenaustauscher, vor rascher Verschmutzung und Zerstörung zu schützen und damit einem Leistungsabfall vorzubeugen?

Vorfiltration

Aus dem Rohsaft alle die Stoffe herauszunehmen, welche Ursache der bekannten Schwierigkeiten sind, läuft auf die Forderung hinaus, dem $H^{\cdot}$-Austauscher ein klares Filtrat zuzuführen. Es erscheint dies wohl als der einfachere Weg, doch ist das eine recht schwierige Aufgabe. Fast automatisch kommt man in diesem Falle auf den von der Praxis beschrittenen Weg zurück, die Klärung des Saftes mit den altherbekannten und üblichen Mitteln vorzunehmen. Doch tritt dabei immer ein schwieriges Filtrationsproblem auf. Einen Fortschritt brachte die Vorfiltrierung über ein Immediumfilter, über dessen Arbeitsweise schon früher berichtet wurde. Man muß aber hier einen Unterschied machen zwischen der Entfernung aus der Rübe herstammender Grobpartikel und den safteigenen Schleimstoffen. Für die ersteren gilt, daß sie sich im allgemeinen selbst bei sorgfältiger Absiebung noch im Rohsaft vorfinden, zumal dann, wenn der Rohsaft einer kontinuierlich arbeitenden Saftextraktionsanlage entstammt.

Um eine gründliche Abscheidung der Kolloide zu erreichen, wie sie für anschließende Filtrierung über einen feinkörnigen H'-Austauscher wünschenswert ist, kann die Anwendung von Ausflockungsmitteln — wie z. B. bekannter Metallsalze oder Gerbstoffe — zweckdienlich sein. Die Filtration von Ausflockungen und Trübungsstoffen über ein Immediumfilter ist in diesem Falle von dem gleichen Charakter, wie bei anderen schwierigen Filtrationsproblemen, von denen einige bereits an früherer Stelle erwähnt wurden.

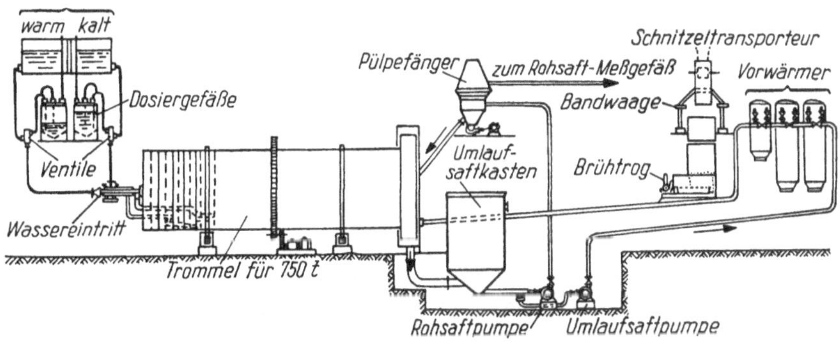

Abb. 25. Rübenextraktionsanlage der Raffinerie Tirlemontoise (Belgien)

Der Verfasser erzielte zu Colleville, woselbst eine Reihe von Versuchen mit Rohsäften lief, die über ein Immediumfilter geführt wurden, wie bereits an früherer Stelle vermerkt, sehr gute Ergebnisse. Diese wurden durch weitere Versuche an anderer Stelle bestätigt, wie aus den Vergleichszahlen der nachstehenden Tabelle ersichtlich ist. Der Rohsaft entstammte am Anfang einer diskontinuierlich arbeitenden Extraktionsanlage, später einer kontinuierlich arbeitenden R. T.-Extraktionsanlage (s. Abb. 25) und enthielt zufolge des starken Mischens in der Anlage beträchtliche Mengen feiner Rübenteilchen.

Tabelle 9a

Rohsaftfiltration über Immediumfilter (offener Filter)

Beschickung des Filters	Anthrazit
Partikelgröße	3—5 mm
Schütthöhe	1000 mm
Filtrationsgeschwindigkeit	4 m/h
Stundenleistung	0,4 Vol/l Vol Anthrazit
Totalleistung	6,0 Vol/l Vol Anthrazit
Temperatur des Saftes	50—60 °C
Feststoffgehalt des Saftes	100—150 mg/l
Druckverlust zu Anfang	0,3 m Wassersäule
Druckverlust zu Ende[1])	1,5 m Wassersäule

[1]) nach Durchlauf von 6 Vol Saft auf 1 Vol Anthrazitfüllung.

Tabelle 9b

Dauer des Versuches	Druckverlust	Feststoffgehalt des Filtrats
Anfang	60 cm	10 mg/*l*
nach 2 Stunden	65 cm	6 mg/*l*
nach 4 Stunden	75 cm	5 mg/*l*
nach 6 Stunden	90 cm	6 mg/*l*
nach 10 Stunden	110 cm	— mg/*l*
nach 12 Stunden	150 cm	15 mg/*l*
nach 15 Stunden	200 cm	10 mg/*l*

Einige weitere technische Daten über Rohsaftfiltration, bei denen ein mit Sand beschicktes Immediumfilter eingesetzt war, folgen:

Apparatur

1 Zentrifugalpumpe 30 mm ∅ — 3000 Umdrehungen pro Minute. Filterdurchmesser 500 mm, Höhe des Mediums 1600 mm. Körnung: Sand 1—3 mm.

Zugabe von Formalin in die Saugleitung vor der Zentrifugalpumpe.

Tabelle 10

Rohsaftfiltration über Immediumfilter mit Sandfüllung

Laufzeit	Druckverlust	Totalkapazität	Zugabe von Formalin
30 min	0,3 atü	600 *l*	6 *l*
60 min	0,3 atü	—	1 *l*
90 min	0,6 atü	1300 *l*	1 *l*
120 min	0,9 atü	—	1 *l*
150 min	1,1 atü	3000 *l*	1 *l*
Fortsetzung des Versuches nach einer Unterbrechung von etwa 12 Std.:			
150 min	0,6 atü	3000 *l*	2 *l*
180 min	0,3 atü	3350 *l*	1 *l*
210 min	1,3 atü	—	1 *l*
240 min	2,2 atü	—	1 *l*
270 min	2,8 atü	—	1 *l*
300 min	3,5 atü	4800 *l*	1 *l*

Mit Rücksicht auf das Fehlen einer guten Meßapparatur zeigte die Filtrationsgeschwindigkeit Schwankungen. Durchschnittsgeschwindigkeit 960 *l*, Höchstgeschwindigkeit 1200 *l*, also 5—6,3 m linear per m^2 Filterquerschnitt pro h.

Hohe Beaufschlagung des Austauschers

Die Anwendung einer hohen Beaufschlagung des Austauschers mit dem Ziel, das Absitzen der im Rohsaft enthaltenen Trübungsstoffe bzw. leicht ausflockbarer Kolloide auf dem Austauscher hintanzuhalten, findet ihre Begrenzung dadurch, daß der Ionenaustausch als Diffusionsvorgang nicht beliebig beschleunigt werden kann. Ohne Zweifel wird man schon im Interesse der Verminderung der Inversionsgefahr immer bestrebt sein, die Berührungszeit des Zuckersaftes mit dem $H^{\cdot}$-Austauscher auf ein Minimum herabzusetzen. Auch kann man ohne Zweifel durch Zurückgehen mit der Partikelgröße des Austauschermaterials — zumindest theoretisch — die Aufteilung des Flüssigkeitsstromes verbessern. Aber leider steigt dadurch auch der Filterwiderstand meist nicht unerheblich an. Um die gewünschte Filtrationsgeschwindigkeit aufrechtzuerhalten, muß dann der Filterdruck gesteigert werden, was zu einer verstärkten Pressung des Filtermaterials führt. Anwendung feiner Partikel begünstigt damit das Verkleben der Austauscherkörner zu einer kompakten Masse; dies führt zusammen mit der Schrumpfung der Filterkörner beim Beladungsspiel leicht zu Kanalbildung im Filter; d. h. man erreicht damit, statt die Perkolation zu verbessern, eher das Gegenteil.

Aufstrom

Über Vor- und Nachteile einer Filtrierung im Aufstrom ist an früherer Stelle (s. Kap. 7.1) das Wesentliche bereits gesagt.

Nebenbestandteile

Ein grundlegender Fortschritt konnte offenbar weiterhin nur erwartet werden, wenn es gelang, einen tieferen Einblick hinsichtlich des Verhaltens der Nebenbestandteile der Zuckerrohsäfte auf dem $H^{\cdot}$- bzw. OH'-Austauscher zu gewinnen. Von diesen Begleitstoffen ist hinreichend bekannt, daß sie selbst in Abhängigkeit von der Rübenqualität (Frostrüben etc.) weitgehende Schwankungen aufweisen und auch im Laufe der Verarbeitung Veränderungen unterliegen.

Verhalten der Ionenaustauscher (insbesondere in der $H^{\cdot}$- bzw. OH'-Form) gegenüber den Nebenbestandteilen von Zuckerlösungen, Pflanzensäften u. a. Organextrakten

Zuckersäfte enthalten, wie auch viele andere Pflanzensäfte bzw. Organextrakte, zumeist eine Fülle von Nebenbestandteilen verschiedenster Art; teils handelt es sich — neben anorganischen Salzen — um echt gelöste Säuren, Basen oder Ampholyte, vor allem aber auch um Kolloidstoffe. Die sich bei Berührung mit einem Ionenaustauscher abspielenden Vorgänge können, wie nachstehende Tabelle schematisch andeutet, recht verschiedener Art sein. Denn Ionenaustauscher können bekanntlich, wie bereits in den einleitenden Kapiteln dieses Buches vermerkt, je nach Zusammensetzung der aufgegebenen Lösung und den Außenbedin-

Tabelle 11. *Verhalten der Nebenbestandteile gegenüber Austauschadsorbentien*

Nebenbestandteile der Zuckerrohsäfte		Kationen ($H^{\cdot}$)- Austauscher	Anionen (OH')- Austauscher	Bindung an Allgemein-adsorbienten (Adsorber)
Anorganische Elementarelektrolyte				
Kationen	$K^{\cdot}$, $Na^{\cdot}$, $NH_4^{\cdot}$, $Ca^{\cdot\cdot}$, $Mg^{\cdot\cdot}$, Spuren $Me^{\cdot}$, $Me^{\cdot\cdot\cdot}$ usw.	Ionenaustausch		(+)
Anionen	Cl', SO_4'', PO_3''', $HSiO_3'$ usw.		Ionenaustausch	(+)
Organische	niedermolekulare Elektrolyte großmolekulare Elektrolyte			
Kationen	Aminbasen Betain, etc. verschiedene Wirkstoffe	Ionenaustausch Verdrängungs-Adsorption	Verdrängungs-Adsorption	+ +
Anionen	Oxalsäure div. org. Säuren	Austausch II Art.		
	humusähnliche Stoffe, Pektinstoffe aktivierbare Stoffe (z. B. Aldehyde oder Ketone und SO_2, Zuckerborsäure-addukte, usw.) verschiedene Wirkstoffe (Vitamine, Enzyme etc.)		Ionenaustausch z. T. Kontaktaustausch (gefolgt v. Entladung u. Flockung)	+ +
Ampholyte	Eiweißabbauprodukte Aminosäuren div. Wirkstoffe	Ionenaustausch	Ionenaustausch	+ +
	div. Kolloide mit I. P. < 7 div. Kolloide mit I. P. > 7	Kontaktaustausch: (Entladung und evtl. Flockung)	Kontaktaustausch: (gefolgt v. Entladung und evtl. Flockung)	
Organische Nichtelektrolyte				
Div. Zuckerarten und deren Abbauprodukte wie Karamelstoffe „Farbstoff" usw.		Bindung durch Wheaton-Bauman-Effekt Bindung durch Weiss-Effekt Bindung durch Quellungseffekte usw.		+ +

gungen nicht nur Ein- und Austausch von Ionen bestätigen bzw. mit Kolloiden in Kontaktaustausch zu treten, sondern sie sind auch in der Lage, gegenüber mancherlei Substanzen VAN DER WAALSsche Adsorptionskräfte auszuüben. Im übrigen wechseln im Laufe eines Beladungsspieles, wie man bei Kolonnenarbeit gut beobachten kann, die Bindungskräfte des Austauschers allmählich nicht nur gegenüber einzelnen Ionenarten (Verdrängungsadsorption), sondern auch gegenüber den sogenannten Neutralbestandteilen und Kolloidstoffen (WEISS-Effekt, WHEATON-BAUMAN-Effekt), d. h., daß Ad- und Desorption ständig nebeneinander herlaufen.

Neben Ladung und Molekülgröße wird die Intensität der Bindung wesentlich auch durch die Nebenvalenzen der verschiedenen Stoffarten mitbestimmt.

Bei Anwesenheit von Ampholyten und Kolloiden spielen pH-Verschiebungen eine wesentliche Rolle. Wie eine pH-Kontrolle der von einem H˙- bzw. OH′-Austauscher abfließenden Filtrate zeigt, ändert sich deren pH-Wert in beiden Fällen ständig in Richtung auf den Neutralpunkt (Ausflocken → Peptisation).

Bei Behandlung eines Zuckersaftes mit einem H˙-Austauscher werden z. B. anfänglich neben Eintausch von Alkali- und Erdalkaliionen auch schwächere Basen und Ampholyte, wie Aminosäuren, Betain usw., festgehalten. Bei weiterer Beaufschlagung mit der gleichen Lösung werden einige dieser Stoffe ganz oder teilweise wieder verdrängt; analoges gilt für Kolloide, Huminsäuren u. dergl., Karamelstoffe, div. Farbstoffe, die, je nachdem ihr I. P. $\lesseqgtr 7$ ist, auf dem H˙-Austauscher ausflocken oder durchlaufen. Im letzteren Falle gelangen sie auf den nachgeschalteten OH′-Austauscher, wo sie erneut festgehalten werden können. Hierdurch erklärt sich auch, daß bei Hintereinanderschaltung zweier Filter, die von gleicher oder ungleicher Art sein können, zahlreiche Stoffe je nach dem Beladungszustand der Austauscher auf dem ersten oder zweiten oder auf beiden Filtern gefunden werden bzw. angereichert sein können.

Das Phänomen der Verdrängungsadsorption wird mit Vorteil benutzt, um gewisse Nebenbestandteile anzureichern, deren Gewinnung angestrebt wird, indem man mit einem Filterpaar arbeitet. Das Austauschermaterial zur Beschickung der Filter kann dabei gleicher oder auch unterschiedlicher Art sein, gegebenenfalls sogar von entgegengesetztem Charakter.

Um ein klares Bild hierüber zu erhalten, schien es zweckmäßig, in einem praktischen Betrieb die Vorgänge auf dem H˙- bzw. OH′-Austauscher, und zwar zunächst getrennt und unabhängig voneinander, eingehend zu studieren.

Gelegenheit zur praktischen Erprobung des H˙-Austauschers allein gegenüber einem Rohsaft bot ein in der Sucrerie de Colleville (Frankreich) durchgeführter Versuch, der sich von vornherein auf die Entbasung des Rohsaftes beschränken konnte, weil ein unmittelbar zur Limonadenbereitung geeigneter Zuckersaft gewonnen werden sollte. Die Aufgabe in Colleville war u. a. auch deshalb einfacher

Tabelle 12. *Rohsaftfiltration über H˙ Austauscher*

Versuchsdaten von Colleville

Filterdurchmesser	280 mm
Filterhöhe zwischen den Boden	1200 mm
Höhe der Ionenaustauscherschicht	750 mm
Rohsaftmenge	3 Vol/Vol Austauscher/h
	13 Vol/Vol in einer Arbeitsperiode.

als etwa bei einer Vollentmineralisierung der Säfte, weil auf Inversion beim Filtrieren über den H˙-Austauscher nicht geachtet zu werden brauchte — ein gewisser Invertzuckergehalt war erwünscht. Der Rohsaft brauchte nur einen H˙-Austauscher zu passieren und war dann nach anschließender pH-Einstellung und Schönung sofort für den Verbrauch geeignet.

Einige weitere technische Einzelheiten mögen folgen.

Der Austauscher kam in der H˙-Form zur Anwendung, und zwar enthielt das Filter 50 *l* des Kationenaustauschers Imac C 12 (Polystyrolsulfonat).

Die Behandlung des Rohsaftes im H˙-Austausch erfolgte bei der vermerkten geringen Filtrationsgeschwindigkeit ohne Schwierigkeiten, ohne den Austauscher zu verkleben oder einen hohen Druckverlust zu verursachen.

Der gewaltige Reinigungseffekt deutete auf erstaunliche spezifische Wirkungen des H˙-Austauschers. Als erstes ist die hohe Qualität des Reinsaftes zu erwähnen, der nach einer leichten Schönung, wie sie z. B. auch an Apfelsaft üblich ist, unmittelbar konsumierbar war. Beachtenswert war die praktisch restlose Entfernung der Stickstoffverbindungen und Eiweißabbauprodukte, die meist einen üblen Nebengeschmack des Saftes bedingen. Der vom H˙-Austauscher abfließende Saft war nach Absetzen klar und zeigte eine nur leichte Färbung. Letzteres war jedoch nur mit Sicherheit zu erreichen, wenn der beladene Kationenaustauscher am Ende dann jeder Arbeitsperiode vor der eigentlichen Regeneration jedesmal mit einer kleinen Menge NaOH-Lösung gespült worden war, und zwar unter Einhalten einer möglichst hohen Temperatur (um 90 °C).

Der erhaltene Reinsaft wurde von vielen Seiten recht günstig beurteilt. Zweifelsohne werden in der geschilderten Weise behandelte Zuckersäfte für die Limonadenherstellung große Bedeutung gewinnen.

Da man nicht mit so raschem Erfolg gerechnet hatte, war leider nicht genügend Lagerraum zur Speicherung des gereinigten Saftes vorgesehen. Die Versuche mußten daher vorzeitig abgebrochen werden. Späterhin traten gewisse Schwierigkeiten auf, als nämlich der Rohsaft einer neuen, kontinuierlich arbeitenden Diffusionsanlage entnommen wurde. Dieser Rohsaft enthielt zuviel Festbestandteile (feine Rübenteilchen), welche die Ionenaustauscherschicht schließlich verstopften.

Den Erfolg einer Vorfilterung des Rohsaftes über ein späterhin dort erstelltes Immediumfilter zeigt die bereits (Seite 140) gegebene Tabelle.

Große Aufmerksamkeit wurde dem Vorgang der Wiederbelebung gewidmet. Dabei wurde der obere Deckel des Filters entfernt und an seiner Stelle ein offener Trichter anmontiert, damit eine gute Kontrolle des Reinigungsvorganges möglich war.

Nach Gebrauch wurde der Austauscher mit 50 *l* 6%iger Salzsäure wiederbelebt. Voraus ging jedesmal eine Vorreinigung mit etwas NaOH (30 g/*l*). Der Laugezusatz wurde so bemessen, daß nach Mischung und Aufheizen ein pH-Wert der Mischung von 10,3—11 erreicht wurde.

Bei der Entbasung von Rohsaft über einem H˙-Austauscher tritt gleichzeitig Bindung erheblicher Mengen von Nebenbestandteilen (Ampholyten und Kolloiden) ein; neben der Entbasung wird also ein bedeutender Reinigungseffekt erzielt; dieser bleibt erhalten, wenn der Austauscher vor jeder eigentlichen Wiederbelebung mit dünner heißer Lauge und Heißwasser gründlich gespült wird.

Mit den Erfolgen in Colleville war das Problem der Entmineralisierung von Rohsaft natürlich noch nicht gelöst; es war noch zu überprüfen, ob das vom H˙-Austauscher abfließende Filtrat auch ständig völlig klar gehalten werden konnte, so daß der nachgeschaltete OH˙-Austauscher nicht einem schnellen Verderb preisgegeben war.

Versuche in der Friesch-Groningen Coöperatieve Suikerfabrik in Groningen (Holland)

In derselben Kampagne lief bei der Friesch-Groningschen Zuckerfabrik in Groningen (Niederlande) eine größere Versuchsanlage zur Vollentsalzung von Rohsaft (Teilstrom), die gemäß nachstehendem Schema erfolgte:

Schema 7: Entmineralisierung von Rohsaft

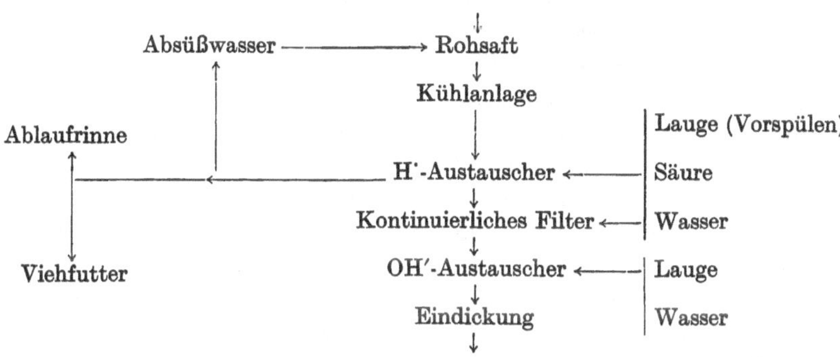

Die Anlage in Groningen war mit einer Kühlanlage ausgestattet. Dem Ionenaustauscherpaar war ein Immediumfilter vorgeschaltet. Die technischen Daten der Anlage sind folgende:

Tabelle 13a

Durchmesser des Filters	900 mm
Höhe des Filters zwischen den Böden	2800 mm
Höhe der Schicht des Ionenaustauschers	1400 mm
Kationenaustauscher Imac C 12	700 *l*
Anionenaustauscher	[kleinere Probemenge]
Rohsaftmenge	4 Vol/1 Vol Aust./h

Wiederbelebung

pro Liter Austauscher	NaOH	30 g
	H_2SO_4	60 g

Folgende Besonderheiten illustrieren das Verfahren weiterhin. Die Siebanalyse des Kationenaustauschers war:

Tabelle 13b

Korngröße	Siebanteil vom Ionenaustauscher
unter 0,2 mm	—
bis 0,3 mm	21%
bis 0,4 mm	19%
bis 0,5 mm	26%
bis 0,6 mm	24%
über 0,6 mm	10%

Man war von der Ansicht ausgegangen, der Austauscher müsse, um einen guten und sicheren Erfolg zu gewährleisten, in feiner Körnung eingesetzt werden. Bei den Versuchen stellte sich indessen heraus, daß eine gute Leistung viel eher von einer ausreichenden Berührungszeit (mäßige Filtrationsgeschwindigkeit) sowie von einer regelmäßigen und stoßlosen Perkolationsarbeit abhängt. Die Leistung innerhalb einer Arbeitsperiode konnte schließlich auf ständig über 13 Vol. Reinlösung pro Vol. Austauscher gebracht werden, ein für die Entmineralisierung von Reinsaft geringes Resultat.

Die Anlage in Groningen blieb einige Wochen in Betrieb, wobei insbesondere über die Arbeit des H˙-Austauschers weitere sehr wertvolle Erfahrungen gesammelt wurden. Eingehende Studien waren der Frage gewidmet, ob über eine längere Arbeitsperiode diese restlose Wiederbelebung möglich ist. Versuche dieser Art wurden in der nachfolgenden Campagne an anderer Stelle (Dinteloord) wiederholt und bestätigt (Abb. 26). Diese Abb. 26 gibt die pH-Titrationskurven eines entbasten Saftes nebst Vergleichsdaten von dem entsprechenden Rohsaft sowie von einem in normaler Weise gereinigten Dünnsaft wieder, der mit in die Untersuchungen einbezogen wurde. Aus den Vergleichsdaten geht einwandfrei hervor, daß vom H˙-Austauscher, wie bereits in Colleville beobachtet, erhebliche Mengen von Begleitstoffen zurückgehalten werden, insbesondere wohl Ampholyte neben ausgeflockten Kolloidstoffen sauren Charakters. Die bei den Filtraten vom H˙-Austauscher für die Hin- bzw. Rücktitration benötigten Lauge- bzw. Säuremengen sind deutlich kleiner als beim Rohsaft.

Die Reinigung des Rohsaftes durch Filtration über den H˙-Austauscher deutet auf eine gute Vorarbeit, die mit der durch das alte Saftreinigungsverfahren erzielten durchaus in Vergleich gestellt werden kann.

Gegen Ende jedes Arbeitsspiels des H˙-Austauschers ging dessen Reinigungswirkung allmählich zurück, d. h. es wurde dann ein Teil der Verunreinigungen durchgelassen oder desorbiert (Verdrängungsadsorption), die dann offenbar vom OH′-Austauscher festgehalten wurden und allmählich dessen Leistung herabsetzten[1]).

[1]) Die im Laufe eines Beladungsspieles eintretenden Veränderungen im Bindungsvermögen des H˙-Austauschers gegenüber gewissen Nebenbestandteilen der Zuckerlösung kommen

Mit dem OH'-Austauscher eine so rigorose Zwischenreinigung vorzunehmen, wie sie sich beim H'-Austauscher bewährt hatte, bzw. gar eine Behandlung mit Dampf wurde indessen nicht gewagt.

Man hätte wohl versuchen können, einen schwachbasischen Anionenaustauscher etwa vom Charakter der Kondensate aus einem primären oder besser noch tertiären aromatischen Amin einzusetzen — etwa in der HCO_3-Form (Neutralaustausch!). Anionenaustauscher dieses Typs vertragen bekanntlich (ebenso wie die auf ähnlicher Basis hergestellten Entfärbungsharze) eine Behandlung mit Naßdampf, doch hätte sich damit hinsichtlich Ökonomie des Verfahrens gegenüber dem jetzt üblichen Wege der Entmineralisierung nichts Wesentliches geändert.

Durch die Versuche in Groningen wurde der hohe Reinigungseffekt für Rohsaft, wie er bei dessen Entbasung durch Überleiten über einen H'-Austauscher bereits in Colleville festgestellt worden war, erneut bestätigt. Um die Arbeitsfähigkeit des H'-Austauschers auch in dieser Hinsicht zu erhalten, ist es wichtig, diesen vor der eigentlichen Wiederbelebung mit Säure gründlich mit dünner Lauge und Heißwasser vorzuspülen. Eine Schädigung des Austauschers durch diese Behandlung konnte innerhalb der mehrwöchentlichen Arbeitsperiode nicht festgestellt werden.

Demgegenüber ließ sich beim OH'-Austauscher eine allmähliche Verschmutzung und ein Leistungsabfall nicht genügend vermeiden; doch konnte diesem, wie schon erwähnt, eine analoge rigorose Vorbehandlung, wie sie sich beim Kationenaustauscher bewährt hatte, nicht zugemutet werden.

Die Versuchsergebnisse von Colleville und Groningen lassen sich dahin zusammenfassen, daß die Verarbeitung von Rohsaft im H'-Austausch durchaus durchführbar ist, und zwar auch unter befriedigender Volumenleistung. Der dabei erzielte ausgezeichnete Reinigungseffekt durch den Kationenaustauscher blieb über einen längeren Zeitraum erhalten.

Voraussetzung dafür ist, daß der erschöpfte Austauscher vor der eigentlichen Regenerierung einer rigorosen chemisch-mechanischen Vorreinigung mit Heißwasser und Lauge unterworfen wird.

Noch war der Beweis dafür zu bringen, daß eine gleichmäßige Reproduzierbarkeit der günstigen Ergebnisse auch gewährleistet ist, wenn Rohsäfte verschiedener Qualität und zumal aus unterschiedlichem Rübenmaterial zu verarbeiten sind. Diesem Ziel dienten weitere Versuche in der folgenden Kampagne 1965/66 in Dinteloord, die zur Entwicklung eines teilweise abgewandelten neuen Reinigungsverfahrens für Rohsäfte führte, dem „Neuen Verfahren".

---

in den pH-Titrationskurven einer Probenfolge deutlich zum Ausdruck. Vergleicht man nämlich die ein- und demselben pH-Intervall (z. B. pH 2—9) zukommenden Meßwerte für Lauge (bei der Rücktitration: Säure), so stellt man an den späteren, also einer höheren Austauscherbeladung entsprechenden Proben einen deutlichen Mehrverbrauch fest. Das läßt erkennen, daß vom frisch regenerierten H'-Austauscher offenbar zu Anfang gewisse Stoffarten (Ampholyte, ausgeflockte saure Kolloide usw.) in recht erheblichen Mengen zurückgehalten werden, daß sie aber später, d. h. gegen Ende der Laufzeit, nicht mehr in gleicher Menge aufgenommen werden oder z. T. sogar wieder desorbiert bzw. peptisiert werden; die Reinigungswirkung zeigte somit ein allmähliches Abklingen.

Neues Verfahren der Rohsaftverarbeitung durch Entalkalisierung im H$^{\cdot}$-Austausch nebst anschließender Kalkung[1])

Die bei den Versuchen in Colleville und Groningen gesammelten Erfahrungen und Beobachtungen führten den Verfasser in Weiterverfolgung bereits an früherer Stelle vermerkter Gedankengänge auf ein neues Verfahren der Verarbeitung von Rohsaft. Unter voller Ausnutzung der hohen Reinigungswirkung des H$^{\cdot}$-Austauschers und bewußtem Verzicht auf Anwendung eines OH$'$-Austauschers (d. h. unter Beschränkung auf die Entalkalisierung des Saftes) lehnt sich die anschließende weitere Verarbeitung des entbasten Saftes an die bisher bei der Zuckerindustrie zur Dünnsaftbereitung übliche Arbeitweise (Kalkung nebst Saturation usw.) an.

Im einzelnen besteht das neue Verfahren darin, daß der Rohsaft, der durch Siebung oder Filterung von mechanischen Verunreinigungen und Trübungsstoffen weitgehend befreit ist, nach Kühlung über einen Wasserstoffaustauscher vom Charakter eines Styrol-Sulfonsäureharzes geführt wird. Der entbaste Saft wird hierauf sofort mit Kalkmilch sorgfältig neutralisiert bzw. alkalisiert und sofort mit CO_2 saturiert. Danach wird auf ca. 60° aufgeheizt und von den ausgeschie-

Schema 8: „Neues Verfahren“

	Zweck der Arbeitsstufe
SO_2 → Rohsaft	Sterilisieren des Saftes
↓ Feinsiebung (bzw. Immediumfilter[2])	Klärung
↓ Kühlung (Wärmeaustauscher)	Beseitigung der Inversionsgefahr bei Übertritt auf H$^{\cdot}$-Austauscher
↓ H$^{\cdot}$-Austauscher	Entfernung der Alkaliionen, Aminbasen etc. sowie div. Kolloidbestandteile des Saftes
↓ 1. Kalkung und Saturation	Neutralisation des Saftes
↓ ← Aufheizen	Ausfällen von Oxalaten, Phosphaten etc.
1. Filtration	
↓ 2. (Nach)kalkung und Saturieren	Vermeiden von Steinansatz im Eindicker
↓ ← Aufheizen auf 100°C	
2. (Fein)-Filtration	
↓ Eindicken	
↓ Dicksaft etc.	

1) s. a. die Veröffentlichung des Autors in der „Z. Zuckerind.“, **16** (1966), 439–443

2) Rohsaft von der diskontinuierlich arbeitenden Extraktionsanlage

denen Niederschlägen und Verunreinigungen durch Filtration über Filtertuch abgetrennt. Alsdann erfolgt Eindicken des Reinsaftes in üblicher Weise.

Das nebenstehende Schema mag das Verfahren im einzelnen illustrieren.

Ein wesentlicher Punkt des Verfahrens besteht darin, den H˙-Austauscher nach Erschöpfung mit Heißwasser bzw. Dampf und dünner Lauge vorzureinigen, bevor die eigentliche Wiederbelebung mit verdünnter Salz- bzw. Schwefelsäure vorgenommen wird.

Zur praktischen Erprobung des Verfahrens in der nächsten Kampagne bot die Zuckerfabrik zu Dinteloord günstige Voraussetzungen. Die Versuchsanlage wurde deshalb von Groningen nach Dinteloord überführt, dort neu installiert und beschickt.

Das Ziel, das sich der Autor bei diesen Versuchen setzte, war es, die früher und unter unterschiedlichen Arbeitsbedingungen erzielten Erfolge zu reproduzieren und zu einem zuverlässigen Verfahren auszugestalten, das auch technisch-wirtschaftlich tragbar ist.

Hierzu gehörte u. a., daß in der einzelnen Arbeitsperiode auch eine genügend große Menge an Reinsaft geliefert wurde. Angestrebt wurde, 15 Volumina klaren Saftes zu erhalten, ein Ziel, das inzwischen völlig erreicht und sogar erheblich überschritten (25 Vol. Reinlösung/1 Vol. Austauscher) worden ist.

Tabelle 14. *Versuche in Dinteloord*

Apparaturdaten von Dinteloord[1])

Filterdurchmesser	900 mm
Filterhöhe zwischen den Böden	2800 mm
Höhe der Ionenaustauscherschicht im Kationenfilter	1400 mm
Füllung: Menge Austauschertyp,	1000 *l* Austauscher Imac C 12[2])
Rohsaftmenge	5 Vol/Vol Austauscher/h
Rohsaftmenge in einer Laufzeit	25 Vol total/Vol Austauscher

Die Kühlvorrichtung hatte 12 m² Oberfläche.

Folgende Besonderheiten illustrieren das Verfahren weiterhin:

Siebanalyse des Kationenaustauschers:

Korngröße in mm	Anteile des Ionenaustauschers in %
<0,2	2
0,2—0,4	20
0,4—0,6	30
0,6—0,8	33
0,8—1	11
>1	4

[1]) Die Austauscherfilter waren identisch mit den in Groningen benutzten

[2]) bzw. Imac C 16 P

Aufwand an Wiederbelebungsmitteln:

NaOH	20 g/l Austauscher
HCl	70 g/l Austauscher.

Die Weiterverarbeitung des entkationisierten Saftes wurde in einer kleinen Versuchsanlage durchgeführt, woselbst zum Vergleich auch in üblicher Weise behandelter Rohsaft verarbeitet werden konnte.

Die näheren Arbeitsbedingungen waren die folgenden:

Die Filtration des vorfiltrierten und bis auf 12 °C[1]) gekühlten Rohsaftes über den H˙-Austauscher fand mit einer Geschwindigkeit von 4—6 Volumen Rohsaft/Volumen Imac C 12/pro Stunde statt; total wurden in einer Arbeitsperiode 20 bis 23 Volumina filtriert, eine Menge, die auch bei der üblichen Entmineralisierung normal ist.

Die austretende Flüssigkeit wurde sofort mit Kalkmilch (250 g CaO/l) gesättigt. Unter diesen Umständen ist von Neubildung von Invertzucker kaum die Rede. Der Vorgang der Entkationisierung im H˙-Austausch gleicht durchaus dem beim üblichen Entmineralisierungsverfahren. Ungewöhnlich ist aber die Wiederbelebung des Kationenaustauschers (s. w. u.).

Kalkung des entbasten Saftes

Bei der Kalkung des entbasten Saftes kann man sich etwa an die bei den üblichen Kalkungs- und Saturationsverfahren gebräuchlichen Bedingungen halten, wie sie schon in den Eingangs-Kapiteln behandelt sind. Jedoch ist folgende Beschränkung geboten: Der Saft soll niemals gleichzeitig hoher Alkalität und hoher Temperatur ausgesetzt werden.

Nachstehend noch einige Hinweise zur Durchführung der Kalkung, wie sie sich bei unserer halbtechnischen Arbeit gut bewährte.

Zu dem kalten, entkationisierten Rohsaft läßt man — wie erwähnt, unmittelbar beim Austritt aus dem H˙-Austauscher — sofort Kalkmilch von 20 Bé zufließen. Von dem durchgemischten Saft wird immer eine bestimmte Menge auf den gewünschten CaO-Gehalt gebracht und dann sofort mit CO_2 bis zu schwachroter Phenolphthalin-Alkalität saturiert. Danach wird auf 55—65 °C aufgeheizt und über Filtertuch filtriert.

Der CaO-Zusatz variiert mit der Qualität der verarbeiteten Rüben; gefrorene und danach aufgetaute Rüben erfordern selbstverständlich mehr Kalk. Falls man gut gereinigte, weitgehend entfärbte Säfte erhalten will, muß man etwas mehr Kalk zusetzen. Jedenfalls kommt man — wie sich bei den Versuchen in Dinteloord immer wieder bestätigte — bei dem „Neuen Verfahren“ mit viel

[1]) Um einer Inversion vorzubeugen bzw. sie zu beschränken, ist es bekanntlich ratsam, den Saft vorzukühlen, am besten bis unter 12 °C. Dies ist auch deshalb zu empfehlen, weil es falsch sein würde, den gleichen Zweck durch eine Herabsetzung der Berührungszeit von Zuckersaft und Austauscher erreichen zu wollen, wie wünschenswert die Verbilligung durch Verkleinerung der Anlage auch sein würde.

weniger Kalk aus als beim gewöhnlichen Verfahren, bei dem nur eine gute Filtrierfähigkeit des Saftes angestrebt wird.

Die in Dinteloord nach dem neuen Verfahren erzielten Reinsäfte waren wenig gefärbt. Der Reinheitsquotient erfährt bei dem Verfahren eine erhebliche Steigerung. Damit ergibt sich zugleich eine wesentliche Erhöhung der Zuckerausbeute. Bemerkenswert ist u. a. die Entfernung einer großen Menge von Stickstoffverbindungen und Eiweißabbauprodukten, die bekanntlich meist einen üblen Nebengeschmack bedingen.

Wiederbelebung des H˙-Austauschers

Vor der eigentlichen Regenerierung mit Salz- oder Schwefelsäure wird der Kationenaustauscher mit heißem Wasser behandelt und nach beendeter Spülung mit heißer NaOH-Lösung gereinigt. Dies sind — wie sich herausstellte — sehr notwendige Manipulationen, um die großen Mengen von Kolloiden, Farbstoffen und anderer organischer Verunreinigungen zu entfernen, die vom H˙-Austauscher festgehalten werden, Heißwasser und Lauge werden mit einer Temperatur um 90 °C über den Kationenaustauscher geleitet; eventuell wird zu Anfang der Waschphase einige Minuten gekocht. Bei dieser hohen Temperatur verläuft der ganze Reinigungsprozeß sehr schnell; es folgt die übliche Säureregenerierung. Der gesamte Wiederbelebungsprozeß einschließlich Säureregeneration, welche unter allmählichem Erkalten stattfindet, und der üblichen Nachspülung mit kaltem Wasser dauert ca. 2,5 Stunden.

Schema 9: Wiederbelebung des H˙-Ionenaustauschers

Die Pfeile am rechten Rand geben die Durchflußrichtung an; von oben nach unten bzw. von unten nach oben.

1. Abwasser, eventuell Rückgewinnung wertvoller Stoffe
2. Abwasser und/oder Regenerations-Abläufe, eventuell Rückgewinnung wertvoller Stoffe

Absüßwasser ←	erschöpfter Kationenaustauscher	← Wasser	↓
	↓ Abdrücken	← Luft	↓
1. ←	↓ Kochen	← heißes Wasser ← Dampf	↑
	↓ Abdrücken	← Luft	↓
	↓ Kochen	← Lauge ← Dampf	↑
Abwasser ←	↓ Auswaschen	← heißes Wasser ← kaltes Wasser	↓
2.	↓ Regeneration	← Säure ← Wasser	↓
	↓ Wiederbelebter Kationenaustauscher		

Beim Aufkochen kann erhebliche Schaumbildung auftreten, die Verluste an Austauschermaterial zur Folge haben kann. Zur Vermeidung dieses Übels kann gleichzeitig mit dem Dampf unter dem Austauscher Luft zugesetzt werden, oder man fügt eine geringe Menge eines Schaumbekämpfungsmittels bei.

Die Gefahr des Überschäumens vermeidet man am besten auf folgende Weise:

Die über dem erschöpften, abgesüßten und vorgewaschenen Ionenaustauscher stehende Flüssigkeit senkt man auf konstantes Niveau 1m unter der Oberfläche. Alsdann wird bei geöffnetem Deckel von unten langsam Dampf zugelassen, und zwar so, daß dieser erst nach 25 bis 30 Min. oben austritt. Diese Manipulation ist wichtig, um einem „thermal shock" vorzubeugen und der meist stark verklumpten Austauschermasse Zeit und Gelegenheit zum Aufweichen zu geben. Erst dann wird die ganze Masse mittels Heißwasser, Dampf und evtl. unter Zusatz von Luft lebhaft durchgespült und in ca. 20 Min. reingespült. Anschließend wird das Wasser wieder bis unmittelbar unter die Oberfläche des Austauschers abgelassen, sodann die kleine Menge konzentrierte Natronlauge unten zugesetzt, von neuem gekocht — die Kochflüssigkeit soll dann einen pH-Wert um 11 haben — und schließlich wieder mit heißem Wasser gereinigt. Der alkalische, viel färbende Bestandteile enthaltende Ablauf muß sehr sorgfältig ausgewaschen werden. Erst dann folgte die eigentliche Regeneration mit 10%iger HCl-Lösung und Auswaschen derselben mit kaltem Wasser in üblicher Weise.

Die Abwässer von der ersten Kochung sowie vom Kochen mit Lauge enthalten erhebliche Mengen von Verunreinigungen in fester wie gelöster Form, darunter auch eiweißhaltige Produkte, ferner Ammoniak, Farbstoffe usw. Der von der Kochflüssigkeit durch Absitzenlassen oder Abfiltrieren leicht abtrennbare Schmutz enthielt ca. 40% Eiweiß auf Feststoffgehalt berechnet. Es dürfte übrigens eine lohnende Aufgabe sein, zu versuchen, die Nebenprodukte des Rübenextraktes in noch unzerstörter Form zu gewinnen und zu diesem Zwecke ihrer Eigenart angepaßte Reinigungsmethoden zu entwickeln. Hier liegt noch ein weites Feld für künftige Untersuchungen.

Selbstverständlich stellt eine derartige gründliche und energische Regeneration hohe Ansprüche an den Kationenaustauscher, der im Laufe einer Kampagne vielmals einem solchen thermischen und osmotischen „Schock" ausgesetzt wird. Es konnte aber festgestellt werden, daß Kationenaustauscher vom Polystyrolsulfonattyp bei spannungsfreier Struktur (insbesondere poröse Produkte) durchaus diese Behandlung aushalten, was man früher wohl für unmöglich erachtet hätte.[1])

Biologische Faktoren

Wichtig ist, bei dem Verfahren auch auf die biologischen Faktoren zu achten, und es ist auch in dieser Hinsicht eine ständige Kontrolle angezeigt. Um gute und klare Säfte zu erzielen, müssen biologische Reaktionen im Saft unbedingt ver-

---

[1]) Am Ende der Kampagne zeigte sich, daß die kugelförmigen Austauscherpartikel praktisch nicht geschädigt waren, auch war keinerlei Abnahme der Totalkapazität noch der Stundenleistung feststellbar; auch ließen sich in der Austauschermasse keinerlei Spuren von Stickstoffverbindungen nachweisen.

mieden werden. Entbaste Säfte, die von nicht steril gehaltenen Filtern abfließen, sehen trübe aus und sind dann schwierig weiter zu verarbeiten. Wie die Praxis zeigt, kann durch Mikroorganismen ein erheblicher Verderb der Säfte ausgelöst werden. Nester von Mikroorganismen können sich vor allem in Abzweigungen des Rohrnetzes bilden, wie z. B. in der Saugleitung zur Zentrifugalpumpe, die den Rohsaft zum Austauscher führt, oder auch in der Filtermasse ansetzen. Eine ständige Desinfektion ist hier am Platze.

Es kann als bekannt gelten, daß Mikroorganismen, die unter ungünstige Bedingungen geraten, sich gern durch eine Schleimhülle schützen. Eine rigorose Reinigung des Austauschers nach Gebrauch und zumal nach Betriebspausen ist daher unerläßlich.

Betriebskontrollen

Wichtig für ein dauerndes gutes Ergebnis sind Kontrollanalysen des Saftes durch Ermittlung der pH-Titrationskurve des Reinsaftes. Die pH-Titration wird in nachstehender Weise durchgeführt:

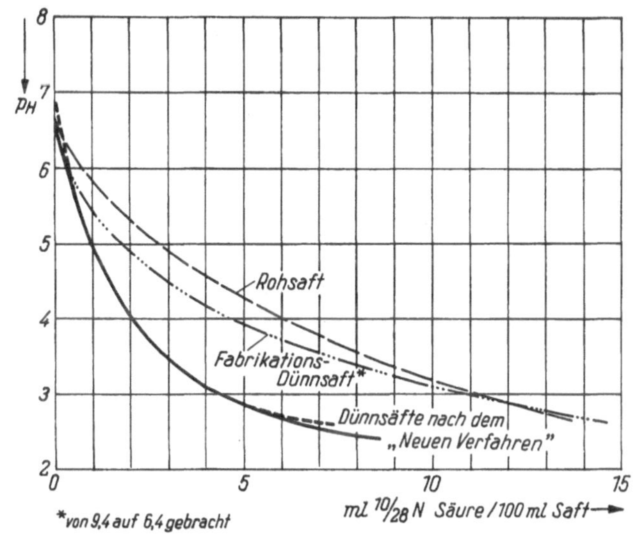

Abb. 26. Versuche in Dinteloord mit Rübensäften nach Kalkung und Saturation; pH-Titrationskurven

100 ml des Saftes werden mit 10/28 N Lauge- bzw. Säurelösung titriert bzw. zurücktitriert, wobei meist nicht über pH 7 bzw. pH 2,2 hinausgegangen wird. Nach jedem der portionsweise erfolgenden Zusätze zur Lösung wird der pH-Wert festgestellt; diese fraktionsweise Zugabe soll in nicht zu großen Mengen erfolgen. Dicksaft oder andere Zuckerlösungen, die zu den Untersuchungen herangezogen werden, müssen zuvor auf Dünnsaftkonzentration gebracht werden.

Tabelle 15 bringt einige Daten für nach dem „Neuen Verfahren" gewonnenen Reinsaft (Dünnsaft) nebst Vergleichsdaten für Rohsaft, welche deutlich die Erfolge des Verfahrens in Dinteloord zeigen. Den nach dem neuen Verfahren erzielten hohen Reinigungseffekt erkennt man deutlich bei Betrachtung der in Abb. 26 wiedergegebenen pH-Titrationskurven (Säureschwund).[1])

Tabelle 15

pH-Titration des Rohsaftes und des Dünnsaftes der Fabrik

(Zusatz an 10/28 N Säure- oder Lauge-Lösung/100 m*l* Saft	Rohsaft pH	Dünnsaft pH
Ohne Zusatz	6,4	9,4 auf 6,4 gebracht
5 m*l*	4,3	3,9
6 m*l*	4,1	3,8
7 m*l*	3,9	3,6
8 m*l*	3,6	3,5
9 m*l*	3,4	3,3
10 m*l*	3,2	3,1
11 m*l*	3	3
12 m*l*	2,9	2,9
13 m*l*	2,8	2,8

Tabelle 16

pH-Titration des nach dem „Neuen Verfahren" erhaltenen Dünnsaftes

Zusatz	pH-Muster 1	pH-Muster 2
Ohne Zusatz	6,8	6,6
5 m*l*	2,9	2,9
6 m*l*	2,8	2,8
7 m*l*	2,6	2,7
8 m*l*	2,5	—

Inzwischen wurden nach dem „Neuen Verfahren" weitere schöne Erfolge erzielt, wie die nachstehenden Daten im einzelnen zeigen. Die Beurteilung der erhaltenen Säfte und Sirupe erfolgte durch das Labor des „Groupement Technique de Suereries" unter Leitung von GENOTELLE in Paris, und ist als unmittelbarer Abdruck des französischen Originals beigefügt:

[1]) Neben dem „Säureschwund" lassen die pH-Kurven meist einen deutlichen „Alkalischwund" erkennen; offenbar werden bei dem H·-Austausch nebst anschließender Kalkung nicht nur div. Säuren (Phosphorsäure, Oxalsäure usw.), sondern auch bedeutende Mengen Ampholyte entfernt.

A la réception des produits (19 kg de sirop à 97 de pureté et 6 kg d'un produit à 93 de pureté) ne portant aucune mention spéciale, le travail consistait à cristalliser au maximum pour aboutir à une mélasse. Les deux produits n'étant pas de même pureté, il a semblé préférable de ne pas les mélangor. Il y a done eu cristallisation, en parallèle, de ces deux sirops.

L'analyse du premier sirop a donné les résultats siuvants:

Brix réfractométrique	64,2
Pureté réfractométrique	96,9
CaO % g	344 mg
K % g	6 mg
Na % g	3 mg
Cendres sulfatées % g	837 mg
Quotient MO/C sulfatées	1,10
Quotient salin	73,4
Réducteurs % g	305 mg
pH	8,1
Coloration % Bx	104

Une série de cuissons successives en cuite de micro-usine a donné en quatre jets:

(du sirop A)	Masse-cuite	Egout
Brix	94,95	84,50
Pureté	88,85	44,29
NS/E	3,04	—

Le même traitement appliqué au second échantillon de sirop (de pureté 93) a donné comme résultat final:

(du sirop B)	Masse-cuite	Egout
Brix	93,60	86,80
Pureté	78,61	52,41
NS/E	3,13	—

Résultats d'essais concernant le sirop adressé par la Société IMACTI d'Amsterdam Décembre 1966:

Sirop recu: environ 24 kg

Analyse: Brix réfract.: 65,5

Sucre %: 63

Pureté: 96,1

Ce sirop a été soumis à plusieurs jets de cristallisation.

1er jet (8 microcuites)

Durèe cuisson 3 heures à partir du grainage
Température de cuisson 80°C
Brix masse-cuite: 91,5
Pureté masse-cuite: 91,1
Egout pauvre: Pureté 80,76
soit un rendement de cristallisation de 56,6% kg.

2me jet (3 microcuites)

Brix masse-cuite: 92,0
Pureté masse-cuite: 89,8
Durée de cuisson: 4 heures
suivie d'un malaxage de 7 heures jusqu'a 45 °C
Pureté égout pauvre: 73,4
d'où rendement de 56,5%

3me jet: les solubilités mesurées au laboratoire sont nettement plus basses que celles donnés par la table de GRUT. Pour un travail aboutissant à un rendement de cristallisation de l'ordre de 50% pour la pureté de masse-cuite de 73,4, la pureté de la mélasse obtenable industriellement serait de l'ordre de 45

La quantité de sucre-mélasse pour des betteraves à 17% de richesse serait de l'ordre de:

$$Sm = (17{,}0-0{,}5) \times \frac{45}{100-45} \times \frac{100-96{,}1}{96{,}1} = 0{,}55\%$$ betteraves chiffre très favorable, du même ordre de grandeur que celui trouvé l'an dernier.

Le travail de ces sirops en cristallisation n'offre pas de difficultés, la fluidité des produits semble plutôt plus favorable que pour les produits habituels, et leur aptitude à la cristallisation semble très bonne.

Etant donné le bon équisement des arrière-produits on peut atteindre une faible valeur pour le suere-mélasse final. En supposant des betteraves à 17,0 de richesse, une porte totale de fabrication de 1%, une pureté normale du jus de Réme carbonation de 92,5, on aboutirait au sucre-mélasse ci-après:

a) pour une épuration calco-carbonique normale:

$$\text{Sucre mélasse} = (17-1) \times \frac{60}{100-60} \times \frac{100-92{,}5}{92{,}5} = 1{,}94$$

b) pour l'épuration IMACTI:

$$\text{Sucre mélasse} = (17-1) \times \frac{45}{100-45} \times \frac{100-96{,}9}{96{,}9} = 0{,}42.$$

soit un gain d'environ 78% sur le mélasse-mélasse habituel.

Versuche mit Rohrrohsaft in Malaga

Nachdem die Versuche in Dinteloord mit Rübenrohsaft nach dem „Neuen Verfahren" während der ganzen Kampagne regelmäßig und störungsfrei gelaufen waren, wurde das Verfahren im Mai 1965 in der Zuckerfabrik Hispania zu Malaga mit Rohrsaft erprobt. Da sich das „Neue Verfahren" von vornherein bezüglich der Behandlung der Säfte an die milden, bei der Rohrsaftverarbeitung üblichen Bedingungen hielt, insbesondere hohe Alkalitäten und ihr Zusammentreffen mit hohen Temperaturen vermied, die einen Abbau des Invertzuckers bewirken und die Nachbildung organischer Säuren begünstigen, war die unmittelbare Übertragung ohne weiteres gegeben.

Die Ergebnisse waren ähnlich günstig wie in Dinteloord, wie im einzelnen Tabellen 17 und Abb. 27 und 26 zeigen. Anstatt bisher 4% Melasse, auf den Zuckerinhalt von Rüben und Rohr berechnet, entfielen auch hier nur 1,3% Melasse. Die nach dem Verfahren gewonnenen Säfte zeichneten sich zudem durch eine bemerkenswert hohe Kristallisationsfähigkeit aus.

Tabelle 17 a

pH-Titration von Rohsäften
pH-Titration des Rohsaftes Bx 13 (15. Mai 1965)

Zusatz an 10/28 N Säure- oder Laugelösung/100 ml Saft		pH
Lauge	8 ml	9,1
	4 ml	7
	ohne Zusatz	5,4
Säure	4 ml	4
	8 ml	3
	12 ml	2,5

Tabelle 17b

pH-Titration des Dünnsaftes (17. Mai 1965)

Zusatz an 10/28 N Säure/100 ml Saft	pH
ohne Zusatz	6,2
2 ml	4,5
4 ml	4,1
6 ml	4
10 ml	3,5
14 ml	2,7
18 ml	2,5

Tabelle 17 c

pH-Titration des Dünnsaftes, nach dem „Neuen Verfahren" erhalten
(0,5% CaO auf Saft)

Zusatz an 10/28 N Säure/100 ml Saft	pH Muster 1	pH Muster 2	pH Muster 3	pH Muster 4
—	6,5	6	6	7
2 ml	4,8	4,2	4,2	4,6
4 ml	3,5	3	3	3,4
6 ml	2,7	2,5	2,4	2,5

Bei Muster 2 und 4 sind die bei 60°C gesättigten Lösungen nachher auf 100°C gebracht worden.

Ein detailliertes Arbeitsbeispiel für das „Neue Verfahren“ möge die vorstehende Darstellung abschließen:

Arbeitsbeispiel einer Saftreinigung im H˙-Austausch mit anschließender Kalkung: Ein Rübenzucker-Diffusionssaft von einem RQ von 89 und 14 Brix wird in kontinuierlicher Arbeitsweise mit schwefliger Säure versetzt (50—100 g SO_2/1000 *l* Saft) und anschließend in einem Kühlsystem auf 10 °C abgekühlt. Der

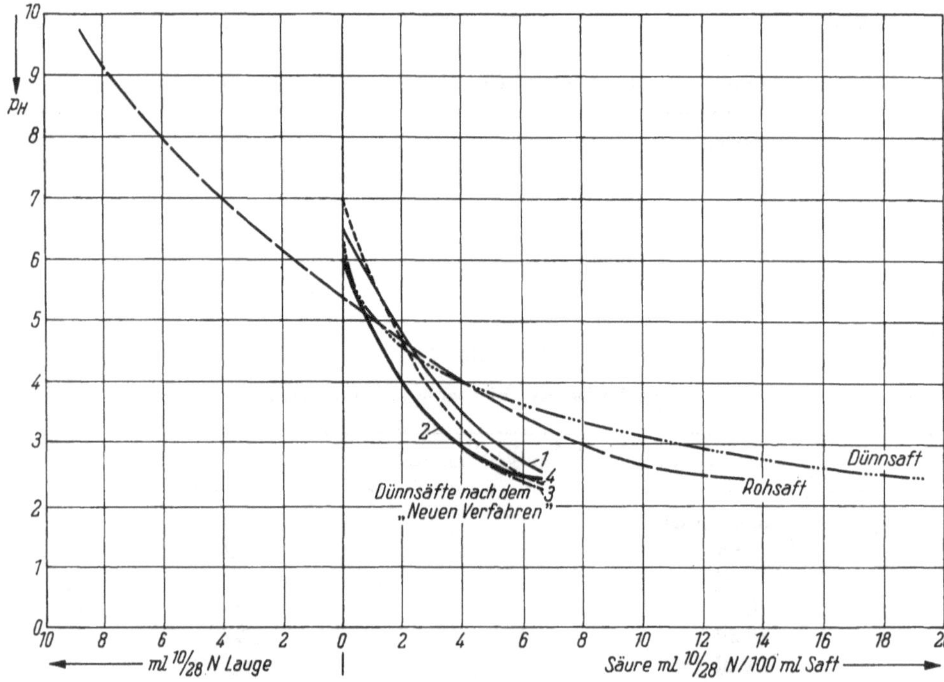

Abb. 27. Versuche mit Rohrsäften bei Hispania (Malaga); pH-Titrationskurven

sterilisierte und gekühlte Saft wird zur Entbasung von oben her einem Kationenaustauscherfilter zugeführt, das mit einem hochtemperaturbeständigem, feinkörnigem, starksaurem Austauschermaterial beschickt ist (Styrolsulfonat in Kugelform, Durchmesser 1,1—0,3 mm, z. B. IMAC C 12 (Geltyp) oder IMAC C 16 P (poröser Typ) —, größtenteils in der H˙-Form vorliegend. Die stündliche Filtratmenge soll nicht mehr als 4 bis 5 Vol. Saft je Vol. Austauscher betragen und die über die Filtereinheit gegebene Gesamtmenge an Rohsaft 20 bis 25 Vol. Saft je Vol. Austauscher nicht übersteigen. Das erschöpfte Filter wird dann abgeschaltet und die Saftzufuhr auf ein zweites, gleichartiges, frisches H˙-Austauscherfilter umgestellt.

Das Perkolat, welches mit einem pH von 2 bis 2,5 vom Filter abfließt, läuft einem Mischtrog zu, in dem es mit Kalkmilch verrührt wird. Der Zufluß wird so eingestellt, daß die zugefügte Kalkmenge ca. 6 kg je 1000 *l* Saft beträgt.[1])

Zugleich wird auf 60° aufgeheizt. Anschließend wird Kohlendioxyd zugeleitet, bis der pH-Wert 8,2 beträgt. Sodann wird der Saft einer Filterpresse zugeführt. Das Filtrat ist nur noch schwach gefärbt und weist einen RQ von 96,5 auf bei 12,2 Brix. Sein Säuregehalt ist auf 60% des Ausgangswertes abgesunken. An Mineralstoffen enthält der Saft praktisch nur noch Kalksalze.

Für den Praktiker seien noch einige Bemerkungen zu dem Arbeitsbeispiel angefügt:

a) Daß das Filtrat nach dem Kationenaustauscher allmählich trüb wird, braucht man kaum zu beachten; wichtig ist nur, den pH-Wert von 2 bis 2,5 nicht zu überschreiten. Diese Trübstoffe sinken eigentümlicherweise gut ab und lassen sich ohne weiteres auch gut abfiltrieren. Dies gilt auch für ihre Verwertung zur Bereitung von Frischgetränken aus Säften dieser Art, auf die wir unten noch des näheren zukommen. Auch lassen sie sich bei einem pH = ca. 2 einlagern.

b) Die mechanische und chemische Widerstandsfähigkeit des Kationenaustauschers gegenüber den rigorosen Bedingungen der Vorreinigung ist eine notwendige Voraussetzung für das vorliegende Verfahren, denen die heute vom Handel zur Verfügung gestellten Styrolsulfonate durchaus genügen.

c) Das Auftreten von Steinbelag auf den Heizflächen des Safteindickers beim Eindampfen des nach dem „Neuen Verfahren" erhaltenen Saftes nach Kalkung, Saturation und Filtration ist nicht zu befürchten, sofern nur beachtet wird, daß der Saft vor der letzten Filtration auf 95 °C aufgeheizt worden ist.

d) Bei der ersten Kalkung, Saturation und anschließenden Filtration, die der Entfernung der Trübungsstoffe dient, geht man zweckmäßig mit der Temperatur nicht so hoch, da letztere ziemlich temperaturempfindlich sind.

Dieser Reinsaft wird in üblicher Weise konzentriert und zur Kristallisation gebracht. Er zeichnet sich durch eine besonders gute Kristallisationsfähigkeit aus. Nur 3,8% des Zuckergehaltes der Rübe verbleiben in der Melasse — gegenüber 11% bei dem üblichen Verfahren.

Die Wiederbelebung des erschöpften Kationenaustauscherfilters geschieht in folgender Weise: Das Filter wird mit Wasser in bekannter Weise abgesüßt; sodann wird der Behälter durch Öffnen des Bodenventils weitgehend von Flüssigkeit entleert (letzteres ist wichtig, um bei der nachfolgenden Behandlung ein Überfließen von Schaum zu vermeiden). Sodann wird von unterhalb der Filterstützplatte Dampf zugeleitet, so daß der Filterinhalt unter gleichzeitiger Auflockerung bis nahezu zum Kochen kommt (90°); nunmehr wird mit Heißwasser bis 90 °C gespült, bis der Überlauf[2]) klar abläuft. Sodann werden von unten 18—20 kg NaOH/1000 *l* Austauscher aufgegeben und weiter im Aufstrom mit

---

[1]) Der gesamte Kalkverbrauch kann auf etwa 5 kg/1000 *l* Rohsaft gesenkt werden, sofern die Kalkung nebst Saturation in 2 Arbeitsstufen mit dazwischengeschalteter Filtration durchgeführt wird. Den nach der 2. Kalkung erhaltenen Filtrationsschlamm setzt man zweckmäßig beim 1. Kalkungsansatz zu.

[2]) Die heißen dunklen Spülwässer enthalten wertvolle Eiweißstoffe und Eiweißabbauprodukte, so daß deren Gewinnung lohnend sein kann.

Dampf und Luft gerührt. Die Temperatur steigt dabei auf 95°. Dann wird erneut mit Heißwasser im Aufstrom gewaschen, bis auch dieser Ablauf[1]) klar abläuft.

Erst anschließend kann die eigentliche Regenerierung des Austauschers mit Säure in üblicher Weise erfolgen. Man gibt zu diesem Zwecke 700 *l* 10%ige Salzsäure/1000 *l* Austauscher von oben her auf das Harz. Im Interesse der Säureersparnis empfiehlt es sich, 2stufig zu arbeiten. Der Abfluß von der ersten Säurefüllung wird in diesem Falle verworfen, der zweite Ablauf zurückgestellt und zur Vorregenerierung des nächsten Filters verwendet. Nach Auswaschen mit kaltem Wasser ist das Filter wieder voll gebrauchsfähig und läßt selbst im Laufe eines vielmaligen Einsatzes keinen Leistungsabfall erkennen.

Die vorstehend beschriebene Arbeitsweise setzt einen Rohsaft voraus, der frei von groben, unlöslichen Schwebestoffen ist. Rohsäfte der älteren Batterieextraktionsanlagen, die bekanntlich die Schnitzel in Ruhe laugen, ergeben keinerlei Schwierigkeiten.

Anders verhalten sich die Rohsäfte von manchen modernen, kontinuierlich arbeitenden Anlagen, bei denen die Schnitzel während der Laugung stark bewegt werden, so daß ein erheblicher Abrieb erfolgt, der vom abfließenden Rohsaft mitgeführt wird. Diese von der Schnitzeloberfläche abgeriebenen Zellmassen würden ein Ionenaustauscherbett restlos verstopfen. Zur Entfernung dieser Schwebestoffe schickt man den Rohsaft zunächst über ein Immediumfilter, das mit einer Kiesfüllung von 3 mm beschickt ist. Der von diesem abfließende Saft ist dann soweit geklärt, daß er ohne Gefahr rascher Verschmutzung des Austauschers und einer Filterverstopfung einem Ionenaustauscherfilter zugeleitet und — wie oben erwähnt — verarbeitet werden kann.

In analoger Weise — wie oben für einen Rübendiffusionssaft beschrieben — kann auch der Preßsaft von Zuckerrohr verarbeitet werden. Das Ergebnis ist auch hier recht günstig. Anstatt eines Zuckerverlustes von ca. 12% bei dem heute üblichen Verfahren gehen nur 4% des im Zuckerrohr enthaltenen Zuckers in die Melasse.

8.3. Bereitung von Frischgetränken

Der über einen $H^{\cdot}$-Austauscher gemäß dem vorstehenden Beispiel entbaste und von Nebenbestandteilen weitgehend gereinigte Rohzuckersaft kann unmittelbar zur Bereitung von Frischgetränken eingesetzt werden. Es liegt auf der Hand, daß Säfte, die für diesen Zweck verwertet werden sollen, insbesondere der Forderung genügen müssen, wohlschmeckend und von angenehmen Geruch zu sein. Ferner sollen sie auch möglichst klar sein. Ersteres setzt eine jeweils mit besonderer Sorgfalt durchgeführte Vorbehandlung des Kationenaustauschers (wie oben vermerkt mit Heißwasser, Lauge und Dampf) voraus, die vor der eigentlichen Wiederbelebung mit Säure durchzuführen ist.

---

[1]) Die heißen dunklen Spülwasser enthalten wertvolle Eiweißstoffe und Eiweißabbauprodukte, so daß deren Gewinnung lohnend sein kann.

Ferner wähle man einen Kationenaustauscher nicht zu grober Körnung. Auch eine zu hohe Perkulationsgeschwindigkeit muß vermieden werden; denn beides kann Geruch und Geschmack in nachteiliger Weise beeinflussen. Gegebenenfalls ist bei der üblichen Schönung eine Feinfiltration einzuschalten.

Arbeitsbeispiel: Über den größtenteils mit H˙-Ionen beladenen Kationenaustauscher führt man von oben nach unten Rohsaft einer Rübenextraktionsbatterie. Der Saft braucht in diesem Falle nicht gekühlt zu werden. Sofern daraus ein Getränk mit hohem Invertzuckergehalt bereitet werden soll, kann sogar vorheriges Erwärmen am Platze sein. Über 1 Vol. des H˙-Austauschers läßt man stündlich etwa 4 Vol. Rohsaft passieren, insgesamt nicht mehr als 16 Vol. Der perkulierte Saft zeigt einen pH-Wert um 2. Er kann ohne weiteres und ohne Verderb befürchten zu müssen, in rostfreien Behältern gespeichert werden, wenn auch etwas Sediment sich absetzt, das zweckmäßig — erst unmittelbar vor der Verwendung abfiltriert wird und sich gut filtrierbar zeigt. Nach der Feinfiltration stellt man auf pH 3,5 ein, füllt in Flaschen und sterilisiert.

Auch eine Mischung des Frischgetränkes mit anderen Säften ist durchaus durchführbar. Gegebenenfalls können auch weitere Pflanzensäfte zugesetzt werden, wie sie heute oft als gesundheitsfördernd empfohlen werden.

Die oben erwähnte, vor der Schönung übliche Feinfiltration wird man je nach Art der beizumischenden Säfte vor oder nach der Mischung vornehmen. Anwesenheit schädlicher Metallspuren kann eine nochmalige Filtration über einen H˙-Austauscher erforderlich machen. Diese wird man zweckmäßig zugleich benutzen, um das Mischgetränk auf den gewünschten pH-Wert einzustellen.

Die Frischgetränkeindustrie hat sich in den letzten Jahren bekanntlich enorm entwickelt, wobei sie den unterschiedlichen Wünschen der verschiedenen Kunden und Spezialwünschen je nach Örtlichkeit genügen muß, was bei fachmännischer Arbeitsweise bekanntlich keine besondere Schwierigkeit bereitet.

Bemerkt sei noch, daß sich der entbaste Rohsaft bei dem niedrigen pH-Wert recht gut eindicken läßt, ohne daß dabei Störung durch Schaumbildung zu befürchten ist oder eine Verfärbung eintritt, eine für die Speicherung in größerer Menge und für den Transport wichtige Eigenschaft.

Der Saft läßt sich übrigens nach Einstellung auf pH 3 auch zur Weinbereitung verwerten.

Zusammenfassung

Das vom Autor erdachte „Neue Verfahren“ der Verarbeitung von Rohsaft ist gekennzeichnet durch Entbasung des Saftes über einem H˙-Austauscher vom Styrolsulfonattyp mit anschließender sofortiger Neutralisierung des von diesem abfließenden, entbasten Saftes durch Kalkung und seine weitere Reinigung durch Saturation (nebst Sulfitierung). Der in dieser doppelten Weise gereinigte Dünnsaft ist von hoher Qualität. Da in Verbindung mit der Saturation des entbasten Saftes auch ein Teil der Anionen in Form schwerlöslicher Salze ausscheidet, kann auf die Nachschaltung eines OH'-Austauschers (der bekanntlich das übliche Entmineralisierungsverfahren ökonomisch sehr belastet und die Leistung der Anlage beschränkt) verzichtet werden.

Der gewonnene Reinsaft gestattet ein einfaches Kochschema bei einem Melasseentfall von ca. $^1/_3$ der nach dem altüblichen Verfahren anfallenden Menge.

Der Aufwand an Chemikalien beschränkt sich auf die zur Wiederbelebung des H˙-Austauschers benötigte Säure. Daneben werden neben Dampf und Heißwasser nur geringe Mengen Lauge benötigt. Der Verschleiß an Austauschermaterial ist zu vernachlässigen. Der Aufwand an Kalk, CO_2 und SO_2 liegt unter den beim alten Verfahren erforderlichen Mengen.

8.4. Entzuckerung von Melasse

Entzuckerung von Melasse in der Friesch-Groningschen Zuckerfabrik im Jahre 1944

Die Entzuckerung von Melasse wurde im Sommer 1944 an der Friesch-Groningschen Zuckerfabrik zu Groningen betrieben, und zwar unter sehr schwierigen Kriegsumständen. Nach dem Kriege zeigte man in Holland für die Melasseentzuckerung kein Interesse mehr, da die Vieh-Ernährung sehr viel Melasse benötigte; die Activit-Gesellschaft hat ihre Arbeiten späterhin mehr dem in Kap. 5 beschriebenen Verfahren der völligen Entfernung aller Nichtzuckerstoffe unmittelbar aus den Zuckersäften zugewandt.

Arbeitsbeispiel; In einem Rührgefäß wird Melasse mit einer später abfallenden verdünnten Melasselösung gemischt und danach über einen H˙-Austauscher geleitet. Der saure Ablauf wird mit Ätzkalk neutralisiert und klarfiltriert. Alsdann wird das Filtrat zu einer Füllmasse eingedickt, die in normaler Weise geschleudert wird. Man erhält Rohzucker neben einer Melasse von niedrigem *RQ*. Letztere stellt ein geeignetes Viehfutter dar; sie kann auch zur Alkoholherstellung benutzt werden.

Sobald der Ablaufsirup hinter dem Ionenaustauscher auf einen *RQ* unter 58—60 abgesunken ist, wird er zurückgeführt und zu der obenerwähnten Verdünnung frischer Melasse benutzt. Inzwischen hat man bereits mit dem Absüßen des Ionenaustauschers angefangen. Sobald der Ablauf nur noch geringe Restmengen an Zucker enthält, wird er zum Abwasser geführt. Bei diesem Melasseentzuckerungsverfahren fließt zuerst eine Zuckerlösung von höherem pH ab, deren *RQ* auf 80 steigen kann; der *RQ* fällt aber nachher ständig ab. Die über den Ionenaustauscher je Post aufgegebene Melassemenge kann den wirtschaftlichen Umständen entsprechend innerhalb gewisser Grenzen variieren. Gleiches gilt für die Menge an Nachlauf, den man zurücknimmt. Da schon mit dem Absüßwasser große Mengen der vom Austauscher vorher aus der Melasse aufgenommenen Nichtzuckerstoffe peptisiert werden, kann die Lösung letzten Endes einen *RQ* unter dem *RQ* der Ausgangsmelasse erreichen. Auch der letzte, trübe aussehende Ablauf, dessen Zurücknahme sich wegen zu geringen Zuckergehaltes nicht mehr lohnt und der daher in den Kanal geleitet wird, enthält viele Nichtzuckerstoffe, sein *RQ* sinkt allmählich auf Null. Die je Post über den H˙-Austauscher jeweils aufzugebende Melassemenge hängt übrigens auch von der Forderung ab, dieses Phänomen der Pepsitation (der vom Ionenaustauscher aufgenommenen Nichtzuckerstoffe) zu beschränken.

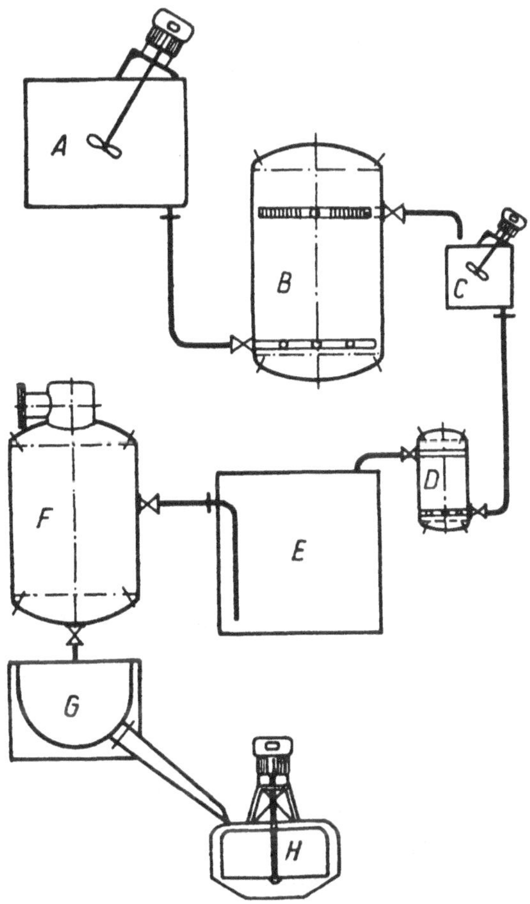

Abb. 28. Schema einer Versuchsanlage zur Melasseentzuckerung

A ist das Melasseverdünnungsgefäß, *B* der Ionenaustauscher, *C* der Behälter für das Filtrat, in dem es mit CaO neutralisiert wird und angewärmt werden kann, *D* ist ein kleines Immediumfilter für die Nachfiltration, *E* der Behälter für Klarsaft, *F* der Vakuumkochapparat, *G* die Maische und *H* eine Zentrifuge. Die Anlage arbeitete periodisch, und zwar wurden jeweils 40 kg Melasse auf einmal behandelt. Diese Menge wurde mit der Absüßflüssigkeit einer vorhergehenden Periode vermischt und dann kalt unten in das Immediumfilter geführt, und zwar 1 Volumen Flüssigkeit je Volumen Imac C 12 und Stunde.

In einer Variante des Verfahrens setzt man vor Ende der Absüßung eine gewisse Menge von Säurelösung zu. Man erhält alsdann einen Ablauf von niedrigem *BQ*, sehr reich an eiweißhaltigen Bestandteilen und deren Derivaten, der biologischen

Zwecken zugeführt werden und gegebenenfalls (nach Neutralisieren) auch als Futtermittel dienen kann. Bei dieser Arbeitsweise spart man Wasser bzw. Abwasser ein. Nachstehende Tabelle bringt einige numerische Daten über das Verfahren.

Tabelle 18

Filtration von Melasse über H˙-Austauscher

Volumen-Einheiten	°Brix A	°Brix B	pH-Wert A	pH-Wert B
1	24	19	1,5	1,4
2	42	39	1,0	1,2
3	45	44	0,9	1,1
4	46	45	0,9	1,0
5	47	46	0,8	1,1
6	47	47	0,8	1,1
7	51,3	50	2,4	1,9
8	—	53	3,5	3,6
9	—	56	—	4,3
10	—	56,5	—	4,7
11	—	56,5	—	5,3
	Absüßen			
1	56,5	58,5	5,1	6,8
2	51,5	53,5	4,7	—
3	39,5	42,0	4,3	4,8
4	28,0	32,0	4,3	4,5
5	22,0	13,5	4,2	4,3
6	9,0	4,0	4,1	4,2

Tabelle 19

Melasse-Entzuckerung

	Fraktion	Sulfatasche a. 100 Bx	Invertzucker a. 100 Bx	Reinheit (refr.)	Brix (refr.)	Feuchtigkeit %	N a. 100 Bx
Rohzucker	1—5	3,4	2,2	81,1	—	8,2	—
Rohzucker	5—8	5,7	0,2	74,6	—	5,7	—
Füllmasse	1—5	9,7	4,1	66,2*	86,—	—	0,61
Füllmasse	5—8	11,6	2,1	56,8*	86,2	—	1,98
Ablaufsirup	1—5	16,4	6,8	48,9	79,2	—	1,48
Ablaufsirup	5—8	14,6	—	49,4	84,5	—	—
Melasse	—	14,9	0,6	56,2	81,0	—	2,0

*) Die Laboranlage erlaubte nicht, Füllmasse mit höherem Brix herzustellen. Die Ausbeute an Rohzucker ist dadurch niedrig geblieben.

Das geschilderte Melasseentzuckerungsverfahren erbrachte seinerzeit vielversprechende Ergebnisse. Sie waren teilweise der Allgemeinadsorption zu verdanken, einem Vorgang, der, wie mehrfach erwähnt, neben dem Ionenaustausch einhergeht, eine bei Ionenaustausch häufig zu beobachtende Erscheinung. Leider kann dieser Nebeneffekt, dem bisweilen große und überraschende, ergänzende indirekte Reinigungswirkungen zu verdanken sind, auch gewisse unangenehme Folgeerscheinungen auslösen (wie ebenfalls erwähnt). Die Regeneration kann dadurch erschwert werden und sogar Verderb des Ionenaustauschers die Folge sein. Letztere Gefahr besteht insbesondere dann, wenn bei der Regeneration dem Umstand der Mitadsorption gewisser Nebenbestandteile der Zuckerlösung nicht genügend Rechnung getragen worden ist.

Dieser Effekt wurde übrigens schon beobachtet, lange bevor von „Ion-Exclusion" und „Ion-Retardation" die Rede war. Bei der Melasseentzuckerung mußte er unbedingt technisch berücksichtigt werden, und er wurde sogar schon ausgenützt. Auch bei der Entmineralisierung von Zuckersäften trat dieser Effekt schon sehr frühzeitig darin zutage, daß den Säften zu Anfang vorzugsweise nichtdissoziierte Verbindungen entzogen werden, die später schon durch Waschen mit Wasser vom Austauscher wieder verdrängt werden. Dabei lassen sich je nach Natur der in der Lösung enthaltenen verschiedenen Stoffe sogar gewisse Trennungen erreichen.

Der besondere Erfolg des oben beschriebenen Melasseentzuckerungsverfahrens ist hauptsächlich der dabei gleichzeitig eintretenden, äußerst weitgehenden Abscheidung nicht oder nur wenig dissoziierter „Nichtzuckerstoffe" zu danken. Durch eine pH-Verschiebung eingeleitet, flockt ein Teil dieser „Nichtzuckerstoffe" aus, was alsdann eine recht vollkommene Filtration ermöglicht.

Auf obige Ausführungen zurückkommend, sei noch vermerkt, daß man an kostspieliger Säurelösung einsparen kann, wenn man nach dem Absüßen längere Zeit reines Wasser über den Ionenaustauscher leitet. Gleiches gilt auch für das Auswaschen der zur Wiederbelebung benutzten Säure. Dabei soll man nicht nur auf Abwesenheit von Zucker bzw. Säure achten, sondern auch darauf, daß zum Schluß organische Verunreinigungen (färbende Bestandteile und Kolloide) möglichst nicht mehr abgeführt werden. Daher ist in vielen Fällen zu empfehlen, einen gewissen Überschuß an Waschwasser aufzuwenden, zumal man dieses meist nachher im Betrieb für einen anderen Zweck nochmals benutzen kann.

Abänderungen des Verfahrens

Das Melasseentzuckerungsverfahren wurde nach dem Kriege einige Male erneut in einer halbtechnischen Anlage nachgeprüft, um einige noch bestehende Mängel zu beheben sowie einige notwendige Verbesserungen einzuführen. Unbefriedigend bei den Arbeiten in der Groninger Zuckerfabrik war insbesondere der frühzeitige Durchbruch der Melasselösung nach Aufgabe auf den $H^{\cdot}$-Austauscher. Dieses Übel, das eine große Verdünnung des Filtrats verursachte und eine völlige

Reinigung der Flüssigkeit verhinderte, trat zwar nur gelegentlich, aber dann immer ausgeprägter auf. Wir haben in Kap. 4 auf die Ursache dieser Erscheinung hingewiesen; es ist danach bei der hohen Konzentration der Melasselösung nicht zu verwundern, daß das Phänomen fast immer im Zusammenhang mit einem Verkleben der Austauschermasse auftrat. Es leuchtet ein, weshalb oben (S. 151) so hohe Ansprüche an Rückspülung und Regeneration gestellt wurden. Bei der Rohsaftreinigung wurde gleichfalls auf die große Bedeutung dieses Punktes ausführlich hingewiesen.

Zusammenfassend seien die wichtigsten Punkte, die bei der Melasseentzuckerung mittels Ionenaustauscher beachtet werden müssen, nochmals hervorgehoben:

1. Die Melasselösung muß im Aufstrom durch den Austauscher geführt werden.
2. Der eigentlichen Regeneration des $H^{\cdot}$-Austauschers mit Säure muß, wie bei der Rohsaftentionisierung, unbedingt eine Vorbehandlung mit Laugelösung vorangehen.
3. Die Kontaktzeit zwischen Lösung und Austauscher darf nicht zu kurz bemessen werden.

Die Filtration im Aufstrom ist wegen der Quellung bzw. des Schrumpfens des Austauschers mit gewissen Schwierigkeiten behaftet. Diese sind geringer bei einem größerem Unterschied im spezifischen Gewicht von Flüssigkeit und Austauscher.[1]) Deshalb ist der Filtration einer nur wenig verdünnten Melasselösung der Vorzug zu geben. Der oft geäußerten Meinung, dergleichen Lösungen müßten vor Aufgabe auf den Ionenaustauscher stark verdünnt werden, weil sie sonst abnorme Druckverluste verursachten und ihre Ionen zu langsam abgäben, ist nicht beizupflichten. Einer starken Verdünnung der Melasse stehen auch ökonomische Bedenken entgegen; sie ist auch für Sirupe im Betriebe unerwünscht.

Vielerorts, besonders in tropischen Ländern, ist eine Reinigung bzw. Entzuckerung von Melassen noch heute durchaus aktuell; denn oft hat diese dort kaum mehr Wert als ein Abfallstoff, den loszuwerden schon schwierig ist. Melasse, sofern man sie auf ökonomische Weise reinigen kann, ist aber ein durchaus anziehender Rohstoff, zumal heute auch einige ihrer Nebenbestandteile interessant sind. Sie steht in einer gut transportablen Form, flüssig und hochkonzentriert, zur Verfügung und kann auch leicht in großer Menge gespeichert werden. Ferner könnte die Reinigung von Melasse an das Ende der Kampagne gelegt werden, d. h. zu einem Zeitpunkt erfolgen, an welchem die reguläre Zuckerfabrikation abgeschlossen und Personal frei ist.

Welches sind nun die Schwierigkeiten, die bisher die Reinigung von Melassen wenig anziehend machten?

a) Die außerordentlichen Spesen für Brennstoff, die man bisher bei einem solchen Reinigungsverfahren einsetzen mußte.
b) Die vergleichsweise geringe Kapazität einer mit Adsorbentien arbeitenden Anlage zur Gewinnung von Reinzucker oder Fein-Sirupen aus Melasse, die nur einen Bruchteil der großen Produktion des Kampagnebetriebes ausmacht.

---

[1]) Daneben gehen offenbar auch osmotische Effekte ein.

Um eine Beurteilung der wahren Sachlage zu erleichtern, seien hierzu einige Bemerkungen angefügt:

Zu a): Oben wurde eine der ersten Anlagen zur Verarbeitung von Melasse nach dem Ionenaustauschverfahren erwähnt. Die gereinigte Melasselösung wies hier einen Trockenstoffgehalt von etwa 20 Brix auf und wurde stufenlos auf Füllmasse eingedickt. Es kann nicht verwundern, daß dieses Verfahren teuer war. Indessen wäre eine so große Verdünnung gar nicht nötig gewesen. Zweckmäßigerweise hätte man die schon über einen Ionenaustauscher geflossenen, aber nur noch teilentbasten bzw. teilentsalzten Lösungen, die für eine unmittelbare Weiterverarbeitung ungeeignet waren, mit frischer Melasse aufstärken sollen, um sie dann erneut über den Ionenaustauscher zu führen. Wenn man schon eine erhebliche Verdünnung der Melasse für notwendig hielt, so ließ sich doch hier eine beträchtliche Menge von Lösungen dieser Art unterbringen: Vorlauf, Nachlauf und Absüßwasser.

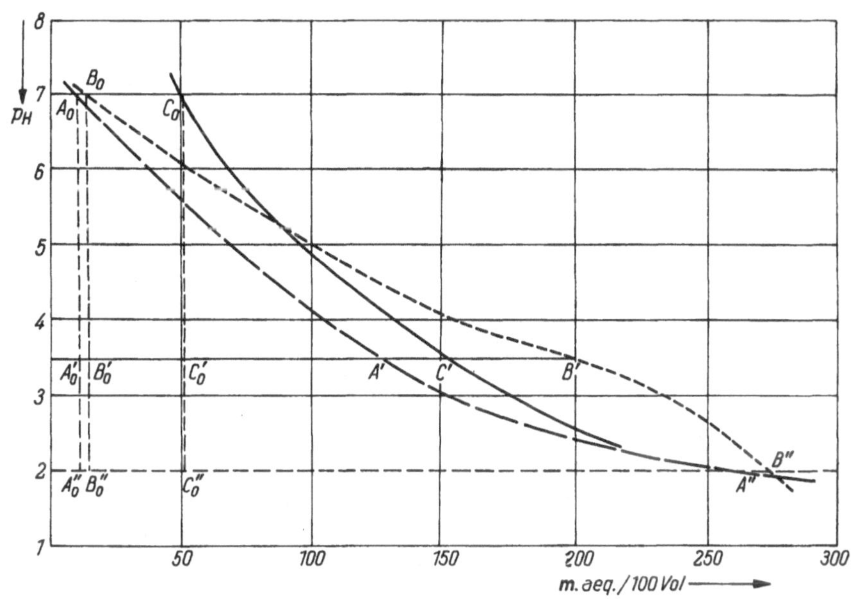

Abb. 29. pH-Titrationskurven drei verschiedener Melassen

A — Mittlerer pH-Abfall; *B* — Langsamer (und unregelmäßiger) pH-Abfall; *C* — rascher pH-Abfall

Bei der Melassereinigung sollte ferner der prinzipielle Fehler vermieden werden, eine spezifisch schwere Lösung im Filter auf eine spezifisch leichtere aufzugeben. Diese falsche Manipulation führt zwangsläufig zu hoher Verdünnung. Vorstehenden Tabellen ist zu entnehmen, daß sich bei richtiger und zweckentsprechender Arbeitsweise die Verdünnung in sehr mäßigen Grenzen halten läßt.

Nach unseren früheren Ausführungen ist es durchaus klar, daß man mit geringer Verdünnung auskommt, wenn man die Melasse, anstatt sie oben aufzugeben, dem Filter von unten her zuleitet.

Die pH-Titrationskurven einiger Melassen (Abb. 29) lassen erkennen, welche Laugenmenge in m.aeq. pro 100 g Trockenstoff des vom H˙-Austauscher abfließenden Filtrates benötigt werden, um diese von z. B. pH 3,5 auf pH 7 einzustellen. Die Kurven lassen weiterhin erkennen, daß aus den Melassen nicht nur anorganische Kationen entfernt worden sind, sondern auch noch andere Nichtzuckerstoffe (organische Stoffe kationischen Charakters). Diese Feststellung steht durchaus in Übereinstimmung mit den praktischen Erfahrungen bei der Rohsaftreinigung mittels eines H˙-Austauschers. Wäre das nicht der Fall, so hätte der Titrationswert konstant um 120 liegen müssen.

Das Absüßen erfolgt zweckmäßig von oben nach unten; d. h. auch hier wird, um eine günstige Absüßkurve zu erhalten, wieder die dünnere Lösung auf dichtere aufgegeben.

Damit dürfte gezeigt sein, daß eine ökonomische Arbeitsweise bei dem Melassereinigungsverfahren mit Ionenaustauschern durchaus möglich ist.

Zu b): Die Kapazität der Anlage braucht an sich noch kein Kriterium für ihre Rentabilität zu sein. Eine in kontinuierlichem Betrieb annähernd automatisch arbeitende Anlage kann unter günstigen Bedingungen sehr wohl eine schlecht geleitete Großanlage leistungsmäßig wie ökonomisch übertreffen.

Eine Filtriergeschwindigkeit von 5 vol/Std. pro vol. Ionenaustauscher ist für einen Dünnsaft normal. Auf dieser Basis läßt sich überschlagsweise berechnen, daß in der Stunde etwa 0,6 vol. Melasse pro vol. Ionenaustauscher das Filter passieren sollten, wenn diesem dieselbe Menge an Feststoff zugeführt werden soll, die obiger Dünnsaftmenge entspricht. Bezieht man indessen auf die gleiche Menge an Nichtzuckerstoffen, so beträgt diese Zahl nur 0,25 vol. Melasse.

Schon hieraus geht hervor, daß bei zu hohen Aufgabegeschwindigkeiten günstige Resultate nicht erwartet werden können.

Neben einer ausreichenden Kontaktzeit muß auch eine gute Kühlung der Melasse gefordert werden, an sich kein Problem. Eine Melassereinigung mit Ionenaustauschern muß, wie gezeigt, richtig angepackt werden, d. h. sie muß unter ganz anderen technischen Arbeitsbedingungen durchgeführt werden, als unter den für Dünnsaft üblichen Verhältnissen. Läßt man das außer acht, dann darf man sich nicht verwundern, wenn schier unüberwindliche Schwierigkeiten auftreten. Diese haben ihre Ursache meist in dem hohen spezifischen Gewicht und der hohen Viskosität der Melasse, in ihrem im Vergleich zur Austauscherkapazität hohen Feststoff- bzw. Elektrolytgehalt und in der (oft überschätzten) Austauschgeschwindigkeit des Austauschers (zum Teil Kontaktaustausch gefolgt von einer Nachreaktion am Harzadsorber).

Diese Gesichtspunkte sind nicht nur bei einer Melasseverwertung, sondern auch bei Verarbeitung von Zwischenprodukten der Zuckerherstellung zu beachten. U. a. haben sie auch Bedeutung bei der Aufarbeitung verschiedener Sirupe — etwa des Quentin-Verfahrens (s. u.).

Versuche mit Rohrmelasse, welche unverdünnt (80 Bx) über 500 m*l* H˙-Austauscher filtriert wurde — von unten nach oben bei Zimmertemperatur- hatten folgende Zielsetzung:

a) Extreme Verdünnung des Filtrats zu vermeiden,

b) Einfluß der Allgemein-Adsorption festzustellen.

Filtrationsgeschwindigkeit 10 ml/min/l Austauscher

Tabelle 20

Totale Filtratmenge ml	pH derselben	BrixM.	mval/100 g Feststoff
0—100	2,3	26	28
100—200	2,1	51	37
200—300	1,9	60	43
300—400	2,2	66	48
400—500	3,7	77	65
Urspr. Melasse	7,8	80	117

Es wurde jedesmal eine kleine Menge genommen, genügend, um den pH-Wert zu messen und danach mit n-NaOH-Lösung titriert.

Auch ein Teil der originalen Rohrmelasse wurde einigermaßen verdünnt, der pH-Wert bestimmt und titriert. Unter Berücksichtigung des Brix (Feststoffgehalt) wurde der Laugeverbrauch in mval pro 100 g Feststoff im Perkolat berechnet.

Die Titration fand zwischen den Grenzen pH 2,5 und 7 statt. Das Filtrat wurde nötigenfalls zuerst auf pH 2,5 oder 7 gebracht.

8.5. Das S.C.C.-Verfahren[1]) (Sugar Chemical Company)

Dieses Verfahren wird auf gereinigte Dünnsäfte angewendet. Hierbei werden Alkaliionen des Saftes gegen NH_4 -Ionen als Hilfsionen ausgetauscht; das alsdann durch Zusatz von CaO zu dem Saft in Freiheit gesetzte NH_3 wird durch Erhitzen verflüchtigt und durch anschließende Kondensation in Form einer Ammoniaklösung zurückgewonnen. Man setzt dem Saft einen Überschuß an CaO zu, welcher alsdann mittels CO_2 teilweise als $CaCO_3$ niedergeschlagen wird. Das dabei frisch gebildete Carbonat reißt die Unreinheiten des Saftes mit sich, so daß sie bei der anschließenden Filtration mitentfernt werden.[2])

Abb. 30 und Schema 10 illustrieren das Verfahren.

In den letzten Jahren ist viel über dieses Verfahren berichtet worden. Es wird von der Lurgi, Frankfurt, in die Zuckerindustrie eingeführt. Dank der Tatsache, daß die $NH_4^{\cdot}$-Ionen beim Austausch in großem Überschuß angewendet werden

[1]) Auch als Leopoldsdorfer Verfahren bezeichnet.

[2]) Die nachstehenden Angaben stützen sich im wesentlichen auf Mitteilungen von W. Wisfeld, Zucker **11** (1958), 431, denen auch einige der Tabellen und Abbildungen entnommen sind.

können, weil das Ammoniak ja zurückgewonnen wird, läßt sich ein sehr weitgehender Austausch erreichen. Für den Erfolg des Verfahrens ist es sehr wichtig, nach Abtreiben des Ammoniaks eine Filtration zwischenzuschalten, z. B. nach dem zweiten Verdampfer; denn die Entfernung organischer Stoffe aus dem Saft

Schema 10. S.C.C. Verfahren

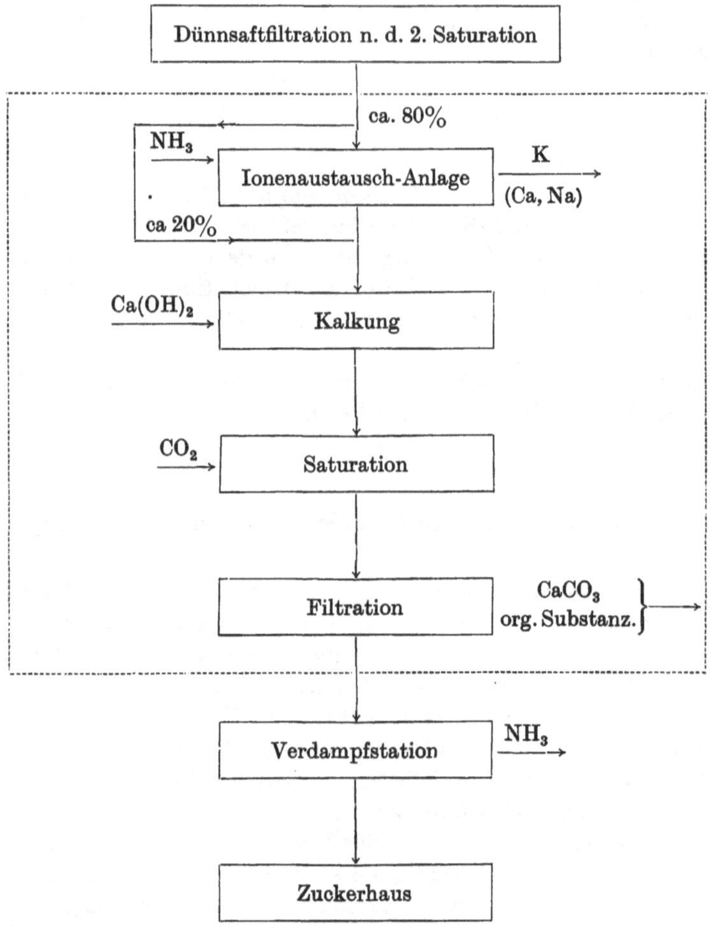

mit den Trübstoffen ist auch hier von großer praktischer Bedeutung. Die zugesetzte Kalkmenge wird diesem Zwecke angepaßt. Die Regeneration des Austauschers von den aufgenommenen Kalium- und anderen dem Saft entstammenden Ionen findet mit der rückgewonnenen NH_3- bzw. $(NH_4)_2CO_3$-Lösung statt.

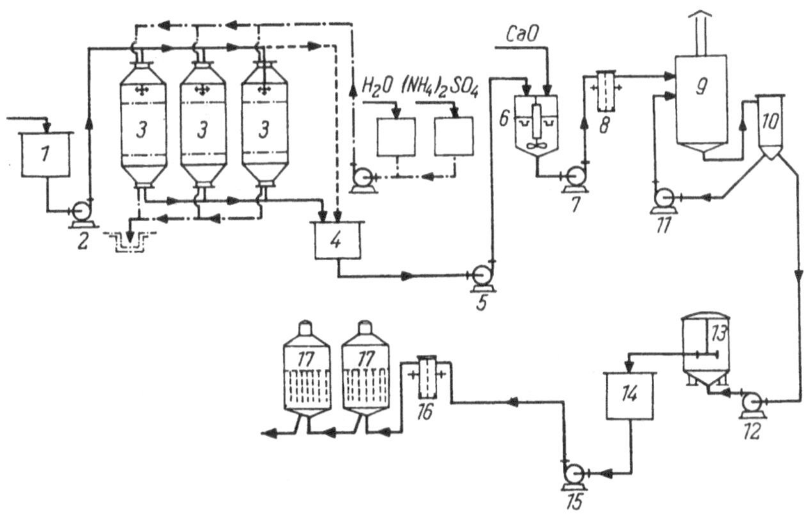

Abb. 30. Fließschema des S.C.C.-Verfahrens

Betriebsresultate des Verfahrens zeigen anhand von Literaturangaben die nachstehenden Tabellen 21 und 22.

Tabelle 21

Daten aus dem Vorderbetrieb (Zuckerfabrik Leopoldsdorf, Kampagne 1957/58)

	% CaO/1000° Bx	pH	Alkalität gegebenenfalls nach Verkochen der NH_3	Farbe °St/100° Bx
Dünnsaft				
vor Austauscher	0,077	8,8	0,014	—
nach Austauscher	ca. 0,02	7,5*)	—	—
nach Kalkung	ca. 1,0	~11,5	ca. 0,1	—
vor Verdampfung	0,545	~10,5	0,009	8,2
Dicksaft	0,541	8,0	0,009	9,7

*) Stark gepuffert

Als wichtigster Vorteil des Verfahrens ist hervorzuheben, daß eine Zwischenkühlung des Saftes entfällt, weil das pH niemals soweit absinken kann, daß eine Inversion der Zuckerlösung zu befürchten ist.

Tabelle 22

Produkte/Betriebsdaten (Zuckerfabrik Leopoldsdorf, 1957)

		°Bx.	Pol.	Q	Kochzeit Std.
Füllmassen:	Normalkristall	93,7	89,2	95,2	$3^1/_2$
	Rohzucker	92,2	83,8	90,9	$4^1/_2$
	Mittelprodukt	92,2	76,7	83,2	$5^1/_2$
	Nachprodukt	92,4	67,6	73,2	15—18
Melasse		86,8	44,8	51,6	

Produktionsbilanz und Kostenübersicht gibt die nachstehende Tabelle 23.

Über die einzelnen, der Kreislaufführung des Ammoniaks dienenden Operationen ist noch nicht viel bekannt geworden. Die große Schwierigkeit, das Ammo-

Tabelle 23

Übersicht der Kosten des S.C.C.-Verfahrens

Rübenverarbeitung/Tag		dz 21000
Dünnsaftmenge (120% Abzug, 70% Austausch)		100 cbm/h
1. Anlagekosten (einschl. Rohrltg. + Montage)		
Austauscheranlage mit Aust.		ca. 153000,—
Kalkung und Saturation		ca. 65000,—
Kerzenfilter (Schuhmacherfilter)		ca. 105000,—
		DM 323000,—
Kapitaldienst pro Jahr (bei 5jähr. Amortis. und 8% Zinsen)		DM 80700,—
2. Betriebskosten für 100 Tage bei ca. 70%igem Austausch		
Ammonsulfat (150% d. Th.)	237,65 DM/t	190120,—
Austauscherersatz	3,50 DM/Ltr.	3150,—
Kalk	50,— DM/t	24000,—
Wasser + Kondensat	0,1/1,—DM/t	6900,—
Dampf (Retour)	2,— DM/t	17800,—
Strom	0,05 DM/kWh	9990,—
Hilfsmittel (Gur + Ersatzkerzen)		9500,—
Löhne	2,76 DM/h	26500,—
		DM 287960,—
+ Kapitaldienst		DM 80700,—
		DM 368660,—
Betriebskosten einschl. Kapitaldienst für 1000 dz Rübenverarbeitung		DM 174,—

niak aus dem Saft mit Dampf restlos auszutreiben, dürfte mittels einer tadellos arbeitenden Kolonnenapparatur nach Art der in der Ammoniak-Industrie üblichen wohl zu überwinden sein, doch verbleibt das Problem, einer hierbei auftretenden Zersetzung des Saftes vorzubeugen, die ziemlich beträchtlich sein kann.

Ein wichtiger wirtschaftlicher Gesichtspunkt ist zweifellos die Verwertbarkeit der Melasse, die bei optimaler Ausnutzung zur Zuckergewinnung nicht den deutschen Handelsbedingungen entspricht.

8.6. *Das* QUENTIN-*Verfahren*

Das Wesen des QUENTIN-Verfahrens besteht darin, in die Zuckerlösung in direkter Weise mittels eines mit Mg-Ionen vorbeladenen Austauschers in teilweisem Austausch gegen die Alkaliionen des Saftes $Mg^{\cdot\cdot}$-Ionen einzuführen. Behandelt wird hier nicht der Reinsaft, sondern der B-Sirup.

Das QUENTIN-Verfahren ist sehr einfach, noch viel mehr als das S.C.C.-Verfahren ist es auf eine nur teilweise Gewinnung des Zuckers der Melasse abgestellt, zumal man keine Hilfsionen benutzt. Eine restlose Gewinnung des Zuckers ist aber heute noch nicht aktuell; sie kann es aber bei fortschreitender Wirtschaftlichkeit anderer Prozesse und insbesondere bei Gewinnung von Nebenprodukten werden.

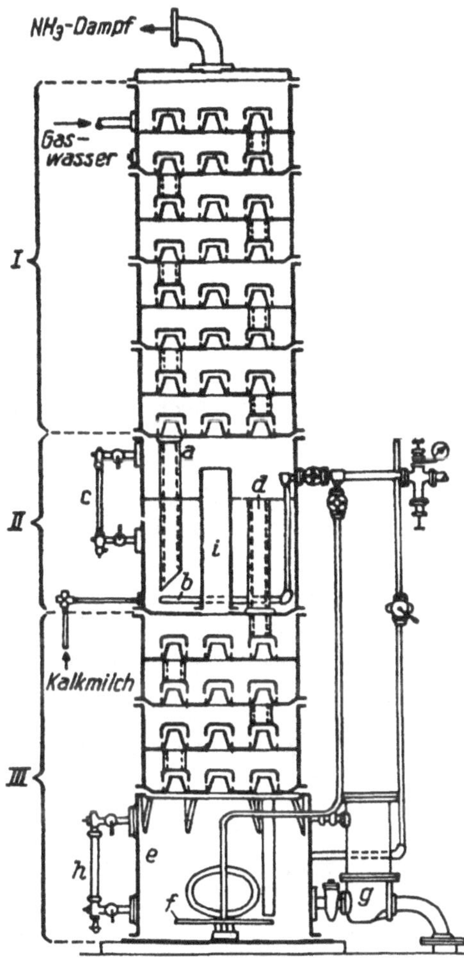

Abb. 31. Einsäuliger Ammoniak-Abtreiber

I – Kolonnenoberteil
II – Kalkmischraum
III – Kalkkolonne

a Ablaufrohr, *b* gelochte Rohrspinne für Dampfeintritt, *c* Wasserstandsanzeiger des Kalkmischraums, *d* Überlaufrohr, *e* Bodenstück, *f* gelochte Rohrspinne für Dampfeintritt, *g* Schwimmerventil, *h* Wasserstandsanzeiger des Bodenstücks, *i* Dämpferrohr

Bei diesem Verfahren wird der B-Sirup, der Ablauf der ersten Füllmasse also, nach Verdünnung über einen teilweise mit $Mg^{\cdot\cdot}$-Ionen beladenen Kationenaustauscher geführt. Der Austauscher wird nach Absüßen und Auswaschen zwecks Wiederbelebung mit einer $MgCl_2$-Lösung in Kontakt gebracht und nachher mit Wasser gewaschen. Der direkte Austausch der $Mg^{\cdot\cdot}$-Ionen gegen die Saft-Kationen ist unvollständig und wirtschaftlich wenig ergiebig. Wegen seiner Einfachheit wird dieses Verfahren insbesondere in Deutschland, wo Magnesiumchlorid-reiche Kali-Endlaugen in großer Menge zur Verfügung stehen, ziemlich viel benutzt.

8.7. Der Vorschlag von Assalini

Nach einem Vorschlag von Assalini will man aus Zuckerlösungen und namentlich aus Melasse in der Weise Zucker gewinnen, daß man einen Teil der Lösung mit einem Kationenaustauscher und einen anderen Teil mit einem Anionenaustauscher behandelt. Die Austauscher werden aber nur partiell mit Säure- bzw. Laugelösung wiederbelebt. Der erreichte Reinigungseffekt ist teils durch Ionenaustausch teils auch durch Adsorption von un- bzw. schwachdissozierten Feststoffen aus der Lösung bedingt.

Wie schon bei den Entzuckerungsverfahren erwähnt, fließt beim Auswaschen zuerst eine reine Zuckerlösung ab, die allmählich unreiner wird.

Bei weiterer Aufgabe von Waschwasser wird schließlich noch eine Menge von Nichtzuckerstoffen aus den Austauschern herausgewaschen, nachdem praktisch schon aller Zucker entfernt ist; doch können gelegentlich die Nichtzuckerstoffe auch früher erscheinen. Die Filtrate müssen daher laufend kontrolliert werden. Die im Reinheitsgrad übereinstimmenden Filtrate vom Kationen- bzw. Anionenaustauscher werden gemischt und auf Zucker verarbeitet, andere weniger reine bzw. verdünntere Anteile dienen zum Verdünnen der Melasse- oder der Siruplösung; die letzten, kaum noch Zucker enthaltenden Filtratanteile werden ins Abwasser gegeben.

Arbeitsweise und Ergebnisse dieses Vorschlages seien nach A. Carruthers und J. F. T. Oldfield (Z. Zuckerind. **11**, (1961), 85—86 in untenstehenden Tabellen mitgeteilt:

Tabelle 24

Daten zum Assalini-B-Verfahren für hochwertige Melassen

	Zyklusfolge, Vol.-% bez. a. Harzvolumen			
	Kationenaustauscher		Anionenaustauscher	
Beschickung				
A	Wasser	13%	Wasser	13%
B	50%ige Melasse	20%	50%ige Melasse	20%
C	Wasser	67%	Wasser	87%
D	10%ige H_2SO_4	10%	5% Natronlauge	13%
E	Wasser	70%	Wasser	47%
	Zyklusdauer je 2 Stunden			
Produkt				
A	Ablauge	40%	Ablauge	67%
B	Zuckerlösung	43%	Recycle	10%
C	Recycle	10%	Zuckerlösung	70%
D	Ablauge	87%	Ablauge	33%

Als Beispiel sei ein Zyklus beschrieben, bei dem auf 28 *l* Harz je 9 *l* verdünnte Melasse behandelt werden. Nach der Melasse werden 16 *l* Wasser auf das Harz gegeben. Man erhält 9 *l* Ablauge, 4,5 *l* Recycle und 11 *l* gereinigte Fraktion mit einem Reinheitsquotienten von ca. 75%. (Die beiden Rücknahmefraktionen werden gemischt und zur Verdünnung der Melasse beim nächsten Zyklus verwendet.) Mit dem Recycle wird die zu reinigende Melasse 1:1 verdünnt. Ein vollständiger Zyklus dauert nur 2 Stunden. Die Mengen an Recycle und Ablauge sind klein gehalten, wobei ungefähr 5% des in der Melasse enthaltenen Zuckers als Verlust zu betrachten sind.

Um mit dem ASSALINI-Prozeß 100 t Melasse täglich aufzuarbeiten, ist eine Harzmenge von 64 m^3 bei 11 Zyklen je Tag nötig, wobei 405 m^3 Zuckerlösung mit einer „wahren Reinheit" von 78% anfallen. Man rechnet mit einer Ausbeute von 25,5 t Weißzucker und 44 t „zweiter Melasse". Der Regeneriermittelbedarf ist sehr gering, nämlich 2,5 t Natriumhydroxyd und 5 t Schwefelsäure je Tag; die Kosten dafür belaufen sich auf ca. 1564 DM.

Die zur Wiederbelebung aufgewandte Menge an Chemikalienlösungen wird grundsätzlich unter der Menge gehalten, die man zu einer völligen Wiederbelebung benötigt. Doch ist ein guter Erfolg des Verfahrens gleichwohl von diesem Chemikalienaufwand abhängig. Ein optimales technisch-wirtschaftliches Ergebnis bedarf auch hier eines richtig getroffenen Kompromisses.

Zur Reinigung von Rübendiffusionssaft zwecks Herstellung von Raffinade benutzt das ASSALINI-Verfahren in drei Stufen Ionenaustauscher.

G. ASSALINI und G. BRANDOLI geben (s. J. Amer. Soc. Sugar Beet Technol. **11** (1961), 341—357) das nachstehende Beispiel:

Der Rohsaft wird mit einem stark basischen Anionenaustauscher (Amberlite IRA 402) in der OH'-Form behandelt.

Sodann wird zur Koagulation und Entfärbung $CaSO_4$ zugegeben und filtriert. Der Saft läuft dann erneut über einen Anionenaustauscher genannten Typs und schließlich über einen schwachsauren H˙-Austauscher (Amberlite IRC 50). Der gewonnene Dünnsaft zeigt bei einem pH = 7,7 und 91,5 R. Q. einen Invertzuckergehalt von 0,036%, ist fast wasserhell und kann zu Raffinade verkocht werden.

Über Melasseentzuckerung nach dem ASSALINI-B-Prozeß in einer halbtechnischen Versuchsanlage des Zentrallaboratoriums der Süddeutschen Zucker-AG zu Neu Offstein berichtet H. SCHIWECK.

Der Prozeß beruht — wie auch SCHIWECK feststellt — nur teilweise auf einer Entsalzung der Melasse durch Ionenaustausch. Hauptsächlich werden hierbei gewisse Anomalien der Austauscherharze ausgenützt, und zwar die Neutraladsorption am Kationenaustauscher (WEISS-Effekt[1]) und der Elektrolytvorlauf (WHEATON-BAUMAN-Effekt) beim Anionenaustauscher.

Zur Vervollständigung des Bildes sei noch eine Gegenüberstellung mit dem Mischbettverfahren gebracht, die gleichfalls der oben angezogenen Arbeit von CARRUTHERS und OLDFIELD entnommen ist.

---

[1]) Dieser Effekt beruht auf der sorptiven Bindung großmolekularer Stoffe, die vom gleichen Ladungstyp sind wie der Austauscher, wobei jedoch beide in undissoziierter Form vorliegen müssen.

Tabelle 25

Vergleich ASSALINI-*Prozeß/Mischbettentsalzung (Harzkombination starksauer/starkbasisch) für eine tägliche Weißzuckerausbeute von 25,5 t.*

	ASSALINI-Prozeß	Mischbett-Verfahren
Melassemenge	100 t	58 t
Anfall an Zweitmelasse	44 t	6 t
Melasseverbrauch netto	56 t	52 t
Schwefelsäure	5 t	9,5 t
Natriumhydroxyd	2,5 t	9 t
Reinheitsq. d. beh. Lsg.	78	93,3
Vol. d. gewonnenen Lsg.	405 m^3	280 m^3
einzusetzende Harzmenge	64 m^3	53 m^3
Zyklen/Tag	11	6
Kosten in DM für Regenerierung	1564	4657
Eindampfung auf 70°Bx	1058	435
höheren Melasseverbrauch	564	—
Harzerneuerung	3528	2046
Gesamtsumme	6714	7138

Um die gleiche Weißzuckermenge zurückzugewinnen, brauchte man bei dem Mischbettverfahren mit der Harzkombination starksauer/starkbasisch eine kleinere Menge Melasse zu entsalzen, da die Reinheit des Endprodukts höher wäre. Es wäre eine Harzmenge von 53 m^3 bei 6 Zyklen je Tag notwendig. Man erhält 280 m^3 gereinigte Lösung entsprechend 29,7 t Zucker, während etwa 6 t „zweite Melasse" anfallen. Hierbei werden 9,5 t Schwefelsäure und 9 t Natriumhydroxyd zum Regenerieren benötigt. Das entspricht Kosten von 4657 DM je Tag.

Schema 11: VAJNA-Prozeß

Enthärtung des Saftes mittels Na-Austauscher

↓

Ammonisierung des Saftes im $Na^{\cdot}$-$NH_4^{\cdot}$-Austauscher

↓

Anionenentfernung im Saft durch OH'-Austauscher

↓

Austreiben des NH_3 durch Erhitzen des Saftes (Eindicken)

↓

Kristallisation

Die Lebensdauer des Harzes, die beim Mischbettverfahren 1000 Zyklen beträgt, ist beim ASSALINI-Prozeß geringer. Sie ist proportional der behandelten Melassemenge anzusetzen, also betrügen die Kosten beim ASSALINI-Prozeß das 1,7fache für die Erneuerung des Harzes.

Der Unterschied der zu veranschlagenden Gesamtkosten beträgt nur noch 412 DM je Tag.

Es darf aber nicht vergessen werden, zu bemerken, daß der ASSALINI-Prozeß in Italien entwickelt wurde, wo vollständig andere steuerliche Regelungen hinsichtlich des aus Melasse gewonnenen Zuckers bestehen als anderswo, so daß unter den dortigen Bedingungen der Prozeß durchaus rentabel sein kann.

Der Vergleich ist nur deshalb so ausführlich gegeben, um zu zeigen, daß die „Regenerierkosten je t entfernten Nicht-Zuckers“ nicht unbedingt einen guten Maßstab für die relativen Vorteile des einen oder anderen Austauschverfahrens geben.

8.8. Die Vorschläge von VAJNA

Der VAJNAsche Vorschlag zur Saftreinigung bedient sich des Ammoniumzyklus[1]) als einer Teilstufe der Entmineralisierung. Bei diesem Vorschlage, der durch Schema 11 verdeutlicht wird, handelt es sich ebenfalls um ein auf einen geringen Chemikalienverbrauch abgestelltes Verfahren. Der die Kreislaufführung der Chemikalien betreffende Teil des Schemas wird erst im Kap. 12.2. erläutert.

Angestrebt wird eine völlige Entsalzung der Zuckerlösung, insbesondere von Dünnsaft, und zwar unter Vermeidung jedweder Entstehung saurer Zuckerlösungen. Eine Zwischenkühlung wegen evtl. Inversionsgefahr erübrigt sich damit, es sei denn, daß die Empfindlichkeit der bei diesem Verfahren benutzten starkbasischen Anionenaustauscher die Kühlung bedingt. Man braucht aber dann mit der Temperatur nicht so tief herunterzugehen wie bei ausgesprochen „sauren Verfahren“, bei denen in einer Arbeitsstufe ein großer pH-Abfall erfolgt.

Der Prozeß benötigt zwei Kationen- und einen Anionenaustauscher. Der erste Kationenaustauscher, der mit NaCl-Lösung wiederbelebt wird, also im $Na^{\cdot}$-Zyklus läuft, dient der Vorenthärtung des Saftes. Der zweite im $NH_4^{\cdot}$-Zyklus geführte Kationenaustauscher ersetzt die Alkaliionen des Saftes größtenteils durch $NH_4^{\cdot}$-Ionen; er wird mit $(NH_4)_2CO_3$-Lösung regeneriert, die im Kreislauf zurückgewonnen wird. Der Anionenaustauscher muß eine starke Base sein, also quaternäre Ammoniumgruppen eingebaut enthalten, damit er die Salze der starken Mineralsäuren des Saftes aufzuspalten und ihre Anionen gegen Hydroxylionen auszutauschen vermag.

Der (mittels eines $Na^{\cdot}$-Austauschers von $Ca^{\cdot\cdot}$- und $Mg^{\cdot\cdot}$-Ionen tunlichst befreite) Saft wird über einen $NH_4^{\cdot}$-Austauscher filtriert, um dabei mit möglichst viel $NH_4^{\cdot}$-Ionen beladen zu werden, während der Austauscher teilweise die Kationen des Saftes aufnimmt. Der mit $NH_4^{\cdot}$-Ionen angereicherte Saft wird über einen OH'-Austauscher perkoliert, in welchem die starken mineralischen Anionen des Saftes gegen Hydroxylionen ausgetauscht werden. Alsdann wird der Saft erhitzt und dabei in dem Maße, als die eingetauschten $NH_4^{\cdot}$-Ionen in Form von Ammoniak abgetrieben werden, teilweise entmineralisiert. Das abgetriebene Ammoniak wird natürlich in den Prozeß zurückgeführt.

Um die Entfärbungskraft des Austauschers aufrechtzuerhalten, wird nach VAJNAS Vorschlag eine Vorregeneration auch des Anionenaustauschers mit NaCl

[1]) Die Enthärtung oder Entionisierung von Zuckersäften im Ammoniumzyklus wird in der Fachliteratur vielfach diskutiert. Einige der Vorschläge kommen dem VAJNA-Verfahren mehr oder weniger nahe, viele erreichen indessen nicht dessen innere Abrundung und Ausgeglichenheit.

vorgenommen. Die zu seiner Wiederbelebung erforderliche KOH-Lösung wird in einem Nebenprozeß nach einer in Kapitel 12.2 beschriebenen Methode ebenfalls zurückgewonnen. Der VAJNA-Prozeß bedarf somit zu seiner Durchführung an Chemikalien von außen her nur NaCl, CaO und CO_2.

Weitere Einzelheiten über den VAJNA (I bzw. II)-Prozeß, der in Zusammenarbeit von S. VAJNA mit der Maschinenfabrik Buckau R. Wolf A.G. Grevenbroich entwickelt worden ist, s. u. a. bei A. CARRUTHERS und J. F. T. OLDFIELD, Z. Zuckerind. **11** (1961), 86/87.

Über Melassereinigungsversuche[1]) im $NH_4^{\cdot}$-Zyklus berichten S. VAJNA und B. GABOS.

Mittels eines Kationenaustauschers werden zunächst die Kationen der verdünnten Melasse durch $Na^{\cdot}$-Ionen und sodann in einem nachgeschalteten zweiten Austauscher[2]) die $Na^{\cdot}$-Ionen durch $NH_4^{\cdot}$-Ionen ersetzt: Das Filtrat wird danach mittels eines starkbasischen Anionenaustauschers von den anionischen Bestandteilen befreit. Aus der abfließenden Zuckerlösung entfernt man das Ammoniak durch Auskochen. Der Kationenaustauscher wird abwechselnd mit NaCl-Lösung und $(NH_4)_2CO_3$-Lösung regeneriert, der Anionenaustauscher mit $(NH_4)_2CO_3$- und KOH-Lösung wiederbelebt. Die Melassereinheit steigt bei dieser Behandlung von 60—62 auf 77,5—78,5 an. Für die Wiederbelebung werden praktisch nur Kalk und Kohlendioxyd benötigt.

8.9. Tausch der Anionen

Ersatz von Chlorid durch Sulfat

Der Umtausch von Cl'-Ionen in der Lösung gegen Sulfat-Ionen ist vielfach aus Korrosionsgründen erwünscht. Insbesondere gilt dies für Glucosesäfte, die bekanntlich meist durch Säurehydrolyse von Stärke gewonnen werden. Die praktische Bedeutung liegt in der dadurch erzielten Schonung der Apparatur vor Säurekorrosion. Der Aufschluß der Stärke wie die Weiterverarbeitung erfolgt heute zumeist in Apparaturen, die aus Spezialeisenlegierungen hergestellt sind. Diese Baustoffe bieten gegenüber den früher allgemein angewandten Konstruktionsmaterialien Kupfer und Holz bedeutende Vorteile; sie sind aber Salzsäure und Chloriden gegenüber meist ziemlich empfindlich, für Schwefelsäure und Sulfate ist dies nur in geringem Maße der Fall.

---

[1]) durchgeführt in den Jahren 1952—53.

[2]) Grundsätzlich kann der VAJNAsche Vorschlag natürlich auch mit nur einem Kationenaustauscher nebst nachgeschaltetem Anionenaustauscher durchgeführt werden; nur muß dann der Kationenaustauscher immer in doppelter Weise wiederbelebt werden, zunächst mit NaCl-Lösung (Entfernung der aus dem Saft stammenden Härtebildner) und anschließend mit der $(NH_4)_2CO_3$-Lösung (sonst $CaCO_3$-Ausscheidung auf dem Austauscher).

Ersatz von Sulfat durch Chlorid

Andererseits kann ein Ersatz der SO_4''-Ionen in Zuckerlösungen durch Cl'-Ionen vielleicht in der Zukunft auch für die Rüben- und Rohrzuckerindustrie aus wärme-ökonomischen Gründen eine allgemeinere Bedeutung erlangen. Beim Eindicken von neben Kalzium viel Sulfat enthaltenden Säften belegen sich bekanntlich die Heizelemente der Verdampferanlage stark mit Gips. Die oben bereits behandelte Entkalkung der Säfte im Neutralaustausch gegen Natrium beseitigt zwar diese Störung, doch wirkt sich die dadurch gegebene bedeutende Erhöhung des Na-Gehaltes der Reinsäfte ungünstig auf die Zuckerausbeute aus.

Das Problem, welches sehr sulfatreiche Zuckerlösungen der Verarbeitung bieten, sei durch nachstehendes Beispiel erläutert.

In einem Falle der Praxis war in einer Rohrzuckerfabrik in der Verdampferanlage der Steinbelag auf den Heizflächen dermaßen stark, daß die Anlage jede Woche außer Betrieb gesetzt und gereinigt werden mußte und eine zweite gleichartige Anlage den Arbeitsgang übernehmen mußte.

Entsprechend den günstigen Erfahrungen, die man mit Entkalkungsanlagen bei Rübenzuckerlösungen gewonnen hatte, wurde auch hier eine im Neutralaustausch arbeitende Enthärtungsanlage erstellt. Diese vermochte aber die ungeheueren Mengen CaO im Saft, die bis 1500 mg/l betrugen, kaum zu bewältigen. Erst nachdem darüber hinaus eine Immediumfilteranlage zur Vorfiltration der Säfte erstellt worden war, gelang es in der Tat, die Verdampferanlage frei von Steinbelag zu halten. Es stellte sich aber heraus, daß die Zuckerausbeute wesentlich geringer war als nach dem alten Verfahren. Die schönen Erfolge einer Zuckersaftentkalkung, wie man sie bei Rübenzuckeranlagen erzielt, konnten somit nicht realisiert werden. Es war also hier falsch, die Kalk- und Magnesiumsalze in die gutlöslichen Natrium-Verbindungen umzusetzen.

Was hatte man übersehen? Sulfatreiche Lösungen, die neben Kalziumsulfat noch größere Mengen anderer Sulfate enthalten, wie Natrium- und Magnesiumsulfat, scheiden beim Einengen nicht nur Gips ab, sondern es können sich daneben zahlreiche Doppelsulfate bilden wie

Gips	$(CaSO_4 + 2\,H_2O)$
Syngenit	$(CaSO_4 \cdot K_2SO_4 + H_2O)$
Polyhalit	$(2\,CaSO_4 \cdot MgSO_4 \cdot K_2SO_4 \cdot 2\,H_2O)$
Löweit	$(2\,MgSO_4 \cdot 2\,NaSO_4 \cdot 5\,H_2O)$ usw.

und zur Abscheidung kommen. Das war offenbar beim Eindicken der Zuckerlösung in der alten Anlage in der Tat geschehen; d. h., zusammen mit dem abgeschiedenen $CaSO_4$ war gleichzeitig eine große Menge von Kalium-, Natrium- und Magnesiumsalzen in Form von Doppelsalzen mit auskristallisiert, also zugleich eine Menge der Melassebildner abgestoßen worden; d. h. also es war beim Eindampfen eine weitgehende Entsalzung des Saftes eingetreten.

Nun läßt sich eine Abscheidung von Gips aus Lösungen auf den Heizelementen bekanntlich auch dadurch vermeiden, daß man, anstatt die Kalzium-Ionen aus der Lösung herauszunehmen, die SO_4''-Ionen beseitigt, beispielsweise im Neutralaustausch gegen Cl'-Ionen. Ob dieser Weg im vorliegenden Falle richtig gewesen wäre, muß allerdings bezweifelt werden. Der Umtausch ließe sich wohl ohne weiteres im „Neutralaustausch" durchführen. Obwohl Chloride in geringerem Maße Melassebildner sind als die angezogenen Sulfate, bleibt es in obigem Falle fraglich, ob der Ersatz der großen Mengen Sulfate durch Chloride technisch richtig gewesen wäre,

Eine Vollentsalzung der Säfte im Ionenaustausch dürfte bei den extrem hohen Mineralsalzgehalten obigen Beispiels wohl auch ausscheiden, und zwar schon aus wirtschaftlichen Erwägungen, wie übrigens hier auch eine Lösung des Problems auf rein chemischem Wege (etwa durch Ausfällung des Ca als $CaCO_3$) auf bedeutende technische wie wirtschaftliche Schwierigkeiten stoßen dürfte. Zur Gewinnung eines endgültigen Urteils über die technische Brauchbarkeit obigen Vorschlages in normalen Fällen, d. h. über die Frage, ob es zu empfehlen ist, bei mäßig hohen Sulfatgehalten der Rüben die SO_4''-Ionen des Dünnsaftes durch Cl'-Ionen zu ersetzen, müssen ohne Zweifel noch Erfahrungen gesammelt werden. Insbesondere ist es — wie obiges Beispiel zeigt — wichtig, der Entscheidung eine genaue und vollständige Aschenanalyse des Saftes zugrunde zu legen, die sämtliche Kationen auch einzeln erfaßt.

8.10. Entfernung einzelner störender Kationen oder Anionen sowie Beseitigung kleiner restlicher Salzmengen aus Zuckerlösungen

Bei der Bereitung spezieller Speisesirupe und von „Soft sugar" wie auch bei der Herstellung der immer mehr gefragten konzentrierten weißen Zuckerlösungen der „Liquid sugars" sowie farbloser Invertzuckerlösungen werden bekanntlich außerordentlich hohe Ansprüche an die Reinheit gestellt. Ein Freisein auch von kleinsten Mengen löslicher Salze sowie allen Spuren gewisser Schwermetallkationen ist eine unbedingte Voraussetzung. Insbesondere ist es für die Glucoseindustrie von großer Wichtigkeit, bestimmte Ionen aus den Zuckerlösungen herauszunehmen bzw. kleine Salzmengen restlos zu entfernen.

Meist erfolgt die gewünschte weitgehende Entionisierung schon ganz automatisch, und auch die Schwermetallkationen werden mit entfernt, wenn der Saft irgendwo im Betrieb über einen Ionenaustauscher fließt. Nur muß alsdann, um einen Dauererfolg zu haben, die Wiederbelebung des Austauschers dem Zweck eigens angepaßt werden. Sind nur geringe Mengen von Ionen dieser Art herauszunehmen, so genügt u. U. eine gelegentliche Regenerierung des Kationenaustauschers mit einer Säurelösung — gegebenenfalls in der Wärme.

Nimmt man die Feinreinigung in einer gesonderten Arbeitsstufe vor, so kann bei dieser Operation eine große Filtrationsgeschwindigkeit angewandt werden: bei Lösungen von 30—35 Brix kann man 40 vol. Zuckerlösung über ein vol. Austauscher in der Stunde führen; bei höher konzentrierten Lösungen ist es zweckmäßig, die höchstzulässige Zulaufmenge durch praktische Vorversuche festzustellen. Falls es nur auf die Entfernung gewisser Ionen, insbesondere Schwermetallkationen, ankommt, also der Austauscher nicht zusätzlich noch anderweitig beansprucht wird, können Kationenaustauscher dichter Struktur von hoher Kapazität eingesetzt werden.

Da diese Art der Reinigung letzten Endes an schon weitgehend vorgereinigten Lösungen vorgenommen wird, sind hier Komplikationen, z. B. wegen Verderbs des Ionenaustauschers, viel weniger zu befürchten als bei Lösungen, die möglicherweise stark adsorbierbare Nebenbestandteile enthalten. Man kann hier meist stark vernetzte Kationenaustauscher (z. B. auf Polystyrolbasis) einsetzen. Der Einfachheit halber wie auch des niedrigen Preises wegen wird man im allgemeinen versuchen, bei der Wiederbelebung der Harze mit Neutralelektrolyten als Regeneriermittel auszukommen. Dennoch ist man bisweilen genötigt, Säurelösungen aufzuwenden. Dies gilt insbesondere, wenn die aufgegebenen Lösungen leicht oxydierbar sind oder hydrolysierbare Schwermetallionen wie z. B. Eisensalze enthalten. Metalle dieser Art können teils den Rohstoffen, teils der Apparatur entstammen. Daß Eisenverbindungen im allgemeinen auf dem Austauscher besonders festhaften, ist darauf zurückzuführen, daß dieses in der Lösung zumeist in zweiwertiger Form vorliegende Element sich auf dem Austauscher gern zu dreiwertigem Eisen oxydiert. Die daraus durch Hydrolyse entstehenden schwerlöslichen FeIII-Verbindungen können außer durch Säure kaum anderweitig entfernt werden. Im übrigen handelt es sich bei der Entfernung von Metallspuren in der Regel um einen einfachen, normalen Filtrationsprozeß. Von Mitteilung spezieller zahlenmäßiger Beispiele kann hier abgesehen werden, zumal in der Praxis die im Einzelfall zweckmäßigsten äußeren Bedingungen recht verschieden sein und auch die Wünsche und Ansprüche stark wechseln können.

8.11. Pufferung von Zuckerlösungen mit in bestimmter Weise vorbeladenen Ionenaustauschern

Es gibt viele Fälle, wo Konstanthalten eines bestimmten pH-Wertes, d. h. die Pufferung einer Lösung, erwünscht oder sogar erforderlich ist.

Einige Beispiele aus der Praxis mögen dies erläutern. Bekanntlich ist es sehr bedenklich, Glucose enthaltende Lösungen mit Alkalilösung auf das gewünschte pH einzustellen. Da Glucose außerordentlich empfindlich ist, treten insbesondere bei hoher Temperatur immer Verfärbungen auf. Dennoch ist diese Arbeitsweise allgemein üblich, obwohl dabei örtliche pH-Überschreitungen kaum zu vermeiden sind; so gut wie immer werden dadurch bedenkliche Verfärbungen hervorgerufen. Die Einstellung auf einen bestimmten pH-Wert muß an verschiedenen Stellen des Betriebes erfolgen: z. B. bei der Neutralisation des Rohsaftes, ferner als Korrektur nach durch Ionenaustausch oder durch Adsorptionsvorgänge bewirkten pH-Verschiebungen und schließlich beim Eindicken des Endproduktes; oft muß das pH nicht unbeträchtlich erhöht werden. Ohne Zweifel hat man im Laufe der Jahre die Methode des Alkalizusatzes ständig verfeinert. Man benutzt jetzt z. B. immer eine Na_2CO_3-Lösung oder selbst eine $NaHCO_3$-Lösung anstatt früher NaOH; man stäubt die Lösung mit Düsen allmählich auf die im Rührgefäß befindliche Glucoselösung; auch kontrolliert man die Neutralisation mit einem registrierenden pH-Messer. Trotzdem sind noch Verfärbungen festzustellen. Dem Auftreten eines vorübergehend oder lokal zu hohen pH-Wertes kann man mit Hilfe von Ionenaustauschern begegnen. Doch ist es wichtig, den Ionenaustauschertyp richtig zu wählen. Auch ist es nicht ganz einfach, ihm die zur Erfüllung dieses Zweckes erforderliche Vorbeladung zu geben; denn das pH darf einen bestimmten Grenzwert niemals überschreiten, und der Endwert des pH im Filtrat beim Verlassen des Austauschers muß konstant auf diesen Wert fixiert sein.

Diese Aufgabe wurde grundsätzlich schon im Jahre 1940 gestellt und auch gelöst. Man leitet zu diesem Zwecke eine aus Na-Acetat- und Essigsäurelösung bereitete und auf den gewünschten pH-Wert gestellte Pufferlösung solange über den vorher wiederbelebten Kationenaustauscher — vorzugsweise ein Carbonsäureharz —, bis die zu- und die abgeführte Flüssigkeit im pH-Wert übereinstimmen. Die Pufferlösung wird ausgewaschen. Sie kann völlig zurückgenommen werden, wird alsdann durch Eindampfen konzentriert und sodann wieder auf das gewünschte pH gestellt, wozu meist nur eine geringe NaOH- oder Na_2CO_3-Menge nötig ist.

Falls die Anforderungen mäßiger sind und nach einer Ionenaustauscher-Anlage auch nur unbedeutende pH-Schwankungen auszugleichen sind, kann man sich einer von Griessbach beschriebenen und von A. Richter erprobten, sehr ökonomisch funktionierenden Pufferfilter-Anlage bedienen; Mischung von $H^{\cdot}$- und $Na^{\cdot}$-Austauscher bzw. OH'- und SO_4''-Austauscher in derselben Filtereinheit. Ein wechselndes pH wird von dieser Pufferungsanlage auf einen konstanten Wert ausgeglichen. Bei pH-Schwankungen, die um einen bestimmten Punkt alternieren, kann man sehr lange Laufzeiten erreichen.

8.12. Katalyse von Kohlehydraten durch Kontakt mit Ionenaustauschern

Die Anwendung von Ionenaustauschern als Katalysatoren bei Zuckerlösungen hat zumeist den Zweck einer Hydrolyse. Meist wird dazu ein $H^{\cdot}$-Austauscher benutzt. Hydrolysen dieser Art werden sowohl mit Zuckerlösungen als auch mit Feststoffen (Polysacchariden wie z. B. Stärke usw.) bzw. diese enthaltenden Mischungen durchgeführt. Lösungen lassen sich ohne Schwierigkeiten und in kontinuierlicher Weise durch Filtration bei erhöhter Temperatur über einen $H^{\cdot}$-Austauscher hydrolysieren. Aus Saccharoselösungen kann man z. B. auf diese Weise Invertzuckerlösungen herstellen; dieser Prozeß wurde früher allgemein mit Mineralsäure durchgeführt, deren nachträgliche Wiederentfernung aber Schwierigkeiten machte. Das Verfahren hat aber wirtschaftlich nur wenig Bedeutung. Wichtiger ist die Hydrolyse von Hydrol, einem Nebenprodukt der „Dextropur"-Herstellung. In zahlreichen Fällen, bei denen ein $H^{\cdot}$-Ionenaustauscher mit einer Elektrolytlösung in Berührung kommt, ist die Rolle des H·-Ionenaustauschers als Katalysator wohl vorzugsweise sekundärer Art; denn durch Ionenaustausch entsteht in der Lösung primär Mineralsäure, welche die hydrolytische Spaltung übernimmt. Der Katalysator bedarf in diesem Falle von Zeit zu Zeit einer Wiederbelebung mittels Säure. Bei kolloidalen Lösungen der Polyelektrolyte ist auch Kontaktaustausch möglich.

Zu den Hydrolyseverfahren ist nichts Besonderes zu bemerken. Sofern sich bei der Hydrolyse feste Stoffe abscheiden können, oder das Rohmaterial von vornherein Schwebestoffe enthält, kann die Anwendung des in Kap. 5.1. beschriebenen „Batch"-Verfahrens angezeigt sein.

8.13. Literatur

Ammoniumzyklus und Vajna-Verfahren

Bauer, A., R. Weidenhagen und H. Schiweck (Süddeutsche Zucker Akt.-Ges.), D. A. S. 1139800 (Anm. 1959)
Carruthers, A. und J. F. T. Oldfield, Z. Zuckerind. **11** (1961), 23–30, 85–90
Day, H. M. und A. C. Wrotnowski (Amer. Cyanamid Co.), Am. P. 2560504 (Anm. 1947)
Holmquist, S. D., Schwed. P. 140684 (Anm. 1948)
Leipnik-Lundenburger Zuckerfabriken AG, Öster. P. 188288 (Anm. 1954)
Lespagnol, J., Fr. P. 1261425 (Anm. 1960)
von Lillienskiold, M., Zucker **6** (1953), 483–486
Magyar Allam (A. Vajna), Ung. P. 144014 (Anm. 1955)
Magyar Allam (A. Vajna), Ung. P. 144395 (Anm. 1955)
Moebes, E. und L. Wieninger, Zucker 8 (1955), 129–134
Moebes, E., Z. Zuckerind. **7** (1957), 382–386
Shibaura Sugar Refining Co., Jap. P. 6219 (Anm. 1957)
Spillmann, H. J., Fr. P. 1109784 (Anm. 1954)
Licencia Talalmanyokat Ertekesito Vallalat, Schwz. P. 302892 (Ung. Pr. 1951)
Vajna, S., D. A. S. 1057990 kl. 89c (Anm. 1957)
Vajna, S., D. A. S. 1069540 kl. 89c (Anm. 1957)
Vajna, S., D. A. S. 1073980 kl. 89c (Anm. 1957)
Vajna, S., Zucker **12** (1959), 186–191
Vajna, S., Z. Zuckerind. **9** (1959), 279–286
Vajna, S., D. A. S. 1104460 Kl 98c (Anm. 1958)
Vajna, S. und B. Gabos, Cukoripari Kutatointezet Közlemenyei **3** (1956), 58–64
Vajna, S. und B. Gabos, Cukoripari Kutatointézet Közlemenyei **1** (1954), 38–50

Assalini-Verfahren

Assalini, G. und G. Brandoli, J. Amer. Soc. Sugar Beet Technol. **11** (1961), 341–357
Carruthers, A. und J. F. T. Oldfield, Z. Zuckerind. **11** (1961), 23–30, 85–90
Dubourg, J., Ind. Aliment. Agric. **76** (1959), 11–20
Rohm and Haas Co. (G. Assalini), D. A. S. 1157170 (Ital. Pr. 1959)
Schiweck, H., Z. Zuckerind. **10** (1960), 342–349

Karbonat-Prozeß

Akimoto, S., Proc. Res. Soc. Japan Sugar Refineries Technol. **5** (1956), 14–18
Farbenfabrik Bayer Leverkusen, D. P. F 3091896/12 (Anm. 1943)
Metallgesellschaft AG, D. A. S. 1104459 Kl 89c (Anm. 1959)
Moebes, E., Zucker **13** (1960), 254–266, Zucker **14** (1961), 497–504
Magyar Allam (S. Vajna), Ung. P. 144014 (Anm. 1955)
Magyar Allam (S. Vajna), Ung. P. 144395 (Anm. 1955)
Vajna, S., D. A. S. 1069540 kl. 89c (Anm. 1957)
Vajna, S., D. A. S. 1073980 kl. 89c (Anm. 1957)
Vajna, S., Zucker **12** (1959), 186–191
Vajna, S., D. A. S. 1104460 kl. 89c (Anm. 1958)
Vajna, S. und B. Gabos, Cukoripari Kutatointezet Közlemenyei **3** (1956), 58–64

S. C. C.-Verfahren

Carruthers, A. und J. F. T. Oldfield, Z. Zuckerind. **11** (1961), 23–30, 85–90
Dubourg, J., Ind. Aliment. Agric. **76** (1959), 11–20
Wisfeld, W., Zucker **11** (1958), 425–436

Quentin-Verfahren

Fritzler, B., Zucker **14** (1961), 382–385
Hoffmann, R. und H. Rother, Zucker **13** (1960), 380–387
Neumann, H., Zucker **12** (1959), 374–382
Quentin, G., D. P. 974408 (Anm. 1955)
Wisfeld, W., Zucker **10** (1957), 432–433
Diskussionsbeitrag zum Vortrag von G. Quentin in Z. Zuckerind. **7** (1957), 521

Umgekehrte Entsalzung (Anionen-Austauscher vor Kationen-Austauscher)

Farbenfabrik Bayer, Leverkusen, D. P. F 3091896/12 (Anm. 1943)
Fort, C. A. und B. A. Smith, Sugar J. **15** (1953), 16–18, 22–25
Fort, C. A. und B. A. Smith, Sugar **50** (1955), 43–45
Fort, C. A., B. A. Smith und L. F. Martin, Proc. 3. Techn Session Bone Char 179–198, 198–219 (1953)
Hsieh, P. T., T. C. Yang, T. S. Shih und C. M. Huang, Formosan Sci. **15** (1961), 31–34
Iwashina, S., T. Miyao und T. Asami, Proc. Res. Soc. Japan Sugar Refineries Technol. **3** (1954), 1–32
Permutit Co., Can. P. 484743 (Am. Pr. 1949)
Rohm and Haas Co., Eng. P. 670438 (Am. Pr. 1948)
Sarma, P. L., A. G. Keller, Sugar J. **18**, Nr. 1 (1955), 31–34
Shah, H. A., K. A. Joshi, S. L. Bafna und K. P. Govindan, Proc. 9. Ann. Conv. Deccan Sugar Technol Assoc. **1952**, I, 43–51
Shibaura Sugar Refining Co. (Yokoyama, S. und J. Aoki), Jap. P. 6219 (Anm. 1957)
Smith, P. S., F. Sancher, Nievicaz, L. F. Colonz und E. E. Coll, Sugar **19/20** (1956/57), 58–61
Sugar Chemical Co., Engl. P. 889647 (Schwz. Pr. 1958)
Wisfeld, W., D. P. m 5889 12d. 1/03
VEB Farbenfabrik Wolfen, D. P. [DDR] 5562 Kl. 89c (Anm. 1943)

Melasse

Activit, D. Anm. N. 47170 (Nied. Pr. 1942)
ANDRES, P., Chemiker-Ztg. **81** (1957), 176—178
BLOCH, E. und R. J. RITCHIE, Ind. Engng. Chem. **39** (1947), 1581—1584
BOURGUIGNAT, D., Chim. et Ind. **79** (1958), 439—443
BLISH, M. J. (Intern. Minerals and Chem. Corp.), Canad. P. 517604 (Am. Pri. 1947)
BOHORNIK, L. D., Sacharnaja Prom. **36** (1962), 18—26
American Cyanamid Co., Ind. P. 38754 (Anm. 1947)
CIHAL, K., Listy Cukrovarnické **68** (1952), 60—61
VAN DOORMAAL, J. J., Ind. Agric. Aliment. **67** (1950), 143—144
GOISMAN, E., Sacharnaja Prom. **32**, Nr. 4 (1958), 38—39
MEYER, W., Centralbl. Zuckerind. **51** (1943), 37
MOEBES, E., und L. WIENINGER, Zucker **8** (1955), 170—171
PETIT, L., und R. GUILLEMET, Ann. Inst. Nat. Rech. Agron., Ser. E., Ann. Technol. Agric. France, **1** (1952), 161—175
RUSSO, B., W. GUTFELD und K. POPPER, Fr. P. 1063379 (Eng. Pr. 1952)
VOM SCHEIDT, O., Technologie des Zuckers, 1955, Seite 518
SCHIWECK, H., Z. Zuckerind. **10** (1960), 342—349
SIKIPJARIJ, A. G., Sacharnaja Prom. **43** (1960), 21—23
SMIT, P., Z. Zuckerind. **6** (1956), 420—432
TÖDT, F., Branntweinwirtschaft **2** (1948), 49—50
TÖDT, F., D. P. 873491 (Anm. 1951)
TOMIC, U., Listy Cukrovarnické **77** (1961), 25—30
VAJNA, S., und B. GABOS, Cukoripari Kutatointézet Közleményei **3** (1956), 58—64
VAJNA, S., und B. GABOS, Cukoripari Kutatointézet Közleményei **1** (1954), 38—50
ZAGRODSKI, S., Roczniki Chem. **27** (1953), 142—160

Entfärben von Klären

BLANKENBACH, W. W., und A. P. NEILSON, Proc. 6. Tech. Session Bone Char **1959**, 5—14, 20—30
CIZ, K., E. MENCL und V. VALTER, Listy Cukrovarnické **77** (1961), 55—58
GRYLLUS, V., Cukoripari Kutatointézet Közleményei **5** (1960), 34—43
KOPERA, K., und A. JARZECKI, Gaz. Cukrownicza **63** (1961), 146—149
MENCL, Z., V. VALTER und F. VAVRA, Listy Cukrovarnické **76** (1960), 84—90
PLATO, W., und M. SCHOPF, Die Zuckererzeugung, **7** (1963), 36—39
Rohm and Haas Co., Fr. P. 1113717 (Am. Pr. 1953)
SUZUKI, K., Proc. Res. Soc. Japan Sugar Refin. Techn. **9** (1960), 73—77
TANAKA, T., Proc. Res. Soc. Japan Sugar Refin. Techn. **9** (1960), 71—72I
Tate and Lyle Ltd., Eng. P. 578520 (Anm. 1943)
VALTER, V., und Z. MENCL al., Listy Cukrovarnické **76** (1960), 265—272
WUNDERLICH, E., und TH. ASCHE, Technol. d. Zuckers 1955, 413—421
Japanese Organo Co. und Jap. Beet Sugar Refining Co., Jap. P. 18418/60 (Anm. 1957)

Schwermetallspurenbeseitigung (aus Klären etc.)

AUSTERWEIL, G. V., und P. PECHEUR, C. R. pebd. Seances Acad. Sci. **233** (1951), 1190—91
BLANKENBACH, W. W., Proc. 3rd. Techn. Session Bone Char. 167—178 (1953)

BLANKENBACH, W. W. und A. P. NEILSON, Proc. 6th. Techn. Session Bone Char 1959, 5—19 20—30
MEIER, E. (Wolfen), DDR 5193 (Anm. 1949)

Div. Sirupe

Xylose Stärkesirup, Fruktose, Glukosesirup s. a. Kap. 11

Austausch-Cl-Sulfat

SHIMIZU, H., H. HIRAGI, Y. SATO und S. MIYAHARA, Jap. P. 2084/1957
Sugar Chemical Co., Belg. P. 567494 (Anm. 1958)

Pufferung

Activit, Fr. P. 1085983 (Nied. Pr. 1952)
Farbenfabrik Bayer, Schwz. P. 295641 (D. Pr. 1944)
Farbenfabrik Bayer, D. B. P. 916280 (Anm. 1944)
Farbenfabrik Bayer, D. B. P. 934400 (Anm. 1945)
IWANOW, S. Z., Sacharnaja Prom. **28**, Nr. 7 (1954), 9—11
IWANOW, S. Z., Sacharnaja Prom. **32**, Nr. 3 (1958), 35—36
Japan Organo Co. (SHIMIZU, H., und Y. SATO), Jap. P. 179/1957 (Anm. 1955)
JORDAN, D. W. (Dorr Co.), Am. P. 2528058 (Anm. 1949)
JUDA, W. (Ionics, Incorp.), Am. P. 2917368 (Anm. 1957)
SAPRONOV, A. R., G. A. CHIKIN, V. P. MELESHKO und K. J. KLOCHKOVA, Sacharnaja Prom. **36**, Nr. 11 (1962), 15—17
SMIT, P., Archief van de Suikerindustrie in Ned. en Ned. Indie. **1** (1940), 143—151
SUZUKI, K., Proc. Res. Soc. Japan Sugar Refineries Technol. **9** (1960), 73—77

Katalyse durch Ionenaustauscher

EMMERICH, A., und G. SCHACHTEN, Zucker-Beih. **4** (1960), 19—25
GARVEY, F. X., Mc und R. KUNIN, in F. C. Nachod, J. Schubert Ion Exchange Technology (1956), S. 272—284
MARIANI, E., Ann. Chimie **40** (1950), 500—511
NAUMANN, G., Chem. Tech. **11** (1959), 18—23
PAINTER, T. J., und W. T. J. MORGAN, Chem. and Ind. **14** (1961), 437
PHILIPPS, J. D., und A. POLLARD, Nature **171** (1953), 41—42
PINDAT, M. A., Sucrerie France **98** (1957), 176—180, 215—218, 241—245, 273—280
SMIT, P., VIIIe Congr. Int. des Ind. Agric. Brüssel, Vol. I 269—274 (1950)
SMIT, P., Sucrerie France **92**, 6.—8. Jan. 1951
Liljeholmens Stearinfabrik A/B, Schwed. P. 169474 (Anm. 1953)
STEINBACH, K. J., K. S. GRUNERT und K. TÄUFEL, Nahrung **5** (1961), 617—636
SUSSMAN, S., Ind. Engng. Chem. **38** 1228—1230 (1946)
TÄUFEL, K., K. J. STEINBACH und K. S. GRUNERT, Nahrung **5** (1961), 66—83

KAPITEL 9

Monosaccharide

Von hoher technischer Bedeutung sind neben den Disacchariden, deren weitaus wichtigste die Saccharose ist, einige Monosaccharide. Von diesen ist an erster Stelle die Glucose zu nennen. Einige andere Monosaccharide haben zwar geringere Bedeutung, werden aber in diesem Kapitel ebenfalls kurz behandelt.

9.1. Glucoseerzeugung

Die Glucoseerzeugung aus Stärke ist technisch weit verbreitet und hat sich zu einer Großindustrie entwickelt. Die Herstellungsverfahren sind ziemlich heikel und wohl daher in bezug auf die Anwendung der Ionenaustauschverfahren viel bearbeitet und geprüft worden, und sie werden hier deshalb auch eingehend behandelt. Die Herstellung von Glucose aus anderen Rohstoffen als Stärke ist weniger bedeutsam, obgleich auch dafür ständig hohes Interesse bestand. Ähnliches gilt übrigens auch von anderen Monosacchariden.

Die Herstellung von Glucose aus cellulosehaltigen Rohstoffen, wie Holz- und Landbauabfällen, ist wissenschaftlich wie technisch in sehr vielfältiger Weise bearbeitet worden. Näheres s. S. 197. Die meisten der entwickelten Verfahren wurden unter Aufwand erheblicher Mittel auch technisch erprobt. Indessen müssen diese Anstrengungen als bis jetzt gescheitert betrachtet werden. Die Gründe sind in erster Linie ökonomischer Art. Doch ist auch von Bedeutung, daß die genannten Rohstoffe wegen ihrer komplizierten Zusammensetzung schwieriger auf reine Produkte, wie z. B. kristallisierbaren Traubenzucker, zu verarbeiten sind. Es kommt hinzu, daß der Preis von Holz- und Abfällen des Landbaues, insbesondere Stroh, ständig ansteigt. Nicht nur die Papierindustrie verschlingt ungeheure Mengen, auch die Herstellung von „Boards“ anstelle von Holzbrettern hat sich heute zu einer riesigen Industrie ausgeweitet; auch zur Herstellung von Kunstharzkompositionen werden bedeutende Mengen cellulosehaltiger Materialien benötigt. Sägespäne sind beispielsweise heute im Gegensatz zu früher kein wertloser Abfallstoff mehr. Wohl gibt es noch Länder, wo dies heute noch zutrifft, doch sind dies meist tropische Länder, also nur scheinbar günstige Gebiete, weil in diesen eine großtechnische Entwicklung erst im Anlaufen ist. Ferner ist zu beachten, daß z. B. ein Abfallstoff wie Begasse, das sind die ausgepreßten Rückstände von der

Rohrzuckerherstellung, zwar in ungeheuren Mengen produziert wird, aber gleichwohl kaum für obige Zwecke zur Verfügung steht, da er als Brennstoff sehr geschätzt ist, zumal in der Zuckerfabrik selbst, die er in dieser Hinsicht autonom macht.

Nebenbestandteile und Verunreinigungen dieser Rohstoffe spielen bei der Herstellung von Glucose stets eine stark hemmende Rolle. Die Glucoseherstellung aus Stärke hat gerade deshalb in den letzten Dezennien eine so große Verbreitung gefunden, weil die Produktionsmethoden für Stärke immer mehr verfeinert worden sind. Man ist hier dem Ideal sehr nahe gekommen, Produkte zu erzeugen, die fast ausschließlich aus reiner Stärke bestehen. Aber auch die Anforderungen an Stärkesirupe und an kristallisierte Stärkezucker sind zugleich gestiegen. Reiner, kristallisierter Stärkezucker war vor dem letzten Kriege noch eine kostspielige Zukkerart, die es nur beim Apotheker gab. Jetzt hat das Produkt wegen seiner wertvollen Eigenschaften, wie guter Verdaulichkeit und herrlich kühlen Geschmackes, z. B. in Eiskrem, eine monopolartige Bedeutung erlangt. Um den hohen Anforderungen zu genügen, muß ungeachtet der Verwendung ganz reiner Stärkesorten als Ausgangsstoff bei der Herstellung von Glucose und Glucosesirupen ganz besondere Sachkenntnis und Sorgfalt walten, was hohe technische und wissenschaftliche Kenntnisse der Betriebsleitung voraussetzt. Die Anwendung von Ionenaustauschern und Kunstharzentfärbern hat hier einen entscheidenden Fortschritt gebracht.

Herstellung der Stärke

Ohne zuviel auf Einzelheiten einzugehen, sei zunächst eine kurze Beschreibung der modernen Herstellungsmethoden für Stärke gegeben. Sowohl bei der Herstellung von Kartoffelstärke wie der aus Mais ist man in dieser wichtigen Industrie im Begriff, neue Wege zu gehen. Einesteils will man Handarbeit sparen, anderenteils die Güte der Produkte steigern. Die Praxis hat gezeigt, daß die heute benutzten Kontinu-schleudern und insbesondere Hydrozyklone — früher wandte man eine Feinsiebung in modernen Siebanlagen an — glänzende Scheidungen ermöglichen. Es geht darum, aus dem gemahlenen Rohstoff die Eiweißstoffe herauszunehmen, die vor allem bei der Verarbeitung von Mais in großer Menge zu entfernen sind. Auch die Zerkleinerung des Rohstoffes und der Wasserhaushalt dieser völlig auf nassem Wege arbeitenden Fabrikation sind verbessert worden. Wichtig ist schließlich, die erhaltene Stärke einer gründlichen Waschung mit Reinwasser zu unterwerfen. Auch die richtige Quellung des Maises in SO_2-Lösung zu Anfang des Verfahrens ist von großer Bedeutung.

Die Gewinnung von Glucose aus Rohstoffen wie Sago, Manioc, Reis, Kastanien zeigt wohl Besonderheiten in den Details, weicht aber im Prinzip von dem nachstehend geschilderten Stärkehydrolyse-Verfahren im großen Ganzen kaum ab. Die Herstellung von Weizenstärke oder Stärke aus anderen Getreidearten als obengenannten Quellen kann zwar auch in ganz anderer Weise durchgeführt werden, ist aber technisch von geringer Bedeutung.

Abb. 32. Stärkereinigungsanlage mit Dorr-Apparaten

Stärkehydrolyse mittels Säuren

Die Überführung der Stärke in Zucker erfordert bekanntlich eine Hydrolyse. Bei der Herstellung von Stärkezucker wird die Stärkehydrolyse vollständiger durchgeführt als bei der von Sirup, da man anstrebt, die „Dextrine" möglichst vollständig zu Glucose abzubauen. Bei der Bereitung von Stärkesirup benötigt man aber gewisse Mengen dieser Dextrine, um ein geeignetes, nicht kristallisierbares Produkt zu erhalten.

Der Vorgang der Stärkehydrolyse ist komplizierter als man sich meist vorstellt, einmal deshalb, weil die durch die Hydrolyse bereits entstandene Glucose bei Weiterführung der Hydrolyse zu unerwünschten Produkten verschiedenster Abstufung „rekonvertiert" wird, sich verfärbt und bitteren Geschmack erhält. Auch vollzieht sich die Umsetzung der Stärke in Glucose nicht vollständig und gleichmäßig; Glucose ist z. B. schon vorhanden, wenn die Lösung in der Hauptsache noch „Dextrine" enthält, und zwar Dextrine der verschiedensten Schattierungen in der Zusammensetzung.

Es gelingt also nicht, ein ausschließlich Glucose enthaltendes Hydrolysat zu erhalten; entweder verbleiben noch Dextrine oder es sind bereits betrachtliche Mengen schädlicher, rekonvertierter Produkte entstanden, bzw. es ist ein Gemisch dieser Stoffe vorhanden. Die Hydrolyse muß also genau überwacht und bei der günstigsten Zusammensetzung der Lösung beendet werden.

Schema 12: Stärkehydrolyse bzw. Stärkesirupherstellung

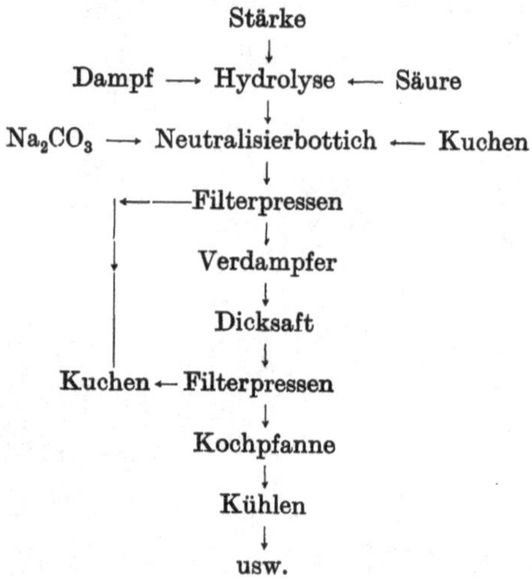

Die Hydrolyse der Stärke wurde von jeher mit Säuren vorgenommen, jetzt allgemein mit Salzsäurelösung. Früher nahm man auch verdünnte Schwefelsäure, doch kann die Gipsabscheidung beim Eindicken der Säfte Schwierigkeiten bereiten. Heute ist dieses Bedenken infolge der Anwendung von Ionenaustauschern aber fortgefallen. Die Hydrolyse findet allgemein — um Säure zu sparen und schneller arbeiten zu können — unter Druck statt.

Die Hydrolyse fand bisher immer in diskontinuierlicher Weise statt, aber jetzt besitzt die Technik in dem KRÖGER-Verfahren ein zuverlässiges, kontinuierlich arbeitendes Verfahren. Kontinuierliches Arbeiten brachte gleichzeitig Verbesserung der Stärke-Hydrolyse. Der Abbau der in kleiner Menge anwesenden stickstoffhaltigen Verbindungen erfolgt in geringem Umfange, auch tritt eine weniger starke Verfärbung der Lösung ein. Die Stickstoffverbindungen lassen sich zufolge nur geringen Abbaues größtenteils als Feststoffe bei der Vorreinigung und Filtration entfernen.

Hydrolyse mittels Enzymen

In den letzten Jahren ist die Stärke-Hydrolyse mit Enzymen zu großem Aufschwung gekommen. Sie bietet, wie schon erwähnt, bestimmte Vorteile: besseren Abbau der Stärke und Nichtauftreten der bitteren Geschmacksstoffe, welche bei weitgehend durchgeführter Säure-Hydrolyse der Stärke entstehen. Man erzielt einen hohen Glucosegehalt und überhaupt eine bessere und ökonomischere Verarbeitung des Rohstoffes. Die benutzten Enzyme dürfen aber keinesfalls Eiweiß spaltende Enzymekomponenten enthalten, weil diese schwer entfernbare Abbauprodukte erzeugen. Meist wird das Verfahren dadurch verbessert, daß man dem enzymatischen Aufschluß eine leichte Säurehydrolyse vorausgehen läßt. Enzymatische Prozesse haben heute ständig an Bedeutung gewonnen, obgleich ihre Anwendung auf Jahrhunderte zurückgeht. Zu Anfang hat man sie ihrem Wesen nach kaum erkannt; als biologische Prozesse zusammengefaßt, die bei allen Lebensvorgängen eine bedeutende Rolle spielen, hat man sie erst im letzten Jahrhundert entsprechend den durch sie hervorgerufenen Effekten immer feiner analysiert und klassifiziert.

Wenn man heute die bekannten Verfahren aufzählt, bei denen Enzyme eine wesentliche Rolle spielen, so ist man überrascht über die verschiedenartigen Reaktionen, die mit Hilfe von Enzymen zustande kommen. In Zusammenhang mit unserem Problemkreis interessieren hauptsächlich die Enzyme, welche Carbohydrate und Polysaccharide abzubauen vermögen. Bei der Glucoseherstellung kommen in erster Linie die amylo-glucosidischen Enzyme zur Anwendung, welche Stärke und Dextrine zu Glucose abbauen. Auch die Carbohydrasen sind wichtig, wie L-Amylase für den Abbau von Stärke zu Dextrinen und Glucose, ferner B-Amylase, welche einen ähnlichen, jedoch nicht gleichartigen Abbau der Stärke bewirkt, weiter die Disaccharide abbauenden Carbohydrasen: Maltase, Invertase, Laktase usw. Erwähnt seien auch Pektinasen, welche Pektine spalten, wodurch u. a. die Viskosität von Fruchtsäften verringert wird und suspendierte Feststoffe präzipitiert werden. Von den nichthydrolisierenden Enzymen ist Glucoseoxydase zur Umwandlung von Glucose in Gluconsäure wichtig. Hingegen haben Proteasen für den Gegenstand dieser Arbeit nur eine nebensächliche Bedeutung.

Die technisch benötigten Enzyme werden aus lebenden Geweben pflanzlicher, tierischer oder mikrobiologischer Art gewonnen. Ihre Anwendung bietet große Vorteile und ist meist sehr einfach. Nur sprechen bisweilen preisliche Bedenken gegen ihre technische Anwendung.

Der Reaktionsablauf ist bei der Hydrolyse von Stärke mit Säure bzw. mittels Enzymen keineswegs der gleiche. Der Unterschied liegt wesentlich im folgenden:

Enzymreaktionen verlaufen selbst bei geringer Dosierung sehr schnell, auch sind Enzymwirkungen meist außerordentlich spezifisch. Mit Enzymen hergestelltes Hydrolysat zeichnet sich durch höheren Glucosegehalt (*DE*-Zahl)[1]) und ferner durch das Fehlen von bitter schmeckenden Reaktionsprodukten aus, wie sie bei weitgehender Hydrolyse mit Säure auftreten und, wie erwähnt, durch den Säureangriff auf bereits gebildete Glucose entstehen (Rekonversionsprodukte). Die Anwendung von Amylasen verschiedener Wirkung gestattet zudem auch, Sirupe diverser Art mit unterschiedlichem Dextringehalt herzustellen.

---

[1]) D. E. = D. Ä. = Dextroseäquivalent. Mit dem D. Ä. wird der Gesamtgehalt an reduzierenden Zuckern, berechnet als Glucose in % der Trockenmasse angegeben. Normal ist ein D. Ä. von 30 bis 60%; bei einem höheren D. Ä. kristallisieren Zucker aus. Das D. Ä. ist nur dann charakteristisch, wenn die Hydrolyse, z. B. die Verzuckerung der Stärke, ausschließlich mit Säure durchgeführt wird. Bei kombiniertem Säure-Enzym-Abbau werden auch noch andere Zucker gebildet (Maltose, Trisaccharide, höhere Saccharide), so daß man von dem D. Ä.-Wert nicht auf die Zusammensetzung schließen kann.

pH-Einstellung der Lösung

Der Hydrolyse mit Säurelösungen folgt eine Neutralisation, und zwar meist mit Sodalösung. Hierbei darf möglichst keine Verfärbung des Saftes auftreten. Da Glucose im Gegensatz zu Saccharose stark alkaliempfindlich ist, muß eine örtliche Überneutralisation über den pH-Wert von 5,5 tunlichst vermieden werden. Dies ist praktisch recht schwierig, selbst wenn man die Lösung des Neutralisationsmittels zwecks richtiger und rascher Verteilung auf den Saft aufstäubt.

Es würde daher einen großen Fortschritt bedeuten, könnte man den Rohsaft sofort nach der Hydrolyse über einen richtig gepufferten Kationenaustauscher leiten und gleichzeitig die geringen Mengen an färbenden Bestandteilen abfiltrieren. Der neutralisierte, klare Saft ist sodann einer Feinreinigung zu unterwerfen, bei der praktisch alle färbenden Bestandteile, Eiweißabbauprodukte, Schwermetallspuren usw. entfernt werden.

Insbesondere sollte auch immer darauf geachtet werden, das berüchtigte ω-Oxymethylfurfurol (H. M. F.) und die die MAILLARDsche Verfärbung verursachenden Komponenten möglichst vollständig zu entfernen.

Ob ein Glucosesirup den üblichen hohen Ansprüchen technisch auch genügt, wird durch Versuche verschiedener Art praktisch erprobt; die „Bonbonprobe" (confectioner-test) ist wohl der bekannteste Test. Bei der Bonbonprobe bestehen verschiedene Varianten, die zumeist durch praktische Erwägungen bestimmt werden. Es handelt sich dabei um erprobte, von jeher vom Zuckerbäcker angewandte Verfahren.

Bonbonprobe

Eine Mischung von ungefähr gleichen Mengen Sirup und Saccharose wird allmählich (innerhalb einer Viertelstunde) auf 150 °C gebracht und danach auf eine mit einer dünnen Fettschicht bedeckte Marmorplatte ausgegossen. Diese Masse wird sodann, und zwar noch vor völliger Erstarrung, mit einer Art Gitter in quadratische Teile (Karamellen, wie man sie noch jetzt in Läden erhält) zerteilt; diese Karamellen werden nach ihrer Färbung beurteilt und müssen tunlichst farblos sein. Diese Probe läßt bisweilen erstaunlich feine Unterschiede erkennen. Selbst bei zunächst gleich weiß erscheinenden Sirupen treten in den Karamellen Gütedifferenzen deutlich in verschiedenen Farbschattierungen in Erscheinung. Winzige Verunreinigungen können sich schon sehr schädlich auswirken. Bei den Versuchen muß darauf geachtet werden, den pH-Wert und auch einen evtl. Gehalt an SO_2 völlig gleichzuhalten (niedriger pH-Wert und ein hoher SO_2-Gehalt wirken in Richtung eines zu günstigen Ausfalles der Probe).

Noch vor wenigen Jahrzehnten war nicht bekannt, welche Ursache den bei dieser so subtilen Bonbonprobe hervortretenden Unterschieden zugrunde liegt. Heute weiß man, daß neben der Karamelisierung und der MAILLARDschen Reaktion, insbesondere ein Gehalt an H. M. F. eine Rolle spielt. Es gibt eine umfangreiche Literatur mit z. T. widersprechenden Angaben und Schlußfolgerungen, ohne daß bis heute eine völlige Klärung erzielt ist. Eine Analyse der Verunreinigungen kann — wenn auch Eiweißabbaukomponenten und H. M. F. immer verdächtig bleiben — einen praktischen Test wie die Bonbonprobe noch immer nicht ersetzen.

Eine Prüfmethode von gleichfalls praktischer Bedeutung für Glucosesirupe ist eine längere Lagerung der verschiedenen Probemuster bzw. als Schnellprobe ausgeführt, Lagern im Wärmeschrank bei höherer Temperatur, etwa 80 °C. Ob die Beurteilungen nach dem Lagertest mit denen nach der Bonbonprobe parallel gehen, ist nicht sicher. Die Herstellung eines guten, einer anspruchsvollen Kundschaft genügenden Glucosesirups bleibt immer eine große fachmännische Leistung.

Reinigung der Säfte im praktischen Betrieb

Bevor wir uns der Behandlung der Glucosesäfte mit Ionenaustauschern und Kunstharz- und Kohleentfärbern zuwenden, sei kurz zusammenfassend über die technische Ausführung der Glucoseherstellung berichtet. Eine schematische Abbildung der Herstellung ist im nachstehenden Schema gegeben.

Schema 13: Glucoseherstellung

Stärkemaischbottisch
↓
Hydrolyse ⟵ (Säure, Enzyme)
↓
Neutralisierung ⟵ Soda
↓
Filtration
↓
Entfärbung
↓
Eindickung
↓
Kühlung
↓

Der oben beschriebenen Hydrolyse der Stärke sowie der Neutralisierung und Filtration des Hydrolysates muß sich eine nahezu vollkommene Entfärbung und Reinigung des Saftes anschließen. Früher haben sich die Reinigungsverfahren für Glucose genauso entwickelt, wie die der Rüben- und Rohrzuckerlösungen. Vielleicht länger noch als in diesen Industrien hat man in den Glucose und Glucosesirup herstellenden Fabriken Spodium angewendet. Der Gebrauch von Aktivkohle hat sich erst um die zwanziger Jahre dieses Jahrhunderts durchgesetzt und begegnete viel Skeptizismus. Als man sich von der Einfachheit der Aktivkohleanwendung überzeugt und Versuche, das pulvrige Produkt zu regenerieren, aufgegeben hatte, hat sich die Aktivkohleverwendung sehr schnell eingeführt. Es steht dies in einem gewissen Gegensatz zu der Zurückhaltung, welche die seit Jahrhunderten an den Gebrauch von Knochenkohle gewöhnten Zuckerraffinerien der

A-Kohle gegenüber einnahmen. Von diesen wurde die Knochenkohleanwendung in riesigen Anlagen betrieben und ihre Technologie war zu einer fast automatischen Vollendung entwickelt, wie sie für die in viel kleineren Dimensionen arbeitende Glucoseindustrie kaum in Frage kommen konnte.

Als man später zur Anwendung der Entfärbungskunstharze überging, hat man zwecks Verbilligung des Verfahrens wieder auf die Wiederbelebung zurückgegriffen; aber hierzu brauchte man dann nicht auf thermische Prozesse zurückzukommen, wie sie bei der Spodiumbehandlung üblich und notwendig sind. Diese Tatsache war von entscheidender Bedeutung, obgleich — wie wir im Kap. 5.1. gesehen haben — die Regeneration von Harzadsorbern nicht ganz so einfach ist, wie die der für Wasserreinigungszwecke[1]) benutzten Ionenaustauscher.

Doch ist die Wiederbelebung von Kunstharzaustauschern und Entfärbungsharzen, selbst wenn Nebeneffekte auftreten, nicht so umständlich und schwierig wie die von Knochenkohle, die, wie erwähnt, auf kostspieligem und mit hohem Arbeitsaufwand verbundenem, thermischen Wege erfolgen muß.[2])

Im übrigen zeigen Adsorptionsvorgänge an Kunstharzadsorbentien auch nicht den ausgeprägt irreversiblen Charakter, den man bei den A-Kohlen kennt.

Bei den folgenden Ausführungen über Reinigungsverfahren der Austauscher und Entfärbungsharze ist zu beachten, daß trotz der bisher schon erzielten schönen Erfolge noch immer eine gewisse Tendenz zu Abänderungen besteht, weil offenbar vielfach mehrere Wege zum Ziele führen.

Die Anwendung von Kunstharzadsorbentien in der Glucoseindustrie erfolgt mit zwei Zielsetzungen. In dem einen Falle strebt man lediglich eine Reinigung des Saftes an, wobei eine daneben etwa auftretende völlige oder teilweise Entmineralisierung von nebensächlicher Bedeutung ist. Im zweiten Falle, der insbesondere für die Herstellung von Kristallglucose wichtig ist, ist die Entfernung der Mineralsalze das wesentliche Ziel. Bei der Raffinierung der Säfte — sie beruht wohl wesentlich auf Effekten der Allgemeinadsorption — trifft man häufig Abweichungen in der Arbeitsweise an. Die Anwendung des Entmineralisierungsverfahrens im Herstellungsprozeß für Dextrose und Glucosesirup, bei dem ohne

---

[1]) Auch bei der Wasseraufbereitung mit Ionenaustauschern können natürlich gelegentlich Komplikationen auftreten, u. a. bedingt durch Überlagerung von Vorgängen der Allgemeinadsorption. In so ausgeprägtem Maße, wie man Schwierigkeiten dieser Art bei der Reinigung von Zuckersäften kennt, treten sie bei der Wasseraufbereitung aber kaum auf.

[2]) Die langjährige Geschichte der Knochenkohleanwendung lehrt, daß man sich sehr bemüht hat, die thermische Wiederbelebung zu umgehen. Mit einigen Chemikalienlösungen, insbesondere Natronlauge, erreicht man zwar einen gewissen, aber leider keinen ausreichenden Erfolg. Auch zu einer biologischen Reinigung hat man mit mehr oder weniger Erfolg für längere Zeit gegriffen. Doch hat schließlich auch diese Art der Reinigung wohl wegen der Langwierigkeit dieser Operation ebenso wie die mit Chemikalien der thermischen Wiederbelebung weichen müssen. Wir kommen auf diesen wichtigen Punkt noch zurück, da er bei dem heutigen Stand der Technik immerhin eine gewisse Beachtung verdient (s. S. **243**).

Zweifel die Ionenaustauschvorgänge dominieren, erfolgt nach einem praktisch übereinstimmenden Arbeitsschema. Bei der Bereitung von Glukosesirup wird eine Entmineralisierung übrigens nur ausnahmsweise angewandt, und zwar für die Erzeugung sehr hochwertiger Sirupe. Um so größer ist ihre Bedeutung für die Dextroseherstellung in Kristallform (Dextropur).

Entmineralisierung

Die Praxis hält sich wesentlich an die nachstehenden Arbeitsbedingungen.

Beispiele:

Die Stärke wird zunächst einer Vorhydrolyse mit Säure bis zu 10—15% Dextrosegehalt unterworfen, und alsdann die Hydrolyse enzymatisch zu Ende geführt. Der dabei erhaltene Saft von 98 DE 33 Brix wird sodann einer Entmineralisierungs- und Feinreinigungsanalge zugeführt. Diese enthält folgende Einheiten: 2 Filter Imac C8P, 2 Filter Imac A44 und 2 Filter mit Dusarit S Füllung. Eines der beiden Filter hält man immer in Betrieb, während das andere wiederbelebt wird. Die Laufzeit der Filter ist verschieden, 12 Std. für Imac C8P, 6 Std. für Imac A 44, 12 Std. für Dusarit S. Die Regeneration findet statt resp. mit 1 vol. 6% HCl-Lösung —2 vol. 4% NaOH-Lösung, 1 vol. 5% NaOH-Lösung —1 vol. 6% HCl-Lösung. Saft- und Waschwassertemperatur hält man bei 70 °C; bei dem empfindlichen Anionenaustauscher soll die Temperatur ca. 20 °C nicht überschreiten. Als Filtriergeschwindigkeit des Saftes wählt man resp. 2 vol., 3—4 vol., 2 vol./Std., die erforderliche Waschwassermenge beträgt 15 vol., 25 vol. und 20 vol.

Die Anwendung von Ionenaustauschern nach dem Karussell-(Merry-go-round)-System kann man am besten an Hand nebenstehender Abbildung ersehen.

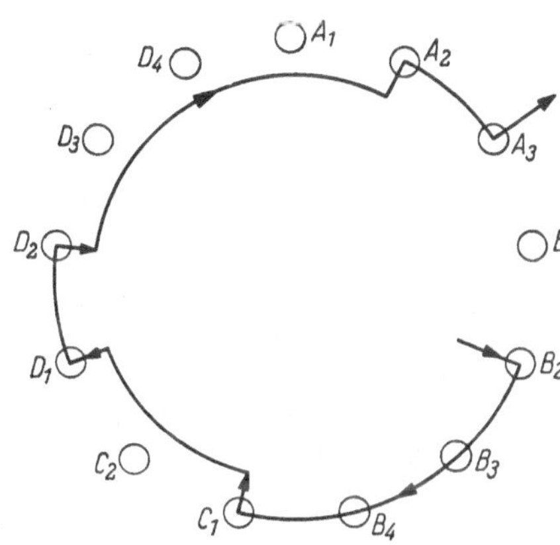

Abb. 33. Karussell-System

Die Anlage ist aus verschiedenen Filtern zusammengesetzt, welche in der Skizze kreisförmig angeordnet sind, also in Karussellform stehen. In der Praxis erfolgt die Aufstellung aber meist geradlinig, was keinen Unterschied bedeutet. Im Kreise sind die verschiedenen Typen Harzaustauscher und Adsorber angegeben, und zwar willkürlich als A_1, A_2, A_3, B_1, B_2, B_3, B_4, C_1, C_2, D_1, D_2, D_3, D_4. Nun funktioniert jeder einzelne Typus für sich; aber der Saft wird immer nacheinander durch den ganzen Kreislauf geführt, und zwar z. B. von dem Anfang bei A bis zum Ende bei D. Dennoch werden nicht alle Filter durchströmt, da mehrere Filter zur Wiederbelebung abgeschaltet sind, also inzwischen für den Filtrationsbetrieb ausscheiden.

Setzen wir etwa voraus, der Prozeß sei bis zur nachstehenden Phase fortgeschritten: D_2, B_3, B_4, C_1, D_1, D_2, A_2, A_3 seien nacheinander durchströmt und B_1, C_2, D_3, D_4, A_1 seien inzwischen der üblichen Absüßung, Rückspülung, Regeneration und Ansüßung unterworfen.

B_2, C_1, D_1 und A_2 sind dann am stärksten mit den zu entfernenden Ionen, Farbstoffen und Verunreinigungen beladen. Sobald eines dieser Filter zur Regenerierung ausgeschaltet werden muß, z. B. Filter B_2, wird an seiner Stelle das regenerierte Filter B_1 eingeschaltet und die Flüssigkeit durchströmt als Teilstrecken des Gesamtkreislaufes B_3, B_4, B_1; nach Beladung von B_3 wird B_3 abgeschaltet und regeneriert, und es wird umgeschaltet auf B_4, B_1, B_2 usw.

Die Dextroseherstellung ist nicht unbedingt darauf angewiesen, das Hydrolysat zu entmineralisieren; denn man kann reine Glucose auch aus mineralsalzhaltiger Lösung durch Kristallisation erhalten. Nur bekommt man dann ein Mehr an Hydrol (vergleichbar dem Abfallsirup der Saccharoseherstellung).

Indessen kann man, von diesem Hydrol ausgehend, noch hinterher durch Ionenaustausch daraus einen brauchbaren Glucosesirup erhalten. Und zwar kann man daraus sogar ein besonders hochwertiges Produkt gewinnen, sofern man bei der Raffinierung des Hydrols mittels Ionenaustauscher auch noch Entfärbungsharze zu Hilfe nimmt.

Raffinierung

Die Raffinierung von Glucosesäften ist wichtig für die Herstellung der folgenden drei Produkte:

a) Glucosesirup
b) Massée (Raspel- oder Kistenzucker)
c) Dextroseherstellung (ohne vorangegangene Entmineralisierung).

Die Erläuterung erfolgt am besten an Hand einiger praktischer Beispiele:

Beispiel für minderwertige Stärke

Der hydrolysierte und neutralisierte Saft von etwa 40 Bx wird auf pH 5 gebracht und — falls man minderwertige Stärke verarbeitet hat — zunächst im Karussell-System über 2 Dusaritfilter (beschickt mit Dusarit S) sowie 3 Asmitfilter (gefüllt mit Asmit 173 NP) geführt. Das Dusarit wird, nachdem ein Filter 12 Std. in Betrieb war, mit einer Geschwindigkeit von 2 vol./Std. mit 1 vol. 5% NaOH-Lösung, 1 vol. 6% HCl-Lösung, 1 vol. NaCl-Lösung wiederbelebt. Bei der Regeneration von Asmit 173 NP, nach ebenfalls 12 Betriebsstunden, wird 1 vol. 2,5% NaOH-Lösung und 1/2 vol. 0,5% HCl-Lösung angewendet; die verdünnte Säure wird zur Pufferung zugesetzt. Regeneration und Auswaschen erfolgen bei + 60 °C; zu letzterem Zweck sind 25 vol. Wasser nötig. Nach jedesmal 10 Zyklen findet eine gründliche Regeneration des Asmit mit 0,3 kg HCl pro m^3 Asmit statt. Zu dieser Operation benutzt man die bei der Wiederbelebung des Dusarits abfallenden Lauge- und Säurelösungen.

Beispiel für hochwertige Stärke

Für gut gereinigte Stärke hat sich nachstehende Arbeitsweise bewährt: der neutralisierte Saft läuft zunächst über Filter mit Imac C8P-Füllung und wird sodann über mit Asmit 173 NP beschickte Filter geführt. Man benutzt 2 Filter Imac C8P, 3 Filter Asmit 173 NP im „Karussell-Verfahren".

Die Regeneration des Imac C8P findet mit 1 vol. 1% NaOH-Lösung in Aufstrom statt; danach folgt Behandlung mit 1 vol. 10% NaCl-Lösung, der zur Pufferung 1 vol. $^1/_2$% HCl-Lösung zugesetzt ist. Die Behandlung erfolgt wie oben ebenfalls bei ± 60 °C.

Das Asmit 173 NP wird wie vorstehend regeneriert, und die abfallende NaOH-Lösung für die Regeneration des Imac C8P benutzt.

Bei Anwendung vorstehender Verfahrensweisen werden ca. 50% der Aminosäuren entfernt; der Asmit nimmt bei der anschließenden Entfärbung auch das H. M. F. heraus.

Weiteres Beispiel:

Bei diesem, ebenfalls im „Karussell-Verfahren" angewandten System benutzt man 4 Filter Imac C8P anstatt wie oben 2 und ebenfalls 3 Filter Asmit 173 P. Zwei von der ersten Filtersorte werden aber mit H·- und zwei mit Na·-Ionen vorbeladen eingesetzt. Der Na·-beladene Austauscher entsteht selbsttätig dadurch, daß sich das H·-Filter im Arbeitsprozeß mit den Na·-Ionen des Saftes belädt. Nach Abschalten behandelt man dieses im Aufstrom mit 1 vol. 2% NaOH-Lösung (von der Wiederbelebung des Entfärbungsharzes Asmit stammend); schließlich folgt Überleiten von 1 vol. 6% NaCl von oben nach unten, ehe man es als Na·-Filter einsetzt. Pufferung und Waschung erfolgen wie bei der üblichen Wiederbelebung. In gewissen Zeitabständen wird mit einer heißen NaOH-Lösung (1 vol. 3% NaOH) eine gründliche Wiederbelebung durchgeführt. Dem Wiedereinsetzen in den Arbeitsprozeß muß eine genaue pH-Einstellung mit HCl-Lösung vorausgehen.

Bei der Herstellung von Masse und Dextrose gibt es, sofern sie ohne Entmineralisierung durchgeführt wird, ähnlich wie bei der Herstellung von Glucose viele Modifikationen.

Im übrigen kann man sich an die obigen Angaben halten; gegebenenfalls sind kleine zahlenmäßige Abänderungen der Betriebsdaten am Platze.

Im allgemeinen kann man feststellen, daß es bei der Stärkezuckerherstellung noch nicht völlig zu einem Standardverfahren gekommen ist. An verschiedenen Verfeinerungen wird z. Z. noch gearbeitet; Harzsynthese wie die Anwendungstechnologie streben eine weitere Vervollkommnung an.

9.2 Glucoseherstellung aus Holz- und Landbau-Abfällen

Es ist der Verdienst deutscher Forscher (BERGIUS, FREDENHAGEN und anderer), die Möglichkeiten der Hydrolyse von Holz gründlich studiert und bis zur technischen Reife durchentwickelt zu haben. Es ist ausschließlich die ökonomische Lage, die einer industriellen Verwertung der Verfahren entgegensteht.

Technische Schwierigkeiten für die Herstellung einer tadellosen Dextrose aus diesem Rohstoff bestehen heute kaum noch, nur gibt es für die Verwertung von Holzabfällen sehr zahlreiche Möglichkeiten, die wirtschaftlicher sind als seine Benutzung zur Glucosefabrikation für Speisezwecke.

Die Technik der Glucoseherstellung aus diesen zellulosereichen Rohstoffen lehnt sich an die der Verarbeitung von Stärke durch Hydrolyse an. Nur ist die Hydrolyse von Zellulose viel schwieriger durchzuführen und nur unter spezifischen Bedingungen realisierbar, wie BERGIUS fand. Das WILLSTÄTTER-BERGIUS-Verfahren, das mit Salzsäure-Aufschluß arbeitet, ist inzwischen zu einem Begriff geworden. Es benutzt, um den schwierigen Aufschluß zu erreichen, hochkonzentrierte Salzsäure, welche nachher durch Vakuumverdampfung größtenteils wieder entfernt und zurückgewonnen wird. Das Hydrolysat besteht aus ca. 70% Dextrose und 30% Pentosen (Xylose, Arabinose, Mannose, Galaktose). Das Mengenverhältnis zwischen Hexosen und Pentosen ist von der Art des Rohstoffes abhängig und kann beträchtlich schwanken.

Die Säuremenge, die nach der Verdampfung übrigbleibt, ist hauptsächlich Schwefelsäure, die größtenteils aus den Sulfaten des Rohstoffes stammt. Diese Säure läßt sich mittels eines OH'-Austauschers entfernen, wobei der pH-Wert der

Zuckerlösung auf über 6 ansteigen kann. Der Saft wird durch diese Behandlung bedeutend verbessert und durch Überleiten über einen Kationenaustauscher, welcher die Schwermetallionen entfernt, noch weiter gereinigt. Es treten hierbei noch weitere, durch das Allgemeinadsorptionsvermögen der Austauscher bewirkte Reinigungseffekte, wie Entfärbung usw., auf.

Das SCHOLLER-TORNESCH-Verfahren, welches ebenfalls technische Bedeutung erlangt hat, arbeitet mit verdünnter Schwefelsäure bei Temperaturen von 160 bis 190° unter Druck. Auch das Verfahren des Research Lab. der Distiller's Comp. und das von L. A. NAGRODSKI benutzen Schwefelsäure. Der Vorschlag von FREDENHAGEN, nach welchem Flußsäure verwandt wird, wurde von der BASF eingehend technisch bearbeitet und lief während des zweiten Weltkrieges mit reinem Zellstoff als Ausgangsprodukt in einer Großanlage in Süddeutschland. Ein Verfahren, das die Hydrolyse mittels SO_2 durchführt, ist offenbar nicht zu einer großtechnischen Entwicklung gelangt.

Der Vollständigkeit halber sei schließlich die Hydrolyse von Zellulose und Holz mittels Phosphorsäure erwähnt. Je nach Rohstoff und Aufschlußart enthalten die erzielten Zuckerlösungen als Verunreinigungen neben den schon erwähnten verharzte und humifizierte, meist dunkel gefärbte Reaktionsprodukte. Zur Reinigung eingesetzte Ionenaustauscher und Adsorptionsharze werden dadurch schwer in Anspruch genommen.

9.3. Herstellung von Invertzucker

Zur Gewinnung von Invertzucker wird ganz allgemein von Saccharose als Rohmaterial ausgegangen. Das Verfahren selbst ist sehr alt und allgemein bekannt. Zur katalytischen Beschleunigung der Hydrolyse wird meist eine geringe Menge Säurelösung (verdünnte Salz- oder Schwefelsäure) zugesetzt, für spezielle Zwecke nimmt man auch organische Säuren — wie Citronen- oder Weinsäure.

Ionenaustauscher haben für diesen katalytischen Zweck erst seit den vierziger Jahren Bedeutung erlangt; sie werden als $H^{\cdot}$-Austauscher eingesetzt (Wirkung als Festsäuren). Ihr Gebrauch liefert selbstverständlich Invertzuckersirupe von nur geringem Aschegehalt; sofern sie dabei nicht mit Verunreinigungen aus der Zuckerlösung, insbesondere mit mineralischen Kationen, beladen werden, können diese Ionenaustauscher laufend verwandt und evtl. als Katalysatoren auch in kontinuierlichen Verfahren benutzt werden. Leider beladen sie sich aber meist doch allmählich mit den von der Lösung zugeführten geringen Spuren von Kationen, so daß eine Regeneration mit Säurelösung von Zeit zu Zeit notwendig ist. Diese bietet keine Schwierigkeiten.

Bei salzhaltigen Zuckerlösungen, also Anwesenheit von Kationen in der Lösung, werden diese gegen $H^{\cdot}$-Ionen eingetauscht. Die auf diese Weise in die Lösung gelangte freie Säure wirkt dann selbstverständlich auch invertierend. Über den Mechanismus der Inversion mittels $H^{\cdot}$-Austauscher und seine Gesetzmäßigkeiten kann auf die Literatur verwiesen werden.

9.4. Herstellung von Milchzucker

Milchzucker wird praktisch nur aus Molke, einem Nebenprodukt der Käseherstellung, bereitet. Obgleich dieser Rohstoff sehr billig ist und vielfach als Abfallstoff abgestoßen oder verfüttert wird, ist die Herstellung von Milchzucker doch kein billiges Verfahren, weil es schon mit erheblichen Transportkosten belastet ist; der Brennstoffbedarf ist hoch; auch die Entfernung der Nichtzuckerstoffe aus der Molke ist keine ganz einfache Aufgabe, zumal die Molke viel Salze enthält und die Anlage kostspielig ist; auch steht der Rohstoff nur unregelmäßig zur Verfügung. Die Abscheidung der Proteine erreicht man durch Senkung des pH der Molke (z. B. durch Filterung über einen H˙-Austauscher) und Erhitzen des Filtrats; die koagulierten Proteine lassen sich alsdann durch mechanische Filtration entfernen. Durch Behandlung mit Kationen- und Anionenaustauscher erreicht man alsdann eine 90—95%ige Entsalzung. Die Lösung wird eingedickt und zur Kristallisation gebracht.

In einer Leipziger Molkerei wurde das folgende Verfahren mit Erfolg durchgeführt:

Die Molke wird in üblicher Weise thermisch enteiweißt (bei 90—95 °C) und über Kieselgur filtriert. Danach setzt man, um restliche Eiweißstoffe zu entfernen, Kalk bis zum pH 9 zu, wobei die Temperatur unter 65 °C bleiben muß.

Nach einer zweiten Filtration setzt man Schwefelsäure bis zu pH 6,5 zu und leitet die Flüssigkeit über eine Wofatit-Anlage, bestehend aus 2 Filtern, wovon eines mit einem H˙-Austauscher (seinerzeit Wofatit F), das zweite mit einem OH′-Austauscher (Wofatit L) beschickt ist. Man kann über diese Filter an Molke das 3fache Volumen der Ionenaustauscherfüllung filtrieren mit nachstehendem Ergebnis:

Molke geflockt		Molke entsalzt	
Dichte	1,022	Dichte	1,011
Cl	1040 mg	Cl	3 mg
SO_4	387 mg	SO_4	0 mg
Ca	3108 mg	Ca	0 mg
Milchzucker	3%	Milchzucker	2,7%

Nach Eindicken der entsalzten Molke auf 30—32 °Bé und Abkühlung wird der Zucker abfiltriert und mit Wasser gedeckt.

Das Trockenpräparat zeigt etwa nachstehende Eigenschaften:

Asche	0,07%
Eiweiß	0
Schwermetall	0
Sulfat	0
Milchzucker	99,5%
Lösung 1:1	klar
Farbe	weiß mit nur leichtem Gelbstich.

70% des im Rohstoff enthaltenen Milchzuckers wurden als kristallisiertes Produkt obiger Zusammensetzung erhalten. Neben diesem Verfahren gibt es noch einige andere, die zur Verwertung von Molke vorgeschlagen wurden. Beispielsweise kann man die Molke mit OH'-Austauscher nur entsäuern und alsdann auf Trockenpräparate eindicken. Auch die Gewinnung und Isolierung der Milchvitamine mittels Ionenaustauscher ist möglich.

9.5. Verwertung von Topinambur auf Fruktose

Unter etwas abnormen Lebensbedingungen, wie unter Kriegsumständen, wird die Aufmerksamkeit der Erfinder auf die Herstellung von Zucker aus anderen als den üblichen Rohstoffen gelenkt; in hohem Maße galt dies auch für den letzten Weltkrieg, woselbst man u. a. auf Topinambur zurückgriff. Diese Erdfrucht enthält (ebenso wie z. B. die Dahlienknollen) Inulin anstelle von Stärke. Analog, wie die Stärke zu Glucose, so kann Inulin zu Fruchtzucker (Fruktose) hydrolysiert werden. Über die Herstellung von Fruchtzucker aus diesem Rohstoff in Amerika berichten ENGLIS und FIESS. Ebenso sind in Frankreich (neben Anbau- und Züchtungsversuchen mit dieser Feldfrucht) Aufschlußversuche mit Topinambur durchgeführt worden. Auch in Holland hat man große Mengen Topinambur auf Fruchtzucker verarbeitet, und zwar — wie in Amerika — ebenfalls unter Verwendung von Ionenaustauschern.

Schema 14: Topinambur-Verarbeitung

Topinamburwurzeln
↓
Schnitzelmaschine
↓
Extraktion (Diffusion)
↓
Vorreinigung
↓
H˙-Austauscher
↓
Heizung (Hydrolyse)
↓
Entfärbung (mit Aktivkohle oder Kunstharzadsorber)
↓
Eindickung
↓

Es hat sich gezeigt, daß die Züchtung von Topinambur leichter ist als die der von Rüben, doch ist ihr Anbau weniger lohnend. Topinambur bildet nach einigem Wachstum ein dichtes Laub, welches das Unkraut nicht zum Gedeihen kommen läßt, so daß alle Arbeit bis zur Ernte eingespart werden kann. Dieser Vorteil wird teilweise dadurch aufgehoben, daß die Knollen ziemlich verbreitet im Boden liegen; sie lassen sich aber leichter und ohne Schaden ernten als Zuckerrüben. Der Ertrag dürfte gewiss zu steigern sein.

In Holland wurde Topinambur nach vorstehendem Schema auf Fruchtzucker verarbeitet. Der Saft wird in gleicher Weise wie der Rübensaft gewonnen. Er enthält, wie erwähnt, das Prosaccharid Inulin, das keinen süßen Geschmack zeigt; dieser tritt erst nach Einwirkung von Säure auf. Wie bei der Arbeit von ENGLIS und FIESS wurde zur Durchführung der Hydrolyse ein H˙-Austauscher benutzt, der bei 100 °C arbeitete; nach 180 Minuten war die Reaktion beendet.

Das Hydrolysat zeigte braune Farbe und war von schlechtem Geschmack; auch enthielt es viel Kolloide. Die Reinigung erfolgte nach einer Vorfiltration über Kieselgur durch Überleiten über ein Entfärbungsharz und anschließend einen schwachbasischen Anionenaustauscher; der Reinigungseffekt war ausgezeichnet. Nach Eindicken wurde ein Sirup von vorzüglichem Geschmack erhalten, der bekanntlich wegen seines Fruktosegehaltes ein Süßungs- und Nährmittel, zumal für Diabetiker, ist. Über die Rentabilität des Verfahrens kann wenig berichtet werden, da die Versuche unter schwierigen Kriegsumständen stattfanden. Ein kristallisiertes Produkt zu gewinnen, gelang nicht.

Die seinerzeit benutzten Austauscher und Entfärbungsharze waren noch Produkte, die auf Qualität und Resistenz wenig Anspruch erheben konnten, die Rohstofflage war sehr schlecht, die Rohstoffe unrein, die Apparatur primitiv. Unter den heutigen Umständen wäre die Wiederherstellung einer kleinen technischen Anlage zur Bereitung von Fruchtzucker aus Topinambur sicher ein interessantes Objekt. Unangenehme Überraschungen wären dabei kaum zu erwarten. Selbstverständlich sollte dabei u. a. auch die wirtschaftliche Lage neu überprüft werden; auch müßten die besonderen örtlichen Bedingungen erneut studiert werden, die einer darauf aufbauenden Industrie erst eine sichere Grundlage zu geben vermögen.

9.6. Literatur

Rohsaft

Activit, Am. P. 2564820 (Nied. Pr. 1939)

ASSALINI, G., Fr. P. 1167954 (Ital. Pr. 1955)

ASSELBERGS, C. J., P. W. v. d. POEL, M. L. A. VERHAART und N. H. M. DE VISSER, Zucker **13** (1960), 574–578

BORGHI, M., Ind. Saccarif. Ital. **44** (1951), 21–28

BORGHI, M., IXe Congr. Int. Ind. Agr. Sect. T. P. 4, (1952)

American Cyanamid Co., Am. P. 2496244 (Anm. 1946)

American Cyanamid Co., Am. P. 2522022 (Anm. 1945)

DICKINSON, B. N., Int. Sugar J. **59** (1957), 126–127

Dorr Co., Schwed. P. 134093 (Am. Pr. 1946)

GANS, R. DRP. 174097 (Anm. 1905)

Holly Sugar Corp., Am. P. 2678288 (Anm. 1950)

Infilco Inc., Am. P. 2402960 (Anm. 1942)

Infilco Inc., Am. P. 2403177 (Anm. 1944)

MUTTI, J., und C. REGINELLI, Zymologica chim. Colloidi Zuccheri **3** (1928), 91

PALEY, L. A., Am. P. 2522797 (Anm. 1943)

PFEIFER und LANGEN, D. R. P. Anm. P. 77485/89c (12) v. 1938
SMIT, P., VIII Congr. Int. des Ind. Agric. Brüssel Vol. I 257—268 (1950)
SMIT, P., Sucrerie France, 92 (1951), 1—6
TEATINI, D., D. R. P. 700974, F. P. 693437 (Belg. Pr. 1930)
United Water Softeners, Ltd. London, Anm. U 8985 IVb/85b (1) v. 1925

Rohrsaft

ARRIAGA, R., Sugar J. 21 (1959), 27—30
Dorr, Co., Am. P. 2391649, ausg. 1945
FORT, C. A., B. A. SMITH und L. F. MARTIN, Proc. 3rd. Tech. Session. Bone Char. 179—219 (1953)
HAMA, A., und M. AJISAKA, Proc. Res. Soc. Japan Sugar Refineries Technol. 4 (1955), 48—57
MARCHÉ, J., in Pieter HONIG, „*Principles of Sugar Technology*", New York, 1953, Seite 582 bis 645
MATHUR, G. P., und S. MUKHERJEE, Proc. 9th. Congr. Int. Soc. Sugar Cane Technol. Vol. II, 381—393 (1956)
RAMANA RAS. D. V., und C. J. DASA RAO, Indian Sugar. 10 (1961), 699—700
SARMA, P. L., und A. G. KELLER, Sugar J. 18 (1955), 31—34
SHARKARA, Z. Zuckerind. 10 (1960), 149
YU, C. T., Rept. Taiwan Sugar Expert Sta. 3 (1948), 242—253

Stärkesirup

BADOLLET, M. S., und H. S. PAINE, Ind. Engng. Chem. 12 (1927), 1245—1246
Corn Prod. Refining Co., Schwz. P. 280456 (Am. Pr. 1944)
Corn Prod. Refining Co., Eng. P. 647881 (Am. Pr. 1944)
DESCHREIDER, A. R., und E. MAES, Rev. des Fermentations et des Ind. Alim 8 (1900), 223 bis 227
KRÖYER, K., Stärke 6 (1954), 119—122
DE LANGE, A., Stärke 7 (1955), 94—96
American Maize-Products, Fr. P. 965195 (Am. Pr. 1940)
NOSSBERGER, V., Listy Cukrovarnické 67 (1951), 125—128
SCALLET, B. L., Stärke 15 (1963), 256—259
WEGNER, H., Branntweinwirtschaft 77 (1955), 285—289

Invertierte Säfte

Chemical Process Co., Am. P. 2568925 v. 1948

Xylosesirup

ADASKIN, E. M., und N. L. LUKJANOWA, Hydrolysen u. Holzchem. Ind. (russ.) 9, Nr. 8 (1956), 11—13
CANTOR, S. M., und A. W. SPITZ, In F. C. Nachod, J. Schubert, Ion Exchange Technology, 1956, S. 521—554
GAYLE, F. L., Sugar J. 3 (1945), 11—15
GLIENKE, J., und W. R. EDWARDS, Brewers Digest 9 (1956), 85—99

Alkoholische Getränke, Fruchtsäfte, Limonaden

Activit, Fr. P. 989489 (Nied. Pr. 1948)
AUSTERWEIL, G. V., und P. PECHEUR, C. R. hebd. Seances Acad. Sci **233** (1951), 1190—91
Mc. GINNIS, R., (Spreckles Sugar Co.), Am. P. 2969298 (Anm. 1959)
JACQUIN, P., Ind. Aliment. Agr. **77** (1960), 663—679
ONGARO, D., IXe Congr. Int. des Ind. Agr. Sect. T. P. 4 (1952)
S. A. F., Fr. P. 1022693 (Anm. 1950)
Raff. Tirlemontoise, Nied. P. 78822 (Belg. Pr. 1948)
Unipektin Akt.-Ges., Eng. P. 716934 (Schwz. Pr. 1952)

Stärkehydrolysate, Glukoseherstellung

BADOLLET, M. S., und H. S. PAINE, Ind. Engng. Chem. **12** (1927), 1245—1246
BENIN, G. S., und E. E. SHNAIDER, Sacharnaja Prom. **25**, Nr. 7 (1951), 11—15
BERGDOLL, M. S., und E. HOLMES, Food Research **16** (1951), 50—56
Cantor, Am. P. 2328191 (Anm. 1939)
CHABOT, J. D., Stärke **6** (1954), 153—155
Corn Products Refining Co., Fr. P. 883837 (Am. Pr. 1940)
Corn Products Refining Co., Schw. P. 279902 (Am. Pr. 1941)
Corn Products Refining Co., Schw. P. 280456 (Am. Pr. 1944)
Corn Products Refining Co., Eng. P. 647881 (Am. Pr. 1944)
Corn Products Refining Co., Eng. P. 683478 (Am. Pr. 1949)
Corn Products Refining Co., Nied. P. 75314 (Am. Pr. 1951)
HANDELMAN, M., und R. H. ROGGE, Chem. Engng. Progr. **44** (1948), 583—587
HARTIG, H. P., Stärke **8** (1956), 140—143
HÖNSCH, W., Stärke **1** (1949), 87—89
Holding Luxemb. Inventa, Fr. P. 1046623 (Belg. Pr. 1950)
IVANOV, S. Z., und A. R. SAPRONOV, 1 st. Int. Conf. Chemistry and Technology of Sugar, Lodz, 1962
DE JONG, G. J., Stärke **8** (1956), 164—168
DE JONG, G. J., Stärke **13** (1961), 43—46
DE JONG, G. J., Stärke **13** (1961), 133—136
DE JONG, G. J., und J. C. JANSEN, Stärke **9** (1957), 147—150
DE JONG, G. J., G. OTTEN und A. J. v. d. BERG, Stärke **10** (1958), 109—112
KRIZKOVSKY, F. L. P., und A. HUNEMAN (W. A. Scholten's Ardappelmeelfabrieken), D. P. 28175/89c (Nied. Pr. 1942)
KRÖNER, W., Forschungsdienst **9** (1940), 538—549
KRÖNER, W., und W. HÖNSCH, Kolloid-Zeitschrift **110** (1948), 178—182
KRÖNER, W., und H. WEGNER, Vorratspflege und Lebensmittelforschung Bd. VI, Heft 1—3 (1943), 76—84
KRÖYER, K., Stärke **6** (1954), 119—122
American Maize Prod., Fr. P. 905194 (Am. Pr. 1940)
Produits du Mais, Fr. P. 1007890 (Anm. 1948)
American Maize Products, Fr. P. 965195 (Am. Pr. 1940)
MEYER, H. W., Dissertation Groningen 1942
O. J. Meyers Dextrinefabricken, Fr. P. 876930 (Nied. Pr. 1940 u. 1941)
O. J. Meyers Dextrinefabricken, Fr. P. 901765 (Nied. Pr. 1942)

O. J. Meyers Dextrinefabricken, Niederl. P. 63997 v. 1949
MILL, G. F. (Chem. Process Co.), Am. P. 2481768 v. 1947
NOSSBERGER, V., Listy Cukrovarnické **67** (1951), 125—128
RADIGOIS, J.-C., Ind. Aliment. Agric. **76** (1959), 625—627
RAMONDT, D., Stärke **3** (1951), 194—196
ROGGE, R. H., Ind. Engng. Chem. **41** (1949), 2068—2077
RÜGGEBERG, H., Stärke **3** (1951), 34—38
W. A. Scholten's Aardappelmeelfabrieken Nied. P. 58049 (Anm. 1942)
SMIT, P., Archief van de Suikerindustrie in Ned. en Ned. Indie **1** (1940), 143—151
WEGNER, H., und A. OSTHEGE, Stärke **6** (1954), 44—52
WEISS, H., Stärke **2** (1950), 104—106
VEB Farbenfabrik Wolfen, D. P. (DDR) 5622, Kl. 89c (Anm. 1952)
WIJNS, J., Stärke **2** (1950), 152—153

Glukoseherstellung aus Holz, Xylose

ADASKIN, E. M., und N. L. LUKJANOWA, Hydrolysen und Holzchem. Ind. (russ.) **9**, Nr. 8 (1956), 11—13
Deutsche Bergin-Akt.-Ges. (K. KIPPHAN), D. B. P. 911000 kl. 89i (Anm. 1941)
Deutsche Bergin-Akt.-Ges., D. B. P. 845780 (Anm. 1950)
SONDERMANN, W., „*Chemische Holzverwertung*", Band III der Schriftenreihe „Weltforstwirtschaft". B. L. V. Verlagsges. München, Basel, Wien, 1963.

Fruktose, Topinambur-Verwertung usw.

ENGLIS, D. T., und H. A. FIESS, Ind. Engng. Chem. **34** (1942), 864—867
WAALE, J., und H. I. WATERMAN, Chim. et Ind. **68** (1952), 889—895
MAGYAR, K., Cukoripar **12** (1959), 189—194
Soc. An. Soc. des Produits du Mais, Fr. P. 1011108 (Anm. 1948)

KAPITEL 10

Polysaccharide

10.1. Einleitung

Die Reinigung von Lösungen der Polysaccharide, von denen man zuckerähnliche und zuckerunähnliche unterscheidet, mittels Ionenaustauschern bzw. verwandter Adsorbentien spielt technisch neben der von Rüben- und Rohrzuckerlösungen eine vergleichsweise nur geringe Rolle. Apparatur und Betriebsweise stimmen in der Hauptsache mit der schon beschriebenen Technologie für die Reinigung von Rüben- bzw. Rohrzuckerlösungen überein, was übrigens auch für Lösungen verschiedener anderer Stoffe wie Glyzerin, Glykol usw. zutrifft.

Wir können uns deshalb hier auf einige Hinweise beschränken, die sich mit den besonderen Eigenschaften des betreffenden Polyelektrolyten und seiner Gewinnung befassen; dabei sollen auch einige hierbei auftretende besondere Schwierigkeiten und dadurch bedingte Abänderungen der Arbeitsweise vermerkt werden.

Zu den technisch interessierenden Polysacchariden gehören u. a. Pektinstoffe, Agar, Carubin, Guaran, Gummiarabicum, Algin. Sie werden als teils normale, teils pathologische Stoffwechselprodukte sämtlich aus pflanzlichen Organen gewonnen. Aufgebaut aus Pentosen, Hexosen, Hexuronsäuren, Ketosen usw., zu denen gelegentlich in Ester- (bzw. Äther-)bindung Phosphorsäure-, Borsäure-, Essigsäure-, bzw. Methanol-reste und andere Gruppen hinzutreten können, stellen sie mehr oder weniger verzweigte, fadenförmige Makromoleküle vom Molekulargewicht 1000—1000000 dar.

Polysaccharide können aus verschiedenartigen Bausteinen u. a. L-Arabinose, L-Rhamnose, D-Glucose, D-Mannose, D-Galaktose, D-Galakturonsäure aufgebaut sein.

Die Produkte werden als Verdickungs-, Gelier-, Emulgier- und Klebemittel, als Schutzkolloide, Ausflockungsagentien und dergl. benutzt. Diese mannigfachen Anwendungsmöglichkeiten gründen sich darauf, daß alle diese Stoffe mit Wasser schon in geringer Konzentration viscose Lösungen oder Gallerten bilden.

10.2. Übliche Herstellungsweise und Eigenschaften einiger Polysaccharide

Ehe wir auf den Einsatz von Ionenaustauschern zur Reinigung von Polysacchariden eingehen, seien einige Bemerkungen über die Eigenschaften einiger Polysaccharide und die übliche Herstellungsweise vorangestellt.

Pektin

Der wichtigste Baustein des Pektins ist die Polygalakturonsäure, ein Fadenmolekül, partiell mit Methanol verestert. Das unveresterte Produkt wird als Pektinsäure bezeichnet. Hydrolyseprodukte der meisten Pektinpräparate enthalten daneben Galaktose, Arabinose und Rhamnose. Pektin findet sich in Zuckerrübenschnitzeln in einer Menge von 18—20% (auf den Trockenstoff berechnet); Zitronenschalen enthalten 35%, Orangenschalen 30%. Indessen ist es technisch schwierig, daraus die gesamte Menge zu erhalten: 12—15 bzw. 8—12%.

Für die technische Gewinnung von Pektin und Pektinsäure kommen hauptsächlich die nachstehenden Rohmaterialien in Betracht: Citrusschalen, Apfeltrester, Sisalabfälle u. dergl.; auch aus Zuckerrübenschnitzeln wird Pektin gewonnen, obgleich deren Verarbeitung schwieriger ist.

Die Qualität des Hydrolyse-Produktes hängt u. a. vom Molekulargewicht ab, ferner von der Art und Menge der Verunreinigungen. Pektin ist in den meisten organischen Lösungsmitteln unlöslich, aber z. B. löslich in Glycerin. Die Löslichkeit steigt mit zunehmendem Veresterungsgrad und mit abnehmender Kettenlänge der Moleküle. Die Alkalisalze der Pektinsäure sind wasserlöslich, nicht aber die freie Säure. Infolge ihrer Neigung zu Klumpenbildung lassen sich die Produkte oft recht schwer in Lösungsmitteln verteilen. Das Geliervermögen der Pektinstoffe im Wasser beruht auf der Neigung der Fadenmoleküle, sich zu Netzen zu vereinigen, eine Eigenschaft, die durch gewisse Zusatzstoffe gefördert wird. Durch geringe Abänderungen des Gewinnungsverfahrens, insbesondere der Hydrolyse des Extraktes, kann man verschiedene Pektinarten gewinnen: hochverestertes oder niederverestertes Pektin und auch Zwischenstufen; z. T. wird auch freie Pektinsäure hergestellt.

Der Fabrikationsvorgang ist kurz folgender, wobei wir uns im wesentlichen darauf beschränken, die Punkte herauszuheben, die für die Anwendung von Ionenaustauschern und Adsorptionsharzen wichtig sind bzw. Einsatzmöglichkeiten dafür bieten.

Das frische Rohmaterial wird, um es lagerfähig zu machen, zunächst getrocknet oder mit einer SO_2-Lösung konserviert; denn ein Verderb der Ware ist für die Verarbeitung äußerst schädlich. Nach Vorzerkleinerung wird der Rohstoff mit enthärtetem Wasser gründlich gewaschen, um alle löslichen Nichtpektinstoffe wie Zucker, Salze, Gerbstoffe, Farbstoffe usw. möglichst vollständig zu entfernen. Sofern Apfeltrester verarbeitet werden, kann dieser wäßrige Auszug eingedickt und als Apfelsirup verkauft werden.

Das gewaschene Rohmaterial wird danach systematisch mit einer Säurelösung meist HCl, HNO_3 oder SO_2 extrahiert, und die Lösung der Pektinstoffe durch Zentrifugieren oder Filtration vom Rückstand getrennt. Die Lösung wird hierauf meist enzymatisch von Stärke und Dextrinen befreit, dabei werden auch die Eiweißstoffe hydrolysiert. Dann folgt Entfärbung und Reinigung des Extraktes, wobei man chemische Oxydantien oder besser noch Adsorbentien anwendet.

Durch schonendes Eindicken unter Vakuum stellt man aus der Lösung Konzentrate des Pektins her, die mittels Konservierungsmitteln haltbar gemacht werden. Oft stellt man durch Ausflocken des Pektins aus der Flüssigkeit einen pulvrigen Trockenstoff her. Zu diesem Zwecke setzt man Alkohol oder Calcium- bzw. Aluminiumsalze zu. Das Flockulat wird getrocknet. Wendet man das letztgenannte chemische Flockungsmittel an, so ist die Entfernung des Zusatzmittels ein heikles Problem. Zwar kann dies weitgehend mit Wasser ausgewaschen werden, aber die letzten Mengen bleiben sehr fest am Produkt adsorbiert. Auch die Beschaffung der großen Wassermengen zur Reinigung kann auf Schwierigkeiten stoßen.

Durch Abwandlung der Extraktionsbedingungen des Rohmaterials, Säureart, Temperatur und pH, kann man verschiedene Schattierungen des Produktes erhalten.

Die Herstellung des Pektins aus Zuckerrübenschnitzeln geht zwar von einem sehr billigen Rohstoff aus; sie ist aber schwierig, und die Ausbeute ist unbefriedigend. Das Pektin ist hier sehr fest an das Rübenmark gebunden, außerdem stark mit störenden Acetylgruppen vernetzt.

Folgendes Arbeitsverfahren ist bekannt geworden:

In einem Rührgefäß wird ein Teil Schnitzel mit 8—10 Teilen Wasser zusammengebracht; alsdann bringt man sie durch Zuspeisen von SO_2 auf ein pH von etwa 1 und hydrolysiert bei 50—70 °C. Die Lösung bleibt 10—12 Stunden mit den Schnitzeln in Berührung. Sodann wird abgetrennt und die Lösung in üblicher Weise weiterverarbeitet.

Zur Herstellung einiger weiterer der obenerwähnten Polysaccharide bedient man sich oft ähnlicher Arbeitsstufen, wie der bei Pektin und Pektinderivaten bewährten; es mag deshalb genügen, diese stark gekürzt wiederzugeben.

Agar

Agar wird aus bestimmten Algenarten gewonnen. Die frisch geernteten Algen werden mehrere Stunden mit einer Salzsäurelösung extrahiert. Der Extrakt wird in üblicher Weise gebleicht, eingedickt und getrocknet.

Algin

Algin wird aus Braunalgen hergestellt. Man wäscht den Rohstoff zuerst mehrere Stunden mit einer Salzsäurelösung. Das Produkt wird alsdann zerkleinert und anschließend mit Sodalösung extrahiert. Den erhaltenen Extrakt läßt man klären, setzt Kieselgur zu und filtriert. Aus dem Filtrat wird schließlich das Alginat mit $CaCl_2$-Lösung präzipitiert und abgetrennt. Das so gewonnene Rohalginat erfährt eine weitere Reinigung mittels einer Oxydans- und Salzsäurelösung. Es wird schließlich zu Na-Alginat umgesetzt, unter schonenden Bedingungen getrocknet und gemahlen.

Carragen

Carragen wird aus Rotalgen in analoger Weise wie Agar gewonnen.

Carubin und Guaran

Von den beiden Stoffen Carubin und Guaran, die beide ständig an Bedeutung gewinnen, wird das erstere aus Johannesbrotkernen hergestellt, das zweite aus den Samen der Guarbohne gewonnen. Als erste Stufe der Verarbeitung muß das Rohprodukt entschalt werden, um den Keimling des Samens freizulegen. Um die schwierige Entfernung der Schale zu erreichen, ist Rösten der Samen oder eine Behandlung mit Schwefelsäure notwendig. Im letzteren Falle muß die Konzentration der Säure so hoch gewählt werden, daß eine weitgehende Verkohlung der Schale eintritt.

Gummi arabicum

Gummi arabicum wird aus Akazienbäumen durch Abschälen eines Teiles der Rinde gewonnen, und zwar in ähnlicher Weise, wie das Abzapfen von Latex aus den Heveabäumen erfolgt.

10.3. Qualitätsbeurteilung der Produkte

Wenn es sich darum handelt, für Untersuchungszwecke im Laboratorium möglichst reine Produkte zu erhalten, löst man die Rohprodukte üblicherweise in Wasser und fällt sie alsdann mit Alkohol aus. Man muß also eine sehr teure Methode anwenden, um möglichst reine Polysaccharide zu gewinnen. Dieser Weg der Reinigung ist indessen für eine Darstellung im technischen Maßstab kaum gangbar, so selbstverständlich auch das Bestreben sein mag, dem Verbraucher tunlichst reine und gleichwohl billige Handelsprodukte zur Verfügung zu stellen. Preislich besteht für eine Qualitätsverbesserung durchaus ein Anreiz. Eine technisch tragbare Arbeitsmethode, die sich nicht dieser kostspieligen Ausfällung bedient, würde ohne Zweifel hohes Interesse finden; zumal an die handelsüblichen Guaranqualitäten ziemliche hohe Anforderungen gestellt werden, und je nach Güte der Produkte erhebliche Preisunterschiede bestehen.

10.4. Einsatz von Ionenaustauschern und sonstiger Adsorbentien bei der Herstellung von Polysacchariden

Aus den vorstehenden Bemerkungen geht hervor, welch hohe und wachsende Bedeutung den Reinigungsmethoden mit Ionenaustauschern und sonstigen Adsorbentien bei der Herstellung von Polysacchariden zukommt. Ebenso wie in der Rüben- und Rohrzuckerindustrie haben Harzaustauscher und Adsorber sich auch hier schon einen festen Platz gesichert, und ihre Anwendung hat wohl allgemein zu einer Verbesserung der Produkte geführt. Während in der Rüben- und Rohrzuckerindustrie von den Ionenaustauschern ausgehende katalytische Wirkungen (namentlich bei Einsatz in der $H^{\cdot}$- bzw. $OH^{\cdot}$-Form) im allgemeinen unerwünschte Nebeneffekte (Inversion) darstellen, die man durch Tiefkühlung usw. zu vermeiden anstrebt, macht man bei der Herstellung von Polysacchariden verschiedentlich von der Ionenaustauscherkatalyse Gebrauch.

Wie erwähnt, muß in der Regel im Laufe des Aufschlußprozesses eine Hydrolyse vorgenommen werden: Anstatt dazu, wie bisher allgemein üblich, Mineralsäure anzuwenden, die aus dem Hydrolysat dann meist nur schwer zu entfernen ist, hat man mehrfach mit guten Erfolg Ionenaustauscher in der $H^{\cdot}$-Form (also Festsäuren) eingesetzt; diese bieten den Vorteil, nach dem Aufschluß in bequemer Weise abfiltrierbar zu sein.

Das hohe Molekulargewicht der Polysaccharide und ihre besondere Form erfordern bei der Reinigung mit Ionenaustauschern oder Harzadsorbern im allgemeinen eine gewisse Anpassung der Arbeitsmethode sowie der benutzten Apparatur. Der Erfolg hängt nicht nur von der Wahl des Austauschers bzw. Adsorbers (hinsichtlich chemischer Zusammensetzung und Struktur) ab; auch die Art der zu entfernenden Verunreinigungen gilt es zu beachten. Schließlich ist auch der spezifischen Struktur des Hauptbestandteiles genügend Aufmerksamkeit zu schenken. Denn die zu behandelnden Stoffe sind nicht echt molekulargelöste Substanzen, sondern Makromoleküle verschiedener Art und Größe, die meist in ausgesprochener Weise kolloidale Eigenschaften zeigen. Sie verleihen der zu reinigenden Flüssigkeit eine hohe Viskosität und bedingen eine geringe Filtrierbarkeit u. a. mehr. Bei der Entfernung gelöster Stoffe aus derartigen Lösungen ist namentlich auch Diffusionserscheinungen Rechnung zu tragen. Dies macht Austausch- oder Adsorptionsvorgänge an den Harzen verwickelter als bei Reinigung echt molekular gelöster Stoffe. Der Reinigungsprozeß von Polysacchariden erfolgt vielfach durch Kontaktaustausch. Dabei findet unter gegenseitiger Berührung ein Übertritt von Ionen aus einer Ionenaustauscherpartikel in ein anderes Makromolekül von Ionenaustauschercharakter statt. Die übliche Arbeitsweise ist demzufolge das Batch-Verfahren.

Nach erfolgter Umsetzung werden Ionenaustauscher und Polyelektrolyt durch Absitzenlassen (evtl. auch Filtrieren, Zentrifugieren usw.) getrennt; der Austauscher wird dann meist erst in Aufschlämmung mit Wasser gut durchgewaschen und dann mehrstufig mit einer entsprechenden Elektrolytlösung regeneriert. Bisweilen wird er zur Wiederbelebung auch in eine Kolonne überführt.

Für die Wahl des Austauschers bzw. Adsorbers gilt im allgemeinen als unzweckmäßig, Typen von einer solchen Porenweite zu benutzen, die den Makromolekülen des Polysacchariden Zutritt ins Innere des Adsorbers gestattet, weil deren Wiederentfernung aus den Poren dann oft auf Schwierigkeiten stößt. Der Erfolg hängt bei Kontaktaustausch keineswegs vom gegenseitigen Verhältnis Querschnitts- bzw. Porendurchmesser von Makromolekül bzw. Austauscher ab. Die Leitporen des Austauschers brauchen also keineswegs weiter zu sein als der Durchmesser der Polysaccharidmakromoleküle. Letzterer kann viel größer sein als die Poren des Austauschers und umgekehrt. Diese Beobachtung kann man übrigens auch bei der Filtration feiner Partikel über ein grobporiges Filtermedium machen; es ist dann oft erstaunlich, zu sehen, daß ein grobporiges Medium feine Partikel zurückhalten kann. Diese Tatsache ist bei manchen neuen Anwendungen und beispielsweise auch bei praktischen Versuchen zur Entfernung anderer makromolekularer Stoffe, wie Tannin oder Huminstoffen, oftmals von Interesse.

Metallionen aus Lösungen von Polysacchariden zu entfernen, ist zumeist einfach. Verunreinigungen dieser Art stammen teils aus den Rohstoffen, teils gelangen sie beim Aufschluß bzw. beim Herstellungsvorgang hinein, z. B. bei dem erwähnten Ausflockungsverfahren zur Isolierung der Polysaccharide aus ihren Extrakten.

Eine völlige Entfernung von Metallspuren aus dem Flockulat etwa durch Auswaschen ist, wie schon vermerkt, äußerst schwierig und erfordert viel Waschwasser.

Die Möglichkeit der Entfernung dieser Verunreinigungen durch Ionenaustausch ist durchaus gegeben und dürfte zu erheblich besseren Produkten führen. Um eine wirksame Reinigung von Polysacchariden zu erreichen, ist es wichtig, zu beachten, daß diese selbst Stoffe mit Ionenaustauschereigenschaften sind, und zwar meist Kationenaustauscher; ferner weisen sie im allgemeinen unter wechselnden Umständen verschiedene physikalische Eigenschaften auf. Sie können in dem einen Falle völlig fest und unlöslich sein; alle Übergangsformen sind dabei denkbar. Zweckmäßigerweise wird man, um zu einer ökonomischen Reinigungsmethode zu gelangen, diese Eigenschaften ausnutzen. Es ist aber aus dem gleichen Grunde nicht möglich, allgemein geltende Vorschriften zu geben. Ein Polysaccharid ist möglicherweise in gelöstem Zustand gut zu reinigen, ein anderes besser im ungelösten Zustand. Leider ist die Reinigung in Lösung der hohen Viskosität wegen, die der von Gallerten nahekommen kann, oft sehr erschwert; bisweilen ist sie gar nicht möglich. Ein Guaran guter Qualität gibt wegen seiner tixotropen Eigenschaften schon bei einem Feststoffgehalt der Lösung von über 2% eine feste Gallerte. Die Behandlung einer derartigen Gallerte mit dem Ziele einer Qualitätsverbesserung bei dieser Verdünnung hat gar keinen Sinn. Zwar gibt es Mittel und Maßnahmen — wie Erniedrigung des pH, Erwärmen usw. — die Gelierung zu unterbinden, indessen geben solche Maßnahmen meist Anlaß zu anderen Schwierigkeiten.

Bessere Chancen für die Reinigung bieten dann Gallerten höheren Feststoffgehaltes, die auf dem Wege des Kontaktaustausches zu reagieren vermögen (z. B. bei Algin).

In vielen Fällen wird man selbstverständlich die Eigenschaft vieler Polysaccharide ausnutzen, selbst ein Elektrolyt zu sein, um eine gute Reinigung zu erzielen. Ein beispielsweise mit Schwermetallionen beladenes Polysaccharid läßt sich durch Berührung mit einem in geeigneter Weise vorbeladenen Kationenaustauscher von diesen Metallionen befreien, sofern nur ein intensiver gegenseitiger Ionenaustausch herbeigeführt wird. Der verwendete Kationenaustauscher kann, nach Aufnahme dieser Metallionen und Abtrennung in üblicher Weise regeneriert und von neuem benutzt werden.

Es sei nebenbei bemerkt, daß, in geringer Menge zugesetzt, viele Polysaccharide als Hilfsmittel zur Reinigung von allen möglichen Flüssigkeiten benutzt werden, u. a. auch zur Wasser- und Abwasserreinigung und auch zur Klärung von Zuckerlösungen. Sie wirken flockulationsfördernd und begünstigen auch eine Sedimentation oder Flotation.

Die vorstehend behandelten Polysaccharide stehen damit neben einer ganzen Anzahl anderer, jetzt in Gebrauch gekommener oder allgemein vorgeschlagener Polyelektrolyte; zu diesen zählen übrigens auch viele künstliche, d. h. auf synthetischem Wege, hergestellte. Man kennt u. a. Separan, Resol A 1009, Nalco-Produkte usw. Auch einige nicht ionisierbare Produkte befinden sich darunter. Neben korrespondierenden Eigenschaften, die diesen Stoffen auf Grund einer bestimmten Molekülstruktur zukommen, besitzen einzelne oft besondere selektive Eigenschaften, die ihnen spezielle Anwendungsgebiete gesichert haben. Unter anderem gehören zahlreiche linearpolymere synthetische Ionenaustauscher hierher, über die schon eine umfangreiche Literatur vorhanden ist. Prinzipiell ist die Anwendung derartiger Stoffe nicht neu. Es sei nur auf die altherkömmliche Anwendung von Blut, Eiweiß, Tannin usw. bei der Zuckerraffinierung hingewiesen. Inzwischen sind zahlreiche neue Stoffe von ähnlicher Wirkung hinzugekommen. Im allgemeinen werden diese Stoffe fast niemals allein angewendet, sondern meist zusammen mit anderen Agentien, wie Kalk, Metallhydroxydgelen usw., die primär meist pH-Änderungen hervorrufen, Flockungen auslösen oder als Adsorbentien lokale Konzentrationssteigerungen bewirken.

10.5. Apparatur für die Reinigung

Hinsichtlich der für die Reinigung benötigten Apparaturen ist folgendes zu bemerken: Wenn irgend möglich, wird man versuchen, mit Austauscherkolonnen auszukommen. In zweifelhaften Fällen greift man — wie schon erwähnt — aber auch heute noch nach dem „Batch-Verfahren", über das in Kapitel 5 näheres berichtet ist. Die letztere Arbeitsweise gilt allgemein bei Kontaktaustausch. Hier wird man Apparaten mit Rührvorrichtung und dergl. den Vorzug geben.

Bisher sind Erfahrungen aus der Praxis über die Behandlung von Polysacchariden mit Austauscherharzen noch ziemlich spärlich. Am meisten bearbeitet wurde bisher das Pektingebiet, doch kann auch hier noch längst nicht von einer allgemeinen Anwendung der Ionenaustauscher die Rede sein. Es ist aber bekannt, daß sich Neuanwendungen vielfach nur langsam durchsetzen. Und es sagt diese Tatsache daher nichts aus über die zahlreichen interessanten, in der Literatur vielfach nur angedeuteten Möglichkeiten, die es auf diesem Gebiete noch gibt.

10.6. Literatur

„*Ullmanns Enzyklopädie der technischen Chemie*". **13**, S. 167—192, Urban und Schwarzenberg, München/Berlin, 1962

Solms, J., und H. Deuel, Chimia **11** (1957), 311

Steiner, K., H. Neukom und H. Deuel, Chimia **12** (1958), 150

Whistler, R. L., und J. N. Be. Miller, Industrial Gums. Acad. Press. New York, 1959

KAPITEL 11

Die Gewinnung von Nebenprodukten bei der Anwendung von Ionenaustauschverfahren zur Zuckerherstellung

11.1. Art der Nebenbestandteile und Gewinnungsmöglichkeit

Die in Rüben und Zuckerrohr, in Rohsaft und Reinsaft sowie in den im Betrieb vorkommenden verschiedenen Sirupen vorhandenen Nichtzuckerstoffe lassen sich in verschiedene Gruppen klassifizieren. Dabei ist indessen zu beachten, daß manche Nebenbestandteile während des Zuckerherstellungsverfahrens oft weitgehend zersetzt werden und teilweise sogar verschwinden können bzw. deren Abbauprodukte auftreten. So werden die in Zuckerrüben und auch noch im Rohsaft vorkommenden Pektinstoffe bei der Saftreinigung fast völlig beseitigt, obgleich man heute oft hört, man könne in gereinigten Rohzuckersäften selbst so empfindliche Stoffe wie etwa Stärke noch feststellen. Andere Stoffe, wie z. B. die Eiweißstoffe, werden zwar weitgehend abgebaut, doch zeigen gewisse Abbauprodukte nachher im Betrieb weiterhin eine hohe Widerstandsfähigkeit, so z. B. das wertvolle Glutamin, welches man größtenteils noch in der Melasse und sogar in der Schlempe von den Saccharatverfahren zur Melasse-Entzuckerung antrifft. Die Entwicklung von Ammoniak bei der Saftscheidung, Saturation und Eindickung des Saftes weist auf einen weitgehenden Abbau verschiedener Eiweißprodukte hin, ebenso der während der Konzentrierung des Saftes meist zu beobachtende pH-Abfall. Die Stickstoffverbindungen werden deshalb wohl auch als schädlicher und unschädlicher Stickstoff klassifiziert; Stickstoffverbindungen der letzteren Art kommen im Verlaufe des Herstellungsverfahrens des Zuckers zum Verschwinden.

Es gibt selbstverständlich auch einige Nichtzuckerstoffe, welche man praktisch wohl in Rohrzuckersäften, nicht aber in Rübenzuckersäften findet; so hat man z. B. Akonitsäure nur aus den ersteren in technischem Maßstabe abgeschieden. Zu den stickstofffreien Nichtzuckerstoffen des Rübensaftes gehören neben den Pektinstoffen (Araban, Galaktan etc.) und verschiedenen organischen Säuren die wichtigen Inosit-Derivate. Letztere liegen allerdings in zu geringen Mengen vor, um technisch abgeschieden zu werden, zumal das „Stickwasser" von der Maisstärkeherstellung und die Weizen- bzw. Roggenkleie etc. hierfür interessantere Rohstoffe darstellen.

Wichtiger für die Herstellung „besonderer Produkte" ist die Gruppe stickstoffhaltiger Nichtzuckerstoffe, zu denen verschiedene Aminosäuren, Vitamine, Enzyme gehören. Aber auch hier haben sich nur einige wenige Produkte als wirklich wichtig und technisch interessant herausgestellt. Art und Menge der in den diversen Zuckerlösungen vorkommenden Aminosäuren ist neuerlich von verschiedenen Untersuchern vor allem mittels chromatographischer Analysenmethoden festgestellt worden.

Neben Glutamin findet man u. a.

Asparaginsäure	Alanin
Leucin	Tyrosin
Glykokoll	Cystin
Valin	

Aminosäuren trifft man in natürlichen Produkten in freier Form zwar in nur geringen Mengen an, doch umso häufiger gebunden in den Peptiden und Proteinen, woraus sie durch Abbau dieser Moleküle technisch hergestellt werden können. Aminosäuren enthalten in ihrem Molekül bekanntlich ein oder mehrere Amino- und Carboxylgruppen und können durch die allgemeine Formel

$$\begin{array}{c} \mathrm{H} \\ | \\ \mathrm{NH_2 - C - COOH} \\ | \\ R \end{array}$$

dargestellt werden, woselbst R eine Gruppe ist, die dem Gesamtmolekül einen neutralen, basischen oder sauren Charakter verleiht.

Zur Hydrolyse von Eiweiß und Eiweißderivaten können mancherlei Stoffe dienen, u. a. Chemikalien, wie Säuren und Laugen, insbesondere aber verwendet man bestimmte Enzyme. Zur Säurehydrolyse wendet man meist eine 20—50%ige Schwefelsäurelösung oder eine 10—20%ige Salzlösung an; Salzsäure z. B. in 10—20facher Menge der Eiweißprodukte; die Hauptmenge davon kann man nach der Hydrolyse durch Abdampfen entfernen. Bei Gebrauch von Schwefelsäure wird hinterher mit Kalk neutralisiert. Bei der Hydrolyse mancher Eiweißprodukte entstehen u. a. Tryptophan und gefärbte Nebenprodukte.

Zur Trennung und Identifizierung der verschiedenen Aminosäuren bedient man sich vorzugsweise chromatographischer Methoden; dabei werden verschiedene Adsorbentien verwandt. Unter diesen nehmen Austauscherharze jetzt eine hervorragende Stelle ein. Liegen nur geringe Flüssigkeitsmengen vor, so wählt man zur Untersuchung meist die Papierchromatographie. Dabei spielen mit Wasser mischbare Lösungsmittel verschiedener Art, wie Butanol, Phenol eine wichtige Rolle. Die verschiedenen Aminosäuren weisen je nach Überschuß an sauren oder basischen Gruppen unterschiedliche iso-elektrische Punkte auf; die neutrale Stufe liegt bei pH 5—6, die saure um 3. Die Identifizierung der Aminosäuren in Zucker- oder sonstigen Lösungen erfolgt meist mittels Ninhydrinlösung; beim Erwärmen treten dann tiefgefärbte Reaktionsprodukte auf, wobei Carboxylgruppen wie Aminogruppen verschwinden. Der Nachweis läßt sich auch quantitativ gestalten, indem man das aus den Aminogruppen abgespaltene Ammoniak mißt.

Verschiedene in den Zuckerlösungen auftretende Farbstoffe bzw. färbende Bestandteile, welche wie Polyphenole teilweise den Aminoverbindungen etc., teilweise unmittelbar den Rohstoffen entstammen, teilweise auch aus anderen Saftbestandteilen durch Zersetzung entstehen, bereiten praktisch meist nur betriebliche Schwierigkeiten, ohne technisch verwertbar zu sein. Berüchtigt sind Reaktionsprodukte reduzierender Zucker mit Aminoverbindungen. Die „Alterung" der Ionenaustauscher, insbesondere der Anionenaustauscher, ist, wie schon erwähnt, zum Teil der Anwesenheit solcher schädlicher Aminoverbindungen zuzuschreiben. So erfahren z. B. die schwachbasischen Anionenaustauscher[1]), wie man sie zu Anfang für die Glucoseentfärbung verwendete, sehr bald eine Degenerierung, welche sich nicht so sehr durch einen Verlust an Entfärbungsvermögen bemerkbar macht, als daß sie durch die sehr schwierige Auswaschbarkeit der zur Widerbelebung benutzten Chemikalien in Erscheinung tritt.

Eine restlose Entfernung aller Stickstoffverbindungen bei der Entmineralisation würde, abgesehen von der Bedeutung der Entmineralisierung selbst, ein so wesentlicher Fortschritt sein, daß er schon für sich allein die Anwendung der Ionenaustauscher rechtfertigte; denn wenn man heute, wie in Kap. 8.2. bei der Entionisierung von Rohsaft beschrieben, ein von N-Verbindungen freies Filtrat erzielen könnte, so würde dies für die Weiterentwicklung der Zuckerfabrikation einen ganz gewaltigen technischen Anreiz bedeuten.

Das klassische Verfahren, das unter Zusatz eines Kalküberschusses zum Rohsaft arbeitet, ändert leider zufolge der hierbei auftretenden sehr hohen Alkalität die Eigenschaften des frischen Rüben-Extraktes in ganz bedeutender Weise und schränkt damit auch die Gewinnungsmöglichkeit für manche Nebenprodukte ein.

Streng genommen kann man bis heute von einer fabrikatorischen Nebenprodukt-Gewinnung nur bei der Glutaminsäure oder ihren Salzen sprechen. Doch scheint jetzt auch die Betainabscheidung aus Rübenzuckerlösungen an Bedeutung zu gewinnen. Betain wird aus Melasse bereits hergestellt, doch ist die Marktlage für dieses Produkt noch unklar. In Amerika wurde zeitweise auch Aconitsäure gewonnen. Doch scheint die Aconitsäure, die sich insbesondere in Rohrzuckerlösungen findet, nebst ihren Verbindungen bisher kommerziell noch keine größere Bedeutung erlangt zu haben.

In der Literatur finden sich verschiedentlich Anregungen, die auf die Isolierung und Gewinnung gewisser weiterer Nebenbestandteile der Zuckerlösungen

---

[1]) Diese Harze, meist Kondensate aus einem Anilin mit Formaldehyd, enthielten vielfach noch nur einseitig mit Stickstoff verknüpfte Formalinreste. Diese freien Oxymethylgruppen vermochten in ganz analoger Weise mit den Aminogruppen freier Aminosäuren weiter zu reagieren; die damit eingeführten Säuregruppen bewirken ein Amphoterwerden (siehe Kap. 4) des Harzes.

Weiterhin treten die in Zuckerlösungen häufig vorhandenen, sehr reaktionsfähigen Aldehyde — wie etwa ω-Oxymethylfurfurol (es bildet sich leicht durch Einwirkung von Säuren aus Fruktose, Sorbose usw. und auch aus Aldohexosen) — in Reaktion mit den primären oder sekundären Aminogruppen der Austauscher, die dann in ihrer Wirkung als basische Ankergruppen blockiert sind. Tertiärisierung der Entfärbungsharze hat hier eine Verbesserung gebracht, dennoch sind noch nicht alle Wünsche und Erwartungen des Praktikers erfüllt.

gerichtet sind, denen heute noch keine praktische, technische Bedeutung zukommt. Doch müssen wir uns im folgenden wesentlich auf jene Produkte beschränken, die tatsächlich schon fabrikmäßig gewonnen werden und bezüglich weiterer, vielleicht für die Zukunft interessanter, uns mit einigen Hinweisen begnügen.

Kaliumsalze

Es ist längst bekannt und technisch auch einfach, aus dem Wiederbelebungsablauf des Kationenaustauschers von der Zuckersaftentmineralisierung Kalisalze zu erhalten. Der Säureablauf von der Wiederbelebung des $H^{\cdot}$-Austauschers wird zu diesem Zwecke zuerst neutralisiert, eventuell mit dem alkalischen Wiederbelebungsablauf des Anionenaustauschers, und sodann eingedickt. Durch wiederholtes Umkristallisieren lassen sich die Kalisalze in mehr oder weniger reiner Form erhalten. Aus Gründen der Dampfökonomie müssen die Abläufe so konzentriert wie möglich eingesetzt und zu diesem Zwecke die Abläufe evtl. fraktionsweise aufgefangen und verwertet werden.

Von den in den Zuckersäften enthaltenen Alkali-Ionen haben bekanntlich insbesondere die $K^{\cdot}$-Ionen Aufmerksamkeit gefunden. Zum Teil erfolgte die Verwertung mit dem Ziel, daraus die zur Wiederbelebung der im Betrieb eingesetzten Anionenaustauscher erforderliche Alkalilauge herzustellen (s. das folgende Kapitel). Indessen erscheint es wohl zweckmäßiger, statt dessen zur Laugeherstellung von NaCl als Rohstoff auszugehen und die wertvollen Kalisalze Düngezwecken zuzuführen.

11.2. Gewinnungsverfahren

Glutaminsäure und deren Salze

An Stickstoffverbindungen finden sich in den zuckerhaltigen Flüssigkeiten der Fabrikationsbetriebe, wie erwähnt, hauptsächlich Aminosäuren und Betain, von denen erstere bekanntlich als Abbauprodukte von Eiweißkörpern zu betrachten sind. Verbreitet sind Analysen von Melasse. Man findet darin Angaben von 7 bis 12% an Eiweißderivaten; 30% dieser Menge sind Aminosäuren, 50% Betain.

Der Glutaminsäure als der wichtigsten Aminosäure kommt nachstehende Formulierung zu:

$$\begin{array}{l}HOOC-CH_2-CH_2-\underset{\displaystyle NH_2}{\underset{|}{CH}}-COOH\end{array}$$

Glutamin $C_5H_{10}O_3N_2$ ist das 5-Amid der Glutaminsäure und findet sich u. a. schon im Rohsaft der Rübe.

$$\begin{array}{l}H_2NOC-CH_2-CH_2-\underset{\displaystyle NH_2}{\underset{|}{CH}}-COOH\end{array}$$

Eine größere Zahl anderer Aminosäuren, die man in Zuckerlösungen antrifft, hat — wie erwähnt — bis jetzt kaum technisches Interesse gefunden.

Glutaminsäure $C_5H_9O_4N$ wurde erstmals durch Behandlung von Weizenkleber mit 30%iger HCl-Lösung unter Druck gewonnen. Das dunkle Hydrolysat wurde mit Aktivkohle entfärbt und sodann eingedickt. In der Kälte prezipitiert dann das Hydrochlorid. Es wird gelöst und auf pH 3,2 gebracht. Die abgeschiedene Glutaminsäure wird mit einer äquivalenten Menge Natronlaugelösung umgelöst und zur Kristallisation gebracht, wobei Mononatriumglutaminat anfällt.

In dem entzuckerten STEFFENS-Rückstand finden sich größere Mengen von Pyrrolidoncarbonsäure, welche sich aus dem Glutamin der Melasse gebildet haben[1]). Hydrolyse mit Alkali liefert die Glutaminsäure zurück. Das Glutamin, das Halbamid der Glutaminsäure, wie es in der Zuckerrübe vorkommt, geht bei der Zuckerherstellung in Pyrrolidoncarbonsäure und Glutaminsäure über. Eine immer notwendige Phase der Herstellung besteht daher darin, die Pyrrolidonsäure dann erst wieder durch Hydrolyse in Glutaminsäure umzusetzen. Als nächster Vorgang folgt das Eindicken des Hydrolysates; dabei auftretende Abscheidungen werden abfiltriert oder abgeschleudert. Nach Erreichen des iso-elektrischen Punktes scheidet die Lösung allmählich Glutaminsäurekristalle aus, welche man abtrennt. Das Filtrat enthält Betain. Das Verfahren ist also im Prinzip sehr einfach, doch muß der praktische Betrieb der Art der Rohstoffe angepaßt werden. Es macht z. B. einen Unterschied, ob man die Schlempe einer Melasse-Entzuckerungsanlage vom STEFFENS-Verfahren zu verarbeiten hat, oder ob die gesuchten Verbindungen sich in den Ausgangslösungen in einer weniger konzentrierten Form vorfinden.

Für unseren Fall ist nur die Herstellung aus Lösungen interessant, welche als Neben- oder Abfallprodukt von Ionenaustauschverfahren anfallen. Tatsächlich sind die Wiederbelebungsabläufe von der Zuckersaftentmineralisierung, in welchen sich die Eiweißabbauprodukte in konzentrierter Form angereichert haben, ein besonders geeignetes Ausgangsprodukt. Für die Glutaminsäureherstellung kommt als Ausgangslösung selbstverständlich in erster Linie der Ablauf der Wiederbelebungsflüssigkeit des Anionenaustauschers der Entionisierungsanlage in Betracht; jedoch können auch die Wiederbelebungsabfall-Lösungen vom Kationenaustauscher Glutamin enthalten und in gewissem Umfange als Ausgangsprodukt dienen.

In der Wiederbelebungsflüssigkeit des Kationenaustauschers sind nur dann größere Mengen Glutaminsäure anzutreffen, wenn der Kationenaustauscher in der Arbeitsphase nicht mit mineralischen Kationen überladen wird. Bei später

[1]) Die Umsetzung z. B. der Äthylester erfolgt gemäß:

Glutaminsäureester → Pyrrolidoncarbonsäureester (≡Pyroglutaminsäureester)

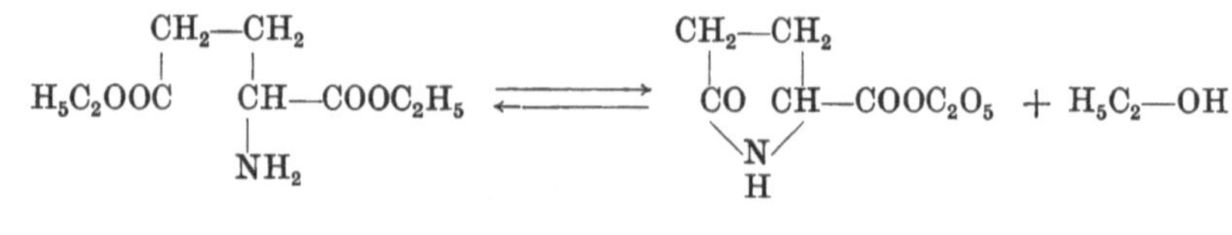

Abschaltung sind die in der ersten Phase des Kontaktes mit der Zuckerlösung vom Kationenaustauscher aufgenommenen N-Verbindungen inzwischen bereits wieder durch mineralische Kationen völlig verdrängt worden und zum Anionenaustauscher gewandert, der sie ihrem amphoteren Charakter zufolge dann aufgenommen hat. Man hilft sich vielfach so, daß man sie auf einem zwischengeschalteten zweiten Kationenaustauscher abfängt, der dann die Aminosäuren nebst dem Betain zurückhält. Man eluiert dann den letzten Kationenaustauscher mit Ammoniak und leitet das Eluat über einen Anionenaustauscher, welcher nur die Aminosäuren festhält. Aus der noch das Betain enthaltenden ammoniakalischen Flüssigkeit, welche den Anionenaustauscher passiert hat, beseitigt man die $Ca^{\cdot\cdot}$- und $NH_4^{\cdot}$-Ionen mittels eines schwachsauren Kationenaustauschers und konzentriert dann die Flüssigkeit soweit, bis das Betain auskristallisiert. Das Produkt wird abgeschleudert und getrocknet.

Das durch Extraktion mit Ammoniak vom 2. Kationenaustauscher erhaltene Eluat läßt sich auch in der Weise aufarbeiten, daß man durch Erhitzen zunächst das überschüssige Ammoniak austreibt, alsdann eindickt und kühlt; sich dabei abscheidende Tyrosinkristalle (aromatische Aminosäure: p-Oxyphenyl-alanin) werden abfiltriert. In der Lösung verbleiben die Salze der aliphatischen Aminosäuren. Sie werden aufgetrennt in die drei Gruppen der sauren (Glutamin- und Asparagin-Säuren), neutralen (Leucin, Valin, Isoleucin nebst dem Betain) und basischen Aminosäuren (Lysin, Histidin und Arginin). Die basischen Aminosäuren bindet man durch Überleiten der Lösung über einen schwachsauren Kationenaustauscher; das Filtrat davon läßt man einen schwachbasischen Anionenaustauscher passieren, der die sauren Verbindungen festhält, während die neutralen Verbindungen im Endfiltrat verbleiben.

Im praktischen Betriebe findet man viele Varianten des Verfahrens, die aber zumeist von nur beschränkter Bedeutung sind. Wie schon erwähnt, muß in irgendeiner Phase der Verarbeitung unter Anwendung von Säure bzw. Alkali in der Wärme hydrolisiert werden.

In der Literatur wird u. a. vorgeschlagen, eine Vorreinigung mittels Elektrodialyse vorzunehmen, wofür sich ganz bestimmte Ablauf-Fraktionen der Regenerationsflüssigkeit der Austauscher als besonders geeignet erwiesen.

Natriumglutaminat wird heute wegen seiner geschmacksverbessernden Eigenschaften fast allen Fleischkonserven und Fischgerichten zugesetzt und hat darüber hinaus auch pharmazeutische Bedeutung. Die Anwendungsmöglichkeiten nehmen noch immer zu.

Betain

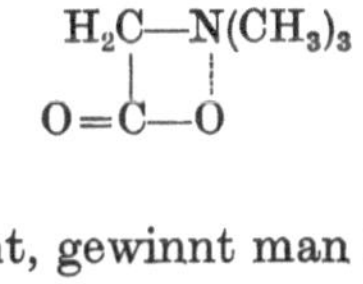

Wie schon vorstehend erwähnt, gewinnt man heute Betain in rationeller Weise aus dem Wiederbelebungsablauf des Kationenaustauschers, welcher zur Entmineralisierung von Zuckersäften benutzt worden ist. Um Erfolg zu haben, muß man systematisch auf eine betainreiche Fraktion hinarbeiten; besonders geeignet ist der Vorlauf der Regeneration. Wie wir gesehen haben, ist es alsdann zweckmäßig, den Kationenaustauscher in der Entbasungsstufe nicht übermäßig hoch zu beladen, um das von ihm festgehaltene Betain nicht durch weitere Filtration wieder zu verdrängen. Man verfolgt den Beladungszustand des Kationenaustauschers zu diesem Zwecke laufend durch pH-Kontrolle der abfließenden Zuckerlösung. Daß man ihm statt dessen auch einen zweiten Kationenaustauscher nachschalten kann, der dann das Betain in großer Menge speichert, wurde ebenfalls schon erwähnt. Alsdann wird nur der Wiederbelebungsablauf dieses zweiten Kationenaustauschfilters zur Betain-Herstellung benutzt, wozu man etwa wie folgt vorgeht.

Nach Absüßen des Kationenaustauschers, in welchem sich auch Tyrosin anhäuft, eluiert man diesen mit Ammoniaklösung. Das Filtrat wird eingedickt und gekühlt, wobei Tyrosin auskristallisiert und abfiltriert wird. Die Flüssigkeit wird dann bis auf 50% Feststoff eingedickt und mit einer äquivalenten Menge HCl angesäuert. Bei Kühlung scheidet sich das Betain als Hydrochlorid ab.

Die Anwendungsmöglichkeiten für Betain liegen hauptsächlich auf pharmazeutischem Gebiete. Zum Teil dient es auch als Rohstoff zur Herstellung oberflächenaktiver Substanzen.

Akonitsäure

$$\begin{array}{l} H_2C—COOH \\ \quad | \\ \quad C—COOH \\ \quad \| \\ H\ C—COOH \end{array}$$

Akonitsäure wird aus Zuckerlösungen der Zuckerrohrverarbeitung hergestellt. Auch Rohzuckerraffinerien, die Rohzucker (Gelbzucker) aus Rohrzuckerfabriken raffinieren, sind in der Lage, Akonitsäure zu erzeugen. Die Herstellung hat vor 15 Jahren in Amerika viel Interesse erregt, hat sich aber dann bis jetzt nicht weiter durchgesetzt. Vielleicht spielt hier die Tatsache eine Rolle, daß diese Säure auch durch Wasserabspaltung aus Citronensäure hergestellt werden kann, deren Herstellung heute auf breitester Rohstoffbasis erfolgt. Citronensäure stellt man heute meist auf dem Gärungswege aus Melasse her, anstatt wie früher von Kristallzucker auszugehen; man fabriziert also auf sehr billiger Rohstoffbasis.

Arbeitsbeispiel: Zur Gewinnung von Akonitsäure wird in der Regel von Rohrzuckermelasse ausgegangen, die zwischen 3—5% dieser Säure enthält. Nach geeigneter Verdünnung auf 30—40% Trockensubstanz wird die Melasse über einen Cl'-beladenen Anionenaustauscher geführt. Dort wird die Akonitsäure zurückgehalten und konzentriert. Alsdann wird der Austauscher mit 10%iger Schwefelsäure fraktioniert eluiert. Die Lösung wird mit Harzadsorbern entfärbt und sodann mittels eines starksauren Kationenaustauschers entbast. Hierauf wird eingeengt.

Nach Zusatz von $CaCl_2$ erfolgt Abscheidung als Trikalciumakonitat-Hexahydrat. Bei Gegenwart von Mg-Salzen bzw. bei Zugabe eines Gemisches von $CaCl_2$ und $MgCl_2$ scheidet sich das etwas schwerer lösliche Mischkristallsalz Trikalcium-Dikalciummagnesiumakonitat-Hexahydrat aus; diese Abscheidung ist etwas vollständiger. Die Mutterlauge enthält neben restlicher Akonitsäure eine Anzahl anderer organischer Säuren, hauptsächlich Apfelsäure, daneben Citronensäure, Fumarsäure, Itakonsäure, Tricarballylsäure u. a. m.

Weitere Einzelheiten über die Herstellung von Akonitsäure aus Zuckerlösungen finden sich in der beigegebenen Literaturliste.

Akonitsäure wird insbesondere dazu verwandt, die Oxydation von Ölen und Speisefetten hinanzuhalten.

11.3. Literatur

Allgemein interessante Arbeiten

CANTOR, S. M., und A. W. SPITZ in NACHOD und SCHUBERT, „*Ion Exchange Technology*", S. 549–50 New York 1956
NEES, A. R., und A. N. BENNET (Great Western Sugar Co.), Am. P. 2375165 (Anm. 1942)
PICHLER, E., Cukoripar **5** (1952), 62–64
SCHNEIDER, F., R. REINEFELD, F. AMDING und B. ZENKER, Zuckerbeihefte **4** (1960), 11–18
Soc. Civile d'Etudes de Sucrochemie (J. C. BONDIOU), Fr. P. 1195655 (Anm. 1958)
THILEPAPE, E., Zucker **4** (1951), 73–76
ZAGRODSKI, S., Roczniki Chem. **27** (1953), 142–160

Analyse von Zuckersäften, Nebenbestandteile, Reinheitsteste

AGVIST, S. E. G., Acta Chem. Scand. **5** (1951), 1031–1045
Atlas Powder Co. (J. D. BRANDNER), Am. P. 2463677
BINKLEY, W. W., Int. Sugar J. **64** (1962), 203–204
BINKLEY, W. W., M. G. BLAIR und M. L. WOLFROM, J. Amer. Chem. Soc. **67** (1945), 1789
DEVILLERS, P., Sucrerie Franc. **94** (1953), 53–61
DEVILLERS, P., und M. LOILIER, Sucrerie Franc. **3** (1963), 59–62
HANGYAL, K., und V. HIDASI, Cukoripar **6** (1953), 88–91
HARTIG, H. P., Stärke **8** (1956), 140–143
IVANČENKO, D., und K. HEINRICHOVA, Listy Cukrovarnické **78** (1962), 109–113
JONES, R. W., Analyt. Chem. **28** (1956), 1352–1353
JONES, J. K. N., R. A. WALL und A. O. PITTET, Chem. and Ind. **38** (1959), 1196
KHYM, J. X., und L. P. ZILL, J. Amer. Chem. Soc. **74** (1952), 2090–2094
KHYM, J. X., und W. E. COHN, J. Amer. Chem. Soc. **75** (1953), 1153–1156
LOCK, M. V., und G. N. RICHARDS, J. Chem. Soc. (1955), 3024–3027
DE LANGE, A., Stärke **7** (1955), 94–96
NEUKOM, H., und H. DEUEL, Helv. Chim. Acta **43** (1960), 64–71
PAAR, C. P., Biochem. J. **56** (1954), 27–28
PREY, V., O. SZABOLCS und I.S ZABOLCS, Z. Zuckerind. **9** (1959), 614–617
RAMONDT, D., Stärke **3** (1951), 194–196

SCALLET, B. L., Stärke **15** (1963), 256–259
SCHIWECK, H., Zucker **16** (1963), 80–87
SCHNEIDER, F., E. REINEFELD, F. AMDING und B. ZENKER, Zuckerbeihefte **4** (1960), 11–18
SOLMS, J., und H. DEUEL, Chimia **11** (1957), 311
STARK, J. B., A. E. GOODBAN und H. S. OWENS, Ind. Engng. Chem. **43** (1951), 603–604
STARK, JAOUNI und BAILY, Z. Zuckerind. **7** (1957), 181
STEINER, K., H. NEUKOM und H. DEUBEL, Chimia **12** (1958), 150–151
VERHAART, M. L. A., und N. H. M. DE VISSER, Z. Zuckerind. **12** (1962), 657–663
WEGNER, H., Stärke **3** (1951), 187–181

Betain

AJMUCHAMEDOVA, G. B., M. J. DAISHEW und K. P. ZAKHAROW, Izv. Akad. Nauk. Kirgiz. SSR Ser. Estest. i Teknisch Nauk. **3**, 139–141 (1961)
AJMUCHAMEDOVA, G. B., u. a. Sacharnaja Prom. **36**, Nr. 3 (1962), 16–20
BARABANOV, M. J., S. T. VILTCHINSKY und I. M. LITVAK, Sacharnaja Prom. **36**, Nr. 2 (1962), 41–46
BENNET, A. N. (Great Western Sugar Co.), Am. P. 2375164 (Anm. 1942)
BURIANEK, J., und F. DURDIK, Listy Cukrovarnické **76** (1960), 126–129
DUBOURG, J., Ind. Aliment. Agric. **76** (1959), 11–20
Soc. Civile d'Etudes et d'Exploitations de Brevets, Fr. P. 1238893 (Anm. v. 1959)
HANGYAL, K., und J. RADICS, Cukoripar **12** (1959), 209–213
SCHNEIDER, F., und G. BRASCH, „*Technologie des Zuckers*", 1955, Seite 530–533.
Sociéte Civile d'Etudes de Sucrochimie (J. C. BONDIOU), Fr. P. 1195655 (Anm. 1958)
Centrale Suikermaatschappij, Öst. P. 204051 (Nied. Pr. 1953)
VAJNA, S., und E. PICHLER, Acta. Chim. Acad. Sci. Hung. **1** (1951), 196–206
VIGH, A., Cukoripar **11** (1958), 11–12

Div. Aminosäuren

Agvist, Acta Chemica Skandinavica **5** (1951), 1031–45
BINKLEY, W. W., Int. Sugar J. **64** (1962), 203–204
BURIANEK, J., M. SELIX und K. CIHAL, Prumysl Potravin **4** (1953), 220–222
CIFERRI, A., G. B. GECHELE, E. MARIANI und G. TORRACA, Int. Sugar J. **57** (1955), 99–102
GOODBAN, A. E., J. B. STARK und H. S. OWENS, J. Agr. Food Chem. **1** (1953), 261–264
HEISLER, E. G., J. SICILIANO, R. H. TREADWAY und C. F. WOODWARD, Amer. Potato J. **39** (1962), 78–82
HEMS, B. A., J. E. PAGE und J. G. WALLER, J. Soc. Chem. Ind. **67** (1948), 77–80
MARIANI, E., XVIIIe Congr. Int. des Ind. Agr. Brüssel, Vol. I (1950), 278–283
PETIT, L., und R. GUILLEMET, Am. Inst. Nat. Rech. Agron. Ser. E. Ann. Technol. Agric. France, **1** (1952), 161–175
PREY, V., und O. SZABOLCS, Z. Zuckerind. **9** (1959), 614–617.
STARK, J. B., A. E. GOODBAN und H. S. OWENS, Ind. Engng. Chem. **43** (1951), 603–604
Soc. Civile d'Etudes de Sucrochimie (J. C. BONDIOU), F. P. 1195655 (Anm. 1958)

Glutaminsäure und Pyrolidoncarbonsäure

AJMUCHAMEDOVA, G. B., u. a., Sacharnaja Prom. **36**, Nr. 3 (1962), 16–20
BLISH, M. J., Canad. P. 517604 (Am. Pr. 1947)
BURIANEK, J., M. SELIX und K. CIHAL, Prumysl Potravin **4** (1953), 220–222

CRUCKSHANK, G. M. (Dorr Co.), Eire. P. 18539 (Anm. 1950)
DUBOURG, J., Ind. Aliment. Agric. **76** (1959), 11—20
DUBOURG, J., R. SAUNIER und P. DEVILLERS, Ind. Aliment. Agric. **76** (1959), 276
FITCH, E. B. (Dorr Co.), Am. P. 2528047 (Anm. 1947)
JAKOBS, R. T., und E. B. FITCH (Dorr C.), Am. P. 2510980 (Anm. 1949)
VAN JULSINGA, J. (Centr. Suikermy), Nied. P. 99832 (Anm. 1955)
Kyowa Hakko Kogyo Kabushiki Kaisha, D. A. S. 1088975 (Jap. Pr. 1956)
MANNING, D., Food Industries **20** (1948), 72—77
Int. Minerals and Chemical Corp., Eng. P. 655841 (Am. Pr. 1947)
Int. Minerals and Chemical Corp. (H. W. DORN), Am. P. 2419256, ausgelegt 22. 4. 1947
NEUKOM, H., Chimica **10** (1956), 204—208
SCHNEIDER, F., und G. BRASCH, „*Technologie des Zuckers*“, 1955, Seite 530—533
Soc. Civile d'Etudes de Sucrochimie (J. C. BONDIOU), Fr. P. 1180302 (Anm. 1957)
Centrale Suikermaatschappij, Öst. P. 204051 (Nied. Pr. 1953)
VAJNA, S., und E. PICHLER, Acta. Chim. Acad. Sci. Hung. **1** (1951), 196—206

Akonitsäure

AMBLER, J. A., und E. J. ROBERTS, Am. P. 2481557 (Anm. 1947) Sugar Ind. Abstr. **12** (1950), 50
BÉTANCOURT, A., Mem. 3rd. Congr. Nac. Quim Azucar (Cuba) 118—136 (1948)
FURSE, R. J., und L. GODSCHAUX, Sugar Research Foundation **4** (1948), 78—81
GODSCHAUX, L., Sugar J. **10** 2. 5. 1947
LIGGETT, R. W. und E. L. WIMMER (American Sugar Refining Co.), Am. P. 2640849 (Anm. 1950) Am. P. 2640850 (Anm. 1950)
MARTIN, L. F., In Pieter Honig, Principles of Sugar Technology, New York, 1953, S. 149—151, S. 185—191
Permutit Co., Sharples Co., Eng. P. 768050 (Anm. 1954)
Sharples Co., Am. P. 2697724 (Anm. 1950)

Kalisalze

BENIN, G. S., und E. E. SCHNAIDER, Trudy. Tsentr. Nauch. Issled. Inst. Sakhar. Prom. **6** (1958), 124—131

Zitronensäure

FATEJEWA, M. W., Biochimija **27** (1962), 32—37
MASCARO, M. A., Sugar y Azucar, **56** (1961), 36
NOGUCHI, Y., und M. J. JOHNSON, J. Bacteriol. **82** (1961), 538—41
OWENS, H. S., A. E. GOODBAN und J. B. STARK, Analyt. Chem. **25** (1953), 1507
WALLENSTEIN, H. D., und K. BOHN, Z. Zuckerind. **10** (1960), 21
WALLENSTEIN, H. D., und K. BOHN, Z. Zuckerind. **13** (1963), 125—131
ZAGRODSKI, S., und W. KRZYSZTOFIK, Gaz. Cukrownicza **55** (1953), 118—121

Milchsäure

Listy Cukrovarnické **68** (1952), 60—61
PREY, V., und O. SZABOLCS, Z. Zuckerind. **9** (1957), 614—617

Div. organische Säuren

OWENS, H. S., A. E. GOODBAN und J. B. STARK, Analyt. Chem. **25** (1953), 1507
STARK, J. B., H. S. OWENS und A. E. GOODBAN, Ind. Engng. Chem. **43** (1951), 603—604
WALLENSTEIN, H. D., und K. BOHN, Z. Zuckerind. **10** (1960), 21
WALLENSTEIN, H. D., und K. BOHN, Z. Zuckerind. **13** (1963), 125—131

Vitamine

HOLLMANN, S., Stärke **15** (1963), 208—212
REINDEL, F., Z. Wirtschaftsgr. Zuckerind. **93** (1943), 68—73

Enzyme

Yamada Koichi, Am. P. 2976219 (Anm. 1959)
Miles Chemical Co., Elkhart Indiana Diazyme, Technical Bulletin No 2-212

KAPITEL 12

Beschaffung der zur Regeneration bei Ionenaustauschprozessen benötigten Chemikalien

Eine wichtige Frage bei der Herstellung von Ionenaustauschanlagen ist ohne Zweifel die Möglichkeit der Beschaffung der für die Wiederbelebung der Ionenaustauscher benötigten Chemikalien. Bei der Enthärtung von Säften wird im wesentlichen nur Kochsalz gebraucht und nur gelegentlich werden kleine Mengen an Säure und Lauge für eine bisweilen notwendige Spülung der Austauscher benötigt. Bei der Entmineralisierung von Säften ist bekanntlich zur Wiederbelebung des Kationenaustauschers Säure erforderlich, zu der des Anionenaustauschers Lauge. Von den technisch üblichen billigen Mineralsäuren wird zumeist Schwefelsäure[1]) bevorzugt, teils wegen der bequemeren Transportmöglichkeit teils wegen des billigeren Preises.

Die Wiederbelebung des Anionenaustauschers geschieht bekanntlich am wirksamsten mit verdünnter Natronlauge, obwohl gelegentlich auch Soda-Lösung oder Ammoniak benutzt werden. In der Regenerierwirkung ist die Lauge auf Grund ihrer höheren Basizität den beiden anderen basischen Mitteln erheblich überlegen. Für Ammoniak spricht bisweilen, daß es bei passender Führung des Arbeitsprozesses im Kreislauf geführt und daher der geringere Regeneriereffekt durch Anwendung in großem Überschuß ausgeglichen werden kann.

In den europäischen Ländern und ebenso in den Vereinigten Staaten von Amerika dürfte die Beschaffung der genannten Chemikalien für eine Zuckersaftenthärtungs- bzw. Entsalzungsanlage im allgemeinen wohl kaum prinzipiellen Schwierigkeiten begegnen; wenn natürlich auch Transportfragen und ökono-

---

[1]) Bei Verarbeitung sehr kalkreicher Säfte besteht — sofern Schwefelsäure als Regeneriermittel für den $H^{\cdot}$-Austauscher benutzt wird — wie bereits früher vermerkt — die Gefahr der Verschmutzung des Austauscherbettes durch Abscheidung von Gips. Durch anschließende Waschung lassen sich Niederschläge dieser Art nur teilweise wegspülen. Auch Anwendung einer sehr verdünnten 1—2%igen Schwefelsäure bei der Regenerierung, wie bisweilen empfohlen, läßt das Übel nicht mit Sicherheit vermeiden; ganz abgesehen davon, daß dann zufolge der hohen Verdünnung der Regeneriereffekt stark herabgesetzt wird. Zweckmäßiger ist es in diesem Falle, eine Vorregenerierung des Kationenaustauschers mit Kochsalzlösung anzuwenden, durch welche der Austauscher von den störenden Calciumionen sowie aufgenommenen Schwermetallkationen befreit wird. Nach kurzem Durchwaschen kann alsdann die Säureregenerierung mit Schwefelsäure üblicher Stärke vorgenommen werden. Hat man von vornherein für die Regenerierung Salzsäure zur Verfügung, so besteht selbstverständlich eine Schwierigkeit dieser Art nicht.

mische Gesichtspunkte bei Wahl der Regeneriermittel eine gewisse Rolle spielen werden.

Anders liegen die Verhältnisse in zahlreichen außereuropäischen Ländern, die wohl Zuckerfabriken oder Raffinerien besitzen, ohne über eine eigene chemische Schwerindustrie zu verfügen. Hier kann die Beschaffung der genannten Chemikalien ganz oder teilweise außerordentlich schwierig oder kostspielig sein und für die Durchführbarkeit des Verfahrens überhaupt von grundlegender Bedeutung sein.

Schwierige Transportverhältnisse bei strengen Transportvorschriften, Emballageknappheit, Einfuhr- oder andere Spesen können die Chemikalienbeschaffung wesentlich erschweren, wie umgekehrt die lokale wirtschaftliche Lage so ungünstig sein kann, daß anfallende Melasse an Ort und Stelle als solche praktisch wertlos ist. Es ist deshalb durchaus denkbar, daß für eine Zuckerfabrik die Selbstherstellung der benötigten Chemikalien in einer Nebenanlage die einzig mögliche Lösung des Problems ist, oder daß sie eine völlige oder teilweise Rückführung der Chemikalien ins Auge fassen muß. Selbst in einigen europäischen Ländern wurde im Zusammenhang mit den Autarkiebestrebungen mancher Staaten die Frage bisweilen aufgeworfen, ob nicht die Erzeugung der benötigten Regeneriermittel in einer Nebenanlage der Zuckerfabrik einem Bezug von entfernter Stelle vorzuziehen sei. Ähnlich, wie sich in den meisten europäischen Ländern die Zuckerfabriken heute von dem Bezug von Ätzkalk und Kohlendioxyd als den wichtigsten, zur Saftreinigung benötigten Chemikalien freigemacht haben, indem sie eine eigene Kalkbrennerei betreiben, ist grundsätzlich zu erwägen, ob nicht jede mit Ionenaustauschern und Kunstharzadsorbentien arbeitende Zuckerfabrik die Angliederung auch einer Nebenfabrikation zur Beschaffung der benötigten Säure- bzw. Laugemengen anstreben sollte.

12.1. Zur Frage einer direkten Erzeugung der benötigten Regenerierchemikalien in einem Nebenbetrieb der Zuckerfabrik.

Bezüglich *Schwefelsäure-Erzeugung* liegen die Verhältnisse im allgemeinen wohl recht ungünstig. Sie erfolgt heute wohl fast ausschließlich in Großanlagen. Ihrer Errichtung müssen bekanntlich sehr eingehende wirtschaftliche und technische Erwägungen vorausgehen. Neben Schwefelbasis und Abnehmerkreis müssen zahlreiche allgemeine Faktoren berücksichtigt werden. Die Erzeugung von Schwefelsäure nach dem modernen Kontaktverfahren (und selbst nach dem alten Bleikammerverfahren) ist eine Angelegenheit, die nur in größtem Ausmaße wirtschaftlich ist. Auch setzt sie einen hohen Stand der Technik im allgemeinen sowie einen Stab gut geschulter Mitarbeiter im besonderen voraus. Die Herstellung von Schwefelsäure, wenn auch heute weitgehend automatisiert, wird also grundsätzlich wohl weiterhin Großbetrieben vorbehalten bleiben.

Günstiger liegen die Verhältnisse hinsichtlich der *Laugebeschaffung und der Erzeugung von Salzsäure.* Die Chloralkali-Elektrolyse ist heute sehr weitgehend durchentwickelt und automatisiert, wie auch der erforderliche Rohstoff Kochsalz meist relativ leicht zu erhalten ist. Benötigt wird also im wesentlichen elektrische Energie, die an Stellen, wo eine Industrieentwicklung im Anlaufen ist, meist zur Verfügung steht. Es ist daher in diesem Zusammenhang wohl nützlich, auf

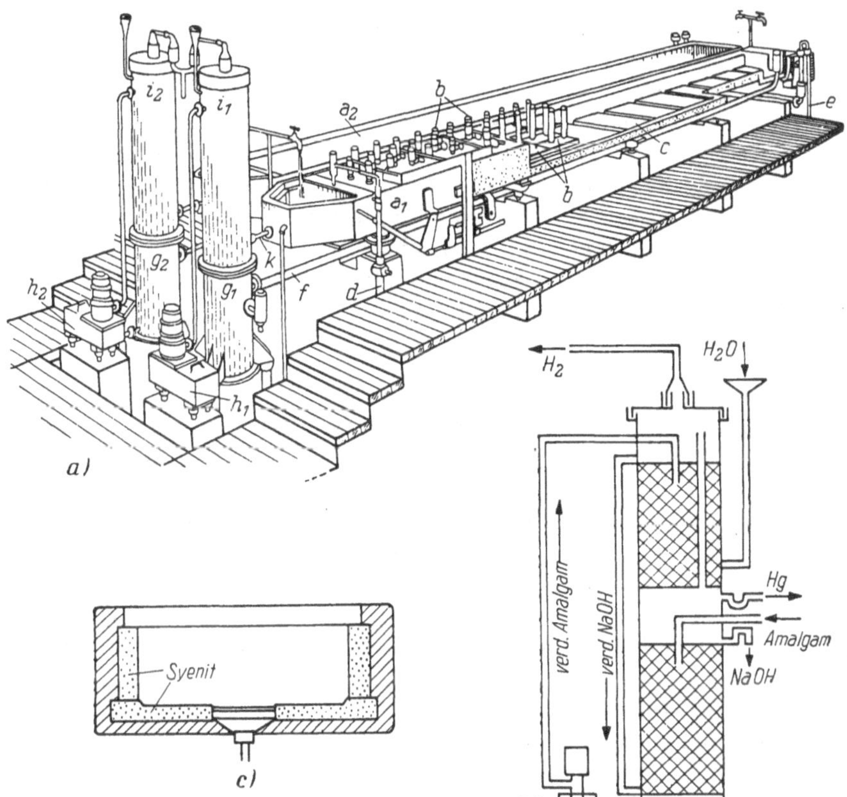

Abb. 34. Chloralkalielektrolysezelle

a) de Nora-Quecksilber-Zelle a_1, a_2 Elektrolysierzelle; *b* Anoden; *c* Syenitplatten, poliert; *d* Soleeinlauf mit Rotameter; *e* Soleauslauf; *f* Amalgamleitung; g_1, g_2 Vorzersetzer; h_1, h_2 Quecksilberpumpen; i_1, i_2 Zersetzer; *k* Quecksilberleitung
b) Querschnitt durch den Zersetzer
c) Querschnitt durch die Zelle

diesen Punkt etwas näher einzugehen. Die Selbstherstellung von Lauge und Säure auf dem Wege der Chlorkali-Elektrolyse erscheint um so eher geeignet, die bestehende Lücke auszufüllen, als die Entwicklung kleiner Anlagen heute schon sehr weit gefördert worden ist und auch ihre Bedienung keine besonders hohen Anforderungen an das Personal stellt.

Unter anderem ist die de Nora-Quecksilberzelle für die Anwendung in kleineren Einheiten durchaus geeignet. Sie erfordert verhältnismäßig wenig Platz und die Zelle bedarf kaum der Reparaturarbeiten, so daß die Bedienung von nur angelernten Leuten ausgeführt werden kann. In der Abbildung ist eine solche Anlage wiedergegeben.

Die modernen Hg-Zellen liefern bekanntlich eine sehr reine und relativ konzentrierte Natronlauge und die Verbrennung des primär gebildeten Cl_2 mit dem bei der Elektrolyse gleichzeitig entwickelten Wasserstoff zu Salzsäuregas und dessen Adsorption zu starker flüssiger Salzsäure ist heute gleichfalls kein Problem mehr. Eine gewisse fachmännische Überwachung kann natürlich nicht entbehrt werden.

Die Herstellung von *Lauge durch Kaustifizierung von Soda* dürfte zwar für Zuckerfabriken, die sowieso große Mengen Ätzkalk herstellen und verbrauchen, auch nicht ganz abwegig sein. Sie erfordert aber umfangreichere apparative Hilfsmittel. Auch stellt ihr laufender Betrieb höhere Anforderungen an die Bedienung als eine Chloralkalizelle, ganz abgesehen davon, daß damit die Frage der Säurebeschaffung noch keine Lösung erfahren hat.

12.2. Möglichkeiten zur Beschaffung der Chemikalien im eigenen Betriebe unter Zuhilfenahme von Ionenaustauschern

Zur Vervollständigung des Bildes sei auf einige Vorschläge zur Gewinnung von Lauge bzw. Säure hingewiesen, die sich einer Ionenaustauscheranlage als apparativen Hilfsmittels bedienen. Diese Vorschläge sind entweder darauf abgestellt, eine wenigstens teilweise Kreislaufführung von Säure und Lauge zu erreichen oder aber die benötigten Chemikalien unter Verwendung gewisser Hilfsionen zu erzeugen. Für die Herstellung von Lauge liegt es nahe, als Hilfsion Ammoniak zu benutzen und für die Säureerzeugung auf SO_2 als Ausgangsprodukt zurückzugreifen. Die hohe Flüchtigkeit beider Stoffe ermöglicht in beiden Fällen die Kreislaufführung. Dies bedeutet, daß im Laufe der Fabrikation nur verhältnismäßig kleine Mengen zur Ergänzung der Verluste nachgeschoben werden müssen. Auch ist der Bezug von flüssigem Ammoniak bzw. flüssigem SO_2, sei es in Drums oder in Kesselwagen heute kaum noch ein Problem. Schließlich könnte zur Selbsterzeugung von SO_2 letztlich auch noch der „Schwefelbrenner“ herangezogen werden.

Prinzip der Verwendung von Hilfsionen zur Vervollständigung der Umsetzungen mit Ionenaustauschern

Das Prinzip der Verwendung von Hilfsionen zur Vervollständigung der Umsetzungen mit Ionenaustauschern sei nachstehend kurz erläutert:

Schon um 1935 finden sich Hinweise, wie man beim Ionenaustausch gewisse, nach einer Seite hin schwierig verlaufende Reaktionen doch erzwingen und ökonomisch zu Ende führen kann; (einige Beispiele wurden übrigens schon auf Seite 59 gegeben). So kann man z. B. die $K^{\cdot}$-Ionen eines Saftes, Sirups oder einer Melasse gegen $Ca^{\cdot\cdot}$-Ionen nur in indirekter Weise völlig umtauschen; in direkter Weise gelingt dies kaum. Als Hilfsionen wendet man in diesem Falle $H^{\cdot}$- oder auch $NH_4^{\cdot}$-Ionen an. Mittels eines mit $H^{\cdot}$-Ionen beladenen Kationenaustauschers kann man nahezu alle Kationen in fast stöchiometrischem Verhältnis aus einer Flüssigkeit herausnehmen (das saure Filtrat wird gegebenenfalls mit Kalk neutralisiert). Es bedarf aber dann eines gewissen Säureüberschusses, um den Austauscher zu regenerieren.

Theoretisch und praktisch interessanter ist der Weg, die Kationen mit Hilfe eines $NH_4^{\cdot}$-Austauschers wegzunehmen, weil man die $NH_4^{\cdot}$-Ionen des Ablaufes nachher durch Zusatz von Ätzkalk, Kochung und Kondensation der übergehenden Dämpfe völlig zurückgewinnen kann. Zwar ist ein großer Ammoniaküberschuß erforderlich, um sämtliche Saftkationen durch $NH_4^{\cdot}$ zu ersetzen, aber dieses geht zufolge der Kreislaufführung nicht verloren. Der Kalkkonsum spielt preislich kaum eine Rolle.

Benutzung von $NH_4^{\cdot}$-Ionen als Hilfsionen bei der Saftreinigung

Im Kap. 8 wurde bereits auf zwei Verfahren hingewiesen, welche sich zur Reinigung von Zuckersäften des Ammoniaks bzw. der $NH_4^{\cdot}$-Ionen als Hilfsionen bedienen.

Beim S.C.C.-Verfahren wie auch beim Vorschlag von Vajna werden — wie oben ausgeführt — die Kationen des Saftes durch $NH_4^{\cdot}$-Ionen ersetzt, die später in Form des leicht flüchtigen NH_3 ausgetrieben werden.

Mit dem Ammoniak wird, wie von den Verfechtern dieser Verfahren betont wird, kein saftfremdes Element in den Rübensaft eingeführt; denn geschiedene Rübensäfte enthalten immer Ammoniak, das beim Eindicken des Saftes in der Verdampferanlage aus diesem verschwindet, teilweise in das Kondensat übergeht und teilweise mit den Entlüftungsgasen der Heiztrommeln oder Heizschlangen entweicht. Das Verschwinden des Ammoniaks aus dem Saft hat einen mehr oder weniger großen pH-Abfall des Saftes in der Verdampferanlage zur Folge, auch die Temperaturverhältnisse können sich nachteilig verändern.

Das Abtreiben der großen Mengen Ammoniak, die beim S.C.C.-Verfahren durch Filtration des Dünnsaftes über einen $NH_4^{\cdot}$-Austauscher anstelle der nichtflüchtigen ursprünglichen Saftkationen $Na^{\cdot}$, $K^{\cdot}$, $Ca^{\cdot\cdot}$, $Mg^{\cdot\cdot}$ in Form von $NH_4^{\cdot}$-Ionen in den Saft eingeführt werden, um alsdann durch Zugabe von Ätzkalk wieder freigesetzt zu werden, ist auch hier nicht ganz einfach. Man kann diese Operation mit dem Abtreiben von Ammoniak aus Gaswasser vergleichen, wobei ebenfalls CaO zugesetzt und Dampf durch die Flüssigkeit geblasen wird. Die bei diesem Betrieb gebrauchten Anlagen sind weitgehend vervollkommnet und gewiß auch für obige Prozesse geeignet. Ein für diesen Zweck dienender Kolonnenapparat ist in Abb. 31 wiedergegeben.

Bei dem Vajna-Verfahren, auf das wir unten nochmals zurückkommen, werden die Saftkationen zwar gleichfalls durch Filtration über einen $NH_4^{\cdot}$-Austauscher tunlichst vollständig durch $NH_4^{\cdot}$-Ionen ersetzt. Durch anschließende Filtration über einen stark basischen Anionenaustauscher werden aber sodann dem Safte auch die Anionen entzogen. Der Saft wird durch diese Behandlung natürlich stark alkalisch.

Die Herstellung von Lauge mit $NH_4^{\cdot}$ als Hilfsion

Eine Erzeugung von Natronlauge nach der Reaktionsgleichung

$$NaCl + NH_4OH \rightarrow NaOH + NH_4Cl$$

ist in dieser einfachen Weise bekanntlich nicht durchführbar. Unter Anwendung eines Kationenaustauschers ist indessen die Möglichkeit durchaus gegeben, nach obiger Gleichung zu arbeiten, und zwar erfolgt alsdann der Prozeß in nachstehenden 2 bzw. 3 Arbeitsstufen: (R = Kationenaustauscher)

Arbeitsprozeß

(1) $R\text{-}Na + NH_4OH \rightarrow R\text{-}NH_4 + NaOH)$ *

Wiederbelebung bzw. NH_3-Rückgewinnung

(2) $R\text{-}NH_4 + NaCl \rightarrow R\text{-}Na + NH_4Cl$**)

(3) $2\,NH_4Cl + CaO \rightarrow 2NH_3 + CaCl_2$

($2NH_3$ ↗ Rückgewinnung; $CaCl_2$ ↘ Abwasserkanal)

*) nebst dem überschüssigen Ammoniak
**) nicht umgesetzter Rest an Kochsalz

Die Arbeitsweise ist folgende: Über den gemäß Gl. 1 mit Ammoniak vorbeladenen Kationenaustauscher leitet man zunächst eine Kochsalzlösung (Gl. 2). Es fließt eine NH_4Cl-Lösung ab, die noch gewisse Mengen überschüssigen Kochsalzes[1]) enthält, und zwar um so mehr, eine je vollkommenere Aufsättigung des Austauschers mit Natriumionen angestrebt worden ist.

Der mit Natriumionen beladene Austauscher wird sodann mit starkem Ammoniakwasser beaufschlagt, wobei er gemäß Gl. 1 wieder in den Ammoniumaustauscher übergeht, während NaOH abfließt. Das mit der Lauge abfließende überschüssige Ammoniak wird ausgedampft und nach der Kondensation in den Prozeß zurückgeführt. Andererseits wird die in der Stufe 2 anfallende kochsalzhaltige Chlorammonium-Lösung gemäß Gl. 3 mit Ätzkalk erhitzt, das freigesetzte Ammoniak ebenfalls ausgedampft und zurückgeführt. Die zurückbleibende, den Kochsalzüberschuß enthaltende Chlorcalzium-Lösung wird abgestoßen. Dieses Herstellungsverfahren, bei dem ein Kationenaustauscher abwechselnd in der $Na^{\cdot}$- und der $NH_4^{\cdot}$-Form beansprucht wird, benötigt als Rohstoffe also nur das billige NaCl und Kalk sowie Wärmeenergie in Form von Dampf zur Rückgewinnung des Hilfsstoffes.

[1]) Den letzten, sehr NH_3-reichen Filtratanteil (Nachlauf) gemäß Gl. 1 gibt man zweckmäßig bei der nächstfolgenden Arbeitsstufe 1 als erstes auf, um ihn so an NaOH aufzustärken; andererseits wird man zwecks Kochsalzeinsparung den sehr NaCl-reichen Nachlauf gemäß Gl. 2 bei der nächsten Wiederbelebungsstufe verwerten.

Bei der praktischen Anwendung wird man versuchen, mit möglichst konzentrierten Lösungen zu arbeiten, damit man unmittelbar eine NaOH-Lösung der Konzentration erhält, wie sie zur Wiederbelebung der Anionenaustauscher im Hauptprozeß, d. h. bei der Entmineralisierung der Zuckerlösungen, gebraucht wird.

Gewinnung von Salzsäure nach dem Ionenaustausch-Verfahren unter Verwendung von SO_2 als Hilfsreagenz

Ähnlich ist eine Reaktion gemäß Gleichung

$$2\,NaCl + H_2SO_3 \rightleftharpoons Na_2SO_3 + 2\,HCl$$

nicht unmittelbar durchführbar. Auch hier besteht die Möglichkeit einer Realisierung unter Zuhilfenahme eines Ionenaustauschers, und zwar in diesem Falle eines stark basischen Anionenaustauschers R_{An}:

(1) $R\text{-}Cl_2 + H_2O + SO_2 \rightarrow R\text{-}SO_3 + 2\,HCl\,(+ H_2SO_3)$*)

(2) $R\text{-}SO_3 + 2\,NaCl \rightleftharpoons R\text{-}Cl_2 + Na_2SO_3\,(+ NaCl)$*)

*) nicht umgesetzter Rest.

Auch in dem vorliegenden Falle verlaufen die verzeichneten Teilumsetzungen selbstverständlich nicht quantitativ. Die gebildete Salzsäure enthält, wie angedeutet, noch schweflige Säure, von der sie gegebenenfalls durch Ausdampfen befreit werden kann; andererseits ist die gemäß Gl. 2 gebildete Natriumsulfitlösung kochsalzhaltig; denn sie enthält je nach dem Kochsalzaufwand und dem damit erzielten Grade der Absättigung des Sulfitanionenaustauschers mit Cl'-Ionen den mehr oder weniger großen Kochsalzüberschuß. Soll man diese Lösung abstoßen; soll man eine Rückgewinnung des SO_2 bzw. des NaCl anstreben? Für die erstere genügt, wie Gl. 3 zeigt, Aufwand der stöchiometrischen Menge Schwefelsäure:

(3) $Na_2SO_3 + H_2SO_4 \rightarrow SO_2\nearrow + Na_2SO_4 \searrow$ *Ablauge*

Meist wird man statt dessen aber lieber eine entsprechende Menge an frischem SO_2 nachschieben, weil man Schwefelsäure vorteilhafter unmittelbar als Wiederbelebungsmittel für den H˙-Austauscher einsetzen kann. Sofern an Ort und Stelle konzentrierte Chlormagnesiumlösung (Endlauge der Kaliindustrie) zur Verfügung steht, kann diese dazu verwendet werden, um gemäß Gl. 4 das restliche SO_2 der Abläufe in Form des schwerlöslichen Magnesiumsulfites als Zwischenprodukt abzuscheiden, das alsdann leicht von dem überschüssigen Kochsalz abgetrennt werden kann.

(4) $Na_2SO_3\,(+ NaCl) + MgCl_2 \rightarrow MgSO_3\searrow + 2\,NaCl$

Beide Bestandteile können alsdann getrennt einer erneuten Verwertung zugeführt werden.

Aus dem $MgSO_3$ kann in analoger Weise wie gemäß Gl. 3 das SO_2 in Freiheit gesetzt und abgetrieben werden, während die Alkalichloridlösung unmittelbar gemäß Gl. 2 verwertet werden kann. Der Vorteil ist in beiden Fällen wohl unbedeutend.

Als Gesamturteil läßt sich über das SO_2-Verfahren sagen, daß hier wohl eine theoretisch bemerkenswerte, neue Möglichkeit zur Erzeugung von Salzsäure vorliegt, indessen ist das Verfahren technisch kaum so interessant wie das vorher behandelte zur Erzeugung von Alkalilauge.

Saftentmineralisierung unter Chemikalienrückgewinnung nach dem Vorschlage von VAJNA

Schließlich sei noch auf einen von VAJNA gemachten Vorschlag eingegangen, der wesentlich darauf abgestellt ist, mit Ammoniak allein als Hilfsion auszukommen und die neben Kochsalz benötigten weiteren Regeneriermittel in eigenen Nebenbetrieben herzustellen. Bei Kalk und Kohlensäure ist dies ohnehin schon der Fall; die benötigte Lauge will VAJNA aus den Abläufen wieder zurückgewinnen.

Der VAJNAsche Vorschlag umfaßt nachstehende Arbeitsstufen[1]):

R_{KI} und R_{KII} = Kationenaustauscher

I. Enthärtung des Dünnsaftes
$Ca(Mg)\text{-}Saft + R_{KI}\text{Na} \rightarrow Na\text{-}Saft + R_{KI}\text{-Ca(Mg)}$

Ia) Rückführung des Austauschers R_{KI} in die Na-Form
$R_{KI}\text{-Ca(Mg)} + \text{NaCl} \rightarrow R_{KI}\text{-Na} + \text{Ca(Mg)Cl}_2$
↘ Abwasserkanal

Ib) Umsetzen der $Na^{\cdot}$-Form in die $NH_4^{\cdot}$-Form
$R_{KII}\text{-Na(K)} + (\text{NH}_4)_2\text{CO}_3 \rightarrow R_{KII}\text{-NH}_4 + Na_2(K_2)CO_3$

II. Ammonisierung des Saftes
$Na\text{-}Saft + R_{KII}\text{-NH}_4 \rightarrow NH_4\text{-}Saft + R_{KII}\text{-Na(K)}$

IIa) Gewinnung von Alkalimischlauge und Rückführung von K_{II} in NH_4-Form
$R_{KII}\text{-Na(K)} + \text{NH}_4\text{OH} \rightarrow R_{KII}\text{-NH}_4 + Na(K)OH$

IIb) $R_{KII}\text{-NH}_4 + \text{Na(K)Cl(SO}_4) \rightarrow R_{KII}\text{-Na(K)} + \text{NH}_4\text{Cl(SO}_4)$

Rückgewinnung ↗

IIc) $\text{NH}_4\text{Cl(SO}_4) + \text{CaO} \rightarrow \text{NH}_3 + \text{CaCl}_2(\text{SO}_4)$
↘ Abwasserkanal

R_{An} = Anionenaustauscher

---

[1]) Im Schema sind Enthärtungs- und Entbasungsprozeß der Übersicht halber mit 2 Kationenaustauschern R_{KI} und R_{KII} formuliert, die beide — wie durch die Pfeile angedeutet — im Wechselspiel benutzt werden. Theoretisch kann man mit nur einem Kationenaustauscher auskommen, nur wird alsdann das Schema komplizierter. Valenzindices sind, da es sich um Umsetzungen mit Polyelektrolyten handelt, meist ausgelassen.

III. Entsäuerung:

$$NH_4\text{-}Saft + R_{An}\text{-OH} \rightarrow R_{An}\text{-Cl(SO}_4) \ [+ \textit{entsalzter Saft} + NH_3]$$

IIIa) $R_{An}\text{-Cl(SO}_4) + \text{Na(K)OH} \rightarrow R_{An}\text{-OH} + \text{NaCl (K}_2\text{SO}_4)$ ↘

VAJNA will nun die an Alkalisalz reichen Abläufe vom Regenerationsprozeß des Anionenaustauschers (Gl. IIIa) dazu verwenden, einen Kationenaustauscher mit Alkaliionen anzureichern. Anschließend soll dann (analog wie nach obigem Herstellungsverfahren mit $NH_4^{\cdot}$ als Hilfsion, S. 177) gemäß dem vorstehenden Schema Gl. IIa—c über den alkalibeladenen Kationenaustauscher starkes Ammoniakwasser gegeben und so die zur Wiederbelebung des starkbasischen Anionenaustauschers gemäß IIIa benötigte Regenerierlauge gewonnen werden.

Nach dem in diesem Kapitel unter (Gl. IIa) erwähnten Prinzip erhält man hier eine KOH-NaOH-Mischlauge. Für die Wiederbelebung des Anionenaustauschers, der diese Lauge ja dienen soll, ist das unwesentlich. Es ist nicht klar, wo VAJNA den Vorteil sieht gegenüber einem Verfahren, das zur NaOH-Erzeugung in entsprechender Weise vom Handelsprodukt, d. h. reinem NaCl, ausgeht. Denn die safteigenen Kalisalze würden ohne Zweifel wohl besser für Düngezwecke verwertet werden. Auch dürfte durch Rückführung der Regenerate der ganze Kreislauf stark durch die aus dem Saft stammenden Verunreinigungen belastet werden.

Bei dem Vorschlag von VAJNA werden also $NH_4^{\cdot}$-Ionen mittels eines $NH_4^{\cdot}$-Austauschers in den Reinsaft der Zuckerfabrik eingeführt und dabei der Austauscher mit den Alkaliionen des Saftes beladen und angereichert, nachdem die Erdalkaliionen schon vorher (Gl. I) mittels eines Na-Austauschers aus dem Saft entfernt worden sind. Nach dem Austausch der Alkaliionen gegen $NH_4^{\cdot}$-Ionen wird der Saft über einen OH'-Austauscher geleitet, und so der Zuckerlösung die Anionen entzogen. Für diesen Zweck kann nur ein Anionenaustauscher eingesetzt werden, welcher ein starker Neutralsalzspalter ist, z. B. ein Harz, das quaternäre Ammoniumgruppen als Ankerionen enthält. Anwendung eines so empfindlichen Austauschers nötigt unbedingt dazu, den Saft zu kühlen.

Das dem Dünnsaft in Arbeitsstufe II incorporierte Ammonium, das nach Passieren des Anionenaustauschers als freies NH_3 im Safte vorliegt, wird beim Aufheizen des Saftes ausgetrieben und in bekannter Weise zurückgewonnen. Die hohe Alkalität des Saftes will VAJNA durch Zuspeisen von CO_2 mäßigen.

Der gemäß Gl. Ib großenteils mit $K^{\cdot}$-Ionen beladene Kationenaustauscher wird mit $(NH_4)_2 \cdot CO_3$-Lösung regeneriert, offenbar um die Alkalität der Lösung herabzusetzen.

Den störenden Einfluß der (färbenden) Nebenbestandteile in den Regenerationsabläufen will VAJNA dadurch begrenzen, daß er der Regenerierung des beladenen Anionenaustauschers eine Behandlung mit einer NaCl-Lösung vorschaltet. Doch können neben den bereits angedeuteten gleichwohl noch vielerlei Verwicklungen eintreten, u. a. Schwierigkeiten durch Kolloide, starke Beanspruchung und wohl auch Schädigung der Austauscher, zumal des kostspieligen Anionenaustauschers, worauf schon früher mehrmals hingewiesen wurde. Die Gewinnung von Nebenprodukten ist bei dem VAJNA-Verfahren mehr oder weniger problematisch.

ANHANG

Der Verfasser behandelt hier in zwangloser Folge einige Neuentwicklungen, die vielleicht in Zukunft auch für die Zuckerindustrie, sei es in analytischer, sei es in betriebstechnischer Hinsicht, interessant werden können. Andererseits werden dem Praktiker mancherlei praktische Winke von einem Praktiker willkommen sein, der sich jahrzehntelang mit Ionenaustauschern, Adsorbern und Filteranlagen intensiv befaßt hat.

1. Versuchsdurchführung und Neuentwicklungen in der Zuckerindustrie

In der Zuckerindustrie liegen wegen der kurzen Kampagne insofern besondere Verhältnisse vor, als in jedem Jahre für die Durchführung von Versuchen nur einige Monate zur Verfügung stehen. Dabei erzielte Ergebnisse können vielfach nicht verallgemeinert werden, da sie an die speziellen Voraussetzungen des Jahres geknüpft waren und oft nicht sicher ist, ob sie unter den teilweise veränderten Bedingungen eines späteren Jahres oder an anderer Stelle in gleicher Weise reproduzierbar sein werden. Mancher glänzende Vorschlag ist leider oft schon nach wenigen Jahren vergessen, weil der darin liegende Fortschritt oder seine allgemeine Durchführbarkeit nicht haben bewiesen werden können. Technischen Versuchen in einer Zuckerfabrik eine wirklich zutreffende Interpretation zu geben, ist eben oft recht schwierig.

Es spricht sehr für die Versuchsfreudigkeit der Zuckerfachwelt, daß in der Literatur über eine große Zahl glücklich verlaufender Versuche berichtet wird, die in Zuckerfabriken bis in die jüngste Zeit durchgeführt worden sind; die daraufhin gemachten Vorschläge sind so zahlreich und mannigfach, daß man kaum von einer normalen oder allmählichen oder gar einer zielbewußten Entwicklung sprechen kann.

Über wichtigere Vorschläge wurde bereits in den früheren Kapiteln berichtet; wenigstens wurden sie kurz erwähnt. Die nachstehenden Ausführungen beziehen sich daher wesentlich auf Dinge, die im Augenblick noch nicht akut sind oder deren praktische Bedeutung für die Zuckerindustrie, sei es in analytischer, sei es in betriebstechnischer Hinsicht, noch nicht übersehen werden kann. Die schönen Erfolge, die auf anderen Gebieten schon vorliegen, mögen dem Zuckerfachmann bei der Suche nach neuen Möglichkeiten und Arbeitsrichtungen Anregungen zu eigener Versuchsarbeit geben.

Flüssige Ionenaustauscher

Der Gedanke, anstatt fester Ionenaustauscher flüssige Ionenaustauscher anzuwenden, tauchte schon gleich zu Anfang der großtechnischen Anwendung von Ionenaustauschverfahren auf. Er wurde nahegelegt durch die Erkenntnis, daß jede beliebige (hochmolekulare) feste Säure bzw. Base prinzipiell als Ionenaustauscher angesehen werden kann. Für den praktischen Gebrauch sind selbstverständlich gewisse weitere Anforderungen zu stellen. Insbesondere muß von diesen Festsäuren resp. -basen (Polyelektrolyten) gefordert werden, daß sie in Berührung mit den zu behandelnden Flüssigkeiten benetzt werden, ohne indessen merklich löslich zu sein. Anforderungen, welche schwierig zusammengehen und denen nur hochmolekulare Elektrolyte entsprechen. Die Reihe der praktisch anwendbaren Ionenaustauschertypen ist dadurch stark begrenzt. Übrigens treten mehr oder weniger flüssige Produkte von Ionenaustauschercharakter von meist gelartiger Beschaffenheit häufig als Zwischenprodukte der Ionenaustauscherfabrikation auf, z. B. bei der Polykondensation. Aus praktischen Gründen dürfen technische Ionenaustauscher sich natürlich keinesfalls wie Flüssigkeiten verhalten.

Die Auffassung, daß flüssige Ionenaustauscher technisch unbrauchbar wären, ist in dieser Allgemeinheit nicht zu halten. In der Tat erkannte man sehr bald die Bedeutung von flüssigen Produkten dieser Art und die mit ihrer Anwendung verbundenen Vorteile. Das Problem lief darauf hinaus, Produkte herzustellen, die nach vollzogenem Austausch auch in einfacher Weise eine Abtrennung von der wäßrigen Elektrolytphase zulassen und damit eine bequeme Art der Wiederbelebung gestatten. Welchen weiteren Beanspruchungen müssen sie genügen?

Diese Produkte müssen wohl benetzbar, aber zugleich praktisch unlöslich in der anderen Phase sein, mit welcher sie in Austausch treten. Bei Anwendungen auf dem Lebensmittelsektor ist weiterhin die Gefahr einer Giftigkeit zu beachten, zumal bei den Aminderivaten. Dieser Punkt muß allgemein bei den heute von verschiedener Seite in den Handel gebrachten flüssigen Ionenaustauschern beachtet werden und steht bei Lebensmittelbetrieben an erster Stelle.

Trotz dieser Erschwernisse, zu denen noch einige weitere hinzukommen können, bietet die Anwendung der flüssigen Ionenaustauscher viele prinzipielle Vorteile.

Die Möglichkeit, sie in völlig kontinuierlichen Verfahren einzusetzen, und zwar ohne eine Zerstörung der Struktur des Materials befürchten zu müssen, die einfache und leichte Entfernbarkeit aufgenommener Verunreinigungen etc. lassen sie auch für den Zuckertechniker näherer Untersuchung wert erscheinen. In der Tat brachten schon Vorprüfungen mit flüssigen Anionenaustauschern bei Zuckersäften recht interessante Ergebnisse.

Anwendungstechnisch ist der Gebrauch flüssiger Ionenaustauscher im großen Ganzen der (besonders in der Petroleumindustrie) vielfach angewandten Solventextraktion ähnlich; dies gilt auch bezüglich der Analysenmethoden.

Was sind nun die sogenannten „flüssigen Ionenaustauscher“ ihrem Wesen nach? Sie sind unechte Polyelektrolyte[1]), d. h. großmolekulare Säuren und Basen, die in der einen Phase (einem organischen Lösungsmittel) kolloidal löslich sind, nicht aber in der anderen (zu extrahierenden), meist wäßrigen Phase; sie vermögen aber mit dessen Ionen in Austausch[2]) zu treten, d. h. ionenaustauschende Eigenschaften zu entfalten. Es handelt sich in den meisten Fällen um langkettige Amine bzw. deren Salze, welche als Anionenaustauscher verwendet werden, und um Phosphor- und Sulfo-Verbindungen (langkettige Ester bzw. deren Salze), welche als Kationenaustauscher geeignet sind. Der besondere Anreiz, die flüssigen Austauscher zu benutzen, liegt in ihrer hohen Selektivität. Auch können sie infolge ihrer flüssigen Form in einer einfachen Apparatur angewandt werden, und zwar im Gleich- wie im Gegenstrom, im Dauer- oder bei intermittierendem Betrieb.

Vorläufig ist die Auswahl an Ionenaustauschern dieses Typs noch beschränkt. Auch ist ihr Anwendungsgebiet meist ein anderes als das der festen Ionenaustauscher. Gleichwohl gibt es Gebiete, in welchen die Möglichkeiten einer Anwendung sich gegenseitig überlappen. Flüssige Ionenaustauscher eignen sich besonders zur Entfernung — selektiven Extraktion bzw. Konzentrierung — von Metallen aus Lösungen. Ferner werden sie zur Bindung bzw. Beseitigung starker Säuren aus Lösungen angewandt.

Vorprüfungen im Laboratorium haben gezeigt, daß in bestimmten Fällen im Kontakt mit Zuckersäften, Sirupen und Melassen neben den Entfärbungseffekten auch Ausflockungserscheinungen auftreten, welche in anderer Weise nicht zu reproduzieren sind. Es spielt dabei die Konzentration der Lösung eine große Rolle. Durch deren Abwandlung lassen sich bisweilen besondere Effekte erreichen. Bemerkenswert ist auch die Verteilung der Ausflockungen, und zwar findet man sie meist in der Austauscherphase. Hier liegt noch eine große Möglichkeit insbesondere zur Scheidung gewisser Bestandteile. Als organische Trägerflüssigkeit, in der man die flüssigen Ionenaustauscher zur Anwendung bringt, ist bei Problemen im Rahmen der Zuckerindustrie z. B. Petroläther geeignet.

Elektrodialyse mit permselektiven Membranen

Nicht unbeachtet darf in einem das Zuckergebiet betreffenden Buche die Reinigung von Flüssigkeiten durch Elektrodialyse bleiben. Die moderne Technik hat bekanntlich in den permselektiven Membranen mit kationischen bzw. anionischen Eigenschaften ein neuartiges Hilfsmittel zur Verfügung gestellt. Die eine Art Membranen läßt (bis zu einer gewissen Belastung) nur Anionen, die andere nur Kationen durchtreten, während Ionen entgegengesetzter Ladung abgeschirmt werden.

---

[1]) Echte Polyelektrolyte sind hochmolekulare Stoffe, die dadurch gekennzeichnet sind, daß die einzelnen Bauelemente mit ihren Wirkungsgruppen in mehr oder weniger regelmäßiger bzw. in statistischer Wiederholung auftreten.

[2]) bzw. Kontaktaustausch

Die technische Bedeutung der Elektrodialyse für die Zuckerindustrie ist heute noch nicht zu übersehen. Einerseits liegen bereits positive Daten vor, welche die Entfernung von Elektrolyten aus Zuckerlösungen auf dem Wege der Elektrodialyse als technisch interessant erscheinen lassen, andererseits sind bei diesbezüglichen Versuchen auch ungewöhnliche Schwierigkeiten in Erscheinung getreten. So hat sich u. a. bereits gezeigt, daß die im Saft enthaltenen Kolloide erhebliche Störungen verursachen; sie führen zur Verstopfung der Membranen und geben Anlaß zu außerordentlich großer Verdünnung der Zuckersäfte. Auch ist die Kostspieligkeit und hohe Empfindlichkeit der Membranen zu beachten.

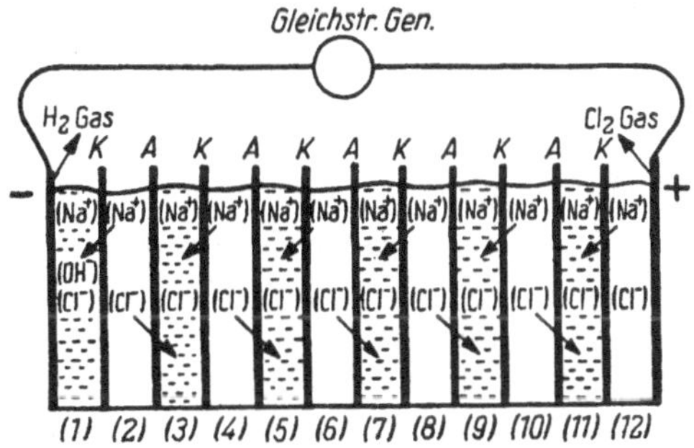

Abb. 35. Elektrische Entsalzung mit permselektiven Membranserien
K: Kationenaustauscher-Membran
A: Anionenaustauscher-Membran

In der Abb. 35 ist das Schema einer Elektrodialyse-Apparatur nebst kurzer Erläuterung gegeben. Die Literaturliste bringt Hinweise auf einige Artikel über Elektrodialyse.

Eingehende Unterrichtung findet der Leser im Band 4 dieser Sammlung: LASKORIN, SMIRNOWA und GANTMANN, „*Ionenaustauschermembranen und ihre Anwendung*“.

Molekularsiebe

Zur Trennung von Stoffen in der Dampf- bzw. Gasphase werden gegenwärtig oft die von BARRER entwickelten Molekularsiebe herangezogen, wie sie heute in mehreren Typen von der Industrie (unter technischer Führung der Linde Air Prod. Comp.) zur Verfügung gestellt werden. Es handelt sich dabei um sehr engporige synthetische Zeolithe, welche infolge ihrer Struktur und besonderen Eigenschaften Gase und Dämpfe bei ihrem Durchtritt in selektiver Weise nach der Molekulargröße zu scheiden imstande sind.

Unter Einsatz ionenaustauschender Membranen hat man u. a. Trenneffekte erreicht, die darauf zurückgeführt werden, daß bei Permeation organischer Lösungsmitteldämpfe durch Ionenaustauschermenbranen die Polarität der permeierenden Moleküle eingeht und sie selektiv gestaltet (F. WOLF). Auf Lösungen wird dieses Prinzip der Molekülsiebung nach der Ionengröße schon seit längerer Zeit angewandt. Z. B. hat RICHARDSON unter Anwendung von Ionenaustauschern bestimmter Gitterweite die Scheidung großmolekularer Elektrolyte, z. B. Baumwollen-Farbstoffen von niedermolekularen Elektrolyten erreicht. In entsprechender Weise lassen sich auch Kolloide von echten Elektrolyten trennen. Wenn auch anzunehmen ist, daß die Anwendung von Molekularsieben für die Zuckerindustrie kaum je die Bedeutung gewinnen wird, die sie zur Zeit für die Molekularscheidung von Dämpfen oder Gasgemischen hat, und wie dies in gewissem Umfang auch für in Flüssigkeiten gelöste Stoffe gilt, so sind doch nichtdestoweniger auch hier bereits einige interessante gelegentliche Beobachtungen zu vermerken, bei denen möglicherweise Molekularsiebung weiterhelfen könnte.

Trennungsverfahren für Elektrolyte und Nichtelektrolyte ohne Chemikalienaufwand

In den letzten Jahren wurde über zwei Verfahren berichtet, die unter Zuhilfenahme von Ionenaustauschern Elektrolyte von Nichtelektrolyten zu trennen gestatten, ohne daß zur Wiederbelebung der Austauscher ein Aufwand von Chemikalien notwendig ist: Das *Ionenverzögerungs-* (*Ionretardation*) und das *Elektrolytexclusion* (oder *Elektrolytvorlauf-*) oder *Ionenausschluß-Verfahren*:

Das ersterwähnte Verfahren benutzt als Hilfsmittel einen amphoteren Ionenaustauscher, der durch Einbau von feinverteiltem, starkbasischen Ammoniumharz in einem Sulfonsäureaustauscher hergestellt ist. In diesen sogenannten Snake-cage-Harzen sättigen sich im entwässerten Zustand die sauren und basischen Gruppen (indem sie sich gewissermaßen in den Schwanz beißen) gegenseitig ab. Beim Eintragen in eine Elektrolyt- z. B. eine KCl-Lösung reagieren sie unter Aufquellen (und unter Lösen der gegenseitigen inneren Bindungen) mit den Kationen und Anionen der zugebrachten Salzlösung, während sie sich Nichtelektrolyten gegenüber neutral verhalten. Gibt man über dieses Material eine sowohl Elektrolyte wie Nichtelektrolyte enthaltende Lösung, so werden demzufolge nur die Elektrolyte festgehalten, während die Nichtelektrolyte unbehindert abfließen. Die Wiederbelebung des mit Ionen beider Art abgesättigten Harzes erfolgt unter Hydrolyse durch einfaches Auswaschen mit Wasser.

Das zweite sog. Ionenausschluß-Verfahren hat zur Grundlage, daß ein Ionenaustauscher, der mit den Ionen der zu filtrierenden Lösung bereits abgesättigt ist, bei deren weiterer Aufgabe das betreffende Ion bzw. weiter zugeführten Elektrolyten unverändert durchtreten läßt, während seine Befähigung zur Allgemein- oder unpolaren Adsorption noch wirksam ist. Dies bedeutet: Nichtelektrolyte werden vom Adsorber, sei es von der Matrix oder dem Hydratwasser der Ankerionen oder dem imbibierten Wasser, noch gebunden. Bei Aufgabe einer Mischlösung von Elektrolyten und Nichtelektrolyten, z. B. einer NaCl-haltigen Glycerinlösung, fließt also zuerst nur der Elektrolyt ab, während der Nichtelektrolyt festgehalten wird; anschließend kann er mit Wasser wieder herausgewaschen werden.

Die nachstehenden Abb. 36 und 37 erläutern den Trenneffekt.

Im Wechselspiel von Beladung und Auswaschen kann somit nach beiden Verfahren eine Trennung von Elektrolyten und Nichtelektrolyten erreicht werden, wobei schwache Elektrolyte, wie etwa Essigsäure oder Phenol, in Gegenwart starker Elektrolyte, wie Salz- oder Schwefelsäure, sich wie Nichtelektrolyte verhalten.

Großtechnische Bedeutung haben die beiden auf den vorerwähnten Effekten beruhenden Verfahren in der Zuckerindustrie bisher noch nicht gefunden, und es ist auch kaum wahrscheinlich, daß sie eine solche gewinnen werden.

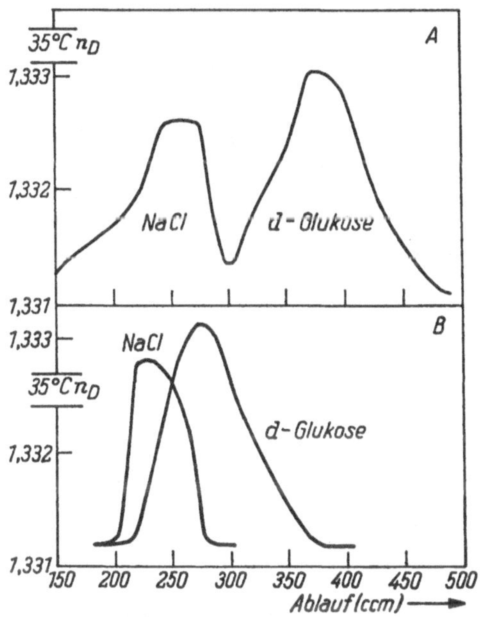

Abb. 36. Ionen-Ausschluß/Vernetzungsgrad (nach D. R. ASHER); Beladung: 10-ccm-Lösung (5% NaCl, 10% d-Glukose). Temperatur: 25 °C

A: Dowex 50 × −2 (460 ccm). *B*: Dowex 50 × −8 (460 ccm)

Es liegt auf der Hand, daß beide Verfahren mit erheblichem Verbrauch an Reinwasser belastet sind, das zum Absüßen und Auswaschen bzw. Regenerieren gebraucht wird, Mengen, die im allgemeinen in Zuckerfabriken kaum zur Verfügung stehen. Diesem großen Wasserbedarf steht ein entsprechend hoher Dampfverbrauch zum Wiederaufkonzentrieren der Zuckerlösungen und Sirupe gegenüber.

Abb. 38 gibt das Schema einer kleinen kontinuierlich und im wesentlichen automatisch arbeitenden Anlage nach HIGGINS wieder, die übrigens zur Durchführung beliebiger Ionenaustauschprozesse verwandt werden kann.

Die Betrachtung läßt erkennen, wie schwierig das Problem ist, und wie kompliziert eine technische Anlage aussieht, wenn alle Operationen: An- und Absüßen, Austausch und Regeneration, Ab- und Zufuhr der Ionenaustauscher kontinuierlich und automatisch erfolgen sollen. Im übrigen ist der Betrieb nirgends völlig kontinuierlich; die Wechsel erfolgen aber in kurzen Perioden aufeinander.

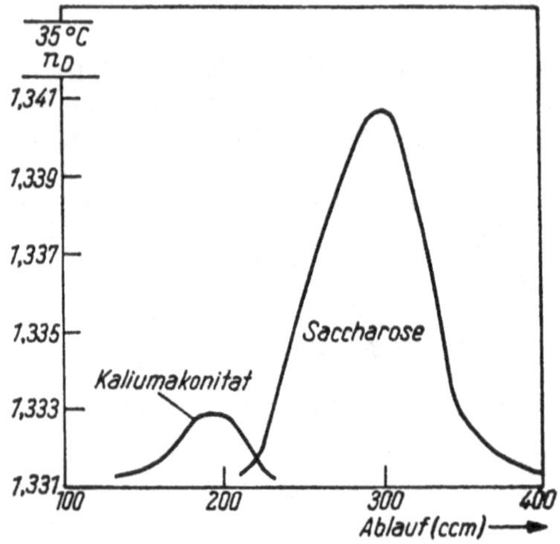

Abb. 37. Ionen-Ausschluß: Dowex 50 x-4 (460 ccm); Beladung: 46 ccm (10% Saccharose + 1% Kaliumakonitat)

Eine kritische Bemerkung sei angefügt:

Bei der Anlage nach Abb. 38 geht man in der Beladungsphase richtig vor; die schwere Lösung wird auf eine Ionenaustauschermasse aufgegeben, welche schon

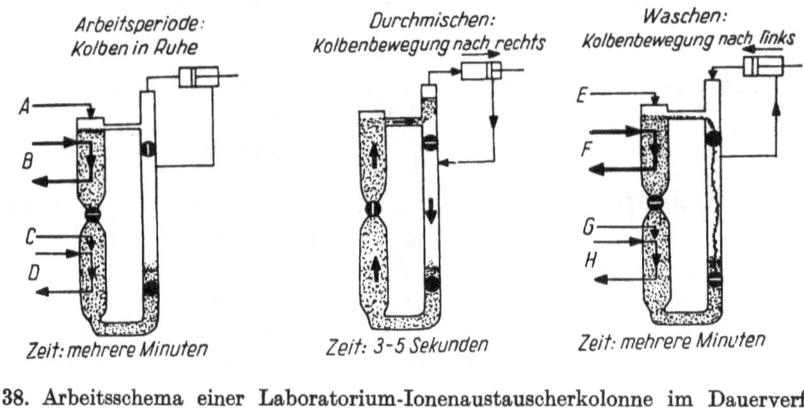

Abb. 38. Arbeitsschema einer Laboratorium-Ionenaustauscherkolonne im Dauerverfahren nach HIGGINS

mit einer derartigen Lösung in Berührung ist; beim Verdrängen der Nichtzuckerstoffe aber erfolgt der Wasserzutritt unter einer spezifisch schweren Lösung. Wie bedenklich das bei Dicksaft, Sirupen und Melassen ist, wurde an früherer Stelle schon vermerkt.

2. *Winke eines Praktikers für den Praktiker*

Spurenverunreinigungen in Zuckerlösungen

Im Zusammenhang mit den erhöhten Anforderungen, die von seiten verschiedener Anwendungsgebiete an den Reinheitsgrad von Zuckerprodukten gestellt werden, sind in den letzten Jahren eine ganze Anzahl von Präzisionsmethoden zur Untersuchung von Zuckerlösungen entwickelt worden. Sehr hohe Ansprüche wurden schon von Anfang an an die Glucoseindustrie gestellt, die unter anderem in der schon früher erwähnten Bonbonprobe einen Ausdruck fanden, welche — von einigen prinzipiell unwesentlichen Änderungen abgesehen — für die Prüfung von Glukosesirup noch heute von großer Bedeutung ist.

Hohes analytisches Interesse kommt neuerlich auch der Bestimmung von ω-Hydroxylmethylfurfurol sowie dem Nachweis verschiedener Aminosäuren zu; auch dem Nachweis und der Bestimmung von Kolloiden muß heute große Beachtung geschenkt werden, wie im einzelnen der Literaturliste zu entnehmen ist.

Die in den letzten Jahren mehr und mehr zunehmende Nachfrage nach Limonaden und ähnlichen, hauptsächlich Zucker enthaltenden, leicht säuerlich schmekkenden Getränken, — sie haben meist ein pH um 4 — hat zu weiteren Forderungen an die Zuckerfabrikanten geführt, die u. a. in dem sehr scharfen sogenannten Coca-Cola-Test einen Ausdruck fanden. Getränke dieser Art müssen bekanntlich in Kleinabfüllung längere Zeit haltbar sein. Es zeigte sich nun, daß in den diese Getränke enthaltenden Flaschen vielfach nach kürzerer oder längerer Zeit fadenförmige Ausflockungen entstehen, welche die Ware unansehnlich machen. Es zeigte sich sehr bald, daß dieser Mangel auf die Benutzung ungeeigneter Zucker bzw. Zuckerlösungen zurückzuführen ist. Damit wurden ältere — inzwischen wohl weniger beachtete Untersuchungen über den Kolloidgehalt von Zuckersäften plötzlich wieder aktuell. Zunächst glaubte man, den Gebrauch von aus Zuckerrüben gewonnenen Zucker ausschließen zu müssen, den man für dieses Übel verantwortlich machte, weil er bisweilen nachweisbare Mengen Glucosid ähnliche Stoffe, Saponin, Oleanolsäure, Reste von Eiweißhydrolyseprodukten und dergl. enthält.

Man ersieht hieraus die Wichtigkeit einer Schnellmethode, welche gestatten würde, damit die Eignung oder Nichteignung eines Zuckers zur Bereitung derartiger Getränke rasch und mit Sicherheit festzustellen. Von derartigen Methoden ist wohl heute der oben erwähnte Coca-Cola-Test — von verschiedenen kleinen Änderungen abgesehen — einer der meist gebrauchten. Dieser Test, der aber kaum als eine wirkliche „Schnellprobe" gelten kann, wird im Prinzip ähnlich anderen Prüfmethoden — so ausgeführt, daß man den Zucker löst, die Lösung ansäuert und dann gegebenenfalls erhitzt.

Coca-Cola-Test: In einem 1 *l*-Kolben werden 650 g Zucker in Wasser gelöst und eine 85%ige Phosphorsäure hinzugesetzt bis der pH der Lösung 1,5 bis 1,6 beträgt. Danach wird zu 1 *l* aufgefüllt. Der Kolben wird bei Zimmertemperatur 10 Tage stehengelassen und die Ausflockung beobachtet.

Diese Prüfmethode wird jetzt auch in Zuckerfabriken zur Prüfung der diversen Säfte und Sirupe vielfach angewandt. Da sie aber in diesem Falle immer positiv ausfällt, besteht das Verlangen, sie von einem qualitativen Nachweis in eine quantitative Methode umzuwandeln. Eine solche wäre um so mehr zu begrüßen, weil damit die Wirksamkeit der üblichen Reinigungsmethoden für Säfte besser als bisher kontrolliert werden könnte. In der Tat kann schon heute gesagt werden, daß mit Ionenaustauschern und Adsorberharzen behandelte Säfte hier sehr gut abschneiden (Kohleaustauscher wirken gleichfalls sehr günstig). Es ist sehr zu wünschen, daß das Beobachtungsmaterial erweitert wird und die heute mehr oder weniger qualitativen Aussagen bald durch quantitative ergänzt werden, und daß überhaupt diesem Gegenstand erhöhte Aufmerksamkeit gewidmet wird.

Eine Erscheinung, die dem Zuckerfachmann noch heute viel Verdruß bereiten kann, ist auch das Schäumen beim Eindicken und Kochen von Zuckerlösungen, zumal über die Ursache dieses Phänomens kaum mehr wie vage Vermutungen bestehen. Das Übel tritt insbesondere auch bei der Behandlung von Glucoselösungen häufig auf. In einigen Fällen konnte man feststellen, daß das Schäumen an das Überschreiten eines bestimmten pH-Wertes gebunden war, eine Beobachtung, die indessen an anderen Säften keineswegs bestätigt bzw. verallgemeinert werden konnte. Auch hier ist man praktisch in Versuchen stecken geblieben, wenngleich wohl auch in diesem Falle feststeht, daß mit Ionenaustauschern und Harzadsorbern behandelte Säfte sich günstig verhalten. Jedenfalls hat man aus den angedeuteten Tatsachen noch keineswegs allgemein die Konsequenz gezogen, sie weiter zu untermauern, um daraus schließlich eine feste zuverlässige Arbeitsweise abzuleiten.

Man erkennt aus Vorstehendem die hohe Bedeutung einer Spurenanalyse in der Zuckerindustrie und die Notwendigkeit, neben Schnell-Testen Präzisionsmethoden zu entwickeln mit dem Ziele, die störenden Bestandteile einzeln zu erfassen und quantitativ zu bestimmen.

Laufende Betriebs- und Filterkontrollen

Schon bei der Enthärtung von Säften, insbesondere aber bei der Entmineralisierung von Rohsäften, Dünnsäften, Melassen usw. ist eine laufende Kontrolle der Filterarbeit wichtig, um einesteils eine gleichmäßig gute Saftqualität zu erzielen, andererseits auch die Filter nicht zu überfahren. Dies gilt erst recht, wenn auch gewisse Nebenbestandteile angereichert und gewonnen werden sollen. So wertvoll Vollanalysen der Zuckersäfte selbstverständlich sind, so wichtig ist es, den Verlauf der Operation durch laufende Probenahme und Untersuchung der Filterabläufe nach einer Schnellmethode zu verfolgen.

Bei der Enthärtung von Dünnsäften kann man auf bekannte Härtebestimmungsmethoden der Wasseraufbereitung zurückgreifen, wobei man den weniger empfindlichen, wie etwa der Palmitat-Titration den Vorzug geben wird.

Dagegen sind die Ansprüche an die Wasseraufbereitung, zumal jene, welche die Hoch- und Höchstdruckdampftechnik an die Entmineralisierung von Wässern stellen, für den Zuckerbetrieb viel zu weitgehend, und die dort verwandten physikalischen Kontrollmethoden, wie automatische pH-Messer und Leitfähigkeitszellen sind für deren Zwecke zu empfindlich und daher ungeeignet.

Bei Zuckersäften, und gar bei Rohsaft, scheiden diese Methoden aus, teils schon wegen der Störungen durch Nebenbestandteile, teils weil extreme pH-Verschiebungen unbedingt vermieden werden müssen, vor allem aber, weil eine extreme Erniedrigung des Elektrolytgehaltes gar nicht angestrebt wird. Den besten Aufschluß über Mineralstoffbilanz geben pH-Titrationskurven; doch scheiden diese Bestimmungen wegen ihrer Langwierigkeit aus, da für eine laufende Filterkontrolle nur Schnellmethoden in Frage kommen können. Bewährt haben sich in der Praxis einfache Titrationen mit n/1- bzw. n/10-Säure bzw. Lauge auf einen konstant beibehaltenen pH-Wert. Zu beachten ist dabei natürlich, daß alle Daten auf den gleichen Feststoffgehalt bzw. dieselbe Zuckermenge bezogen werden. Es ist klar, daß eine solche Bilanz keinen Aufschluß über die einzelnen Ionenarten geben kann und daher nach Möglichkeit durch eine Vollanalyse der Schluß- bzw. Durchschnittsprobe ergänzt werden sollte; sie gibt aber einen guten Überblick über die Filterarbeit.

Bezüglich des bei verschiedenen Säften und Sirupen erzielten Reinigungseffektes hinsichtlich der organischen Verunreinigungen (färbende Bestandteile, Ampholyte, Spurenverunreinigungen als Ursache von Trübungen usw.) ist am Schluß des vorstehenden Artikels das Wesentliche gesagt und durch ein Beispiel aus der Praxis illustriert. Auch wurde bereits auf die Bestrebungen hingewiesen, die erwähnte Kochprobe des angesäuerten Musters zu einer quantitativen Methode auszugestalten.

Vielleicht läßt sich — zumal für sehr unreine Säfte — auch der unter „flüssige Ionenaustauscher" erwähnte Flockungseffekt zu einem in dieser Hinsicht brauchbaren Test ausgestalten.

Im Kap. 8 wurde unter Rohsaftbehandlung schon vermerkt, daß die Ermittlung der pH-Titrationskurve eine gute Unterlage liefert für die zweckmäßigste Saftbehandlung. Auf gereinigte Säfte angewandt, welche einen Ionenaustauscher oder Adsorber bereits passiert haben, gestattet die gleiche Titrationsmethode ein wertvolles Urteil über den dabei erzielten Reinigungseffekt.

Auch aus einer in dieser Weise abgeleiteten Ionenbilanz können wichtige, bis jetzt kaum beachtete Hinweise, die übliche Saftreinigung betreffend, gewonnen werden.

Das nachstehende Beispiel einer laufenden Filtratkontrolle durch pH-Titration der von einem H-Austauscher abfließenden Filtratfraktionen bei Aufgabe von

Rohsaft ist der Kampagne des Jahres 1965 in Colleville (Frankreich) ent nommen.

Die angewandte Methode ist ganz einfach. Zu beachten ist nur, daß alle Ermittlungen auf die gleiche Basis bezogen werden, am besten die gleiche Zuckermenge in Bx (evtl. auch Feststoffmenge). Die Proben werden mit n/1- bzw. n/10-Säure bzw. Lauge auf übereinstimmenden pH-Wert austitriert.

Nötigenfalls wird zur Kontrolle mehrmals von diesem pH nach oben oder unten rücktitriert. Bei großer Verdünnung wird meist eine Umrechnung unerläßlich sein.

Filtratkontrolle durch pH-Titration

Von dem nach dem „neuen Verfahren" erhaltenen Dünnsaft-Filtrat wird ein Muster auf 14 Brix eingestellt und sodann eine genau abgemessene Probe (z. B. 200 m*l*) auf das Ausgangs-pH von 6,0 gebracht. Hierauf läßt man unter guter Durchmischung und laufender pH-Kontrolle Normalsäurelösung zufließen, bis ein pH-Endwert von 2,0 erreicht ist. Hierzu werden — berechnet auf 1 Liter des Dünnsaftes — ca. 25 m*l* Normalsäure benötigt.

In analoger Weise führt man die gleiche Probe mit einem normalen Dünnsaft durch. Die Umstellung über die gleiche pH-Differenz von 6,0 auf 2,0 erfordert etwa die dreifache Menge an Normalsäure: ca. 70,0 m*l* je Liter Dünnsaft.

Es ist klar, daß diese Art Bilanz keine Auskunft gibt über die Zusammensetzung der Lösung nach den einzelnen Ionenarten. Eine Vollanalyse würde selbstverständlich aufschlußreicher sein. Aber es kommt ja gerade darauf an, über eine Schnellmethode zu verfügen, die laufende Kontrollen der Filterarbeit ermöglicht, d. h. die rasch durchführbar ist und möglichst viele Daten zu sammeln gestattet

Feinreinigungsverfahren der Zuckerraffinerien

Bevor wir im nachstehenden auf die Möglichkeiten des Einsatzes von Ionenaustauschern und Harzadsorbern in den Zuckerraffinerien eingehen, sei erst kurz die in diesen Sonderbetrieben bisher zumeist übliche Arbeitsweise dargelegt. Zu den wichtigsten Fertigprodukten dieser Werke gehören bekanntlich Würfelzucker und feine Sirupe. Zu ihrer Herstellung geht man in der Regel von Gelbzucker, Cubarohzucker usw. aus, der zu diesem Zwecke bekanntlich umgelöst werden muß. Zuvor wird dieser Zucker durch Waschen in einer Zentrifuge von dem anhaftenden Sirupfilm befreit; sodann erfolgt Auflösen zu einer Konzentration um ca. 60 Bx. Eine derartige Lösung ist zwar wesentlich weniger gefärbt als eine Rohzuckerlösung; gleichwohl wird sie erst einer Vorreinigung unterworfen, bevor man zur Anwendung von Adsorbentien schreitet.

Die Vorklärung erfolgt heute meist in der Weise, daß man, unter Zusatz von Kalk, gefolgt von einer Scheidung mit Kohlensäure oder schwefliger Säure, die Ausbildung einer Schmutzdecke anstrebt, deren Entstehen gegebenenfalls noch durch Zugabe geringer Mengen Phosphorsäure und Kalk gefördert werden kann; früher hat man für diesen Zweck meist Ochsenblut verwandt. Sodann wird die Schlammdecke entfernt. Die Verarbeitung des Saftes erfolgt in ganz analoger Weise wie bei der gewöhnlichen Zuckerherstellung. Doch gibt es hier mancherlei Varianten, die durch die Art der erzeugten Zuckerprodukte bedingt sind.

Die Weiterbehandlung dieses vorgereinigten Saftes erfolgte in den Raffinerien alter Art, besonders in England und Amerika, vorzugsweise mit körnigem Spodium oder Beinschwarz (Knochenkohle), das in zylindrischen Gefäßen, den Spodiumfiltern, eingesetzt, früher in ungeheurer Menge verbraucht wurde. Zur Wiederbelebung dieses kostbaren Stoffes wusch man extrem aus, worauf er in besonderen Öfen bei ca. 500° gebrannt wurde.

Die heutigen Bestrebungen sind darauf gerichtet, die Entfärbungskraft des Spodiums möglichst weitgehend und immer besser auszunutzen. Zu diesem Zwecke ist man zum Teil in der Korngröße weiter heruntergegangen, zum Teil setzt man daneben noch andere Entfärbungsmittel, insbesondere Aktivkohle ein, und zwar letztere zumeist nur in einer Vorstufe. Der erzielte Fortschritt kommt wohl am besten in der benötigten Spodiummenge zum Ausdruck, die gegen früher ca. 100 kg/je 100 kg verarbeiteten Zuckers betrug und heute nur noch um 15 kg sich bewegt.

Umgekehrt kommt man allmählich dazu, statt feinpulvriger Entfärbungskohle heute solche von körniger Form einzusetzen. In der Tat bietet diese große Vorteile gegenüber pulvrigen Produkten. Auch läßt sie sich in analoger Weise wie Spodium durch Erhitzen wiederbeleben. Dazu werden Temperaturen von ca. 1000 °C angewandt. Die Spesen für die Entfärbung sind damit abgesunken, indessen läßt die Entfärbungskraft bei dieser Behandlung doch nach.

Wir kommen nun zu der uns besonders interessierenden Frage, welche Möglichkeiten bestehen in Zuckerraffinerien, Ionenaustauscher und Entfärbungsharze einzusetzen.

Gute Erfolge liegen heute vor allem bei Anwendung starkbasischer Anionenaustauscher in der Cl^--Form vor. Bei einem tatsächlich recht hohen Entfärbungseffekt hat man eine Lebensdauer bis zu 1000 Zyklen erzielt. Es ist zu diesem Zwecke allerdings erforderlich, sie von Zeit zu Zeit in schonender Weise mit einer Chloritlösung (Hypochloritlösung) zu waschen. Die Mitteilungen über die nähere Arbeitsweise sind leider ziemlich spärlich. Jedenfalls steht fest, daß vor Einsatz des Entfärbungsharzes die aufzugebende Kläre erst einer guten Vorreinigung unterworfen werden muß. Auch kann ein an bestimmter Stelle erzielter Erfolg nicht ohne weiteres auf andersartige Säfte, z. B. der Rüben- oder Zuckerrohr verarbeitenden Betriebe übertragen werden.

Ein weiteres Einsatzgebiet für die genannten Kunstharzadsorbentien dürften Affinationssirupe und deren Zwischenprodukte sowie deren Ablaufsirupe sein. Ihre Anwendung bei stark verunreinigten Lösungen dieser Art ist indessen nicht zu empfehlen, jedenfalls nicht ohne eine intensive Vorreinigung. Gerade weil der Reinigungseffekt mit Kunstharzaustauschern und Harzadsorbern wesentlich besser ist als mit anderen Mitteln, wie etwa einer Präzipitation oder Ausflockung, sollte man diese wertvollen Harze schonen und sie nicht bei zu stark verunreinigten Lösungen einsetzen, welche sie hoffnungslos verschmutzen. Bei sachgemäßer Behandlung bewahren Harzadsorber ihre Regenerierbarkeit und hohe Leistungsfähigkeit über einen langen Zeitraum.

Die Zuckerraffinerie Halle (Saale) arbeitet schon seit über einem Dutzend Jahren mit bestem Erfolg mit Harzadsorbern Wolfener Provenierung (einem Aminharz in der Cl^--Form) zur Reinigung von Würfelkläre.

Austauschadsorbentien im Wasserhaushalt der Zuckerfabrik

Zuckerfabriken sind hinsichtlich der Wasserentnahme wie des Vorfluters sehr häufig auf kleine offene Gewässer angewiesen. Sie sind daher genötigt, einen erheblichen Teil ihrer Brauchwässer zurückzunehmen oder sie im Kreislauf zu führen. Dabei stellen die einzelnen Verfahrensstufen hinsichtlich der benötigten Wasserqualität sehr unterschiedliche Ansprüche.

Abb. 39. Eindicker für Rübenwaschwasser

Das dem Transport und dem Waschen der Rüben dienende Wasser läßt man meist sich nur absetzen, um es dann ganz oder teilweise zurückzuführen. Häufig genügt aber — wegen der stetig fortschreitenden Verschmutzung dieser Wässer — ein einfaches Sedimentieren nicht, weil Wässer, die längere Zeit zirkuliert sind, infolge Fermentation zu Schaumbildung neigen, Gase entwickeln und üble Gerüche verbreiten. Um der Fäulnis und weiterem biologischem Abbau organischer Inhaltsstoffe zu begegnen, genügt es häufig nicht, von Zeit zu Zeit einen Überschuß von Sterilisationsmitteln zuzusetzen. Meist besteht wohl die Möglichkeit, dieses Abfallwasser abzustoßen, sei es stetig oder sei es wenigstens dann und wann eine größere Menge. Bisweilen ist es allerdings schwierig, sofern nur kleine offene Gewässer in der Nähe sind, die behördliche Genehmigung zu erhalten, sie dahin abzustoßen. Es bleibt dann nur der Weg übrig, auf ein biologisches Reinigungsverfahren zurückzugreifen, ähnlich dem für städtische Abwässer üblichen. Eine Filtration kommt für diese Art und diese großen Mengen von Abwässern kaum in Frage; ein Ionenaustauschverfahren wäre hier sinnlos.

Mehr Möglichkeiten für den Einsatz der hier behandelten technischen Hilfsmittel bietet das sogenannte Rücknahmewasser der Diffusionsbatterie. Dieses Wasser, das die ausgelaugten Schnitzel von der Zuckerextraktionsanlage zum Elevator und zu den Schnitzelpressen transportiert und größtenteils aus Transport- und Abtropfwasser besteht, ist wesentlich weniger verschmutzt als das obige Wasser und auch als das Abwasser der Pulpepressen.

Beide Wässer enthalten viel Kolloide, u. a. Pektinstoffe, Eiweißstoffe und deren Abbauprodukte, d. h. Stoffe, die bei weiterem Abbau Schwierigkeiten verursachen können; für die feinen Pulpeteilchen und Zuckerspuren gilt das gleiche. Auch hier hat man meist als einfachsten Weg den stoßweisen Zusatz eines Sterilisationsmittels gewählt, z. B. des billigen Chlorgases. Eine gewisse Verbesserung kann man noch durch Filtration und Absitzenlassen erzielen, doch ist diese Behandlung derartiger Abwässer oft nicht einfach. In schwierigen Fällen verbleibt der Weg einer zusätzlichen Anwendung von Flockungsmitteln in Kombination mit offenen Immediumfiltern. Es ist dies eine Arbeitsweise, nach welcher man bei städtischen Abwässern als Schlußbehandlung nach dem üblichen biologischen Reinigungsverfahren sehr schöne Klärerfolge erzielt hat.

Versuche einer Entkalkung des Abwassers durch Behandlung mit Na^+-Austauscher — nach vorherigen $FeCl_3$-Zusatz nebst anschließender Filtration — verliefen zwar recht günstig; indessen erscheint uns das in diesem Falle zwecklos.

Bekanntlich benötigt eine in regelmäßigem Betrieb arbeitende Zuckerfabrik kein Frischwasser für die Dampfkesselanlage, weil große Mengen Kondenswasser zur Verfügung stehen. In der mehrstufigen Verdampferanlage werden bekanntlich mit einem kg Dampf bei allmählich gesteigertem Vakuum dem Saft mehrere kg Wasser entzogen, die dann als Kondenswasser anfallen.

Indessen werden zu Anfang der Kampagne erhebliche Mengen an Frischwasser zur Speisung der Dampfkessel benötigt, weil zu diesem Zeitpunkt Kondenswasser noch nicht zur Verfügung steht. Für eine moderne Hochdruckkesselanlage ist wenigstens enthärtetes Wasser notwendig. Deshalb ist es erwünscht, daß eine Zuckerfabrik über eine Enthärtungsanlage verfügt.

Auch während der Kampagne kann es — z. B. bei Betriebsstörungen — notwendig sein, über enthärtetes oder entmineralisiertes Frischwasser zu verfügen. Weiter ist zu erwägen, daß aus dem Dicksaft oder den Sirupen verdampftes Wasser im Fallwasser der direkten Kondensoranlage verlorengeht. Große Mengen Kondensat oder Weichwasser sind auch nötig zum Umlösen der verschiedenen nicht unmittelbar handelsfähigen Zucker. Weitere Mengen aufbereiteten Wassers verbraucht die Waschanlage für Filtertücher, für das Spülen usw.

Zuckerfabriken, die mit einer Entmineralisierungsanlage arbeiten, haben einen zusätzlichen Bedarf an Weichwasser bzw. Kondensat zum Absüßen, zum Auflösen und Verdünnen der Chemikalien, die für die Wiederbelebung der Ionenaustauscher gebraucht werden, ferner zum anschließenden Verdrängen dieser Lösungen vom Austauscher, zum Auswaschen usw. Es liegt auf der Hand, daß selbst in einem laufenden Betriebe die großen Kondenswassermengen nicht unerschöpflich sind. Daher kann eine moderne Zuckerfabrik auf eine Reinigungsanlage für Rohwasser kaum verzichten. Abgesehen von einer Anlage, die einer mehr oder weniger gründlichen Vorreinigung des Rohwassers dient, ist es immer zu empfehlen, zur Sicherstellung des Weichwasserbedarfes eine Ionenaustauscherenthärtungsanlage bereitzuhalten.

Schließlich ein Wort über die Abwässer einer Saftenthärtungs- bzw. Saftentmineralisierungsanlage. Sowohl wegen ihrer Aggressivität wie auch ihres Gehaltes an organischen Verunreinigungen können sie nicht unmittelbar abgestoßen werden. Es liegt nahe, die sauren und die basischen Wässer zu mischen und so auf einen geeigneten pH-Wert zu neutralisieren.

Zweckmäßiger erscheint es, diese Abwässer — wie im Kap. 11 ausgeführt — auf Kalisalze und andere Nebenprodukte der Säfte (Glutaminsäure und andere Aminosäuren usw.) zu verarbeiten.

Nicht unerwähnt sei, daß Abfallschwefelsäure oft mit Vorteil zur Vorreinigung verschiedener Sirupe eingesetzt werden kann (s. Kap. 4).

Restaurieren (periodische Intensivregenerierung) der Adsorbentien und deren Konservierung über längere Stillstände der Anlage

Die mannigfachen Nebenbestandteile der Zuckersäfte bringen es mit sich, daß selbst bei einer sorgfältigen Behandlung und insbesondere regelmäßiger Wiederbelebung der Ionenaustauscher und Adsorbentien eine allmähliche Verschmutzung eintreten kann, die deren Leistungsfähigkeit nach und nach herabsetzt. Nach einigen Zyklen ist daher, wie mehrfach vermerkt, immer zu empfehlen, eine gründliche Wiederbelebung (Restaurierung) einzuschalten.

Den Zuckerfachmann, der mit Beinschwarz gearbeitet hat, wird dies kaum befremden; denn auch bei Arbeiten mit diesem wertvollen Reinigungs- und Entfärbungsmittel — das gilt u. a. auch für die modernen Beinschwarzanlagen der großen Zuckerraffinerien Englands und Amerikas — ist eine gründliche Reinigung nach Gebrauch durch extremes Waschen mit Heißwasser (und früher wohl auch eine extreme Behandlung mit verdünnter Natronlauge und sodann Salzsäure zur Entfernung von Gips) durchaus üblich.

Die Verunreinigungen sind teils Mineralstoffe und deren Reaktionsprodukte, wie Gips, (bei Neutralaustausch auch kohlensaurer Kalk), schwerlösliche Metallhydroxyde, insbesondere des Eisens (und Mangans); teils handelt es sich um organische Nebenbestandteile meist kolloidalen (Pektin) oder amphoteren Charakters

(Eiweißabbauprodukte) oder deren weitere Umsetzungsprodukte mit Mikroorganismen etc.

Wie (an verschiedener Stelle dieses Buches) schon vermerkt, wendet man zur Beseitigung dieser Stoffe von Zeit zu Zeit eine Behandlung mit einem Mittel entgegengesetzten Charakters als das normale Regeneriermittel an, d. h. bei Kationenaustauschern, die im H'-Zyklus laufen dünne Lauge, bei Anionenaustauschern im OH'-Zyklus verdünnte Säuren. Bei im Neutralaustausch stark vergipsten Kationenaustauschern kann eine Vorbehandlung mit Sodalösung, gefolgt von Waschen mit verdünnter HCl, vorteilhaft sein usw. Immer ist ein anschließendes gründliches Waschen (warmes Wasser) am Platze.

Nicht zu vernachlässigen ist — besonders nach Stillständen — die Möglichkeit einer biologischen Verschmutzung. Die Bekämpfung von Algen durch Cu-Spuren darf als bekannt gelten. Gegen sonstige Mikroorganismen wendet man Spülen mit Formalin, Chlorwasser, Perchorat usw. an. Bei Anionenaustauschern und Entfärbern, von denen viele mit Aldehyden, Ketonen, Oxydantien usw. zu reagieren vermögen, ist bei der Wahl eines Desinfektionsmittels besondere Vorsicht am Platze. Der mikrobiologischen Reinigung ist insbesondere bei längeren Stillständen der Anlage Aufmerksamkeit zu widmen.

Es ist das Verdienst T. Folpmers, z. Z. Leiter des Wasserwerkes der Gemeinde Rotterdam, auf dem biologischen Gebiete auch für Ionenaustauscher Pionierarbeit geleistet zu haben. Als Mikrobiologe hat er u. a. auch Wege gezeigt, die alten biologischen Wiederbelebungsmethoden zu vervollkommnen.

Die langdauernde Unterbrechung des Betriebes der Rüben- und Rohrzuckerfabriken in den Pausen zwischen den einzelnen Kampagnen gibt den Werken die Möglichkeit zu einer wirklich gründlichen periodischen Reinigung der Ionenaustauscher und Adsorber. Die zur Verfügung stehende lange Kontaktzeit ist ein für die Bekämpfung von im Filterbett angesiedelten Mikroorganismen sehr günstiger Faktor; sie macht es möglich, mehrere Mittel nacheinander anzuwenden und in verschiedenen Stufen zu arbeiten, deren letzte aeroben Charakter haben können. Immer muß einer biologischen Reinigung ein gründliches Auswaschen vorausgehen. Besondere fachmännische Erfahrung ist aber sonst kaum erforderlich: im wesentlichen ist nur darauf zu achten, daß der Ionenaustauscher im Behälter immer unter genügend Flüssigkeit steht, die des öfteren zu erneuern ist, insbesondere dann, wenn Aufschäumen eintritt. Wichtig ist ferner, die Behälter offen zu halten, um Druckanstieg zu vermeiden bzw. evtl. einer Explosionsgefahr vorzubeugen. Im letzten Stadium dieser Erneuerung ist zeitweise Belüftung der Filter angezeigt (das Medium muß dabei natürlich ständig unter Flüssigkeit stehen).

Die Frage, ob die Ionenaustauscher selbst gegen einen Abbau durch Mikroorganismen völlig widerstandsfähig sind — bei Sulfonsäureharzen ist die Wahrscheinlichkeit eines Angriffes gering, Anionenaustauscher mit quat. Basen dürften hier wohl am ehesten gefährdet sein — ist z. Z. noch nicht eindeutig zu beantworten. Hier scheint es wichtig, eingehende Erfahrungen zu sammeln.

3. *Zur Charakterisierung von Kunstharzadsorbentien*

Chromatographische Effekte bei der Behandlung von Zuckerlösungen mit Ionenaustauschern

Chromatographische Trennverfahren mit Ionenaustauschern haben in der chemischen Analyse hohe Bedeutung gewonnen. Für größere Stoffmengen bedient man sich dabei zumeist mit dem Austauscher beschickter Kolonnen entsprechender Größe. Für kleine und gar Mikromengen verwendet man in der Regel ionenaustauschende Papiere. Die Wirkungsgruppen des Austauschers können sehr mannigfacher Art sein. Insbesondere ist auch die Zuckeranalyse durch die Ionenaustauscher-Chromatographie wesentlich bereichert worden. Sowohl zur Trennung der verschiedenen Zuckerarten wie der Aminosäuren und anderer in den Zuckersäften und Melassen enthaltener Nebenbestandteile sind zahlreiche Sondermethoden entwickelt worden, über welche einschlägige analytische Spezialwerke des näheren unterrichten.[1])

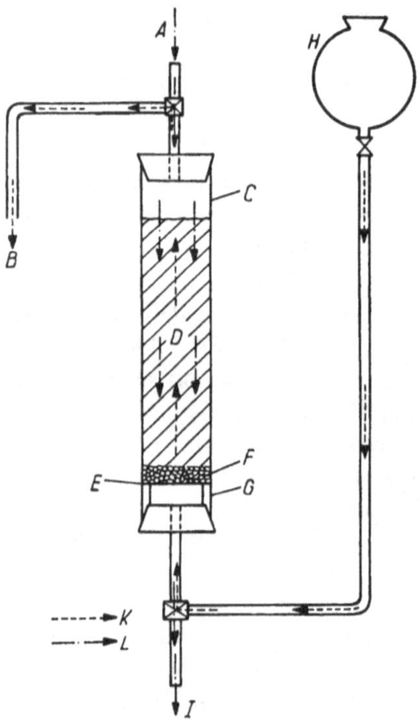

Abb. 40. Chromatographische Apparatur

Die nachstehenden Bemerkungen wenden sich demgegenüber in erster Linie an den Praktiker, der mit technischen Ionenaustauscheranlagen arbeitet; denn auch an diesen großen Einheiten sind häufig chromatographische Effekte zu beobachten. Schon aus gelegentlichen Beobachtungen an chromatographischen Laboratoriumskolonnen, und zwar bei Untersuchungen mit einer primär speziellen analytischen Fragestellung, kann der Zuckertechniker oft technisch wichtige Hinweise entnehmen, Phänomene an technischen Filtern zu deuten, ganz abgesehen von der wissenschaftlichen Bedeutung solcher Feststellungen. Andererseits wird ein aufmerksamer Beobachter bei der Bedienung von Großfiltern auch viel-

---

[1]) O. Samuelson und Dahlberg trennen verschiedene Zuckerarten an einem Anionenaustauscher (Ionex 21 K) aus äthanolischer Lösung. X. Khym und L. P. Zill verwenden zum gleichen Zwecke (ebenfalls an einem Anionenaustauscher (Dowex 1)) die Borsäurekomplexe u. a. m.

fach chromatographische Effekte wahrnehmen, die für ihn selbst in mehrfacher Richtung wichtig sein können:

a) gewisse Störungen zu vermeiden, etwa durch Wahl einer passenden Regeneriermethode, die auch den störenden Bestandteil erfaßt oder
durch Vorschalten eines Scavengerfilters an geeigneter Stelle oder
durch Einsetzen eines geeigneteren Austauschertyps usw.

b) die fraktionierte Anreicherung diverser Nebenbestandteile der Zuckerlösungen zu erreichen und die Möglichkeit einer Gewinnung zu prüfen,

c) Erkennung des Auswaschgrades, z. B. aus Peptisationserscheinungen, oder eine Vorstellung zu gewinnen über die relative Bindungsfestigkeit gewisser Lösungsbestandteile an den Austauscher oder Adsorber u. a. m.

Es seien daher nachstehend die wichtigsten Regeln chromatographischer Trennvorgänge skizziert:

1. Trennung nach chemischem Charakter

   d. h. nach Basen- bzw. Säurestärke der betreffenden Stoffe

2. Trennung nach der Valenz

   Mehrvalente Ionen werden von gleichen Austauschern fester gebunden als einwertige Ionen

3. Trennung nach der Stellung im periodischen System der Elemente

   In Reihen gleicher Valenz (derselben Spalte im period. System) werden die stärker polarisierbaren Ionen (d. h. die höheren Atomgewichtes) fester gebunden als die weniger polarisierbaren Anfangsglieder

4. Trennung nach Ionengröße

   In homologen Reihen (substituierte Amine bzw. Ammoniumbasen; Glieder der Fettsäurenreihen usw.) werden die höheren Glieder schwerer bzw. langsamer eingetauscht, sind aber dafur auch schwieriger zu verdrängen als die ersten Glieder. Wenig hydratisierte Ionen werden leichter eingetauscht als größere, starkhydratisierte. Eine scheinbare Ausnahme kann dadurch eintreten, daß Ionen mit doppeltem Wassermantel beim Eintreten in den Ionenaustauscher einen Teil ihres Hydratwassers abzustoßen vermögen.

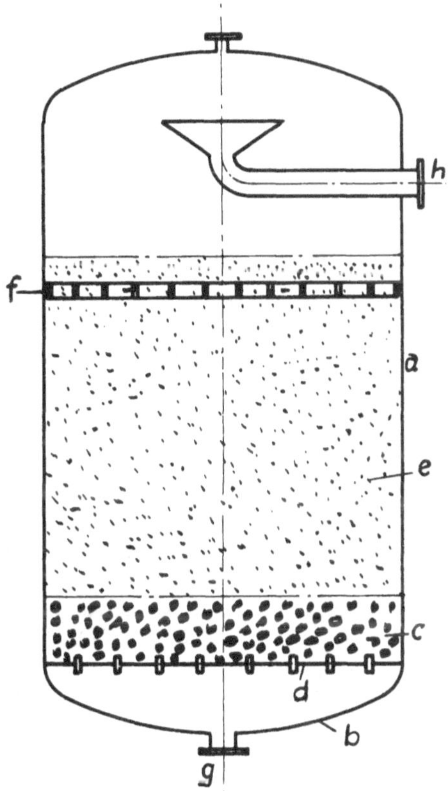

Abb. 41. Schema eines Rostimmediumfilters

a — Filterbehälter
b — Filterboden
c — Stützschicht
d — Stützplatte mit Filterdüsen
e — Sandschicht
f — Rost des Immediumfilters
g — Zu- und Abfuhrleitung
h — Abfuhrleitung

Bei sehr großen Ionen (z. B. von Anilinfarbstoffen und dergl.) geht neben der Größe auch die Form und Symmetrie des Moleküls ein:

5. Trennungen nach Neigung des Ions zur Komplexbildung der Ionen

Viele anorganische Ionen, insbesondere die der Schwermetalle, bilden mit Lösungsbestandteilen oder mit den Ankerionen Komplexe (z. T. gleicher, meist aber entgegengesetzter Ladung als das einfache Ion: Chelatkomplexe u. a.).

Nichtelektrolyte wie Zuckerarten, Aldehyde, Ketone etc. verstärken häufig ihre Polarität durch Komplexbildung mit anorg. Komponenten (Sulfit-, Borsäure-Komplexe, usw.) bzw. werden dadurch Elektrolyte.

Der Komplexbildner kann gegebenenfalls erst bei einer Nachbehandlung zur Anwendung kommen. Häufig wird bekanntlich eine Scheidung der adsorbierten Ionen bzw. Komplexionen erst durch anschließende Elution mit einem organischen Lösungsmittel erreicht.

Bei Ionenaustauschvorgängen und mehr noch bei Erscheinungen der Allgemeinadsorption geht bisweilen auch die Geschwindigkeit der Ad- und Desorption entscheidend ein (auch technisch beachtenswert!).

4. *Literatur*

Flüssige Ionenaustauscher

Amber-Hi-Lites, März und Mai 1961, Nr. 3, 62 und 63

Dranoff, J. S., und L. Lapidus, Ind. Engng. Chem. **53** (1961), 73

L'Auxiliaire des Chemins de Fer et de l'Industrie (G. Austerweil), Fr. P. 842115 (Anm. 1938)

Coleman, C. F., C. A. Blake und K. B. Brown, Talanta **9** (1962), 297–323

Knoch, W., Oesterr. Chemiker Ztg. **63** (1962), 349–352

Kunin, R., und A. G. Winger, Chemie-Ing.-Tech. **34** (1962), 461–467

Elektrodialyse mit permselektiven Membranen

Anderson, A. M., und C. B. Wylam, Chem. and Ind. 191–192 (1956)

Burianek, J., und D. Slechtova, Listy Cukrovarnické **75** (1959), 62–66, 66–69, 83

Burianek, J., D. Slechtova und O. Lisy, Cukrovarnické **76** (1960), 217–223

Dobrornik, L. D., und J. M. Litrak, Sacharnaja Prom. **36**, Nr. 11 (1962), 18–26

Farell, J. B., und R. N. Smith, Ind. Engng. Chem. **54** (1962), 29–35

Ionics Incorp. (N. W. Rosenberg), Am. P. 2860091 (Anm. 1955)

Kressman, T. R. E., In C. Calmon, T. R. E. Kressman, „*Ion Exchange in Organic and Biochemistry*", S. 188–196

Leszko, M., Gaz. Cukrownicza **64** (1962), 38–40

Payne, J. H., Repts. Hawaiian Sugar Technol 15th Am. Meeting 1956, 88–91

Payne, J. H., Int. Sugar J. **59** (1957), 149–150

Raffinerie Tirlemontoise, Nied. P. 78822 (Belg. Pr. 1948)

T. N. O., Nied. P. 193216 (Am. Pr. 1954)

Tomic, U., und D. Slechtova, Czech. 94142 sowie 97085 (Anm. 1958)

Am. Viscose Corp., Am. P. 2502614 (Anm. 1944)

Warshaw, A., Am. P. 2688572 (Anm. 1950)

Wisfeld, W., Zucker **11** (1958), 425–436

VEB Farbenfabrik Wolfen (R. Stephan), D. A. S. 1054702 (Anm. 1957)

Molekularsiebe

Anonymus, Chem. Engng. **9** (1962), 78
Barrer, R. M., Brennstoff-Chemie **35** (1954), 325—334
Hersh, Ch. K., „*Molekular Sieves*", New York, Reinhold Publ. Corp. 1961
Nikolina, V. Ya., und I. E. Neimark, Uspekhi Khim., **29** (1960), 1088—1111

Ionenverzögerung (Ionretardation) mit „Snake-Cage-Harzen"

Hatch, M., J. H. Dillon und H. Smith, Ind. Engng. Chem. **49** (1957), 1812—1819

Elektrolytvorlauf (Ionenexclusion)

Ascher, D. R., Ind. Engng. Chem. **48** (1956), 781—783
Assalini, G., Ital. P. 560795 (Anm. 1956)
Baumann, W. C., R. M. Wheaton und D. W. Simpson, in F. C. Nachod, J. Schubert „*Ion Exchange Technology*", S. 182—203
Illinois Water Treatment Co. (Reentz, A. C. und H. W. Keller), Am. P. 2937959 (Anm. 1958)
Norman, L., G. Rorabaugh und H. Keller, Journal of the A. S. S. B. T. **12** (1963), 363—369
Prey, V., und E. Hammer, Z. Zuckerind. **11** (1961), 441—442
Reents, A. C., und H. W. Keller, Am. P. 2937959 (Anm. 1958)
Reichenberg, D., in C. Calmon, F. R. E. Kressman, „*Ion Exchangers in Organic and Biochemistry*", S. 178—187
Wheaton, R. M., und W. C. Bauman, Ind. Engng. Chem. **45** (1953), 228—233
Wheaton, R. M., Chem. Engng. Progr. **52** (1956), 428—432

Fabrikations- (Diffusions-) Wasser, Abfallwasser

Applebaum, S. B., R. Riley, Ind. Engng. Chem. **30** (1938), 80—82
Benin, G. S., Sacharnaja Prom. **34**, Nr. 6 (1960), 21—24
Breuil, E., Chaleur et Industrie **19** (1938), 201—208, 245—247, 291—298, 330—332
Ciz, K., und V. Valter,[1]) Listy Cukrovarnické **72** (1956), 54—55
Devillers, P., Sucrerie France **99** (1958), 251
Devillers, P., Sucrerie France **103** (1962), 405—407
Folpmers, T., Water **30** (1946), 119—122
Heertjes, P. M., und E. E. Hekman, Chem. Weekbl. **43** (1947), 789—796
Iwanow, S. Z., Sacharnaja Prom. **32**, Nr. 3 (1958), 35—36
Kantebeen, L. J. (Centr. Suikermaatschappij), Niedl. P. 67994 (Anm. 1946)
Lister, B. A. J., Intern. Chem. Eng. Process Ind. **51** (1950), 365—366
DuSaar, T. J., Ingenieur **14** (1939), 17—22
Sanchez Castillo, F., Quim. e Ind. (Bilbao) **2** (1955), 25—30
Schoonenbeek, P. W., Chem. en Pharm. Techniek **5** (1950), 165—169
Smit, P.,[1] Handel en Industrie **9** (1933), 3 4
Wegelin, E., Bull. centre belge etude et document. eaux Nr. **21** (1953), 182—186

---

[1]) NH_3-Entfernung aus Brüden und Destillat

1. Literaturübersicht

Sachregister

FSC
www.fsc.org
MIX
Papier | Fördert gute Waldnutzung
FSC® C083411

Zeitfracht Medien GmbH
Ferdinand-Jühlke-Straße 7
99095 Erfurt, Deutschland
produktsicherheit@kolibri360.de